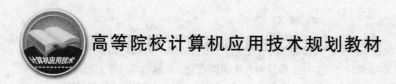

高等院校计算机应用技术规划教材

# 计算机辅助设计与制造

主　编：刘德平　刘武发
副主编：高建设　陶　征　　侯伯杰　张　瑞　苏宇锋
　　　　李小林　上官建林　李道军　陈晓辉　徐大伟

中国铁道出版社
CHINA RAILWAY PUBLISHING HOUSE

## 内 容 简 介

本书共 12 章，主要内容包括：绪论、工程数据的处理、图形技术基础、几何造型系统的数据结构、几何造型技术、隐藏线和隐藏面的处理、自由曲线和自由曲面理论、计算机辅助工艺过程技术基础、计算机辅助工程技术基础、计算机辅助制造、CAD/CAM 集成技术、逆向工程与快速原型制造。

本书内容系统、完整、结构清晰，既包含了经典的理论基础知识，也反映了近年来计算机辅助设计与制造技术发展的新动向。

本书适合作为高等工科院校机械类专业教材，也可作为高等职业教育、函授等有关专业教材和教学参考书，亦可供从事计算机辅助设计与制造、计算机集成制造和现代制造系统的工程技术人员参考。

## 图书在版编目（CIP）数据

计算机辅助设计与制造/刘德平，刘武发主编 . —北京：
中国铁道出版社，2012.12
高等院校计算机应用技术规划教材
ISBN 978 – 7 – 113 – 15737 – 1

Ⅰ.①计… Ⅱ.①刘… ②刘… Ⅲ.①计算机辅助
设计 – 高等学校 – 教材 ②计算机辅助制造 – 高等学
校 – 教材 Ⅳ.①TP391.7

中国版本图书馆 CIP 数据核字（2012）第 288923 号

书　　名：计算机辅助设计与制造
作　　者：刘德平　刘武发　主编

策划编辑：巨　凤　　　　　　读者热线：400 – 668 – 0820
责任编辑：王占清　徐盼欣
封面设计：付　巍
封面制作：白　雪
责任印制：李　佳

出版发行：中国铁道出版社（100054,北京市西城区右安门西街 8 号）
网　　址：http://www.51eds.com
印　　刷：北京市燕鑫印刷有限公司
版　　次：2012 年 12 月第 1 版　　2012 年 12 月第 1 次印刷
开　　本：787mm×1092mm　1/16　印张：18.5　字数：443 千
书　　号：ISBN 978- 7- 113- 15737- 1
定　　价：35.00 元

# 前言

计算机辅助设计与制造技术是随着计算机、数字化信息技术与现代设计制造技术发展而形成的新技术，是数字化、信息化制造技术的基础，是实现产品设计和制造自动化的关键技术。在产品开发过程中，应用计算机辅助设计与制造（CAD/CAM）技术进行产品的设计、工程与结构分析、工艺规划和数控编程，能大大地提高产品的性能和质量，缩短产品的开发周期，增强产品的竞争力，创造显著的经济效益。经过几十年的发展和应用，CAD/CAM 技术的应用更加广泛，特别是在计算机网络和数据库系统的支持下，以 CAD/CAM 技术为核心的多种集成系统的出现，使传统的生产经营模式发生了深刻的变革。CAD/CAM 技术已成为工程设计与制造技术人员必须掌握的知识，也成为工科院校的必修专业基础课。

编者结合多年从事计算机辅助设计与制造教学经验和应用实践，并参考了许多相关书籍编写本书，编写时尽可能体现 CAD/CAM 技术的系统性、先进性和实用性，突出当前 CAD/CAM 的新技术。使读者能够学习和掌握 CAD/CAM 技术的原理、方法和实用技术，以适应形势的发展和社会需要。本书主要内容包括：绪论、工程数据的处理、图形技术基础、几何造型系统的数据结构、几何造型技术、隐藏线和隐藏面的处理、自由曲线和自由曲面理论、计算机辅助工艺过程技术基础、计算机辅助工程技术基础、计算机辅助制造、CAD/CAM 集成技术、逆向工程与快速原型制造。

本书充分考虑到 CAD/CAM 技术的特点，注意理论与实际的结合，力求做到内容简明扼要、图文并茂，通俗易懂。本书编写宗旨是使学生系统学习 CAD/CAM 技术的基本原理、基本方法，为学生理解、应用和开发 CAD/CAM 软件工具奠定坚实的基础，培养学生应用计算机从事产品开发、生产和系统集成的综合能力，成为掌握 CAD/CAM 理论知识的实用型人才。本书适合作为高等工科院校机械类专业教材，也可作为高等职业教育、函授等有关专业教材和教学参考书，亦可供从事计算机辅助设计与制造、计算机集成制造和现代制造系统的工程技术人员参考。

本书由刘德平、刘武发主编。各章编写分工如下：第 1 章、第 3 章、第 4 章由刘德平、陶征、姚晓坡编写，第 10 章由刘武发、高建设、郭松路编写，第 2 章、第 6 章、第 11 章由侯伯杰、张瑞、田恒、宋德华编写，第 7 章、第 8 章、第 9 章由李小林、陈晓辉、李道军编写，第 12 章由苏宇锋、上官建林编写，徐大伟负责资料的整理，全书由刘德平统稿。

在编写本书时，参考了同行专家诸多论著和教材，在此表示衷心感谢！由于作者水平有限，本书难免有欠妥之处，恳请读者指正。

编　者

2012 年 9 月

# 目 录

# 第 1 章　　绪　　论

学习目的与要求：了解 CAD/CAM 的发展过程；理解 CAD/CAM 的概念；熟悉 CAD/CAM 系统的组成、集成及工作过程；掌握 CAD/CAM 系统应具备的基本功能；了解当前 CAD/CAM 系统常用软件；了解 CAD/CAM 集成的支撑系统。

在机械制造领域中，随着市场经济的发展，用户对各类产品的质量，产品更新换代的速度，以及产品从设计、制造到投放市场的周期都提出了越来越高的要求。在当今高效益、高效率、高技术竞争的时代，要适应瞬息万变的市场要求，提高产品质量，缩短生产周期，就必须采用先进的制造技术。

计算机技术与机械制造技术相互结合与渗透，产生了计算机辅助设计与计算机辅助制造（Computer Aided Design and Computer Aided Manufacturing）这样一门综合性的应用技术，简称 CAD/CAM。CAD/CAM 具有高智力、知识密集、综合性强、效益高等特点，是当前世界上科技领域的前沿课题。CAD/CAM 技术的发展，不仅改变了人们设计、制造各种产品的常规方式，有利于发挥设计人员的创造性，还提高了企业的管理水平和市场竞争能力。

美国科学研究院的工程技术委员会曾对 CAD/CAM 集成技术所取得的效益做过一个测算，其所得数据为：降低工程设计成本 15%~30%；减少产品设计到投产时间 30%~60%；由于较准确地预测了产品的合格率而提高了产品的质量，其预测量级提高了 2~5 倍；增加工程师分析问题广度和深度的能力 3~35 倍；增加产品作业生产率 40%~70%；减少加工过程 30%~60%；降低人力成本 5%~20%。可见，CAD/CAM 技术的普及应用不仅将对传统产业的改造、新兴产业的发展、劳动生产率的提高、材料消耗的降低、国际竞争能力的增强均有巨大的带头作用，而且 CAD/CAM 技术及其应用水平正成为衡量一个国家科学技术现代化和工业现代化水平的重要标志之一。

我国大力推广 CAD/CAM 技术，是科研单位提高自主研究开发能力、企业提高应变能力和提高劳动生产率的重要条件，是促进传统技术发生革命性变化的重要手段，是缩短与发达国家的差距、实现社会主义现代化建设目标的重要措施，是一项刻不容缓的战略任务。

## 1.1　CAD/CAM 概述

计算机辅助设计与制造（CAD/CAM）技术是一门多学科综合性技术，是当今世界发展最快的技术之一，目前已经形成产业。CAD/CAM 等新技术在制造业的应用，对制造业的制造模式和市场形势产生了巨大影响，促进了生产模式的转变和制造业市场形势的变化。

CAD/CAM 是 20 世纪制造领域最杰出的成就之一，也是计算机在制造业中应用最成功的范例之一。随着计算机在制造领域应用的不断深入，先后提出了计算机辅助设计（CAD）、计算机辅助工艺过程设计（CAPP）和计算机辅助制造（CAM）等概念。CAD/CAM 的核心是利用计算机快速高效地处理各种信息，进行产品的设计与制造。它彻底改变了传统的设计、制造模式，利用现代计算机的图形处理技术、网络技术，把各种图形数据、工艺信息、加工数据通过数据库集成在一起，供大家共享。信息处理的高度一体化，支撑着各种现代制造理念，是现代工业制造的基础。

计算机辅助设计（CAD）以计算机图形处理学为基础，帮助设计人员完成数值计算，实验数据处理，计算机辅助绘图，进行图形尺寸、面积、体积、应力、应变等分析，以及实体切削仿真等。

计算机辅助制造（CAM）是指使用计算机系统对产品进行加工、装配等技术。其借助计算机来完成从生产准备到产品制造出来的过程中的各项活动，如计算机辅助数控加工编程、制造过程控制、质量检测与分析等。

CAD 技术与 CAM 技术结合起来，作为一个整体来考虑，从产品设计开始到产品检验结束，贯穿于整个过程，实现设计、制造一体化。CAD/CAM 具有明显的优越，主要体现在：

（1）有利于发挥设计人员的创造性，将他们从大量烦琐的重复劳动中解放出来。

（2）减少了设计、计算、制图、制表所需的时间，缩短了设计周期。

（3）由于采用了计算机辅助分析技术，可以从众多方案中进行分析、比较，选出最佳方案，进而有利于实现设计方案的优化。

（4）有利于实现产品的标准化、通用化和系列化。

（5）减少了零件在车间的流通时间和在机床上装卸、调整、测量、等待切削的时间，提高了加工效率。

（6）先进的生产设备既有较高的生产过程自动化水平，又能在较大范围内适应加工对象的变化，有利于企业提高应变能力和市场竞争力。

（7）提高了产品的质量和设计、生产效率。

（8）CAD、CAM 的一体化，使产品的设计、制造过程形成一个有机的整体，通过信息的集成，在经济上、技术上给企业带来综合效益。

CAD/CAM 的发展与应用已有几十年的历史，但对 CAD/CAM 概念的理解还没有完全统一，下面从产品的制造过程和计算机科学两个角度来分析 CAD/CAM 的含义。

## 1.1.1 从产品的制造过程理解 CAD/CAM

从传统意义上看，产品从需求分析开始，经过产品设计、工艺设计和制造等环节，最终形成用户所需要的产品，如图 1-1 所示。在产品设计阶段，要完成任务规划、概念设计、结构设计与分析、详细设计和工程设计等工作，如果借助计算机手段来完成这些工作任务，则称之为 CAD；在工艺设计阶段，要完成毛坯设计、工艺路线规划、工序设计、工装设计等任务，如果借助计算机手段来完成这些任务，则称之为 CAPP；在生产阶段，要完成数控（NC）加工编程、加工过程仿真、数控加工、质量检验、产品装配、性能测试与分析等工作，如果借助计算机手段来完成这些工作，则称之为 CAM。

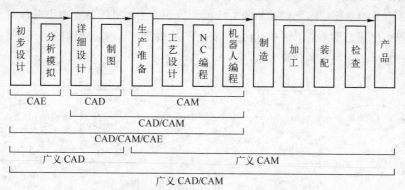

图 1-1　CAD/CAM 的基本概念

在上述各过程、阶段内，计算机技术得到了不同程度的应用，如果应用计算机信息集成技术，为 CAD/CAM 提供一个集成工作环境，将 CAD、CAPP、CAM 有机地联系起来，则称之为 CAD/CAM 技术。

传统的制造概念是一个物料加工与转化过程。近年来，特别是提出计算机集成制造（CIM）的概念以来，"制造"的概念所涉及的范围扩大到了从订单处理、原材料采购、产品设计、工艺设计、调度与加工、产品装配、质量控制，直至产品销售与售后服务、仓储管理、财务管理、人事管理等企业的各项活动，形成了大"制造"的概念，如图 1-2 所示。从这个意义上理解，在图 1-2 所示的各个环节中，采用计算机来协助人们完成各项任务都可以称为 CAD/CAM。随着集成制造理念的不断发展和应用，大"制造"的概念正在被越来越多的人接受。

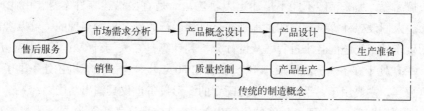

图 1-2　现代制造的概念

## 1.1.2　从计算机科学的角度看 CAD/CAM

设计与制造的过程是一个关于产品信息的产生、处理、交换和管理的过程。人们利用计算机作为主要技术手段，对产品从构思到投放市场的整个过程中的信息进行分析和处理，生成和运用各种数字信息和图形信息，进行产品的设计与制造。CAD/CAM 技术不是传统设计、制造流程和方法的简单映像，也不是局限于在个别步骤或环节中部分地用计算机作为工具，而是将计算机科学与工程领域的专业技术以及人的智慧和经验以现代科学方法为指导结合起来，在设计、制造的全过程中各尽所长，尽可能地利用计算机系统来完成那些重复性高、劳动量大、计算复杂以及单纯靠人工难以完成的工作，辅助而非代替工程技术人员完成整个过程，以获得最佳效果。CAD/CAM 系统以计算机硬件、软件为支持环境，通过各个功能模块（分系统）完成对产品的描述、计算、分析、优化、绘图、工艺过程设计、NC 加工仿真、生产规划、管理、质量控制等。

尽管近年来许多企业都开始采用 CAD/CAM 技术，但由于是不同厂家的软件，以及从视图到立体三维图的重复造型工作，企业内部网络化还不很普及，数据一体化、数据共享还有待提高。

理想化的 CAD/CAM 一体化模式如图 1-3 所示。所有的 CAD/CAM 功能都与一个公共数据库相连，应用程序使用公共数据库中的信息，实现产品设计、工艺过程编制、生产过程、质量控制、生产管理等生产全过程的信息集成。

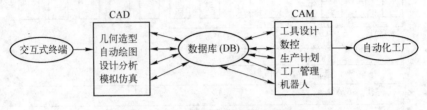

图 1-3　单一数据库系统的理想模型

## 1.2　CAD/CAM 技术的发展

CAD/CAM 技术从产生到现在，经历了形成、发展、提高和集成等阶段。自 1946 年世界上第一台电子计算机在美国出现后，人们就不断地将计算机技术引入机械设计、制造领域。

### 1.2.1　CAD/CAM 技术发展概况

20 世纪 50 年代，首次研制成功数控机床，通过不同的数控程序可以实现对不同零件的加工。随后，麻省理工学院的伺服机构实验室研究成功了用计算机制作数控纸带，实现了 NC 编程的自动化。在此基础上，人们提出了如下设想：APT 程序系统是通过描述走刀轨迹的方法实现计算机辅助数控编程，那么，能不能不描述走刀轨迹，而是直接描述零件本身？由此产生了 CAD 的最初概念。人们设想计算机辅助的过程是通过自动运行的各个程序实现的，可以看作解决不同复杂程度的生产计划问题的各个过程，从设计分析到计算是在人与计算机之间以交互方式进行。在此期间，CAD 处于准备、酝酿阶段。整个 20 世纪 50 年代，电子计算机还处于电子管时期，使用机器语言编程，主要用于科学计算，为之配置的图形设备也仅具输出功能。

20 世纪 60 年代初，麻省理工学院的研究生 I. E. Sutherland 发表了论文《人机对话图形通信系统》，推出了二维 SKETCHFAD 系统，该系统允许设计者在图形显示器前操作光笔和键盘，同时在荧光屏上显示图形。该论文首次提出了计算机图形学、交互技术及图形符号的存储采用分层的数据结构等思想，为 CAD 技术提供了理论基础。随后，相继出现了许多商品化的 CAD 设备及系统，例如，美国的 IBM 公司开发了以大型机为基础的 CAD/CAM 系统，具有绘图、数控编程和强度分析等功能；通用汽车公司研制了 CAD－1 系统，用以实现各个阶段的汽车设计；还有洛克希德飞机公司的 CAD/CAM 等。在自动编程方面，美国航空航天工业协会（AIA）在麻省理工学院协助下，相继开发了 APT、APT Ⅱ 和 APT Ⅲ 系统。而在制造领域，1962 年在机床数控技术的基础上研制成功了第一台工业机器人，实现了物料搬运的自动化；1966 年出现了用大型通用计算机直接控制多台数控机床的 DNC 系统。这一时期的 CAD/CAM 系统的共同特点是以二维绘图为主，APT Ⅲ 语言还不能实现处理曲面的功能，且规模庞大、价格昂贵。此时，从线框模型向曲面模型发展。但由于缺少面的结构信息、面的表里信息和与面对应的立体位置，所以当时还没有出现面向三维自由曲面的、实用化的、用于模具设计与制造的 CAD/CAM 系统。

20 世纪 60 年代中期到 70 年代中期，是 CAD/CAM 技术趋于成熟的阶段。随着计算机硬件的发展，以小型机、超小型机为主机的 CAD 系统进入市场，针对某个特定问题的 CAD 成套系统蓬勃发展。它由 16 位小型机、图形输入设备、显示装置、绘图机等硬件与相应的应用软件配套而成，通常也称为交钥匙系统（Turnkey System）。与此同时，为了适应设计和加工的要求，三维几何处理软件也发展起来，出现了面向中小企业的 CAD/CAM 商品化系统。一批专门经营 CAD/CAM 系统硬件和软件的公司相继出现，如 Computer Vision、Integraph、Calma、APPli—com 等。这一代 CAD/CAM 系统的主要特点是可实现二、三维绘图和数据加工，线框、曲面和实体建模，有限元分析等，是一个多数据库和分散数据结构、顺序设计过程的系统。1967 年，英国的莫林公司建造了一条由计算机集中控制的自动化制造系统，包括 6 台加工中心和 1 条由计算机控制的自动运输线，可进行 24 小时连续加工，并用计算机编制 NC 程序和作业计划、统计报表。70 年代初，美国的辛辛那提公司研制了一条 FMS 系统，即柔性制造系统。这一时期 CAD/CAM 系统存在的主要缺点是难以实现系统的真正集成、获取信息受限制、缺乏数据管理功能，对于三维几何造型技术也处在初级阶段。1973 年的国际会议 PROLAMAT 发表了现在还在使用的实体模型表达方法，即 CSG（Constructive Solid Geometry）和 B - rep（Boundary representation）。其中，CSG 是由当时的北海道大学的冲野嘉数用 TIPS 系统提出的方案；B - rep 是由英国剑桥大学的 Braid. Lang 用 BUILD 系统提出的方案，从而用实体模型解决了形状的难点。至此，出现了面向三维自由曲面的、实用性强的模具设计与制造 CAD/CAM 系统。

20 世纪 80 年代是 CAD/CAM 技术迅速发展的时期。超大规模集成电路的出现，使计算机硬件成本大幅度下降，计算机外围设备（如彩色高分辨率图形显示器、大型数字化仪、自动绘图机等品种齐全的输入/输出装置）已成系列产品，为推进 CAD/CAM 技术向高水平发展提供了必要的条件。同时，相应的软件技术（如数据库技术、有限元分析、优化设计等技术）也迅速提高，这些商品化软件的出现，促进了 CAD/CAM 技术的推广及应用，使其从大中型企业向小企业发展，从发达国家向发展中国家发展，从用于产品设计发展到用于工程设计。在此期间，还相应发展了一些与制造过程相关的计算机辅助技术，例如计算机辅助工艺过程设计（CAPP）、计算机辅助工装设计、计算机辅助质量管理（CAQ）等。然而，作为单项技术，只能带来局部效益。20 世纪 90 年代以后，人们在上述计算机辅助技术的基础上，致力于计算机集成制造系统的研究，这是一种总体高效益、高柔性的智能化制造系统。

21 世纪以来，CAD/CAM 技术已从过去的单一模式、单一功能、单一领域，向着标准化、集成化、智能化的方向发展。为了实现系统的集成，实现资源共享和产品生产与组织管理的高度自动化，提高产品的竞争能力，就需要在企业、集团内的 CAD/CAM 系统之间或各个子系统之间进行统一的数据交换，为此，一些工业先进国家的国际标准化组织都在从事标准接口的开发工作。与此同时，面向对象技术、并行工程思想、分布式环境技术及人工智能技术的研究，都有利于 CAD/CAM 技术向高水平发展。

我国 CAD/CAM 技术的开发应用水平与世界相比还有很大的差距。我国从 20 世纪 60 年代开始引进 CAD/CAM 技术，最早起步于航空工业。从 80 年代开始，我国在 CAD/CAM 技术的研究、开发和应用方面作了大量工作。一方面，直接引进一些国际水平的商品化软件投入实际应用，例如 iDeaS、Pro/Engineer、CAD/CAM、UG 等；另一方面，很多研究单位自行开发 CAD/CAM 系统，有些已达到国际先进水平，进一步促进了 CAD/CAM 技术在我国的应用和发展。现在 CAD/CAM 技术已在机械、电子、建筑、汽车、服装等行业得到广泛应用。

## 1.2.2 CAD/CAM 技术展望

当今信息革命的浪潮使得世界统一市场正在形成，全球经济一体化正以超乎寻常的速度发展。因此，制造业所面临的环境比以往任何时候都要复杂多变，竞争之激烈在时空上超越了国家、地区的界限而延伸至全球的各个角落。制造业要有能力对其外部环境的瞬间变化做出反应，必须采用先进的制造技术、战略理念，以求得长期的生存与发展。

CAD/CAM 技术是先进的制造技术之一，是集成制造、敏捷制造、智能制造等先进理念和模式的基础制造技术。CAD/CAM 技术的发展将集中在以下几个方面：

### 1. 集成化

集成化是 CAD/CAM 技术发展的一个最为显著的趋势。它是指把 CAD、CAE、CAPP、CAM 以至 PPC（生产计划与控制）等各种功能不同的软件有机地结合起来，用统一的执行控制程序来组织各种信息的提取、交换、共享和处理，保证系统内部信息流的畅通，并协调各个系统有效地运行。国内外大量的经验表明，CAD 系统的效益往往不是从其本身，而是通过 CAM 和 PPC 系统体现出来；反过来，CAM 系统如果没有 CAD 系统的支持，巨资引进的设备往往很难得到有效的利用；PPC 系统如果没有 CAD 和 CAM 的支持，既得不到完整、及时和准确的数据作为计划的依据，订出的计划也较难贯彻执行，所谓的生产计划和控制将得不到实际效益。因此，人们着手将 CAD、CAE、CAPP、CAM 和 PPC 等系统有机地、统一地集成在一起，从而消除"自动化孤岛"，取得最佳效益。

### 2. 网络化

网络化是指用高速宽带网络技术，把目前在内部 CAD/CAM 网络的单独场所的应用，扩展到多场所协同 CAD/CAM 应用，以满足制造全球趋势下的协同 CAD/CAM 的需求。CAD/CAM 信息的快速网络传递也将成为现代集成制造系统（CIMS）的一个重要组成部分。多场所的协同 CAD/CAM 通常按以下形式工作：两个以上地理位置分散的 CAD/CAM 设计者，能够协同和交互进行三维 CAD 几何造型和编辑。协同设计完成之后，就可产生刀具路径。在刀具路径生成之后，后置处理生成的加工程序立即被发送到产品销售区域的加工厂用于加工。这种工作形式潜在的利益在于减少了市场导入时间，在合适的地点可生产恰当的产品，并缩短了产品的装运时间，提高了竞争力，从而消除了阻碍跨国企业运行的地理障碍。

### 3. 智能化

人工智能在 CAD 中的应用主要集中在知识工程的引入，即发展专家 CAD 系统。专家系统具有逻辑推理和决策判断能力。它将许多实例和有关专业范围内的经验、准则结合在一起，给设计者更全面、更可靠的指导。应用这些实例和启发准则，根据设计的目标不断缩小探索的范围，使问题得到解决。

### 4. 高效化

高效化快速无图纸设计、制造技术是指依靠数字化设计，并利用并行工作技术，即快速地进行系统安排、详细设计、分析计算、工艺规划。该技术预先在计算机中进行虚拟制造，设计采用单一数据库，以三维的方式设计全部零件，并通过虚拟制造提高可靠性，使各部门可以共享所有设计模型，以尽早获得相关技术、工艺的反馈信息，使设计更快、更合理。

## 1.3 CAD/CAM 系统的组成、集成及工作过程

所谓系统，是指为完成特定任务而由相关部件或要素组成的有机的整体。一个 CAD/CAM 系统由计算机、外围设备及附加生产设备等硬件和控制这些硬件运行的指令、程序及有关文档即软件组成，通常包含若干功能模块，如图 1-4 所示。

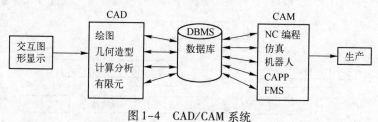

图 1-4　CAD/CAM 系统

CAD/CAM 系统是设计、制造过程中的信息处理系统，它克服了传统手工设计的缺陷，充分利用计算机高速、准确、高效的计算功能，图形处理、文字处理功能，以及对大量的、各类的数据的存储、传递、加工功能。在运行过程中，结合人的经验、知识及创造性，形成一个人机交互、各尽所长、紧密配合的系统。它主要研究对象的描述、系统的分析、方案的优化、计算分析、工艺设计、仿真模拟、NC 编程以及图形处理等理论和工程方法，输入的是系统的设计要求，输出的是制造加工信息，如图 1-5 所示。

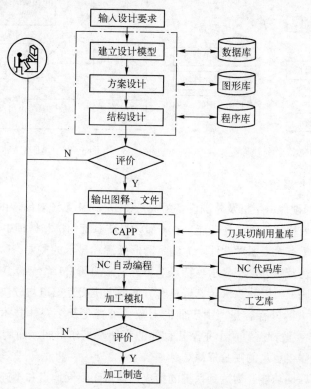

图 1-5　CAD/CAM 系统的工作过程

### 1.3.1 CAD/CAM 系统的组成

#### 1. CAD/CAM 系统的基本结构

CAD/CAM 系统基本上由硬件系统和软件系统两部分组成，如图 1-6 所示。硬件系统包括计算机和外围设备；软件系统包括系统软件、支撑软件和专业软件。系统软件主要包括操作系统、程序设计语言处理系统、数据库管理系统、网络及网络通信系统。支撑软件主要包括数据库管理系统软件、几何造型系统软件图形处理软件、有限元分析计算软件和数据加工软件（APT 系统）。

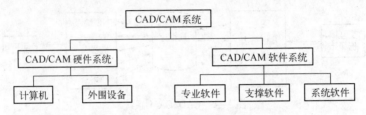

图 1-6　CAD/CAM 系统的基本结构

CAD/CAM 系统的功能不仅与组成该系统的硬件功能和软件功能有关，而且更重要的是与它们之间的匹配和合理组织有关。为此，在建立 CAD/CAM 系统时，应首先根据生产任务的需要选定最合适的功能性软件，然后再根据软件去选择与之相匹配的硬件。对于机械制造企业的 CAD/CAM 系统来讲，其硬件和软件应具备的基本功能如图 1-7 和图 1-8 所示。

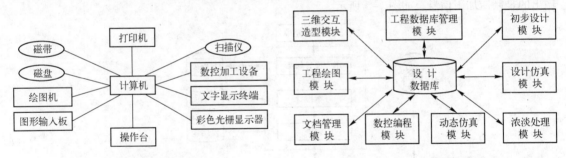

图 1-7　CAD/CAM 系统硬件配置　　　　图 1-8　CAD/CAM 系统软件配置

#### 2. CAD/CAM 硬件系统

CAD/CAM 系统的硬件由主机及外围设备组成。CAD/CAM 系统对硬件的主要要求为：

（1）强大的图形处理和人机交互功能。在 CAD/CAM 系统的信息处理中，几何图形信息处理占较大比重，一般都配有大型图形软件。为满足图形处理和显示的需要，CAD/CAM 系统要求计算机具有大内存、快速及高分辨率显示等特点。另外，CAD/CAM 系统的工作经常需要多次修改及人工参与决策才能完成，因此要求计算机具有方便的人机交互渠道与较快的响应速度。

（2）需要有相当大的外存容量。由于面向对象、可视化及多媒体技术的应用，用于 CAD/CAM 系统的各类软件一般都需要几十兆至几百兆的存储及工作空间，而用户开发的图形库、数据库及各类文档等则需要更大的硬盘资源。

（3）良好的通信联网功能。为达到系统的集成、使位于不同地点和不同生产阶段的各部门能够进行信息交换及协同工作，需要计算机网络将其连接起来，通过网络技术应用，形成网络化

CAD/CAM 系统。

在选择 CAD/CAM 系统硬件时，首先要考虑能满足当前所需要的系统功能，其次要考虑系统今后发展的可扩充性，一般应选择符合公认标准的开放式系统。

计算机硬件系统的基本配置如图 1-9 所示，其中 I/O（输入/输出）设备一般包括外存储器、显示器、键盘、鼠标、打印机、绘图机、扫描仪等及网络通信设备等。

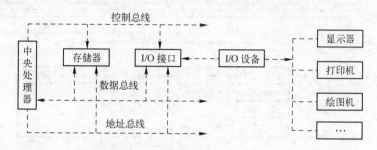

图 1-9　计算机硬件系统基本配置

### 3. CAD/CAM 系统的硬件种类

（1）终端型。终端型硬件系统大都面向银行、证券公司以及大型企业。通常以大型计算机为核心，但成本很高。当大型汽车厂家进行冲击、震动等结构分析时，需把条件设定成与实际情况非常接近，就必须采用这样高速的计算机。

（2）网络型。网络型硬件系统充分发挥 EWS（工作站）的网络功能，作业分散化，能把单列作业状态变为并列作业状态，提高作业效率，且同一时刻可以进行多个工作。该类型是近几年比较流行的一种。

### 4. CAD/CAM 软件系统

CAD/CAM 系统可采用多种语言设计，应用较多的为 C 语言、C++、PROLOG、FORTRAN等。软件系统在 CAD/CAM 中占有越来越重要的地位。目前评估 CAM 系统主要由软件的性能决定。

软件系统负责管理和控制计算机各部分运行，充分发挥各设备功能，提高效率，为用户提供便于操作的程序。为了开发、销售的便利，软件系统与 NC 系统一样都是模块化的。它主要包括3 种模块：

（1）操作系统。常用的有 Windows 操作系统、UNIX 操作系统、Linux 操作系统。

（2）程序设计系统。包括各种程序设计语言的语言处理系统及程序处理系统。如连接程序、装入程序、错误诊断及程序编辑等。

（3）服务程序。主要包括数据转换、程序存档和程序管理，还包括监督系统和诊断系统。

## 1.3.2　CAD/CAM 系统的集成

### 1. 传统的设计与制造过程

传统的产品设计与制造过程如图 1-10 所示。

设计过程从概念设计到设计结果都可以用计算机实现，从而构成了 CAD 过程。制造过程从工艺过程设计开始，包括工序规划、刀具计划、材料计划、加工编程、加工、检验及装配，这一

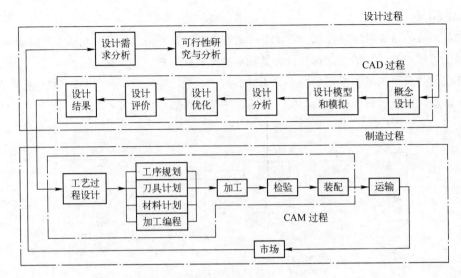

图 1-10 传统的产品设计与制造过程

系统环节同样也可以用计算机实现，即计算机辅助工艺过程设计（CAPP）软件和数控编程（NCP）软件。

**2. CAD/CAM 系统集成的概念**

通常所说的 CAD/CAM 系统集成，就信息而言，实际上是指设计与制造过程中 CAD、CAPP 和 NCP 这 3 个主要环节的软件集成，有时也叫 CAD/CAPP/CAM 集成。随着 CAD/CAM 集成技术和并行技术的不断发展，对 CAM 的概念应该赋予更广义的理解，CAM 应该包括从工艺过程设计、夹具设计，到加工、在线检测、加工过程中的故障诊断、装配以及车间生产计划调度等制造过程的全部环节。

CAD/CAM 系统的集成是把 CAD、CAE、CAPP、CAFD、NCP，以至 PPC 等各种功能不同的软件有机地结合起来，用统一的执行控制程序来组织各种信息的提取、交换、共享和处理，以保证系统内信息流的畅通，并协调各个系统的运行。CAD/CAM 的集成是制造业迈向 CIM 的基础。它的显著特点是与生产管理和质量管理有机地集成在一起，通过生产数据采集和信息流形成一个闭环系统。

CAD/CAM 系统集成包括 3 个方面：硬件集成，CAD 系统网和 CAM 系统网互联；信息集成，CAD/CAM 系统双向数据共享与集成；功能集成，指 PDMS（产品数据管理系统）。CAD/CAM 集成的核心是 PDMS。通过 PDMS 可以实现 CAD/CAM 的数据共享与集成，同时也能实现 CAD/CAM 与 MRP Ⅱ 系统间的数据共享与集成。

## 1.3.3 CAD/CAM 系统的工作过程

CAD/CAM 技术是计算机在工程和产品设计与制造中的应用。设计过程中的需求分析、可行性分析、方案论证、总体构思、分析计算和评价以及设计定型后产品信息传递都可以由计算机来完成。在设计过程中，利用交互设计技术，在完成某一设计阶段后，可以把中间结果以图形方式显示在图形终端的屏幕上以供设计者直接地分析和判断。设计者判断后认为还需要进行某些方面的修改时，可以立即把要修改的参数输入计算机，计算机对这一批新数据立即进行处理，再输出结果，再判断，再修改。这样的过程可反复多次，直至取得理想的结果为止。最后，用绘图机输出工程图纸或数控加工纸带和有关信息供制造过程应用。整个设计与制造过程如图 1-11 所示。

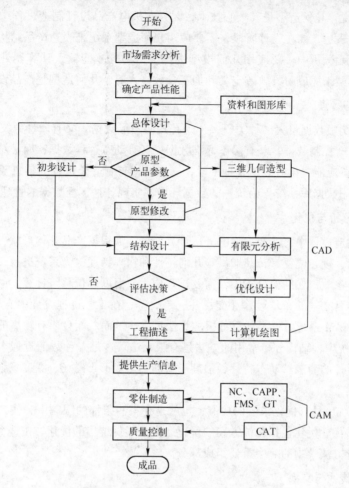

图 1-11 产品设计和制造过程流程图

## 1.4 CAD/CAM 系统应具备的基本功能

在 CAD/CAM 系统中，计算机主要帮助人们完成产品结构描述、工程信息表达、工程信息传输与转化、结构及过程的分析与优化、信息管理与过程管理等工作，因此，作为 CAD/CAM 系统，应具备交互图形图像处理、产品与过程建模、信息存储与管理、工程计算分析与优化、工程信息传输与交换、模拟与仿真、人机交互、信息的输入与输出等基本功能。下面简要介绍其前 5 种功能。

### 1. 交互图形图像处理

机电产品设计中，涉及大量的图形图像处理任务，如图形的坐标变换、裁剪、渲染、消隐处理、光照处理等，CAD、CAPP、CAM 等都需要用到这项功能，这是 CAD/CAM 系统所必备的功能。

### 2. 产品与过程建模

在 CAD/CAM 系统中，对产品信息及其相关过程信息的描述是一切工作的基础。对于机电 CAD/CAM 系统来说，几何造型是其核心技术，因为在机电产品设计制造过程中，必然要涉及大量结构体的描述与表达，如在设计阶段，需要应用几何造型系统来表达产品结构形状、大小、装配关系等；在有限元分析中，要应用几何模型进行网格划分才能输入计算器处理；在数控编程中，要应用几何模型来完成刀具轨迹定义和加工参数输入等。几何造型是产品设计的基本工具。

### 3. 信息存储与管理

CAD/CAM 系统中数据量大、种类繁多，既有几何图形数据，又有属性语义数据；既有产品定义数据，又有生产控制数据；既有静态标准数据，又有动态过程数据；而且结构相当复杂。因此，CAD/CAM 系统应能提供有效的管理手段，支持设计与制造全过程的信息流动与交换。通常 CAD/CAM 系统采用数据库系统作为统一的数据环境，实现各种工程数据的管理。

### 4. 工程计算分析与优化

在产品设计制造过程中，涉及大量的分析计算任务。如根据产品几何形状，计算出相应的体积、表面积、质量、重心位置、转动惯量等几何特性和物理特性，为系统进行工程分析和数值计算提供必要的基本参数；在结构分析中，需要进行应力、温度、位移等计算；图形处理中涉及矩阵变换的运算、体素之间的布尔运算（交、并、差）等；在工艺过程设计中有工艺参数的计算。因此，要求 CAD/CAM 系统对各类计算分析的算法正确、全面，而且要有较高的计算精度。

CAD/CAM 系统中，结构分析常用的方法是有限元法。这是一种数值近似求解方法，用来计算复杂结构形状零件的静态、动态特性，强度、振动、热变形、磁场、温度场强度、应力分布状态等。

CAD/CAM 系统应具有优化求解的功能，也就是在某些条件的限制下，使产品或工程设计中的预定指标达到最优。优化包括总体方案的优化、产品零件结构的优化、工艺参数的优化等。优化设计是现代设计方法学中的一个重要组成部分。

### 5. 工程信息传输与交换

CAD/CAM 系统不是一个孤立的系统，它必须与其他系统相互联系，即使在 CAD/CAM 内部，各功能模块之间也要进行信息交换。随着并行作业方式的推广应用，还存在着几个设计者或工作小组之间的信息交换问题。因此，CAD/CAM 系统应具备良好的信息传输管理功能和信息交换功能。

## 1.5　CAD/CAM 系统当前的常用软件

CAD/CAM 系统常用软件分为支撑软件和专用应用软件。支撑软件是指直接支持用户进行 CAD/CAM 工作的通用性功能软件。专业应用软件是针对用户具体要求而专门开发的软件。

### 1.5.1　CAD/CAM 系统支撑软件

CAD/CAM 系统支撑软件按功能主要分为二维绘图支撑软件、三维造型软件、分析及优化设计软件；按软件功能的多少，一般又可分为功能集成型软件和功能独立性软件，集成型支撑软件一般提供设计、分析、造型、数控编程及加工编程等多种模块，功能比较齐全，是开展 CAD/CAM 的主要软件。以下为常用的 CAD/CAM 软件介绍。

### 1. UG

UG（Unigraphics）是 Siemens PLM Software 公司出品的 CAD/CAE/CAM 一体化软件，广泛应用于航空航天、汽车、通用机械及模具等领域。其功能强大，可以轻松实现各种复杂 3D 实体的造型构建。国内外已有许多科研院所和厂家选择了 UG 作为企业的 CAD/CAM 系统。UG 运行于 Windows NT 平台，无论装配图还是零件图设计，都从三维实体造型开始，使图形直观、逼真。三维实体生成后，可自动转换成工程图（如三视图、轴测图、剖视图等）。其三维 CAD 是参数化的，修改一个草图尺寸，零件相关的尺寸随之变化。该软件还具有人机交互方式下的有限元分析，并可对任何实际的二维及三维机构进行复杂的运动学分析和设计仿真，以及完成大量的装配分析工作。UG 的 CAM 模块提供了一种产生精确刀具路径的方法。该模块允许用户通过观察刀具运动来图形化地编辑刀具轨迹。UG 软件所带的后置处理程序支持多种数控机床，UG 基于标准的 IGES（Initial Graphics Exchange Specification）和 STEP（Standard for the Transfer and Exchange of Product model data）产品，被公认为在数据交换方面处于世界领先地位。UG 还提供了大量的直接转换器（如 CATLA、CADDS、SDRC、EMC 和 AutoCAD），以确保同其他系统高效地进行数据交换。

### 2. Pro/Engineer

Pro/Engineer（Pro/E）是美国参数技术公司（Parametric Technology Corporation，PTC 公司）开发的 CAD/CAM/CAE 软件，在我国有很多用户。它采用面向对象的单一数据库和全参数化造型技术，为三维实体造型提供了一个优良的平台。其工业设计方案可以直接读取内部的零件和装配文件，当原始造型被修改后，具有自动更新的功能。它的 CAD 模块的功能很强大，这是同行中公认的。其 MOLDESIGN 模块用于建立几何外形，可迅速而又简捷地将一个模型分解为型芯和型腔，从而节省复杂零件的编程时间。Pro/E 2000i 可以创建最佳加工路径，并允许 NC 编程人员控制整体的加工路径直到最细节的部分。该软件还支持高速加工和多轴加工，带有多种图形文件接口。Pro/E 可运行于 UNIX、Windows 等操作系统平台。

### 3. Cimatron 系统

Cimatron 系统源于以色列，是为了设计开发喷气式战斗机所开发出来的软件，由加拿大安大略省的 Cimatron Technologies 公司开发。它集成了设计、制图、分析与制造，是一套结合机械设计与 NC 加工的 CAD/CAE/CAM 软件。从模型绘制、产生凹凸模、模具设计、建立组件、检查零件之间是否关联、建立刀具路径到支持高速加工、图形文件的转换和数据的管理等都做得相当成功。它支持 IGES、VDA、STEP、DXF、SLA、PTC、SAT、ACIS 等图形文件转换，且转换成功率非常高。其 CAD 模块支持复杂曲线和复杂曲面造型设计，采用参数式设计，具有双向设计组合功能，并且当修改子零件时，装配件中对应零件也随之自动修改。但其窗口界面不同于下拉式 Windows 菜单形式。CAM 模块功能除能够对含有实体和曲面的混合模型进行加工外，其走刀路径能沿着残余量小的方向寻找最佳路线，使加工路径最优化，从而确保制造过程无过切现象。并且，其 CAM 模块能够检查出应在何处保留材料不加工，对零件上符合一定几何或技术规则的区域进行加工，通过保存技术样板，可以指示系统如何进行切削，可以重新应用于其他加工件，即所谓基于知识的加工。CAM 的优化功能能使加工零件达到最好的加工质量，此功能明显优于其他同类产品。该软件可运行在 Windows 等操作系统平台。

### 4. Mastercam

Mastercam 是由美国 CNC Softeware Inc. 公司开发的。Mastercam 5.0 以上版本运行于 Windows 平台，是国内引进最早、使用最多的 CAD/CAM 软件之一。其 CAM 功能操作简便、易学、实用，高校及技工学校 CAD/CAM 教学使用较多。它包括 2D 绘图、3D 模型设计、NC 加工等，在使用线框造型方面具有代表性。该软件三维造型功能稍差。新的加工任选项如多曲面径向切削和将刀具轨迹投影到数量不限的曲面上等功能，使用户具有更大的灵活性。Mastercam 8.0 版本已加入参数式实体造型功能，具有各种连续曲面加工功能、自动过切保护以及刀具路径优化功能，可自动计算加工时间，并对刀具路径进行实体切削仿真，其后处理程序支持铣、车、线切割，激光加工以及多轴加工。Mastercam 提供多种图形文件接口，如 SAT、IGES、VDA、DXF、CADL 等，能直接读取 Pro/E 2000i 的图形文件。

### 5. SolidWorks

SolidWorks 是一套智能型的高级 3D 实体绘图设计软件。它运行于 Windows 平台，拥有直觉式的设计空间，是三维实体造型 CAD 软件中用得最普遍的软件之一。它使用最新的物体导向软件技术，采用特征管理员的参数式 3D 设计方式及高效率的实体模型核心，并具有高度的文件兼容性，可载入编辑及输出 IGES、Parasolid、STL、ACIS、STEP、TIFF、VDAFS、VRML 等文件格式，可迅速而又简捷地将一个模型分解为型芯和型腔。

### 6. CATIA

CATIA 最早是由法国达索飞机公司研制的，目前属于 IBM 公司，是一个高档 CAD/CAM / CAE 系统，广泛用于航空、汽车等领域。它采用特征造型和参数化造型技术，允许自动指定或由用户指定参数化设计、几何或功能化约束的变量式设计。根据其提供的 3D 线架，用户可以精确地建立、修改与分析 3D 几何模型。其曲面造型功能包含了高级曲面设计和自由形状设计，用于处理复杂的曲线和曲面定义，并有许多自动化功能，包括分析工具，加速了曲面设计过程。CATIA 提供的装配设计模块可以建立并管理基于 3D 的零件和约束的机械装配件的设计，后续应用则可以利用此模型进行进一步的设计、分析和制造。CATIA 具有一个 NC 工艺数据库，存有刀具、刀具组件、材料和切削状态等信息，可自动计算加工时间，并对刀具路径进行重放和验证。用户可通过图形化显示来检查和修改刀具轨迹。该软件的后处理程序支持铣床、车床和多轴加工。

### 7. AutoCAD

AutoCAD 是美国 Autodesk 公司推出的系列交互式绘图软件。AutoCAD 基本上是一个二维工程绘图软件，具有较强的绘图、编辑等功能，主要进行计算机辅助设计、计算机辅助绘图等工作，应用非常广泛。通常又将它划分到图形软件系统。

正如以上介绍的那样，常用 CAD/CAM 软件所创建的图形都能与标准三维数据格式（IGES）转换。所以，从理论上说，不论是用哪个 CAD/CAM 软件创建的三维图形，通过标准数据格式 IGES 转换，都可以被其他软件使用，生成加工程序。从这个意义上讲，学习 CAD/CAM 软件，只要学通一种软件，在实际应用中就不会有太多的难点。表 1-1 所列为目前常用软件品牌及网址。

表 1-1 目前常用软件品牌及网址

| 品 牌 | 生产厂家 | 网 址 |
|---|---|---|
| Mastercam | CNC Software Inc. | http://www.mastercam.com |
| Unigraphics | UGS（美） | http://www.ugs.com |
| Pro/Engineer | PTC（美） | http://www.ptc.com |
| Cimatron | Cimatron（以色列） | http://www.cimatron.com |
| CAMWorks | Geometric Technologies, Inc.（印度） | http://us108194489.en.gongchang.com |
| CATIA | Dassault（法） | http://www.intergraph.com |
| AutoCAD | Autodesk（美） | http://www.autodesk.com |
| SolidWorks | SolidWorks（美） | http://www.solidworks.com |
| CAXA | CAXA（中） | http://www.caxa.com |

## 1.5.2 国产专业应用软件介绍

专业应用软件是指针对用户的具体要求而专门开发的软件。在实际应用中，根据用户的一些特殊要求，需要在通用的 CAD/CAM 软件基础上进行二次开发，增加一系列特殊功能，或基于一些通用开发环境（如 VC），开发全新的软件系统，这些软件就是专业应用软件。由于专业应用软件和具体应用有关，因此形势不一，功能多样，应用领域较小，但数量巨大。

在我国，有代表性的产品如下：

**1. 高华系列产品**

北京高华计算机有限公司以清华大学为技术依托，专门从事 CAD/CAM 系统的开发与集成。其主要产品包括：

（1）高华计算机辅助机械设计与绘图系统。

（2）高华三维产品造型与设计系统。

（3）高华产品数据管理系统。

（4）高华工程图档管理系统。

（5）高华计算机辅助工艺设计系统。

**2. Inte 系列产品**

武汉天喻公司的前身是华软集团，是以华中理工大学 CAD 中心为基础发展的高科技公司。其对 CAD/CAM 技术进行了全面的研究和开发，并推出了系列 InteCAX 产品，在国内占有很大的市场。其主要产品包括：

（1）二维绘图系统 InteCAD。

（2）三维设计系统 InteSolid。

（3）产品数据管理系统 IntePDM。

（4）工艺设计系统 InteCAPP。

（5）数控编程系统 InteCAM。

### 3. 华正系列产品

北京华正软件工程研究所以北京航空航天大学为技术依托，并与海尔集团合作，开发华正 CAXA 系列 CAD/CAM/CAE 软件。其主要产品有：

(1) 电子图板 2000。

(2) 注塑模具设计系统。

(3) 线切割系统。

(4) 数控铣及加工中心系统。

(5) 注塑工艺设计系统。

另外，在我国有较好的市场声誉的还有北航海尔 CAXA 系列、广州红地公司推出的金银花系列、武汉开目公司推出的开目 CAD 系统、金叶西工大软件公司推出的金叶 CAPP 和金叶标准件建库系统、大工电脑发展有限公司推出的有限元分析和优化设计软件系统 JIFEX、广州大学的机构分析与仿真系统 GMECH。

## 1.6　CAD/CAM 集成的支撑系统

CAD/CAM 集成系统是将企业的设计、制造和销售等各个环节集成起来，实现信息的交互和共享，系统的集成需要计算机网络作为支撑技术，如图 1-12 所示。

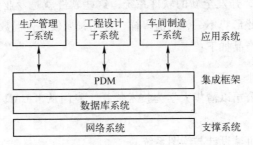

图 1-12　支撑系统在 CAD/CAM 中的作用

### 1.6.1　计算机网络基础

网络的发展经历了 3 代：

第一代网络是通过电路交换（Circuit Switching）来实现的。利用调制解调器、集中器、通信控制器等设备和通信线路将远程的多个终端与一个主机连接起来，以使多个终端共享一个主机的资源，形成了"多终端 - 通信设备 - 主机"的星形网络。

第二代计算机网络是使用信息分组交换技术，即将要传送的信息分成一个个的分组，每个发送的分组带有有关目的地的地址信息，经过一个临时选择的线路传送到目的地主机。同时，这种网络不是一个中心主机，而是各个网络节点都是主机。各个主机之间都有可能有线路相连，不会因少数节点或线路的故障而影响整个网络的运行。

第三代计算机网络：开放系统互连参考模型（Open System Interconnection/Reference Model, OSI/RM）由国际标准化组织提出，是计算机在世界范围内互联成网的标准框架。现在网络已经进入各个领域。

### 1.6.2 网络的类型

按网络覆盖的范围分：局域网（Local Area Network，LAN），5 km 范围；广域网（Wide Area Network，WAN），整个世界；城域网（Metropolitan Area Network，MAN），一个城市。

按网络拓扑结构分：星形网、总线形网、环形网、网状网。

按管理性质或使用范围分：公用网和专用网等。

### 1.6.3 CAD/CAM 集成环境下网络的特点

CAD/CAM 集成系统是将企业的设计、制造和销售等各个环节集成起来，实现信息的交互和共享。相对一般的办公网络，CAD/CAM 集成系统下的网络应具有如下特点：

**1. 网络的规模应覆盖整个企业**

网络的规模应覆盖整个企业中涉及 CAD/CAM 一体化的各个部门，既包括企业管理层的计划、销售等部门，又包括企业的设计、制造等各部门，是办公自动化网和制造自动化网的结合。相关部门的计算机硬件设备要联网通信，为各个分系统（设计、制造、管理）的信息传递提供畅通的传输通道。

**2. 网上传递的信息比较复杂，数据量大，实时性较强**

企业中的信息比较复杂，既包括格式化信息，如合同、设备台账等，又包括非格式化信息，如零件图形、程序、文档等，还有协同工作环境的多媒体信息，如声音、图像等。这些数据中，有些实时性要求较低，有些实时性要求较高。

**3. 涉及的机型较多，网络结构复杂**

企业中不同性质的工作所用的计算机也不同，如办公用计算机、绘图用工作站、车间控制用可编程控制器、加工中心的专用计算机。不同性质的计算机设备应连接成不同性质的网络，如办公用网、车间控制网络、设计协调工作环境网络。因此，企业的 CAD/CAM 集成网络应能连接多机型异构设备，应是多个 LAN 的多层次互联。

**4. 应具有较好的灵活性和可扩展性**

网络应具有较灵活的虚拟分组能力，以适应企业组织机构及业务的变化，在一定程度上支持企业组织机构的信息资源充足。其应具有较强的开放性，建立 CAD/CAM 一体化工程主干网，允许异种机、异种操作系统、异构数据库、异构子网互联，并能有效保证通信安全性。应尽量采用国际或国家标准及规范。系统应具有先进性和实用性，系统开发中要采用当今国际上先进成熟的设计工具和方法，并有长久的服务支持。

# 小 结

本章介绍了 CAD/CAM 的发展过程，讲述了 CAD/CAM 的概念，对 CAD/CAM 系统的组成、集成及工作过程做了详细的论述；全面介绍了 CAD/CAM 系统应具备的基本功能，对当前 CAD/CAM 系统常用软件、CAD/CAM 集成的支撑系统进行了详细的讲述。

# 思 考 题

1-1　试回顾 CAD、CAM 的发展历史，回答：CAD/CAM 技术发展趋势如何？

1-2　简述 CAD/CAM 系统的基本构成。CAD/CAM 系统实现集成的方案有哪几种？

1-3　采用 CAD/CAM 技术的优越性有哪些？

1-4　试述系统软件的作用。CAD/CAM 系统所用的系统软件有哪几种？

1-5　简述 CAD/CAM 系统的硬件组成、集成及工作过程。

1-6　简述 CAD 软件系统选择原则。

1-7　CAD/CAM 系统应具备的基本功能有哪些？其集成的支撑系统特点是什么？

# 第 2 章　工程数据的处理

学习目的与要求：了解工程数据的处理方法及其特点；理解数据库的结构；能熟练运用数据库管理软件；能够实现数据库与高级语言的调用，并编写程序实现相应功能。

在机械工程领域中，要使用许多工程数据，如从工程手册或设计规范中查找各种系数和数据，而这些系数和数据往往是以表格、线图、经验公式等形式给出。人工设计时，是由人工查找，速度慢，效率低，易出错。在计算机辅助设计中，这些工程数据应用计算机进行高效、快速的处理。总体来说，人类利用计算机来管理工程数据有 3 种方法：

（1）程序化处理。程序化处理是早期计算机所采用的一种数据处理方法，这是由于没有必要的软件支持，用户不得不自行管理数据，程序既要考虑数据处理方法，又要管理数据组织与存储。在编程时将数据以一定的形式直接放于程序中。

特点：程序与数据结合在一起。

缺点：数据无法共享，增加程序的长度，编程效率低，程序不灵活而且容易出错。

（2）文件化处理。将数据放于扩展名为 .dat 的数据文件中，需要数据时，由程序来打开文件并读取数据。

特点：数据与程序作了初步的分离，实现了有条件的数据共享。

缺点：

① 文件只能表示事物而不能表示事物之间的联系。

② 文件较长。

③ 数据与应用程序之间仍有依赖关系。

④ 安全性和保密性差。

（3）数据库管理。将工程数据存放到数据库中，可以克服文件化处理的不足。

特点：

① 数据共享。

② 数据集中。

③ 数据结构化，既表示了事物，又表示了事物之间的联系。

④ 数据与应用程序无关。

⑤ 安全性和保密性好。

方式的选择原则是：有利于提高 CAD 作业的效率，降低开发的成本。

# 2.1 数表的程序化处理

针对工程中常用的数表数据，可以采用数表程序化和文件化处理方式，亦可针对数表中的数据，完成数表中的插值处理，求出非数表中的插值数据。

## 2.1.1 一维数表的处理

定义：只由一个已知变量查取所需数据的表格，称为一维数表。

例：表 2-1 为由链轮齿数 $z$ 查取齿数系数 $k$ 的一维数表，试对其进行程序化处理。

表 2-1 齿数与系数

| $z$ | 9 | 11 | 13 | 15 | 17 | 19 | 21 |
|---|---|---|---|---|---|---|---|
| $k$ | 0.446 | 0.555 | 0.667 | 0.775 | 0.893 | 1.00 | 1.12 |
| $z$ | 23 | 25 | 27 | 29 | 31 | 33 | 35 |
| $k$ | 1.23 | 1.35 | 1.46 | 1.58 | 1.70 | 1.81 | 1.94 |

用 Turbo C 语言编程如下：

```
#include < stdio. h >
void main( )
{   int i,z1,ip = 20;
    int z[14] = {9,11,13,15,17,19,21,23,25,27,29,31,33,35};
    float [14] = {0.446,0.555,0.667,0.775,0.893,1.00,1.12,1.23,1.35,.46,1.58,1.70,1.81,1.94};
    printf("请输入链轮齿数 z1:");
    scanf("% d", &z1);
    for(i = 0;i < 14;i ++ )
    {   if(z[i] == z1)   {
        ip = i;
        i = 15;}
    }
    if(ip < 20)
        printf("当 z = % d 时,k = % f\n",z[ip],k[ip]);
    else
        printf("\n 输入错误!");}
```

## 2.1.2 二维数表的处理

定义：需由二个已知条件才能确定一个未知数据的表格，称为二维数表。

例：表 2-2 用于链轮设计中，由节距 $t$ 和链轮齿数 $z$ 查取链轮轴孔最大直径 $d_k$ 和齿侧凸缘最大直径 $d_h$，试对其进行程序化处理。

表 2-2　由节距和链轮齿数查取链轮轴孔最大直径和齿侧凸缘最大直径

| 齿数 z ＼ 节距 t ＼ 直径 | 9.525 | | 12.70 | | 15.875 | | 19.05 | | 25.40 | |
|---|---|---|---|---|---|---|---|---|---|---|
| | $d_h$ | $d_k$ | $d_h$ | $d_k$ | $d_h$ | $d_k$ | $d_h$ | $d_k$ | $d_h$ | $d_k$ |
| 11 | 22 | 11 | 30 | 18 | 37 | 22 | 45 | 27 | 60 | 38 |
| 13 | 28 | 15 | 38 | 22 | 48 | 30 | 57 | 36 | 77 | 51 |
| 15 | 35 | 20 | 46 | 28 | 58 | 37 | 70 | 46 | 93 | 61 |
| 17 | 41 | 24 | 54 | 34 | 68 | 45 | 82 | 53 | 110 | 74 |
| 19 | 47 | 29 | 63 | 41 | 79 | 51 | 94 | 62 | 126 | 84 |
| 21 | 53 | 33 | 71 | 47 | 89 | 59 | 107 | 72 | 142 | 95 |
| 23 | 59 | 37 | 79 | 51 | 99 | 65 | 119 | 80 | 159 | 109 |
| 25 | 65 | 42 | 87 | 57 | 109 | 73 | 131 | 88 | 175 | 120 |

| 齿数 z ＼ 节距 t ＼ 直径 | 31.75 | | 38.10 | | 44.45 | | 50.8 | | 63.50 | |
|---|---|---|---|---|---|---|---|---|---|---|
| | $d_h$ | $d_k$ | $d_h$ | $d_k$ | $d_h$ | $d_k$ | $d_h$ | $d_k$ | $d_h$ | $d_k$ |
| 11 | 76 | 50 | 91 | 60 | 106 | 71 | 121 | 80 | 152 | 103 |
| 13 | 96 | 64 | 116 | 79 | 135 | 91 | 155 | 105 | 193 | 132 |
| 15 | 117 | 80 | 140 | 95 | 164 | 111 | 187 | 129 | 235 | 163 |
| 17 | 137 | 93 | 165 | 112 | 193 | 132 | 220 | 152 | 275 | 193 |
| 19 | 158 | 108 | 189 | 129 | 221 | 153 | 253 | 177 | 316 | 224 |
| 21 | 178 | 122 | 214 | 148 | 250 | 175 | 285 | 200 | 357 | 254 |
| 23 | 199 | 137 | 238 | 165 | 278 | 197 | 318 | 224 | 398 | 278 |
| 25 | 219 | 152 | 263 | 184 | 307 | 217 | 335 | 249 | 438 | 310 |

编程实现如下：

其中取变量：齿数 $z$——$z[i]$，$i=1,2,3,\cdots,8$；节距 $t$——$t[i]$，$i=1,2,3,\cdots,10$；$d_k$——$dk[i,j]$，$i=1,2,3,\cdots,8$；$j=1,2,3,\cdots,10$；$d_h$——$dh[i,j]$，$i=1,2,3,\cdots,8$；$j=1,2,3,\cdots,10$；z1——用户输入的小链轮齿数；t1——用户输入的节距值。

```
#include < stdio. h >
void main( )
{   int i,j,z1,ip = 20,jp = 20;
    float t1;
    int z[8] = {11,13,15,17,19,21,23,25};
    float t[10] = {9.525,12.7,15.875,19.05,25.4,31.75,38.1,44.45,50.8,62.5};
    int dh[8][10] = {22,30,37,45,60,76,91,106,121,152, 28,38,48,57,77,96,116,135,155,
        193,35,46,58,70,93,117,140,164,187,235, 1,54,68,82,110,137,165,193,
        220,275,47,63,79,94,126,158,189,221,253,316,53,71,89,107,142,178,
        214,250,285,357, 59,79,99,119,159,199,238,278,318,398,65,87,109,137,
        175,219,263,307,315,438};
    int dk[8][10] = {11,18,22,27,38,50,60,71,80,103,15,22,30,36,51,64,79,91,105,132,20,28,
        37,46,61,80,95,111,129,163,24,34,45,53,74,93,112,132,152,193,29,41,51,
        62,84,108,129,153,177,224,33,47,59,72,95,122,148,175,200,254,37,51,65,
```

```
                    80,109,137,165,196,224,278,42,57,73,88,120,152,184,217,249,310};
        printf("请输入链轮齿数 z1:");
        scanf("%d",&z1);
        for(i=0;i<8;i++)
        {   if(z[i]==z1)
            {ip=i;   i=9;}
        }
        printf("请输入节距 t1:");
        scanf("%f",&t1);
        for(j=0;j<10;j++)
        {if(t[j]==t1)   {jp=j;   j=11;}
        }
        if(ip<20 && jp<20)
            printf("\n dang z=%d,t=%f shi,dh=%d,dk=%d",z[ip],t[jp],dh[ip][jp],dk[ip][jp]);
        else
            printf("\n 输入错误! \n");
    }
```

# 2.2  数表的文件化处理

文件系统是计算机系统的既有组成部分。文件化处理方法出现于 20 世纪 50 年代至 60 年代，它提供了简单的数据共享与数据管理功能，但它无法提供完整统一管理与数据共享能力。由于它的功能较为简单，因此一般附属于操作系统而并不成为独立的软件。因而，这种方法的数据处理能力取决于计算机系统，尤其是操作系统的文件处理能力。将数据放于扩展名为 .dat 的数据文件中（文本文件 .txt 也行），需要数据时由程序打开文件并读取数据。

数据文件的生成方法：

（1）用编辑软件产生顺序文件。

（2）用程序生成顺序文件。

（3）文件的读取和检索。

例：将表 2-3 实现文件化处理。这里是由一个变量查取两个未知变量，先用两种方法生成顺序文件，然后编程实现其功能。

表 2-3  依齿数 $z$ 查齿形系数 $y_{fa}$ 及应力校正系数 $y_{sa}$

| $z$ | 17 | 18 | 19 | 20 | 21 | 22 | 23 | 24 | 25 | 26 | 27 | 28 | 29 |
|---|---|---|---|---|---|---|---|---|---|---|---|---|---|
| $y_{fa}$ | 2.97 | 2.91 | 2.85 | 2.80 | 2.76 | 2.72 | 2.69 | 2.65 | 2.62 | 2.60 | 2.57 | 2.55 | 2.53 |
| $y_{sa}$ | 1.52 | 1.53 | 1.54 | 1.55 | 1.56 | 1.57 | 1.575 | 1.58 | 1.59 | 1.595 | 1.60 | 1.61 | 1.62 |
| $z$ | 30 | 35 | 40 | 45 | 50 | 60 | 70 | 80 | 90 | 100 | 200 | 10000 | |
| $y_{fa}$ | 2.52 | 2.45 | 2.40 | 2.35 | 2.32 | 2.28 | 2.24 | 2.20 | 2.18 | 2.18 | 2.12 | 2.06 | |
| $y_{sa}$ | 1.625 | 1.65 | 1.67 | 1.68 | 1.70 | 1.73 | 1.75 | 1.77 | 1.78 | 1.79 | 1.865 | 1.97 | |

（1）用编辑软件产生顺序文件设计。

用编辑软件或写字板输入数据（保存为 abc. txt）：

```
17   18   19   20   21
22   23   24   25   26
27   28   29   30   35
40   45   50   60   70
80 90 100 150 200 10000
2.97 2.91 2.85 2.80 2.76
2.72 2.69 2.65 2.62 2.60
2.57 2.55 2.53 2.52 2.45
2.40 2.35 2.32 2.28 2.24
2.22 2.20 2.18 2.14 2.12 2.06
1.52 1.53 1.54 1.55 1.56
1.57 1.575 1.58 1.59 1.595
1.60 1.61 1.62 1.625 1.65
1.67 1.68 1.70 1.73 1.75
1.77 1.78 1.79 1.83 1.865 1.97
```

（2）用程序生成顺序文件设计。

程序如下：

```c
#include < stdio. h >
void main( )
{   int i,j;
    int a[26] = {17,18,19,20,21,22,23,24,25,26,27,28,29,
            30,35,40,45,50,60,70,80,90,100,150,200,10000};
    float b[52] = {2.97,2.91,2.85,2.80,2.76,2.72,2.69,2.65,2.62,2.60,2.57,2.55,2.53,
            2.52,2.45,2.40,2.35,2.32,2.28,2.24,2.22,2.20,2.18,2.14,2.12,2.06,
            1.52,1.53,1.54,1.55,1.56,1.57,1.575,1.58,1.59,1.595,1.60,1.61,1.62,
            1.625,1.65,1.67,1.68,1.70,1.73,1.75,1.77,1.78,1.79,1.83,1.865,1.97};
    FILE  * fp;
    fp = fopen("d:\\abc. txt","w");
    for(i = 0;i < 26;i ++)
      fprintf(fp,"% d ",a[i]);
      fprintf(fp," \n");
    for(j = 0;j < 26;j ++)
      fprintf(fp,"% f ",b[j]);
      fprintf(fp," \n");
    for(j = 26;j < 52;j ++)
      fprintf(fp,"% f ",b[j]);
    fclose(fp);
}
```

上面两种方法都能产生顺序文件，下面讨论文件的读取和检索。

（3）文件的读取和检索的设计。

根据前面两种方法建立的数据文件（设文件名为 abc. txt），编程实现由齿数 $z$ 查取齿形系数 $y_{fa}$ 和应力校正系数 $y_{sa}$。程序如下：

```
#include <stdio. h>
void main( )
{   int i,z1,z[26],ip=30;
    float yfa[26],ysa[26];
    FILE *fp;
    fp=fopen("d:\\abc. txt","r");
    for(i=0;i<26;i++)
      fscanf(fp,"%d",&z[i]);
    for(i=0;i<26;i++)
      fscanf(fp,"%f",&yfa[i]);
    for(i=0;i<26;i++)
      fscanf(fp,"%f",&ysa[i]);
    fclose(fp);
    printf("请输入齿数 z1:");
    scanf("%d", &z1);
    for(i=0;i<26;i++)
      if(z[i]==z1)
      {  ip=i;
         i=30;
      }
if(ip<30)
    printf("\n 当 z=%d 时,yfa=%f,ys=%f",z[ip],yfa[ip],ysa[ip]);
else
    printf("\n 输入错误!");
}
```

## 2.3　一维数表的插值处理

对于工程数据的一些特殊情况，图表上只给出一部分节点值，对于非节点值则必须用插值法解决，如表 2-4 所示。

表 2-4　由小链轮齿数 $z$ 查取齿数系数 $k$ 的数表

| $z$ | 7 | 9 | 11 | 13 | 15 | 17 | 19 | 21 | 23 | 25 | 27 | 29 | 31 | 33 | 35 |
|---|---|---|---|---|---|---|---|---|---|---|---|---|---|---|---|
| $k$ | 0.333 | 0.446 | 0.555 | 0.667 | 0.775 | 0.893 | 1.00 | 1.12 | 1.23 | 1.35 | 1.46 | 1.58 | 1.70 | 1.81 | 1.94 |

如果想要取 $z_1=14$ 或 $z_2=18$ 时 $k$ 的值，必须采用插值法解决。

**1. 线性插值法**

已知：两点 $(x_1, y_1)$，$(x_2, y_2)$。

求：位于 $x_1$，$x_2$ 之间的 $x$ 坐标对应的 $y$。

可用如下的线性插值公式

$$y = y_1 + (y_2 - y_1)(x - x_1)/(x_2 - x_1)$$

对于表 2-4，首先根据上节内容建立数据文件 d:\bbb. txt 存放表中数据，则具有线性插值功能的文件化处理程序如下：

```c
#include < stdio. h >
void main( )
{   int i,z1,z[16],x1,x2,qiao =0,symbol;
    float y1,y2,kz,k[16];
    FILE  * fp;
    fp = fopen( "c:\\bbb. txt","r");
    for( i =0;i <16;i ++)
      fscanf(fp,"% d",&z[i]);
    for( i =0;i <16;i ++)
      fscanf(fp,"% f",&k[i]);
    fclose(fp);
    for( i =0;i <16;i ++)
      printf("% d",z[i]);
      printf(" \n");
    for( i =0;i <16;i ++)
      printf("% f",k[i]);
      printf(" \n");
    printf("请输入齿数 z1:");
    scanf("% d",&z1);
    for( i =0;i <16;i ++)
    {
        if( z[i] == z1)
        {  kz = k[i];
           qiao =1;
           i =17;
        }}
    if( qiao ==0)
    {
        for( i =0;i <16;i ++)
          {  if(z[i] >z1)
             {  x1 = z[i -1];
                y1 = k[i -1];
```

```
            x2 = z[i];
            y2 = k[i];
            kz = y1 + ( y2-y1) * ( z1-x1)/( x2-x1);
            symbol = 1;
            }
        if( symbol == 1) break;
        }
    }
    printf( " \n z = % d,k = % f\n" ,z1,kz);
}
```

## 2. 拉格朗日二次插值（抛物线插值）

已知：三点$(x_1, y_1)$，$(x_2, y_2)$，$(x_3, y_3)$。

求：位于$x_1$, $x_2$之间或$x_2$, $x_3$之间的$x$坐标对应的$y$。

可用如下的抛物线插值公式

$$y = [ ( x-x_2)( x-x_3)]/[ ( x_1-x_2)( x_1-x_3)] \times y_1 + [ ( x-x_1)( x-x_3)]/[ ( x_2-x_1)( x_2-x_3)] \times y_2 + [ ( x-x_1)( x-x_2)]/[ ( x_3-x_1)( x_3-x_2)] \times y_3$$

抛物线插值的 C 语言函数如下：

```c
#include  < stdio. h >
float   paowuxian( x1,y1,x2,y2,x3,y3,x0)
int x1,x2,x3,x0;
float y1,y2,y3;
{  int i,j,x[3];
   float p,y0,y[3];
   x[0] = x1;          y[0] = y1;
   x[1] = x2;          y[1] = y2;
   x[2] = x3;          y[2] = y3;
   y0 = 0. 0;
   for( i = 0;i < 3;i ++ )
   {  p = 1. 0;
      for( j = 0;j < 3;j ++ )
      {if( i! = j) p = p * ( x0 - x[j])/( x[i] - x[j]);}
      y0 = y0 + p * y[i];
   }
   return( y0);
}
void main( )
{  int x1,x2,x3,x0;
   float y1,y2,y3,y0;
   y0 = paowuxian( 1,4. 0,5,10. 0,10,4. 0,8);
```

```
        printf("% f\n",y0);
        getch();
    }
```

# 2.4　线图的处理

线图的处理方法有两种：一种是将其转换成表格，对非表格节点采用插值法求得；另一种是将其写成公式表示。

## 2.4.1　线图的表格化处理

如果能把线图转换成表格，那么就可以使用数表的处理方法对其进行处理。例如，对图 2-1 所示的线图，可以对其进行表格化处理：在图 2-1 所示线图上取 $n$ 个节点 $(x_1,y_1),(x_2,y_2),\cdots,$ $(x_n,y_n)$，将其制成表格，如表 2-5 所示。节点数取得越多，精度就越高。节点的选取原则是使各节点的函数值不致相差很大。

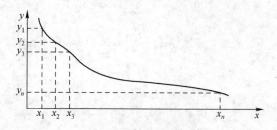

图 2-1　线图的表格化

表 2-5　取 $n$ 个节点组成表格

| $x_1$ | $x_2$ | $x_3$ | $\cdots$ | $x_n$ |
| --- | --- | --- | --- | --- |
| $y_1$ | $y_2$ | $y_3$ | $\cdots$ | $y_n$ |

将线图表格化后，再参照数表处理方法，用程序化或文件化处理方法进行处理。

## 2.4.2　线图的公式化处理

上述线图的表格化处理方法，不仅工作量较大，而且还需占用大量的存储空间。因此，理想的线图处理方法是对线图进行公式化处理。

线图的公式化处理有两种方法：一种是找到线图原来的公式，这是最精确的线图处理方法，但并不是所有的线图都存在原来的公式，即使有，一时也难以找到；另一种是用曲线拟合的方法求出描述线图的经验公式。拟合公式的类型通常是初等函数，如代数多项式、幂函数、指数函数、对数函数等。实际应用时采用什么类型的函数视曲线的变化趋势和所要求的精度而定。曲线拟合的方法很多，常用的是最小二乘法。最小二乘法拟合的基本思想为：求解一个拟合公式表示实验所得到的值，要求所拟合曲线公式与各节点的偏差的平方和为最小。

下面介绍曲线拟合的最小二乘法多项式拟合过程。

设拟合公式为多项式

$$P_n(x) = a_0 + a_1 x + a_2 x^2 + \cdots + a_n x^n = \sum_{j=0}^{n} a_j x^j$$

且已知 $m$ 个节点 $(x_1, y_1)$，$(x_2, y_2)$，$\cdots$，$(x_m, y_m)$ $(m \gg n)$，则多项式与实际数据之间的误差

$$\Delta Y = P_n(X_i) - Y_i$$

$$\phi = \Delta Y_{\min} = \sum_{i=1}^{m} \left( \sum_{j=0}^{n} a_j X_i^j - Y_i \right)^2$$

为了求得该公式的最小值，取上式对各变量的偏导数等于零，即

$$\begin{cases} \dfrac{\partial \phi}{\partial a_0} = 0 \\ \cdots \\ \dfrac{\partial \phi}{\partial a_n} = 0 \end{cases}$$

即

$$\begin{cases} a_0^m + a_1 \sum_{i=1}^{m} X_i + \cdots + a_n \sum_{i=1}^{m} X_i = \sum_{i=1}^{m} Y_i \\ a_0 \sum_{i=1}^{m} X_i + a_1 \sum_{i=1}^{m} X_i^2 + \cdots + a_n \sum_{i=1}^{m} X_i^n = \sum_{i=1}^{m} X_i Y_i \\ \cdots \\ a_0 \sum_{i=1}^{m} X_i^n + a_1 \sum_{i=1}^{m} X_i^{n+1} + \cdots + a_n \sum_{i=1}^{m} X_i^{n+n} = \sum_{i=1}^{m} X_i^n Y_i \end{cases}$$

解此方程组，则可以求出 $a_0, a_1, a_2, \cdots, a_n$，代入 $P_n(X)$ 则得到最小乘法拟合公式，而后可以很方便地编程实现。

采用最小二乘法多项式拟合需要注意以下问题：

（1）多项式的幂次不能太高，通常幂次小于7。可以采用较低的幂次进行拟合，如果误差太大，再提高幂次。

（2）有时不能用一个多项式表示一组数据或一数表中的全部数据，此时应分段处理。分段时，端点大多发生在拐点或转折处。

（3）要提高拟合精度，应在拟合区间采集更多的点。

## 2.5　工程数据的数据库管理

随着计算机技术、通信技术和网络技术的飞速发展，信息系统渗透到社会的各个领域，作为其核心和基础的数据库技术也得到了越来越广泛的应用。数据库的建设规模、数据库信息量的大小和使用频度已成为衡量信息化程度的重要标志。

数据库系统处于迅速发展的时期，充满了活力。一方面，一些较成熟的技术，如各种大、中、小和微型计算机数据库管理系统和一些传统的数据库设计方法已投入实用；另一方面，尚有许多理论及实际问题有待完善、开发和探索，如空间数据库、多媒体数据库、网络数据库、智能数据库等。

## 2.5.1 数据库系统及管理

### 1. 数据库

数据库（DataBase，DB）是数据的集合，它具有一定组织形式并存放于统一的存储介质上，它是多种应用的数据集成，可被应用所共享。

数据库用于存放数据。数据按数据库所提供的数据模式存放，数据模式能构造复杂的数据结构以建立数据间的内在联系与复杂的关系，从而构成数据的全局结构模式以适应数据共享要求。而数据库的每个应用则仅是取全局模式中的一个局部子模式。

### 2. 数据库管理系统

数据库管理系统（DataBase Management System，DBMS）是一种管理数据库的系统软件，即数据库的机构，它是数据库系统的核心，主要负责数据库中数据的组织、数据库中数据的维护以及保护数据不受破坏、数据库中数据的操作。

一般来说，DBMS 提供下面的主要功能：

（1）DBMS 提供数据定义语言（Data Definition Language，DDL）来定义数据库的三级结构，包括外模式、概念模式、内模式及其相互之间的映像，定义数据的完整约束、保密限制等约束。因而，在 DBMS 中包括 DDL 的编译程序。

（2）数据的操纵功能。DBMS 提供数据操纵语言（Data Manipulation Language，DML）实现对数据的操作。基本的数据操作有 4 种：检索（查询）、删除、插入和修改，后 3 种又称更新操作。

（3）数据库的保护功能及数据控制。DBMS 提供数据控制语言（Data Control Language，DCL）。DBMS 数据库的保护主要功能通过 4 个方面实现，因而在 DBMS 中应该包括 4 个子系统。

① 数据库的并发控制。数据库技术的一个优点是数据共享，但多个用户同时对同一个数据的操作可能会破坏数据库中的数据，或者导致用户读取不正确的数据。并发控制子系统能防止上述情况发生，正确处理多用户、多任务环境下的并发操作。

② 数据库的恢复。在数据库被破坏或数据不正确时，系统有能力把数据库恢复到最近的某个正确状态。

③ 数据完整性控制。保证数据库中数据及语义的正确性和有效性，防止任何导致数据产生错误的操作。

④ 数据安全性控制。防止未经授权的用户蓄谋或无意地存取数据库中的数据，以免数据的泄露、更改或破坏。

（4）数据库的维护功能。这一部分包括数据库的初始数据载入、转换、转储，数据库的改组以及性能监视分析等功能。这些功能分别由各个实用程序完成。

（5）数据字典（Data Dictionary，DD）。DD 管理着数据库三级结构的定义。对数据库的操作都要通过 DD 才能进行。现在有的大型系统中，把 DD 单独抽出来自成一个系统，使之成为一个比 DBMS 更高级的用户与数据库之间的接口。

（6）数据的服务。它包括数据库中初始数据的录入，数据库的转储、重组、性能监视、分析以及系统恢复等功能，它们大都由 DBMS 中的服务性程序完成。

## 2.5.2 FoxPro 关系型数据库系统

Microsoft 公司推出的 Visual FoxPro 经历了漫长的版本升级与功能增强过程，现在其功能十分强大，命令、函数、类、组已达到 1000 多个。

### 1. FoxPro 系统简介

（1）命令。在 FoxPro 语言中，对数据的操作都是由命令来完成的。命令相当于一般高级语言的语句，但更精炼。FoxPro 操作命令的形式为

命令动词[ < 范围 > ][ < 表达式表 > ][FOR < 条件 > ][WHILE < 条件 > ]

其中：范围指明被操作的记录的范围。若没有指出范围，则默认值为 ALL，即对数据库中的所有记录进行操作；表达式表可以是一个或多个由逗号分隔开的表达式，用以指明对规定范围内的记录中指定字段进行操作。表达式还可以是数字表达式，用来指示计算机执行该命令所操作的结果参数；FOR < 条件 > 通知 FoxPro 命令仅对满足条件的记录进行操作；WHILE < 条件 > 表示在数据库文件中从当前记录开始，按记录顺序从上向下进行比较、处理，直到不满足为止。其中，"[ ]"表示可选项，" < > "表示必选项。

（2）函数。在 FoxPro 中提供了大量的内部函数。每个函数都有函数名，某些函数需要一个或几个指定类型的自变量，而某些函数则不需要任何自变量。每个函数都有一个规定类型的函数值。FoxPro 提供了七大类函数，包括字符处理函数、数值函数、逻辑函数、日期和时间函数、数据库操作函数、系统函数和其他函数。

（3）文件。FoxPro 有多种文件类型，以扩展名不同来区分。FoxPro 常用的文件类型如下：

① 数据库文件（.dbf）：由数据结构和若干记录组成。

② 数据库明细文件（.dbt）：是数据库中的辅助文件，用于存放明细表型字段中的内容。

③ 索引文件（.idx）：为快速查询而建立的一个辅助文件。

④ 程序文件（.prg）：用于存放用 FoxPro 命令和函数编写的应用程序，完成用户要执行的相应操作。用户可在文本编辑软件下建立程序文件。

⑤ 内存变量文件（.mem）：保存用户定义或使用的内存变量的内容，由 SAVE 命令建立在磁盘上，需要时由 RESTORE 命令调入内存。

⑥ 报表格式文件（.frm）：存放用 REPORT 命令输出的报表格式。

⑦ 屏幕格式文件（.fmt）：用来规定屏幕输入/输出的格式。

⑧ 可执行程序文件（.exe）：可在 DOS 或 Windows 环境下直接执行的文件。

⑨ 文本文件（.txt）：按照标准数据格式或通用数据格式保存数据，以便与其他高级语言或软件进行数据交换。

（4）操作符。FoxPro 提供了 4 种类型的运算，因而有 4 种操作符：

① 算术操作符有 7 种： + 、 - 、 * 、/、 * * 、( )、% 。

② 关系操作符有 7 种： < 、 > 、 = 、 == 、 <= 、 >= 、 < > （or #）。

③ 逻辑操作符有 3 种：AND、OR、NOT（or !）。

④ 字符串操作符有两种： + 、 - 。

（5）数据库结构。对数据库中每个字段的定义建立了数据库文件的数据结构。字段定义由 3

项组成：

①　字段名。字段名可达 10 字符，必须用一个字母开头。

②　字段类型。FoxPro 针对字段变量定义了 5 种数据类型：C 表示字符型；N 表示数字型；D 表示日期型；L 表示逻辑型；M 表示明细型。

③　字段宽度。指在字段中含有字符或数字的最大个数。当数字字段有小数位时，小数点也算一位。

### 2. FoxPro 常用命令

FoxPro 数据库系统提供了 100 多种操作命令，包括数据库文件的建立、编辑、使用、检索、统计、多重数据库操作、报表输出及其他辅助功能等。FoxPro 的常用命令有：

（1）CREATE 命令。CREATE 为建立数据库文件基本结构的命令，其格式为

CREATE ＜文件名＞

该命令将建立一个用户给定＜文件名＞的数据库文件，默认扩展名为 . dbf。用户可用该命令定义数据库的基本结构，当所有字段都定义完后，系统会询问用户是否立即输入数据，一般单击 YES 按钮立即输入数据，数据输入完后，可按［Ctrl＋W］组合键退出并保存数据库文件。

（2）APPEND 命令。数据的输入工作是经常性的，一般不可能在建立数据库文件时，一次性将所有数据都输入完成。APPEND 命令用于向数据库"追加"数据记录，执行时数据记录输入和操作过程与 CREATE 命令输入数据记录时的情形完全一样。

（3）USE 命令。在 FoxPro 数据库系统中，数据库文件在使用之前必须先打开，才能将其从磁盘调入内存，以备使用。USE 命令用于打开数据库文件，其一般格式为

USE ＜文件名＞

该命令将打开一个用户给定＜文件名＞的数据库文件，若未指定＜文件名＞的扩展名，系统采用默认扩展名 . dbf。打开的数据库文件成为当前数据库文件，用户只能对当前数据库文件进行各种操作。当使用 USE 命令打开一个数据库文件时，前一个打开的数据库文件将自动关闭，因此可以使用 USE 后不跟＜文件名＞的形式来关闭当前数据库文件。

（4）LIST 命令。LIST 命令常被用来显示数据库文件中的所有记录或显示数据库文件的结构，其格式为

LIST　　　　　　　　&& 显示当前数据库的全部记录

LIST STRUCTURE　　&& 显示当前数据库的结构

（5）DISPLAY 命令。DISPLAY 命令与 LIST 命令的功能相近，数据的输出形式也完全相同，它们之间的不同之处主要在于：如果显示结果超过一屏，DISPLAY 命令将分屏显示数据，LIST 命令则是使数据连续向上翻滚。除此之外，还有一点不同之处，当没有指定范围时，DISPLAY 命令只显示当前一条记录。DISPLAY 命令常使用下面 3 种格式：

DISPLAY　　&& 显示当前数据库的一条记录

DISPLAY ALL　&& 显示当前数据库的全部记录

DISPLAY STRUCTURE　&& 显示当前数据库的结构

（6）GOTO 命令。GOTO 命令是将记录指针直接定位到指定的记录上，有下面 3 种格式：

GOTO TOP        && 将记录指针指向数据库文件的顶

GOTO BOTTOM    && 将记录指针指向数据库文件的底

GOTO ＜数字型表达式＞  && 将记录指针直接指向数据库文件中的由＜数字型表达式＞的值指
定的记录

（7）SKIP 命令。SKIP 命令的一般格式为

SKIP［＜数字型表达式＞］

该命令用于将记录指针从当前位置向前或向后移动，移动的记录数等于＜数字型表达式＞的值。如果＜数字型表达式＞的值是正数，记录指针向前移动；如果＜数字型表达式＞的值是负数，记录指针向后移动。

（8）EDIT 命令。EDIT 命令用于从当前记录开始顺序修改记录。修改完后，使用［Ctrl + W］组合键退出 EDIT 命令并保存修改的结果。

（9）LOCATE 命令。LOCATE 命令用来在无索引的数据库文件中查找满足条件的记录，它的一般格式为

LOCATE［＜范围＞］［FOR ＜条件＞］［WHILE ＜条件＞］

当查找到第一个满足条件的记录时，就结束查找并把指针指向该记录，屏幕显示：Record = n，其中 n 为满足条件的记录号。

（10）SUM 命令。SUM 命令用来对有关数字型字段的表达式求和，它的一般格式为

SUM［＜范围＞］［＜数字型表达式表＞］［FOR ＜条件＞］［WHILE ＜条件＞］

### 3. FoxPro 常用函数

在 FoxPro 中提供了大量的内部函数，以满足用户进行数据库编程的需要。下面是 FoxPro 的常用函数。

（1）数学运算函数。

① 取绝对值函数 ABS( )。

② 指数函数 EXP( )。

③ 取整函数 INT( )。

④ 自然对数函数 LOG( )。

⑤ 平方根函数 SQRT( )。

⑥ 最大值函数 MAX( )。

（2）字符函数。求子串函数 SUBSTR( )，调用该函数的一般格式为：

SUBSTR( ＜字符型表达式＞),＜起始位置＞,［＜字符个数＞］)

在＜字符型表达式＞中，从＜起始位置＞指定的位置开始截取＜字符个数＞指定的字符个数，形成新的字符串。如果省略＜字符个数＞，则截取到字符串尾。

（3）转换函数。

① 小写转换成大写函数 UPPER( )。

② 大写转换成小写函数 LOWER( )。

③ 数字型转换成字符型函数 STR( )。

④ 字符型转换成数字型函数 VAL( )。

（4）测试函数。

① 数据类型测试函数 TYPE( )。

② 字符串长度测试函数 LEN( )。

③ 光标行坐标测试函数 ROW( )。

④ 光标列坐标测试函数 COL( )。

⑤ 文件结束测试函数 EOF( )。

**4. 建立工程数据库和工程数据录入**

数据库文件的建立包括两个步骤：第一步是定义数据库结构，也就是要把数据库含有多少个字段以及每个字段的特征（如字段名、数据类型、字段宽度、小数点位数）告诉系统；第二步是按照定义好的数据库结构输入每条记录的数据内容。

下面以表2-2所示的数据处理为例来完成工程数据库的建立并编写检索程序。

（1）建立工程数据库。可用定义数据库结构的命令 CREATE 或利用 FoxPro 菜单系统建立一个新的数据库。下面用菜单系统建立工程数据库。

① 在"文件"菜单中选择"新建"命令，打开图2-2所示的"新建"对话框。

② 选择"表"后单击"新建文件"按钮，打开图2-3所示的"创建"对话框，输入表名为"毕业设计"，单击"保存"按钮。

图2-2 "新建"对话框　　　　图2-3 "创建"对话框

打开"表设计器"对话框，现在建立一个名为"毕业设计.dbf"的工程数据库，在"字段名"中输入"齿数 $z$"、"节距 $t$"、"凸缘直径 $dh$"、"轴孔直径 $dk$" 4 个字段名，每个字段的数据的类型、宽度、小数位数等字段特征如图2-4所示，其他选项可取默认值。单击"确定"按钮，退出数据库结构的设计。

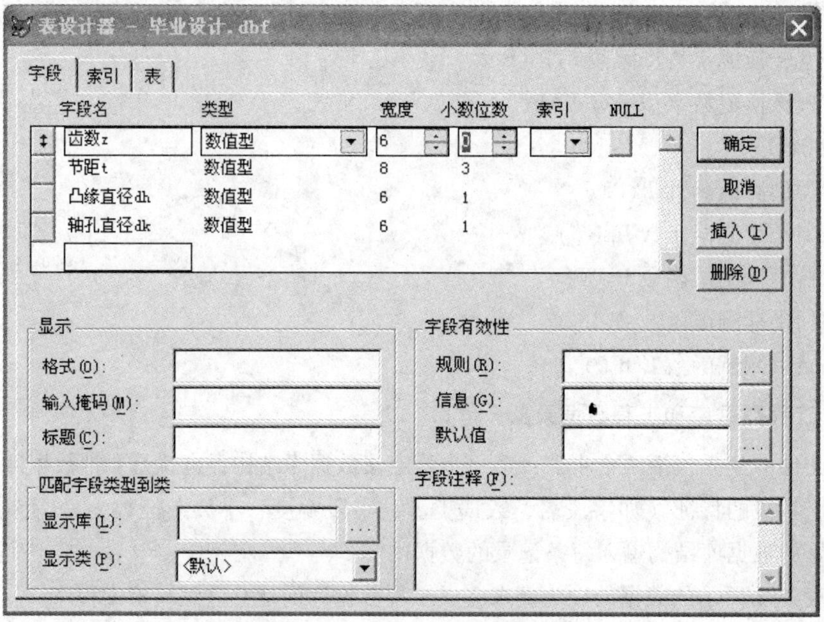

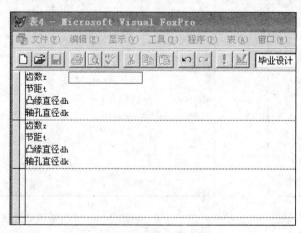

图 2-4 "表格式器"对话框

（2）数据的输入。FoxPro 常用的数据输入方式有 3 种：

① 立即方式输入数据。

② 扩充方式追加新记录。

③ 使用 BROWSE 命令增加数据。

本设计采用立即方式输入数据。完成数据库结构的设计后，单击"确定"按钮退出时，系统会提问是否要立即输入数据，选"是"就会出现图 2-5 所示的数据输入窗口（部分）。

图 2-5 数据输入窗口

根据本设计要处理的数据要求，要输入下面 80 条记录，从第一记录的数据开始输入，可边输入边修改，数据输入完后关闭窗口，同时保存了数据库文件。

要输入的记录为

| 记录号 | 齿数 z | 节距 t | 凸缘直径 dh | 轴孔直径 dk |
|---|---|---|---|---|
| 1 | 11 | 9.525 | 22 | 11 |
| 2 | 13 | 9.525 | 28 | 15 |
| 3 | 15 | 9.525 | 35 | 20 |
| ⋮ | ⋮ | ⋮ | ⋮ | ⋮ |
| 8 | 25 | 9.525 | 65 | 42 |
| 9 | 11 | 12.70 | 30 | 18 |
| 10 | 13 | 12.70 | 38 | 22 |
| ⋮ | ⋮ | ⋮ | ⋮ | ⋮ |
| 80 | 25 | 63.50 | 438 | 310 |

**5. 程序设计部分**

为了完成对数据库的预定操作，还必须编写程序，用 FoxPro 提供的命令、函数和程序控制语句组织成为有序的集合，以文件的方式存放在磁盘上。根据本设计的数据查取要求，本数据库的检索程序如下（在数据库设计器中，在"文件"菜单中选择"新建"命令，选择"程序"后单击"新建文件"按钮，建立程序文件，命名为 tabp）：

```
set heading off            && 不显示栏标题
set safety off             && 不显示提示信息来询问已存在的文件是否重写
use 毕业设计               && 使用数据库"毕业设计"
clear                      && 清屏命令
set talk off               && 不显示命令的执行信息
set device to screen       && 把输出信息发送到 Visual 窗口
store 1 to zz              && 给内存变量赋值
@6,2 say  '请输入齿数:'get zz pict  '99 '    && 在 6 行 2 列的位置输出'请输入齿数:'
read                                         && 并把输入的值赋给变量 zz
store 1.0 to tt
@8,2 say  '请输入节距:'get tt pict  '99.999 '
read
do while not eof( )
   if  齿数  z = zz  and  节距 t = tt
      clear
      display
      goto bottom        && 记录指针移到表底部
        skip - 1
      endif
      skip
enddo
set talk on
return
```

注：上面每行 && 后面的文字为注释，程序运行时并不执行那些内容。

程序文件建好后，在 FoxPro 命令窗口使用 do 命令执行：

do　tabp
请输入齿数:11
请输入节距:9.525

这时屏幕就显示根据齿数 z = 11、节距 t = 9.525 查取凸缘直径 dh 、轴孔直径 dk 的结果如下：

| 记录号 | 齿数 z | 节距 t | 凸缘直径 dh | 轴孔直径 dk |
| --- | --- | --- | --- | --- |
| 1 | 11 | 9.525 | 22 | 11 |

## 2.5.3　FoxPro 与高级语言（C）接口设计

### 1. FoxPro 的 API（Application Program Interface）

FoxPro 虽然是一个完整的应用开发系统，但是有一些应用单靠 FoxPro 是不能完成的。而要与其他软件（以 C 语言为例）结合，就要涉及与 C 语言的通信问题。API 就是 C 语言程序与 FoxPro 之间达到完全无缝的结合的桥梁，通过 API，可以将 C 语言写成的函数编译连接成外部函数库，并加入到 FoxPro 中，以后，就可以像使用 FoxPro 其他函数一样调用这些函数。同时，C 语言程序通过 API 提供的函数库可直接与 FoxPro 内部环境进行交互，如截取 FoxPro 内部事件、操作数据库文件、存取 FoxPro 内部变量、对窗口和菜单进行操作等。

FoxPro 的 API 是通过 Microsoft 库构造工具集（Library Construction Kit，LCK）实现的。LCK 是与 FoxPro 其他部分分开销售的。LCK 包括一个定义数据类型和结构等的头文件 Pro – ext. h；一批支持 . lib 和 . obj 的库文件，其中最重要的是 Proapim. lip，它用于 C 语言程序与 FoxPro 内部环境进行交互。

生成并使用一个 FoxPro 外部函数库的大致进程：先用编程器编写适当格式的 C 语言源程序，再用 C 编译器将 C 语言源程序编译成 . obj 文件，然后将其与 . lib 库文件连接，最后得到 . plb 格式的外部库。在库中包括一系列函数，当在 FoxPro 中用 SET LIBRARY TO < 库文件名 > 命令将该外部函数库装入后，就可以像使用 FoxPro 中的其他内部函数一样调用这些外部函数。

### 2. 从 FoxPro 中获取参数

FoxPro 与 C 语言在数据类型上存在着严重的"阻抗失配"，如 FoxPro 中的 int（整数）型变量与 C 语言中的 int 型变量在存储结构上根本不同，在使用方式上也存在。因此，不能将 FoxPro 的数据直接传送到外部函数中。在 API 中，参数通过一个称为 ParamBlk 的结构来传递，而 ParamBlk 是在 Pro – ext. h 中定义的。

### 3. 将结果返回 FoxPro

同样，由于 FoxPro 与 C 的"阻抗失配"，不能在外部函数中直接用 Return 语句将参数返回给 FoxPro，而需要用 API 的机制。API 提供了专门的函数，用于将数据值、字符型、日期型和逻辑型的数据返回给 FoxPro。表 2-6 了列出部分返回值函数。

表 2-6　返回值函数

| 函　　数 | 说　　明 |
|---|---|
| Ret Val（Value FAR * val） | 由于它传送一个完整的 Value 结构，所以可以用它返回除备注字段外的任何类型数据，还可用它返回中间带 NULL 的字符串 |
| Ret Char（char FAR * string） | 返回以 NULL 结束的字符串 |
| Ret Int（long ival, int width） | 返回长整型值 ival，width 指定显示宽度 |
| Ret Float（double flt, int width, int dec） | 返回浮点数 flt，width 指定显示宽度，dec 指定小数位数 |

### 4. 通过 API 函数库访问 FoxPro 内部环境

API 提供了一套库函数，通过这些 API 库函数，可以在 C 语言程序中自由地对 FoxPro 内部环境进行操作。如 long – DBRecNo（int workarea）函数可以返回指定工作区中数据库的当前记录号；Viod – Wshow（WHANDLE wh）可以将窗口显现出来；Void – WputChr（WHANDLE wh, int char）则把一个字符写入指定窗口。

### 5. FoxPro 与高级语言的数据通信的方法

FoxPro 具有较强的数据库管理和检索功能，但对于复杂的数学计算，其能力就比不上高级语言。高级语言可以处理大量的工程数据的运算问题，但数据存储量不宜过大，因为高级语言通常是采用数据文件的形式来存储数据。现代 CAD 通常采用高级语言与数据库普通技术相结合的方式，以满足数据运算和数据管理双向功能的需要。

FoxPro 与高级语言之间接口的数据通信是以文本文件为媒介的，如图 2-6 所示。通过转换命令 1，用户可将数据库文件转换成一种文本文件给高级语言读取；反之，使用转换命令 2，可将一定格式的文本文件中的数据写入数据库文件中去。

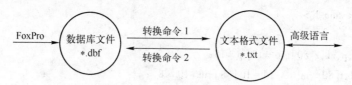

图 2-6　数据库与高级语言的数据通信

### 6. C 语言与 FoxPro 的接口设计

（1）FoxPro 向高级语言传送数据。FoxPro 与高级语言交换数据可以通过系统数据格式文件（SDF）和通用格式文件实现。FoxPro 建立文本文件（扩展名为 . txt）的命令为：

COPY TO ＜文件名＞　TYPE　＜文件类型＞

该命令是由当前打开的数据库文件生成指定＜文件名＞的文本格式文件，而生成文件的类型由＜文件类型＞指定。文件类型可以为：

① 系统数据格式文件，又称标准格式文件。此文件由 ASCII 字符组成，每个记录中的字段也是从左到右存放，字段之间的数据没有分隔符，每一行记录等长。例如：

```
刘明     男    10/17/1961    04:06:23    讲师    1670.00
李辉     女    05/23/1960    09:13:45    教授    2860.00
```

李立　　男　　10/07/1947　　06：09：55　　副教授　　2133.00

② 通用格式文件（DELIMITED），又称带定界符的格式文件。它是由 ASCII 字符组成，每个记录中的字段也是从左到右存放，每个字段的数据长度不相等。字段之间的数据用逗号隔开，字符型字段数据用双引号括起来。例如：

"刘明"，"男"，10/17/1961 04：06：23，"讲师"，1670.00

"李辉"，"女"，05/23/1960 09：13：45，"教授"，2860.00

"李立"，"男"，10/07/1947 06：09：55，"副教授"，2133.00

（2）FoxPro 接收由高级语言传递的文本文件的数据。如果高级语言按照系统数据格式文件和通用格式文件的格式生成文本文件，就可将数据追加到数据库文件中去。APPEND FROM TYPE 命令用于将已有的系统数据格式文件和通用格式文件追加到当前打开的数据库文件中，该命令的一般格式为

APPEND FROM ＜文件名＞ TYPE ＜文件类型＞

其中：＜文件名＞为文本格式文件名，＜文件类型＞为 SDF 或 DELIMITED。

本设计采用系统数据格式文件（SDF）将本设计（毕业设计.dbf 数据库）转换成文本文件，在 FoxPro 命令窗口输入：

USE 毕业设计

COPY TO biyeshejitxt TYPE SDF

则 FoxPro 将产生系统数据格式文件 biyeshejitxt.txt，有 80 条记录。

C 语言的调用程序如下：

```
#include < stdio.h >
main()
{   int i,j,p,z1,z[80],ip = 15,jp = 15;
    float t1,t[80],m[10],dh[10][8],dk[10][8];
    FILE *fp;
    fp = fopen("g:\\biyeshejitxt.txt","r");
    for(i = 0,p = 0;i < 8;i + + )
    {   fscanf(fp,"%d",&z[i]);
        fscanf(fp,"%f",&t[i]);
        fscanf(fp,"%f",&dh[p][i]);
        fscanf(fp,"%f",&dk[p][i]);
    }
    for(i = 0,p = 1;i < 8;i + + )
    {   fscanf(fp,"%d",&z[8 + i]);
        fscanf(fp,"%f",&t[8 + i]);
        fscanf(fp,"%f",&dh[p][i]);
        fscanf(fp,"%f",&dk[p][i]);
    }
```

```
for(i = 0,p = 2;i < 8;i + + )
{    fscanf(fp,"% d",&z[16 + i]);
     fscanf(fp,"% f",&t[16 + i]);
     fscanf(fp,"% f",&dh[p][i]);
     fscanf(fp,"% f",&dk[p][i]);
}
for(i = 0,p = 3;i < 8;i + + )
{    fscanf(fp,"% d",&z[24 + i]);
     fscanf(fp,"% f",&t[24 + i]);
     fscanf(fp,"% f",&dh[p][i]);
     fscanf(fp,"% f",&dk[p][i]);
}
for(i = 0,p = 4;i < 8;i + + )
{    fscanf(fp,"% d",&z[32 + i]);
     fscanf(fp,"% f",&t[32 + i]);
     fscanf(fp,"% f",&dh[p][i]);
     fscanf(fp,"% f",&dk[p][i]);
}
for(i = 0,p = 5;i < 8;i + + )
{    fscanf(fp,"% d",&z[40 + i]);
     fscanf(fp,"% f",&t[40 + i]);
     fscanf(fp,"% f",&dh[p][i]);
     fscanf(fp,"% f",&dk[p][i]);
}
for(i = 0,p = 6;i < 8;i + + )
{    fscanf(fp,"% d",&z[48 + i]);
     fscanf(fp,"% f",&t[48 + i]);
     fscanf(fp,"% f",&dh[p][i]);
     fscanf(fp,"% f",&dk[p][i]);
}
for(i = 0,p = 7;i < 8;i + + )
{    fscanf(fp,"% d",&z[56 + i]);
     fscanf(fp,"% f",&t[56 + i]);
     fscanf(fp,"% f",&dh[p][i]);
     fscanf(fp,"% f",&dk[p][i]);
}
for(i = 0,p = 8;i < 8;i + + )
{    fscanf(fp,"% d",&z[64 + i]);
     fscanf(fp,"% f",&t[64 + i]);
     fscanf(fp,"% f",&dh[p][i]);
```

```
            fscanf(fp,"% f",&dk[p][i]);
        }
    for(i = 0,p = 9;i < 8;i + +)
        {   fscanf(fp,"% d",&z[72 + i]);
            fscanf(fp,"% f",&t[72 + i]);
            fscanf(fp,"% f",&dh[p][i]);
            fscanf(fp,"% f",&dk[p][i]);
        }
    fclose(fp);
        m[0] = t[0],m[1] = t[8],m[2] = t[16],m[3] = t[24],m[4] = t[32],m[5] = t[40],m[6]
        = t[48],m[7] = t[56],m[8] = t[64],m[9] = t[72];
        printf("请输入节距 t1:");
        scanf("% f",&t1);
        for(i = 0;i < 10;i + +)
        {   if(m[i] = = t1)
            {   ip = i;
                i = 11;
            }   }
    printf("请输入齿数 z1:");
    scanf("% d",&z1);
    for(j = 0;j < 8;j + +)
    {   if(z[j] = = z1)
        {   jp = j;
            j = 9;
        }   }
    if(ip < 15 && jp < 15)
    printf("\n dang z = % d,t = % f shi ,dh = % f,dk = % f",z[jp],t[ip],dh[ip][jp],dk[ip][jp]);
    else
        printf("\n 输入错误!");
    }
```

# 小　结

　　本章针对工程数据的处理讨论了数据库系统的作用,介绍了 FoxPro 系统建立工程数据库的操作,对处理工程数据的各种方法进行了较为详细的说明,讨论了高级语言与工程数据库之间的数据接口,对 CAD/CAM 系统对工程数据库系统的要求进行了讲述。

# 思　考　题

2-1　说明数据资料程序化处理的目的及方法。

2-2　数据库系统在 CAD/CAM 集成系统中的作用是什么？

2-3　用 FoxPro 系统建立某一标准零件的数据库，并完成对它的增、删、改、查询和检索等操作。

2-4　处理工程数据有哪几种方法？各有什么优缺点？

2-5　高级语言如何实现与数据库间的调用？

2-6　由 2-3 建立的数据库文件生成两种文本格式文件，并用 C 语言编程来读取其中的某一数据。

2-7　CAD/CAM 对工程数据库系统有何要求？

# 第 3 章

## 图形技术基础

学习目的与要求：了解图形技术的基础知识；理解并熟练掌握二维、三维图形的几何变换方式；了解对窗口—视区的变换；理解并掌握交互技术的相关概念及常见的应用。

计算机辅助设计技术给人们最深刻、最鲜明的印象，就是计算机的交互图形处理功能，实际上，正是由于这种基于计算机图形学的图形处理功能的不断完善，计算机才真正成为能够方便使用的辅助设计工具，并开始进入各个工程领域。在任何一个计算机辅助设计系统中，交互式的图形操作都是最基本、工作量最大的内容，这种交互式的图形功能的强弱是评价一个计算机辅助设计系统的最重要的指标之一。因此，计算机图形处理是计算机辅助设计中的重要组成部分，在计算机绘图过程中，有时要按照物体上各点坐标求出表示它的各种图形上的坐标，称为图形的坐标变换。例如，从三维图形到二维图形的坐标变换；从立体坐标求三面投影图的坐标；三维图形的旋转以及视图的坐标变换；等等。坐标变换基本上有两种方法：代数法及矩阵法。前者在简单的坐标变换中（如图形平移、对称、放大等）用起来比较方便，而后者比较适合于复杂的坐标变换。

## 3.1 坐 标 系

在计算机图形学中，主要使用的是直角坐标系（笛卡儿坐标系）。坐标系根据点在屏幕上的水平位置（$x$）和垂直位置（$y$）来确定像素点，通过给出与唯一位置对应的两个值指定位置。一般常用的坐标系有设备坐标系、用户坐标系、规范坐标系、窗口坐标系等。实际使用时，不同的坐标系有不同的坐标原点、坐标向量和取值范围，不同的处理场合应使用相应的坐标系。

### 3.1.1 设备坐标系

在设备这一级，往往使用与设备的物理参数有关的设备坐标系（Device Coordinate System, DC），如图形显示器使用屏幕坐标系，绘图仪则使用绘图坐标系。设备坐标系的单位是像素或绘图笔的步长，一般取整数，且有固定的取值范围。

以屏幕坐标系为例。在屏幕坐标系中，每个像素的坐标都用一对整数坐标值（$x$，$y$）来表示，$x$ 坐标和屏幕的行相对应，$y$ 坐标和屏幕的列相对应。屏幕上的左上角叫做"坐标原点"，原点的坐标 $x$ 和 $y$ 永远是（0，0），屏幕的右下角点的坐标是（$x_{max}-1$，$y_{max}-1$），其中 $x_{max}$ 是整个屏幕的行数，$y_{max}$ 是整个屏幕的列数。这样，$x$ 坐标轴按从左到右的方向扩展，$y$ 坐标轴按从上至下的方向扩展。屏幕坐标系如图 3-1 所示。

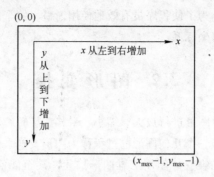

图 3-1　设备坐标系示意图

在屏幕坐标系下，值得注意的是坐标系中的 $y$ 轴方向与一般笛卡儿坐标系 $y$ 轴的方向正好相反，这种约定与光栅扫描的方式一致。此外，扫描零线与屏幕的顶部相对应。

## 3.1.2　用户坐标系

用户坐标系又称世界坐标系，它是用户处理自己的图形时所采用的原始的坐标系，是应用程序中用于对预定显示对象的几何定义的坐标系。通常使用的是右手定则的直角坐标系（二维或三维），坐标系的单位由用户自行确定，可以是毫米、英尺、米、公里等，一般使用实数，取值范围并无限制。用户常使用这个坐标系来描述图形数据。

图 3-2 所示的坐标系是根据显示器的长（2690 mm）、宽（2060 mm）确定的用户坐标系，屏幕的左下角是原点（0.0，0.0），右上角是（2690.0，2060.0），单位是毫米。

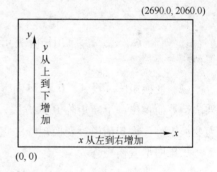

图 3-2　用户坐标系示意图

用户坐标系中的原始对象要经过坐标变换等处理后，才能变成显示于屏幕的图像。例如，要把图 3-2 上的 $(x, y)$ 变成设备坐标系上的相应坐标值 $(X, Y)$，可用以下的公式进行坐标变换

$$X = (X_{max}/2690.0) \times x \qquad Y = Y_{max} - y \times Y_{max}/2060.0$$

然后对 $X$ 和 $Y$ 取整即可。式中：$X_{max}$、$Y_{max}$ 分别是横向、纵向的分辨率值减 1，如在图形显示模式下，横向×纵向的分辨率值为 640×480，则 $X_{max}$ 的值为 639，$Y_{max}$ 为 479。

## 3.1.3　规范坐标系

有时，为了摆脱对具体物理设备的依赖，便于在不同应用和不同系统之间进行图形信息的交换，可以采用某种中间坐标系，它将坐标值规定在某个范围内，如把坐标取值范围规定在 [0，1] 区间内，这样的坐标系称为规格化设备坐标系（Normalization Device Coordinate System，NDC），即规范坐标系。以规范坐标系坐标表示的图形，在任何设备空间中都能处于相同的相对位置。

## 3.1.4　窗口坐标系

用户坐标系中的图形如果太复杂，很可能无法在屏幕上完整或清晰地显示整幅图形。为了满足研究和观察局部图形的要求，往往要用一个被称为窗口的矩形把要观察的部分框起来，而且屏幕上只显示矩形框内的内容。为了使程序员有效地使用窗口，每个窗口都是以其自己的坐标系为参照。这一类坐标系称为窗口坐标系。

# 3.2　图　形　变　换

计算机绘图时，常常要对图形进行放大、缩小、平移、旋转、反射等操作。这种把几何图形按照某种规律或法则构造成另一个几何图形的过程称为图形变换。通过各种图形变换，可由简单图形得到复杂图形，也可将三维立体图用二维图形描述，甚至能使静态图形获得动态图形的效果。因此，图形变换是计算机绘图的一个重要内容。

## 3.2.1　二维图形的几何变换

### 1. 基本原理

在二维平面中，任何一个图形都可以认为是由点之间的连线构成的。对于一个图形作几何变换，实际上就是对一系列点进行变换。

(1) 点的表示。在二维平面内，一个点用它的两个坐标 $(x, y)$ 来表示，写成矩阵形式则为 $\begin{bmatrix} x & y \end{bmatrix}$ 或 $\begin{bmatrix} x \\ y \end{bmatrix}$。表示点的矩阵通常被称为点的位置向量。如三角形的三个顶点坐标 $A(x_1, y_1)$，

$B(x_2, y_2)$，$C(x_3, y_3)$，用矩阵表示记为 $\begin{bmatrix} x_1 & y_1 \\ x_2 & y_2 \\ x_3 & y_3 \end{bmatrix}$。

(2) 变换矩阵。设 $A$、$B$ 和 $M$ 都是矩阵，且 $AM = B$，这种一个矩阵 $A$ 对另一个矩阵 $M$ 施行乘法运算而得出一个新矩阵 $B$ 的方法，可被用来完成一个点或一组点的几何变换。这里的 $M$ 称为变换矩阵。换句话说，变换矩阵为点的变换提供了一个工具，使这种变换得以实现。

二维图形变换矩阵为

$$M = \begin{bmatrix} a & b \\ c & d \end{bmatrix}$$

(3) 点的变换。将点的坐标 $\begin{bmatrix} x & y \end{bmatrix}$ 与变换矩阵 $M$ 相乘，变换后点的坐标记作 $\begin{bmatrix} x' & y' \end{bmatrix}$，则

$$\begin{bmatrix} x' & y' \end{bmatrix} = \begin{bmatrix} x & y \end{bmatrix} \begin{bmatrix} a & b \\ c & d \end{bmatrix} = \begin{bmatrix} ax + cy & bx + dy \end{bmatrix}$$

即

$$\begin{cases} x' = ax + cy \\ y' = bx + dy \end{cases}$$

可见，新点的位置取决于变量 $a$、$b$、$c$、$d$ 的取值。

### 2. 变换类型

(1) 比例变换。当 $b = c = 0$，$a > 0$，$d > 0$ 时，$\begin{bmatrix} x' & y' \end{bmatrix} = \begin{bmatrix} x & y \end{bmatrix} \begin{bmatrix} a & 0 \\ 0 & d \end{bmatrix} = \begin{bmatrix} ax & dy \end{bmatrix}$

① 恒等变换。当 $a = d = 1$ 时，$\begin{bmatrix} x' & y' \end{bmatrix} = \begin{bmatrix} x & y \end{bmatrix}$，这是比例变换的特例。

② 位似变换。当 $a = d$ 时，$\begin{bmatrix} x' & y' \end{bmatrix} = \begin{bmatrix} ax & dy \end{bmatrix}$，以相同的比例因子进行 $x$、$y$ 两个方向的缩放。这也是比例变换的特例。

③ 放大变换。$a > 1$，$d > 1$ 时，$\begin{bmatrix} x' & y' \end{bmatrix} = \begin{bmatrix} ax & dy \end{bmatrix} > \begin{bmatrix} x & y \end{bmatrix}$。

④ 缩小变换　$a < 1$，$d < 1$ 时，$\begin{bmatrix} x' & y' \end{bmatrix} = \begin{bmatrix} ax & dy \end{bmatrix} < \begin{bmatrix} x & y \end{bmatrix}$。

⑤ 不等比例变换。$a \neq d$ 时，图形在 $x$、$y$ 两个方向以不同的比例变换。

图 3-3 所示为比例变换实例。

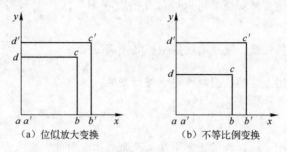

（a）位似放大变换　　　　（b）不等比例变换

图 3-3　比例变换实例

（2）对称变换。对称变换是指图形变换前后对称于某一特定直线（如坐标轴）或特定的点（如坐标原点），这随变换矩阵 $M$ 中各元素的值而定。图 3-4 所示的是几种常见的对称变换情况。

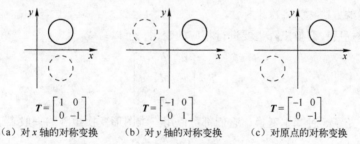

（a）对 $x$ 轴的对称变换　　（b）对 $y$ 轴的对称变换　　（c）对原点的对称变换

图 3-4　常见的对称变换

（3）错切变换。错切变换是指图形沿某坐标方向产生不等量的移动而引起图形变形的一种变换。如矩形错切成平行四边形等。其变换矩阵中元素的值为 $a = d = 1$，$b$、$c$ 之一为零。

图 3-5 中的（a）和（b）分别表示沿 $x$ 向的错切和沿 $y$ 向的错切情况。

（4）旋转变换。旋转变换就是将平面上任意一点绕原点旋转 $\theta$ 角，一般规定逆时针方向为正，顺时针方向为负。从图 3-6 可以推出变换矩阵。

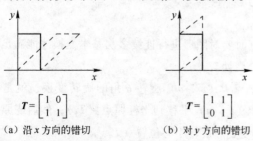

（a）沿 $x$ 方向的错切　　（b）对 $y$ 方向的错切

图 3-5　错切变换

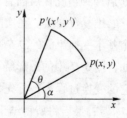

图 3-6　旋转变换

$$x' = r\cos(\alpha + \theta) = r(\cos\alpha\cos\theta - \sin\alpha\sin\theta)$$
$$= x\cos\theta - y\sin\theta$$
$$y' = r\cos(\alpha + \theta) = r(\cos\alpha\sin\theta + \sin\alpha\cos\theta)$$
$$= x\sin\theta + y\cos\theta$$

$$T = \begin{bmatrix} \cos\theta & \sin\theta \\ -\sin\theta & \cos\theta \end{bmatrix}$$

(5) 平移变换。上述 4 种变换都可以通过变换矩阵 $M = \begin{bmatrix} a & b \\ c & d \end{bmatrix}$ 来实现，那么它是否适合于平移变换呢？若实现平移变换，变换前后的坐标必须满足关系 $\begin{cases} x' = x + \Delta x \\ y' = y + \Delta y \end{cases}$，这里 $\Delta x$，$\Delta y$ 是平移量，应为常数，但是应用上述的变换矩阵对点进行变换

$$\begin{bmatrix} x & y \end{bmatrix} \begin{bmatrix} a & b \\ c & d \end{bmatrix} = \begin{bmatrix} ax + cy & bx + dy \end{bmatrix} = \begin{bmatrix} x' & y' \end{bmatrix}$$

平移变换不能直接用上面讨论的矩阵乘法运算来表示。对此，引入齐次坐标的概念。

定义：若 $h \neq 0$，则三元组 $[x, y, h]$ 是二维空间中点 $[x/h, y/h]$ 的齐次坐标。如令 $h = 1$，则可用 $(x, y, 1)$ 表示坐标点 $(x, y)$。

齐次坐标法：用三维向量表示二维向量的方法叫做齐次坐标法。进一步推广，用 $n + 1$ 维向量表示 $n$ 维向量的方法称为齐次坐标法。

引进齐次坐标后，变换矩阵也要进行相应的变化，可以写成

$$T = \begin{bmatrix} a & b & p \\ c & d & q \\ l & m & s \end{bmatrix}$$

我们已经介绍了 5 种基本变换，它们都可以用三维图形变换矩阵的一般表达式变换而成。

$$T = \begin{bmatrix} a & b & p \\ c & d & q \\ l & m & s \end{bmatrix}$$

其中：$2 \times 2$ 矩阵 $\begin{bmatrix} a & b \\ c & d \end{bmatrix}$ 可以实现图形的比例、对称、错切、旋转等基本变换；$1 \times 2$ 矩阵 $\begin{bmatrix} l & m \end{bmatrix}$ 可以实现图形的平移变换；而 $2 \times 1$ 矩阵 $\begin{bmatrix} p \\ q \end{bmatrix}$ 可以实现图形的透视变换；$[s]$ 可以实现图形的全比例变换（后两种情况在后面有介绍）。

(6) 二维复合变换。在实际应用中，有时要对图形进行连续多次基本变换才能满足要求，这种由多个基本变换组成的复杂变换称为复合变换。

例如，图 3-7 中的图形绕平面上任意一点 $P(m, n)$ 旋转 $\theta$ 角的旋转变换，就是一个复合变换。它的变换过程为：首先把旋转中心 $P(m, n)$ 平移到坐标原点 ($T_1$)；然后绕原点进行旋转变换 ($T_2$)；最后将所得结果再平移，回复到原旋转中心位置 ($T_3$)。

若用矩阵表示，可将 3 个矩阵级联成一个单一矩阵，即

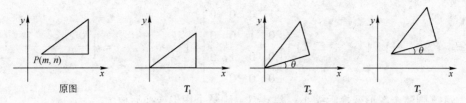

原图　　　　　　　$T_1$　　　　　　　$T_2$　　　　　　　$T_3$

图 3-7 绕任意点的旋转变换

$$T = T_1 \cdot T_2 \cdot T_3 = \begin{bmatrix} 1 & 0 & 0 \\ 0 & 1 & 0 \\ -m & -n & 1 \end{bmatrix} \begin{bmatrix} \cos\theta & \sin\theta & 0 \\ -\sin\theta & \cos\theta & 0 \\ 0 & 0 & 0 \end{bmatrix} \begin{bmatrix} 1 & 0 & 0 \\ 0 & 1 & 0 \\ m & n & 1 \end{bmatrix}$$

$$= \begin{bmatrix} \cos\theta & \sin\theta & 0 \\ -\sin\theta & \cos\theta & 0 \\ m - m\cos\theta + n\sin\theta & n - m\sin\theta - n\cos\theta & 1 \end{bmatrix}$$

所谓矩阵级联就是将矩阵按一定顺序连乘。当某一形体图形绕一点旋转时，只要将该图形的坐标写成矩阵形式，然后乘以级联后的矩阵，就得到了变换后的结果。

特别值得注意的是，复合变换矩阵通常由几个矩阵相乘而来，而矩阵乘法通常不符合交换律，因此，矩阵相乘的顺序不同，其结果也不同，故复合变换矩阵的求解顺序不能任意变动。

## 3.2.2　三维图形的几何变换

三维图形的变换是二维图形变换的简单扩展，变换的原理是把齐次坐标点 $(x, y, z, 1)$ 通过变换矩阵变换成新的齐次坐标点 $(x', y', z', 1)$。

在三维空间里，用四维齐次坐标 $\begin{bmatrix} x & y & z & 1 \end{bmatrix}$ 表示三维点，三维变换矩阵则用 $4 \times 4$ 矩阵表示，即 $\begin{bmatrix} x & y & z & 1 \end{bmatrix}^T = \begin{bmatrix} x' & y' & z' & 1 \end{bmatrix}$

其中：$T$ 为三维基本变换矩阵

$$T = \begin{bmatrix} a & b & c & p \\ d & e & f & q \\ h & i & j & r \\ l & m & n & s \end{bmatrix}$$

可以把三维基本变换矩阵划分为 4 块，其中：$[T] = \begin{bmatrix} a & b & c \\ d & e & f \\ h & i & j \end{bmatrix}_{3 \times 3}$ 产生比例、对称、错切、旋

转等基本变换。$\begin{bmatrix} l & m & n \end{bmatrix}_{1 \times 3}$ 产生平移变换，$\begin{bmatrix} p & q & r \end{bmatrix}_{1 \times 3}^T$ 产生透视变换，$[s]$ 产生全比例变换。

### 1. 三维比例变换

$$M = \begin{bmatrix} a & 0 & 0 & 0 \\ 0 & e & 0 & 0 \\ 0 & 0 & j & 0 \\ 0 & 0 & 0 & 1 \end{bmatrix} \cdot \begin{bmatrix} x' & y' & z' & 1 \end{bmatrix} = \begin{bmatrix} x & y & z & 1 \end{bmatrix} \cdot M = \begin{bmatrix} ax & ey & jz & 1 \end{bmatrix}$$

由上式可知，$a$、$e$、$j$ 分别控制 $x$，$y$，$z$ 方向的比例变换。若 $a = e = j = 1$，$s \neq 1$，那么，$s$ 可使整个图形按同一比例放大或缩小。即

$$[x' \quad y' \quad z' \quad 1] = [x \quad y \quad z \quad 1] \cdot \begin{bmatrix} 1 & 0 & 0 & 0 \\ 0 & 1 & 0 & 0 \\ 0 & 0 & 1 & 0 \\ 0 & 0 & 0 & s \end{bmatrix} = [x \quad y \quad z \quad s] = s\begin{bmatrix} \dfrac{x}{s} & \dfrac{y}{s} & \dfrac{z}{s} & 1 \end{bmatrix}$$

若 $s > 1$，则整个图形变换后缩小；若 $s < 1$，则整个图形变换后放大。

**2. 三维对称变换**

标准的三维空间对称变换是相对于坐标平面进行的。

（1）对 $xOy$ 平面的对称变换。其变换矩阵为

$$\boldsymbol{M}_{XY} = \begin{bmatrix} 1 & 0 & 0 & 0 \\ 0 & 1 & 0 & 0 \\ 0 & 0 & -1 & 0 \\ 0 & 0 & 0 & 1 \end{bmatrix}$$

（2）对 $yOz$ 平面的对称变换。其变换矩阵为

$$\boldsymbol{M}_{YZ} = \begin{bmatrix} -1 & 0 & 0 & 0 \\ 0 & 1 & 0 & 0 \\ 0 & 0 & 1 & 0 \\ 0 & 0 & 0 & 1 \end{bmatrix}$$

（3）对 $xOz$ 平面的对称变换。其变换矩阵为

$$\boldsymbol{M}_{XZ} = \begin{bmatrix} 1 & 0 & 0 & 0 \\ 0 & -1 & 0 & 0 \\ 0 & 0 & 1 & 0 \\ 0 & 0 & 0 & 1 \end{bmatrix}$$

**3. 三维错切变换**

与二维类似，三维错切变换指图形沿 $x$，$y$，$z$ 这 3 个方向的错切变换，它是画斜轴测图的基础。其变换矩阵为

$$\boldsymbol{M}_{XZ} = \begin{bmatrix} 1 & b & 0 & 0 \\ 0 & 1 & f & 0 \\ h & i & 1 & 0 \\ 0 & 0 & 0 & 1 \end{bmatrix}$$

可见，其主对角线各元素均为 1，第 4 行和第 4 列其他元素均为 0。

**4. 三维平移变换**

将一点 $(x, y, z)$ 平移到一个新点 $(x', y', z')$ 的变换矩阵为

$$\boldsymbol{M} = \begin{bmatrix} 1 & 0 & 0 & 0 \\ 0 & 1 & 0 & 0 \\ 0 & 0 & 1 & 0 \\ l & m & n & 1 \end{bmatrix}$$

其中：1，$m$，$n$ 分别为 $x$，$y$，$z$ 轴上的平移量。

**5. 旋转变换**

三维图形的旋转变换比二维图形的旋转变换要复杂些，但是二维变换的基本方法仍然适用，并可作为三维旋转变换的基础。任何三维变换都可以看成是由几个二维旋转变换组合而成。最简便的方法是将一个三维旋转变换视为 3 个二维旋转变换，并分别取 $x$，$y$，$z$ 为旋转轴。而对每一个二维旋转变换可采用前述方法处理。最后，将它们组合起来，即可得到总的三维旋转变换。我们假定在右手坐标系中，物体旋转的正方向为右手螺旋方向，即从该轴向原点看是逆时针方向。

（1）绕 $x$ 轴旋转的变换矩阵

$$M_X = \begin{bmatrix} 1 & 0 & 0 & 0 \\ 0 & \cos\theta & \sin\theta & 0 \\ 0 & -\sin\theta & \cos\theta & 0 \\ 0 & 0 & 0 & 1 \end{bmatrix}$$

（2）绕 $y$ 轴旋转的变换矩阵

$$M_Y = \begin{bmatrix} \cos\theta & 0 & -\sin\theta & 0 \\ 0 & 1 & 0 & 0 \\ \sin\theta & 0 & \cos\theta & 0 \\ 0 & 0 & 0 & 1 \end{bmatrix}$$

（3）绕 $z$ 轴旋转的变换矩阵

$$M_Z = \begin{bmatrix} \cos\theta & \sin\theta & 0 & 0 \\ -\sin\theta & \cos\theta & 0 & 0 \\ 0 & 0 & 1 & 0 \\ 0 & 0 & 0 & 1 \end{bmatrix}$$

图 3-8 所示是三维图形变换实例。

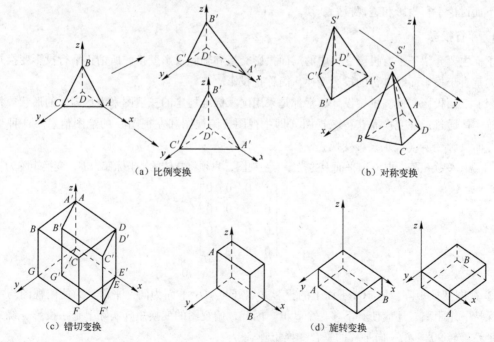

（a）比例变换　　　　　　　　　　　　　　（b）对称变换

（c）错切变换　　　　　　　（d）旋转变换

图 3-8　三维图形变换实例

### 3.2.3 三维形体的投影变换

显示器和绘图仪只能用二维空间来表示图形，要显示三维形体就要用投影方法来降低其维数。为了能对三维对象作透视投影，先要在三维空间给定一个投影平面和视点。从视点发出的所有通过对象的射线和投影平面的交点形成了对象的透视投影，如图3-9（a）所示。由于三维空间中直线的投影还是直线，只要找到直线段两个端点的投影，再把两个投影点连接起来，所得线段便是原来线段的投影。如果把视点移动到无穷远处，这时从视点发出的通过三维形体的射线成为平行线，工程上称这种投影为平行投影。图3-9（b）所示即为形体的平行投影。

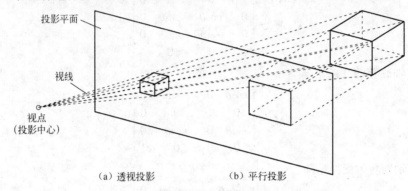

图3-9 透视投影与平行投影

在工程上，为了得到投影图的立体感效果，常采用轴测投影。在加工、装配时，则需要用多面正投影，以显示零件或成套设备的结构细节和大小。此外，在要求有较好实感效果的场合，如仿真、建筑物模型、机械实体造型等应用场合，可用透视投影变换。

下面讨论平行投影和透视投影变换。

**1. 平行投影**

下面主要介绍正平行投影变换中的三面投影交换和轴测投影变换。所谓正平行投影变换是投影方向垂直于投影面时进行的投影变换，简称正投影。

（1）三面投影变换。机械设计通常都是采用国家标准规定的三视图来表达零件的形状。将空间三维实体通过矩阵变换而获得三视图（即主视图、俯视图和左视图）的绘图信息，这种变换称为三面投影变换（或正投影变换）。

① 视图变换矩阵。取 $xOy$ 平面上的投影为主视图，只须将立体的 $z$ 坐标变为零，变换矩阵为

$$T_V = \begin{bmatrix} 1 & 0 & 0 & 0 \\ 0 & 1 & 0 & 0 \\ 0 & 0 & 0 & 0 \\ 0 & 0 & 0 & 1 \end{bmatrix}$$

则 $\qquad\qquad\qquad\qquad [x' \quad y' \quad z' \quad 1] = [x \quad y \quad 0 \quad 1]$

② 视图变换矩阵。取 $xOz$ 平面上的投影并展开与 $xOy$ 平面为同一平面。为使俯视图与主视图间保持一定距离，还应使其下移一个 $d$ 值。因此，俯视图的变换矩阵实际上是一投影、绕 $x$ 轴按左手系旋转90°、沿 $y$ 向平移的复合变换矩阵。

$$T_H = \begin{bmatrix} 1 & 0 & 0 & 0 \\ 0 & 0 & 0 & 0 \\ 0 & 0 & 1 & 0 \\ 0 & 0 & 0 & 1 \end{bmatrix} \begin{bmatrix} 1 & 0 & 0 & 0 \\ 0 & \cos 90° & \sin 90° & 0 \\ 0 & -\sin 90° & \cos 90° & 0 \\ 0 & 0 & 0 & 1 \end{bmatrix} \begin{bmatrix} 1 & 0 & 0 & 0 \\ 0 & 1 & 0 & 0 \\ 0 & 0 & 1 & 0 \\ 0 & -d & 0 & 1 \end{bmatrix} = \begin{bmatrix} 1 & 0 & 0 & 0 \\ 0 & 0 & 0 & 0 \\ 0 & -1 & 0 & 0 \\ 0 & -d & 0 & 1 \end{bmatrix}$$

则　　　　　　　　　　　　$[x'\quad y'\quad z'\quad 1] = [x\quad -(z+d)\quad 0\quad 1]$

③ 左视图变换矩阵。取 $yOz$ 平面上的投影并展开与 $xOy$ 平面为同一平面。同样，为了使左视图与主视图间保持一定距离，还应使其右移一个 $d$ 值。因此，左视图的变换矩阵实际上是一投影、绕 $y$ 轴按左手系旋转 $-90°$、沿 $x$ 向平移的复合变换矩阵。

$$T_W = \begin{bmatrix} 0 & 0 & 0 & 0 \\ 0 & 1 & 0 & 0 \\ 0 & 0 & 1 & 0 \\ 0 & 0 & 0 & 1 \end{bmatrix} \begin{bmatrix} \cos 90° & 0 & \sin 90° & 0 \\ 0 & 1 & 0 & 0 \\ -\sin 90° & 0 & \cos 90° & 0 \\ 0 & 0 & 0 & 1 \end{bmatrix} \begin{bmatrix} 1 & 0 & 0 & 0 \\ 0 & 1 & 0 & 0 \\ 0 & 0 & 1 & 0 \\ -d & 0 & 0 & 1 \end{bmatrix} = \begin{bmatrix} 0 & 0 & 0 & 0 \\ 0 & 1 & 0 & 0 \\ -1 & 0 & 0 & 0 \\ -d & 0 & 0 & 1 \end{bmatrix}$$

则　　　　　　　　　　　　$[x'\quad y'\quad z'\quad 1] = [-(z+d)\quad y\quad 0\quad 1]$

以图 3-10 所示三维立体模型为例，其三视图的变换过程如图 3-11 所示。同理，可进行正轴测投影，后视图、底视图、右视图的投影变换。

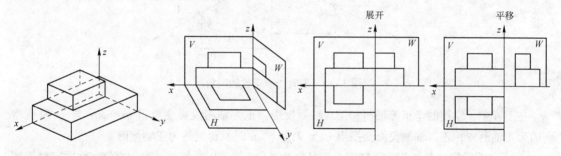

图 3-10　三维立体模型　　　　　　　图 3-11　三视图变换过程

（2）轴测投影变换。

① 基本概念。

轴测轴和轴间角：原坐标轴 $Ox$，$Oy$，$Oz$ 经轴测投影变换后变成 $O'x'$，$O'y'$，$O'z'$，我们称它们为轴测轴，而两轴测轴之间的夹角 $\angle x'O'y'$，$\angle x'O'z'$，$\angle z'O'y'$ 叫做轴间角。如图 3-12 所示。

轴向变形系数：原坐标轴经轴侧投影变换后，其在 $V$ 面上的投影长度发生变化，我们把 $O'x'/Ox = \eta_x$，$O'y/Oy = \eta_y$，$O'z/Oz = \eta_z$ 分别称为 $Ox$ 轴、$Oy$ 轴、$Oz$ 轴的轴向变形系数。

在 $x$，$y$，$z$ 坐标轴上各取一距原点 $O$ 为单位长度的点 $A$，$B$，$C$，它们的齐次坐标分别为：$A[1\ 0\ 0\ 1]$，$B[0\ 1\ 0\ 1]$，$C[0\ 0\ 1\ 1]$，对其进行正轴测投影变换得

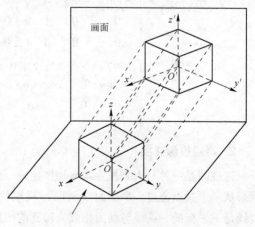

图 3-12　正轴测图的生成

$$[1 \quad 0 \quad 0 \quad 1]\boldsymbol{T} = [\cos\gamma \quad 0 \quad -\sin\gamma\sin\alpha \quad 1]A'$$

$$[1 \quad 0 \quad 0 \quad 1]\boldsymbol{T} = [-\sin\gamma \quad 0 \quad -\cos\gamma\sin\alpha \quad 1]B'$$

$$[0 \quad 0 \quad 1 \quad 1]\boldsymbol{T} = [0 \quad 0 \quad \cos\alpha \quad 1]C'$$

如图 3-13 所示，轴向变形系数为

$$\eta_x = O'A'/OA = \sqrt{x_a'^2 + z_a'^2}/1 = \sqrt{\cos^2\gamma + \sin^2\gamma\sin^2\alpha}$$

$$\eta_y = O'B'/OB = \sqrt{x_b'^2 + z_b'^2}/1 = \sqrt{\sin^2\gamma + \cos^2\gamma\sin^2\alpha}$$

$$\eta_z = O'C'/OC = z_c'/1 = \cos\alpha$$

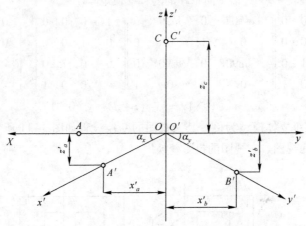

图 3-13    轴向变形系数轴间角

在工程中，常用的是正等轴测和正二轴测投影。正等轴测投影变换当 $\eta x = \eta y = \eta z$ 时所得到的为正轴测图；正二轴测投影变换当 $\eta x = 2\eta y = \eta z$ 时所得到的为正轴测图。

② 正轴测投影变换矩阵。正轴测投影是将物体绕 $z$ 轴逆时针旋转 $\gamma$ 角，再绕 $x$ 轴顺时针旋转 $\alpha$ 角，然后向 $v$ 面投影而得到。变换矩阵为

$$\boldsymbol{T} = \begin{bmatrix} \cos\gamma & \sin\gamma & 0 & 0 \\ -\sin\gamma & \cos\gamma & 0 & 0 \\ 0 & 0 & 1 & 0 \\ 0 & 0 & 0 & 1 \end{bmatrix} \begin{bmatrix} 1 & 0 & 0 & 0 \\ 0 & \cos\alpha & -\sin\alpha & 0 \\ 0 & \sin\alpha & \cos\alpha & 0 \\ 0 & 0 & 0 & 1 \end{bmatrix} \begin{bmatrix} 1 & 0 & 0 & 0 \\ 0 & 0 & 0 & 0 \\ 0 & 0 & 1 & 0 \\ 0 & 0 & 0 & 1 \end{bmatrix}$$

$$= \begin{bmatrix} \cos\gamma & 0 & -\sin\gamma\sin\alpha & 0 \\ -\sin\gamma & 0 & \cos\gamma\sin\alpha & 0 \\ 0 & 0 & \cos\alpha & 0 \\ 0 & 0 & 0 & 1 \end{bmatrix}$$

## 2. 透视投影变换

透视图是一种与人的视觉观察物体比较一致的三维图形，它是采用中心投影法绘制的。透视投影从一个视点透过一个平面（画面）观察物体，其视线（投影线）从视点（观察点）出发，视线是不平行的。视线与画面相截交得到的图形就是透视图。任何一束不平行于投影面的平行线的透视投影将汇聚成一点，称为灭点。在坐标轴上的灭点称为主灭点。主灭点数是和投影平面切割坐标轴的数量相应的。如投影平面仅切割 $z$ 轴，则 $z$ 轴是投影平面的法线，因而 $z$ 轴上有一个

灭点。而平行 $x$ 轴或 $y$ 轴的直线也平行于投影平面，因而没有灭点。透视投影按照主灭点的个数分为一点透视、二点透视和三点透视。图 3-14 所示为一点透视和二点透视的示意图。

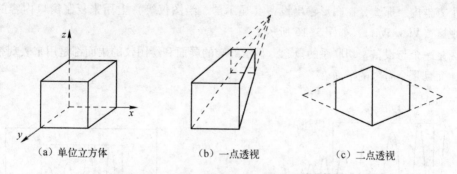

（a）单位立方体　　　　　（b）一点透视　　　　　（c）二点透视

图 3-14　单位立方体的一点透视和二点透视

当 4×4 变换矩阵最后一列不为零时，在进行正常化之后，即可产生透视的效果。其变换式为

$$[x'\ \ y'\ \ z'\ \ 1] = [x\ \ y\ \ z\ \ 1]\begin{bmatrix} 1 & 0 & 0 & p \\ 0 & 1 & 0 & q \\ 0 & 0 & 1 & r \\ 0 & 0 & 0 & 1 \end{bmatrix} = [x\ \ y\ \ z\ \ (px+qy+rz+1)]$$

$$= \left[ \frac{x}{px+qy+rz+1}\ \ \ \frac{y}{px+qy+rz+1}\ \ \ \frac{z}{px+qy+rz+1}\ \ \ 1 \right]$$

以上变换仍是由三维空间到三维空间的透视变换。当 $p$、$q$、$r$ 这 3 个元素中有两个元素为零时，可得到一点透视变换；当有一个元素为零时，可得到二点透视变换；当均不为零时，可得到三点透视变换。

# 3.3　窗口—视区变换

## 1. 窗口

在计算机绘图中，常常遇到这样的情况：在不同时刻，针对不同目的，只关心整幅图形的不同部位，而对其他部分暂时不感兴趣，此时，希望关心的这部分图形能够尽量清晰地显示出来。

于是，大多数的图形软件都提供了这样一个功能：用户可以在输入的图形上选定一个观察区域。这个观察区域称为窗口（Window）。然后，经过图形软件系统的运算处理，窗口内的图形便在屏幕上显示出来。这和生活中的窗口类似，它是系统看现实世界的一种限制，如同房间里的人所目睹的世界只是"窗口"那一部分，其他部分因不透明的墙壁遮挡而不可见。

在二维平面，通常定义窗口为一矩形区域，它的大小和位置在用户坐标上表示，用 4 个变量代表窗口左下角和右上角点的坐标，即

$$W_1 = XW_{min}\quad W_2 = XW_{max}\quad W_3 = YW_{min}\quad W_4 = YW_{max}$$

矩形内的形体，系统认为是可见的；矩形外的形体则认为是不可见的。图 3-15 所示窗口中的线为可见部分，而窗口两侧的曲线为不可见部分。

窗口可以嵌套，即可以在第 $i$ 层窗口中再定义第 $i+1$ 层窗口。

## 2. 视区

在显示窗口内图形时，可能占用整个屏幕，也可能设想屏上有一个方框，要显示的图形只出现在这个方框内。那么，在图形输出设备（显示屏、绘图仪等）上用来复制窗口内容的矩形区域称为视区（View Port），如图 3-16 所示。

视区是一个与设备密切联系的概念，显示终端的屏面和绘图仪的幅面都是用来表现视区的二维平面，而且是个有限的平面。

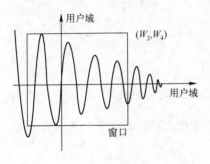

图 3-15　窗口

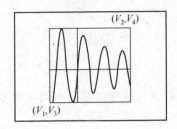

图 3-16　视区

通常也用 4 个变量表示视区，即

$$V_1 = XV_{\min} \qquad V_2 = XV_{\max} \qquad V_3 = YV_{\min} \qquad V_4 = YV_{\max}$$

视区也可以嵌套，还可以在同一物理设备上定义多个视区，分别作不同的应用或分别显示不同角度、不同对象的图形。

### 3. 窗口和视区变换

只有当定义的视区大小与窗口大小相同，而且设备坐标的度量单位与用户坐标的度量单位也相同时，二者之间才是 1:1 的对应关系，而在绝大多数情况下，窗口与视区无论是大小还是单位都不相同。为了把选定的窗口内容在希望的视区上表现出来，即将窗口内某一点 $(X_R, Y_R)$ 画在视区的指定位置，必须进行坐标变换，变换过程如图 3-17 所示。

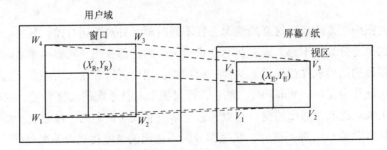

图 3-17　窗口和视区变换示意图

$$\begin{cases} X_E = \dfrac{(X_R - W_1)(V_2 - V_1)}{W_2 - W_1} + V_1 \\[3mm] Y_E = \dfrac{(Y_R - W_2)(V_3 - V_2)}{W_3 - W_2} + V_2 \end{cases}$$

由上式可以得出结论：

（1）视区不变，窗口缩小或放大时，显示的图形会相应放大或缩小，如图 3-18 所示。

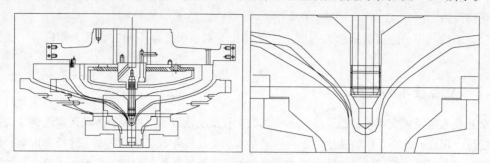

图 3-18　视区不变，窗口缩小，图形放大

（2）窗口不变，视区缩小或放大时，显示的图形会相应缩小或放大。

（3）视区纵横比不等于窗口纵横比时，显示的图形会有伸缩变化。

（4）窗口与视区大小相同、坐标原点也相同时，显示的图形不变。

窗口和视区的适当选用，便于用户观察整图或局部图形，便于对图形进行局部修改和图形质量评价，还可以对图形进行放大或缩小操作。用户定义的图形从窗口到视区的逻辑变换过程如图 3-19 所示。

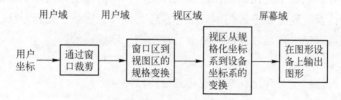

图 3-19　窗口—视区二维逻辑变换过程

# 3.4　交　互　技　术

应用 CAD/CAM 系统进行产品设计过程是输入、处理、输出的反复过程，即是人机交互设计的过程。一个高效的人机通信环境可以提高用户使用计算机的效率，它要求一个优秀的 CAD/CAM 应用软件除具备基本功能外，一般还需提供良好的人机界面和交互手段。

## 3.4.1　常见交互技术及其应用

在目前的 CAD/CAM 应用软件的开发中，人们越来越多地重视人机交互技术的研究与开发。

交互技术是通过用户界面作为系统的接口，因为在许多情况下，交互设备是已经确定的，设计人员并不能任意选择交互设备，所以设计者力求在软件上满足种种要求。但是，不论对什么交互设备，交互技术都要尽量满足以下要求：

（1）舒适性。应尽量减少用户的负担，交互技术应辅助用户愉快地完成工作任务。

（2）自释性。应该能够明确告诉用户系统的要求及应用范围，提供简单易懂的用户指南及必要的帮助信息，也要告诉用户任意时刻系统的状况。

（3）可控性。指人机对话是在用户可以控制的范围以内。

（4）容错性。这是系统稳定运行的一个重要条件，在用户输入错误时，系统应能及时指出错误并帮助改错。

（5）柔性。用户能够根据个人习惯、专业特长等对系统进行不同的设置，如色彩、度量单位等。

### 3.4.2　交互技术的分类

交互技术是完成交互任务的手段，其实现很大程度上依赖于交互设备。从逻辑上讲，交互设备有定位、键盘、选择、取值和拾取 5 种。最基本的交互任务有定位、字串、选择和取数。对给定的交互任务可以用不同的交互技术来实现。例如，一个选择任务可以用鼠标点击菜单，也可以用键盘输入选项名称，还可以用功能键来实现。针对不同的交互任务，交互技术主要有以下几种：

**1. 定位技术**

定位技术即移动光标到满意位置，指定一个坐标，有一维、二维、三维坐标。首先，要明确定位坐标系和定位自由度，确定是用户坐标系还是设备坐标系，是矢量上定点还是平面上定点或三维空间定点。其次，选择合适的定位技术和辅助定位方法。

定位技术主要有：用数字化仪或鼠标控制光标定位；用键盘输入定位坐标值；定向键控制光标定位。应用定位技术时还需要考虑是用户坐标系还是设备坐标系、光标形状、定位速度和精度等。为了使定位更加方便，还可以使用网格点、辅助线、导航技术等。

辅助定位方法主要有：

（1）网格化。即拖拉动光标定位在按规律划分的网格点上。

（2）捕捉。使光标捕捉定点（如端点、中点、圆心点等）。

（3）辅助线。利用辅助线找到要定位的点。

（4）导航。通过与相关实体的导航约束确定定位点。

（5）牵引。由已知实体特征点的正交牵引线导出定位点。

**2. 定量技术**

定量技术即在交互过程中，输入某个数值代表某个特定的量的关系，如大小、长度等。最基本的方法就是直接键入数值，以及通过两次定位转换出所需量的技术，如尺寸标注中，点取两个尺寸线端点，可自动标注出两点间距离。

**3. 定向技术**

定向即为坐标系中图形确定某个方向。这首先要确定坐标系和旋转自由度，然后通过定义旋转中心、输入旋转角度完成；也可通过某些图形软件（如 iDeaS）提供的动态热键旋转方式进行定向。但后者不适于精确的定向操作，多用于动态观察实体，选取最佳视觉角度。

**4. 橡皮筋技术**

橡皮筋技术主要针对变形类的要求，动态地、连续地将变形过程表现出来，像随意拉动橡皮筋一样，直到产生用户满意的结果为止。在图形输入过程中，使用橡皮筋技术可将待输入的图形跟随定位器的移动动态地显示出来，例如画直线时的橡皮筋线、画圆时的橡皮筋圆等。该技术常用于曲线、曲面设计。

### 5. 拖动技术

拖动技术是将形体在空间移动的过程动态地、连续地表示出来，直到满足用户的要求为止。该技术常用于部件的装配、动画轨迹的模拟等。

实现橡皮筋及拖动技术常有两种方法：一种方法是根据定位器的位置与前一位置之间的偏移计算所需画出的形状并给出绘制该图形的过程，定位器移动时，自动地调用该过程画出/擦除该图形；另一种方法是用双缓冲区的方法，即根据定位器的位置在后台画出所需的图形再交换到前台。

### 6. 选择技术

选择主要指命令和选项的选择，命令或选项一般用菜单或图形区域束表示。常用的选择技术有：

（1）鼠标移动光标选取选项。

（2）输入选项命令全称或助记符形式执行命令。

（3）按功能键执行热键驱动的命令程序。

（4）语音控制选择选项。

### 7. 拾取技术

拾取在多数情况下是针对图形对象而言的，它是交互式绘图及几何建模中不可缺少的功能。在二维坐标中，拾取的是线条或某个区域；在三维坐标中，拾取的是面或体。

（1）拾取判断。针对不同的图形对象有不同的判断方法。首先，定义光标位置的靶区范围，该靶区可以显示也可以不显示。然后，计算该靶区范围是否有线段穿过，有则拾取；如果要拾取的是区域，则计算该靶区是否包容在区域之内，包容则拾取；若拾取的是字符串，则计算字符串占用区域是否覆盖靶区，覆盖则拾取。

（2）拾取的现象。为使用户在交互操作中随时掌握操作状态和结果，应及时反馈信息。当拾取到实体时，使该实体变色或加亮显示，或改变选中实体的线型。拾取的实际意义是从存储用户图形的数据中找出该实体的地址。

（3）快速拾取的措施。为帮助用户方便、快捷地拾取图形，可设置光标附近图元预亮功能，在某个要选择的图元亮了之后确认，从而避免选之后才发现选错了的现象。另外，对于同类图元的批量操作还可设置批量拾取，先选择该类图元中的一个，然后再选取 ALL 命令项，表示选择与该图元同类型的所有图元，这样就可以实现同类图元的批量拾取，进而实现批量操作。如修改尺寸线标注箭头的大小，若单个修改较烦琐费事，采用上述办法能很快实现全部尺寸线的修改。

### 8. 文本交互

文本交互主要是确定字符串的内容和长度。一般采用方法是：

（1）输入字符。

（2）选择字符。

（3）单行或多行文本窗口输入字符。

（4）语音识别或笔画识别等。

### 9. 草图技术

草图技术又称徒手画技术。该技术支持用户类似于在图板上画草图那种徒手绘图方式，可在屏幕上实现任意画图要求。它将等距采样点用折线或拟合曲线连接起来，生成图形。

### 3.4.3 交互设计原则

交互设计原则是任何设计都必须注意的问题和需要遵循的原则，这是保证设计成功的必要前提。

**1. 一致性与规格化设计**

将所开发系统的交互功能设计成统一的模式和语义，以相同的命令语法和操作步骤工作，显示同样的屏幕状态格式。整个系统前后一致、规格统一，只要用户掌握了一个方面或一个模块的交互要求，就能举一反三，推广到系统的其他方面或模块，免除因界面不统一带给用户的陌生感以及由此增加的学习工作量和难度。

**2. 反馈信息**

所谓人机交互，就是在人将信息输入计算机后，计算机能有所反应，这就是反馈，它是交互界面的基本组成部分。人机交互的特点就在于所有计算机的反馈信息都是由人预先根据各种可能的输入而准备好存入计算机的。它告诉用户：计算机是否接受了输入？目前计算机正在做什么？操作的结果是什么？命令格式对不对？问题出在哪里？下一步怎样进行？等等。

反馈信息应及时、明确，以免用户茫然不知所措。反馈形式可有5种：

（1）菜单项或目标形体高亮度显示、阴影凹凸显示。

（2）直接显示命令或菜单项执行结果。如显示输入字符、光标移动、图形旋转等。

（3）在信息区显示状态文本。

（4）当计算机处于某一进程的执行状态中时，在屏幕上改变光标指示器图符，如显示为一个钟表的形式，或用动态标尺或刻度盘展示任务进程的百分比。

（5）给出音乐、鸣叫等声音信号。

**3. 防错和改错功能**

系统内部应设计完整性、合理性约束，具有较好的容错性。例如，在需要输入数值时输入了字符信息、误按了操作键或未选对象先选了对象操作项等时，系统不应死机，而应有所提示或恢复常态；对于某些容易产生不良后果的操作，系统可设置屏蔽功能，当操作条件不满足时，该操作选项为浅淡色，不能拾取；对于已经执行的命令，如发现有错，如图形移动位置不对、图元删除有误等，可以用 Undo 废除执行的命令，恢复系统到执行该命令之前的状态；如再发现 Undo 错了，则需 Redo 重新执行 Undo 前的最后一个命令；若表格菜单项中某些内容选错，则应点取 Redo 项。总之，凡是交互设置的输入项都应具备改错功能，允许用户改动输入信息；而防错功能又能避免因错误的输入而给系统运行和结果带来的损害。

**4. 提示和帮助信息**

一个 CAD/CAM 系统的运行是十分复杂的，它有一系列定义、描述手段，有各种操作规则、命令语法，有许多可能出现的问题和状况。因此，一个良好的在线帮助功能是必不可少的，它能提供较详细的说明和信息，引导、帮助用户尽快掌握系统及正确使用系统。帮助功能的实现是靠热键或菜单项选择启动的，通常设置多种帮助信息检索途径，如按项目检索、按具体内容检索、按关键字检索等。提示功能的目的是引导用户按部就班往下走，建议用户下一步的行动内容。例如，键入"移动"命令之后，系统提示用户选择形体目标；选择之后，又提示用户输入移动的起始点；输入完毕，再提示用户输入移动的终止点……如此引导提示，直到任务完成。对于熟练的操作人员，这套工作过程已成习惯，则常常不再需要看提示，而对于初学、初用者，提示信息就像系统导航员一样起着重要的作用。

# 3.5　用户界面

任何一种计算机的应用过程都可抽象为输入、处理、输出 3 个逻辑部分，而在 CAD/CAM 中，这个过程不是单向的一个周期，却是输入、处理、输出，再输入、再处理、再输出这样的反复过程。具体而言，技术人员将设计构思输入系统，系统对构思加以描述、整理，输出给技术人员；技术人员进行修改、补充后再输入计算机，系统再进行分析、判断，将结果输出；如此循环往复，直到设计满意。这就是人机交互设计的过程。显然，它需要人机之间有一个高效的通信环境。这些都要求有一个良好的人机界面和交互手段。事实证明，用户界面的优劣常常影响软件的推广和使用效果，甚至影响软件生存周期，为此，软件商越来越重视用户界面的研究与开发，不断推出一些优秀的交互式图形界面系统。CAD/CAM 软件系统的开发也将友好的用户界面作为基本需求和要达到的目标之一。

## 3.5.1　用户界面的类型

用户界面不能简单地被理解成是人操作计算机时所面对的屏幕显示形式，它隐含着人机交互的状态、表达形式、操作方法等一系列内容。用户界面的类型主要包括：

（1）所见即所得型。这是一种荧光屏上的显示与最终输出结果一致的界面类型。

（2）直接操作型。这是一种操作动作与操作目的完全吻合的界面类型。如 Windows 环境下，将要删除的文件直接拖入回收站。

（3）图标型（Icon）。这是一种用图形代替文字或数值的界面类型。打印机图标代表打印命令，问号图标代表帮助命令，文件箱图标代表文件管理命令等。这种界面是目前最为流行的界面类型。

（4）菜单型。这是一种将功能命令按类组织、列于屏幕之上供用户选择的界面类型。它的使用类似于去餐馆吃饭时点菜的情景，用户不必事先记住所有功能命令，只要掌握菜单结构就可以到相应的菜单项中选取所需的命令，点取该命令，即执行操作。菜单型界面的最大好处就是用户记忆负担轻，操作效率高（不必逐一输入命令字符），这一点对于功能命令较多的大型软件尤为重要。但在菜单层次过多的情况下，命令索取的效率会大大降低。

（5）问答型。这是一种按进程进行人机对话应答的界面类型。通常是系统运行到某一阶段需要人干预输入信息或决策选择时在屏幕上提示需输入的信息项目，等待用户输入，或显示预制选项，等待用户选择，用户一旦输入符合格式的信息，系统将继续运行，继续问答。这在交互式几何建模系统、CAD/CAM 系统等软件系统中都会见到。

另外，还有表格型、命令键入型、语音型等。这些界面在实际系统中并非独立使用，而常常是几种类型的组合，针对不同的环境、不同的需要而设置不同的界面。例如，菜单有图标式、文本式，结合起来使用，互相取长补短，如 Windows 环境；又如，既有菜单选择，又有命令键入，如 AutoCAD、iDeaS 的界面。

### 3.5.2 用户界面的设计

用户界面涉及屏幕划分、字型选用、颜色和灰度选择、菜单设计等多方面内容。

（1）屏幕划分。针对显示屏幕的大小、格式和分辨率，合理、充分地利用屏幕，将屏幕作适当划分，以便用于不同的显示用途。通常 CAD/CAM 系统总是需要开辟图形区、菜单区、显示提示区等至少 3 个区域。屏幕有对称型和非对称型等不同形式，如图 3-20 所示。

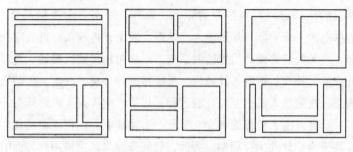

图 3-20　屏幕划分

（2）字型选用。无论是菜单还是系统运行中的显示信息，字型选用得当都可以给屏幕带来生机和好的效果。

（3）颜色和灰度选择。用不同颜色和灰度来标识信息、设置背景、分离不同形体，这对于用户在操作过程中集中注意力、减少错误是非常有效的，同时对操作者的情绪、心情等均会产生影响。

（4）菜单设计。菜单是一组功能、对象、数据或其他用户可选择实体的列表，是目前 CAD/CAM 系统中最常用的交互功能方法。菜单设计时，通常要考虑菜单的结构、类型、形状等因素。

## 小　结

本章讲述了解图形技术的基础知识，详细讨论了二维、三维图形的几何变换方式，讨论窗口—视区的变换，并针对系统软件中的交互技术进行了详细的讲解。

## 思 考 题

3-1　做出图 3-21 所示六面体的透视投影图。

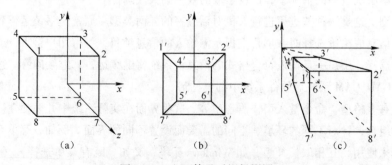

图 3-21　六面体及透视投影图

（1）视点在 $+z$ 方向，$R = -0.1$。

（2）物体在 $z$ 轴线右下方（20，$-20$）处，$R = -0.1$。

3-2　用齐次坐标表示法，写出下列变换矩阵：

（1）整个图像放大 2 倍。

（2）$y$ 向放大 4 倍和 $x$ 向放大 3 倍。

（3）图像上移 10 个单位和右移 15 个单位。

（4）保持 $x = 5$ 和 $y = 10$ 图形点固定，图像 $y$ 向放大 2 倍和 $x$ 向放大 3 倍。

（5）图像统坐标原点顺时针方向绕 $x/2$。

（6）图像绕 $x = 2$ 和 $y = 5$ 反时针方向绕 $x/2$。

3-3　假定先作比例变换，后作旋转。如果要求变换结果不变，能否改变其变换次序？是否需要约束条件？如果需要的话，约束条件是什么？

3-4　分析 Turbo C 集成开发环境的用户界面，归纳并举例说明：

（1）界面风格和界面工作方式。

（2）交互技术和菜单选择方式。

（3）信息反馈和错误处理方式。

（4）操作提示和联机帮助方式。

（5）其他界面特点。

3-5　试证明下列操作序列的变换矩阵的乘积满足交换率。

（1）两个连续的旋转变换。

（2）两个连续的平移变换。

（3）两个连续的变比变换。

3-6　针对直线 $y = x$ 的反射，说明其变换矩阵等效于一个相对于 $x$ 轴的反射，再跟随一个逆时针 90° 的旋转。

3-7　确定一个基本变换序列，它等效于 $y$ 方向上的错切变换矩阵。

3-8　试推导出将二维平面上的任一条直线 $p_1(x_1, y_2)$、$p_2(x_2, y_2)$ 变换成与 $x$ 轴重合的变换矩阵。

3-9　试述窗口和视区的概念及变换原理。

3-10　在 $xOy$ 平面内，过原点的直线 $l$ 与 $x$ 轴夹角为 $\alpha$（见图 3-22），试推导相对于直线 $l$ 作对称变换的变换矩阵。

3-11　求相对定位点 $(x, y)$ 的比例变换矩阵，使变换后定位点的位置保持不变（见图 3-23）。

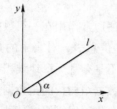

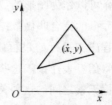

图 3-22　思考题 3-10 图　　　　图 3-23　思考题 3-11 图

# 第 4 章　几何造型系统的数据结构

学习目的与要求：了解几何造型的建模方法；熟悉数据结构的理论和方法；理解计算机内表达的数据结构。

通常，人们看到三维的客观世界中的事物时会对其有个认识，将这种认识描述到计算机内部，让计算机理解，这个过程称为造型。所谓几何造型就是以计算机能够理解的方式，对实体进行确切的定义，赋予一定的数学描述，再以一定的数据结构形式对所定义的几何实体加以描述，从而在计算机内部构造一个实体的模型。

事物的发展都是循序渐进的，随着计算机软硬件技术的快速发展，20 世纪 70 年代中期发展起来了几何造型，它是通过计算机来表示、控制、分析和输出几何实体，是 CAD/CAM 技术发展的一个新阶段，是集成 CAD/CAM 的基础。在几何造型中，需要提供给计算机的是存在某种关系的批量数据。如果将这些数据连同它们的关系提供给计算机，就需要对这些数据进行组织构造，即确立它们的数据结构。数据结构就是要建立数据之间的关系，即将数据结构化。例如，描述齿轮箱的传动关系、部件的装配关系，必须建立合理的数据结构，才能进行模型的正确表达。由于几何造型是指点、线、面、体等几何元素通过一系列几何变换和集合运算生成的物体模型，因此这些基本几何元素在计算机内的存储和组织即其数据结构是几何造型的关键技术之一。

## 4.1　数据结构知识

数据是对客观事物的符号表示，是指所有能输入到计算机内并被计算机处理的符号的总称。数值、字符是数据，图形、图像也是数据。数据的基本单位是数据元素，是数据这个集合中相对独立的个体。例如，零件可以看成产品或部件的数据元素，圆柱体、长方体可以作为零件形体的数据元素，直线、圆弧可以作为图形的数据元素。

性质相同的数据元素的集合叫做数据对象。计算机程序通常作用在一组数据上，我们暂且称这组数据为信息表。程序在运行的过程中一般要建立一些信息表，对表中的数据进行访问、加工，或在适当的时候将信息表注销。这些信息表中的数据不是杂乱无章地堆积在一起，而是存在一定的逻辑关系。数据元素之间的这种关系就叫做结构。数据结构指的是数据元素之间抽象的相互关系，并不涉及数据元素的具体内容。用这种结构关系，将数据组织成某种形式的信息表，以便于程序的加工。

在计算机处理的信息表中最简单的结构形式要算是线性表。它的结构特性就是"线性"关系。复杂一点的信息表有多维数组、树结构等，在一般情况下，树结构是非线性的结构，它表示数据元素之间的层次关系或分支关系。下面主要介绍线性表、树形结构和二叉树结构。

**1. 线性表**

线性表是一种最常用且最简单的数据结构，是数据元素的有限序列。数据元素可以是一个数、一个符号，也可以是一个线性表，甚至可以是更复杂的数据结构。需要指出的是，尽管线性表的数据元素可能是各种各样的，但同一表中数据元素的类型必须是相同的。除了第一个和最后一个数据元素外，每个数据元素有且只有一个直接前趋和直接后继。线性表中数据元素的个数定义为线性表的长度。

线性表的存储结构有两种：顺序存储结构和链式存储结构。

（1）顺序存储结构。顺序存储就是用一组连续的存储单元，按照数据元素的逻辑顺序依次存放。假定每个数据元素占用 $m$ 个存储单元，每个数据元素第 1 个单元的存储位置为该数据元素的存储位置，第 1 个数据元素的存储位置为 $b$，则第 $t$ 个数据元素的存储位置为 $\mathrm{Loc}(a_i) = b + (t-1) \times m$，如图 4-1 所示。

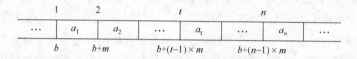

图 4-1　线性表的顺序存储结构示意图

线性表的操作运算包括建表、访问、修改、删除和插入等。

线性表顺序存储结构的特点是：

① 有序性。各数据元素之间的存储顺序与逻辑顺序一致。

② 均匀性。每个数据元素所占存储空间的长度相等。

因为线性表在顺序存储结构中是均匀有序的，所以只要知道其地址和数据元素的长度及序号，即可知道每个数据元素的实际地址。因此，对表内数据元素进行访问、修改运算的速度很快。这种结构多用于查找频繁、很少增删的场合，如工程手册中的数据表。

（2）链式存储结构。链式存储结构用一组任意的存储单元存放表中的数据元素，由于存储单元可以是不连续的，因此还要存储这个元素的直接前趋或直接后继的位置。这两种信息组成数据元素的映像称为节点。节点有两种域：存放数据元素本身的数据域和存放其直接前趋或直接后继的指针域。其中，指针域中存放的信息称为指针。链式存储结构又分为单向链表和双向链表，如图 4-2 所示。

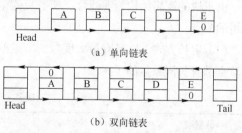

（a）单向链表

（b）双向链表

图 4-2　线性表的链式存储结构示意图

① 单向链表。单向链表的指针域只有一个，通常存放直接后继的地址。第一个元素的地址需要专门存放在指定的指针型变量中，或者设置一个与链表节点相同的节点，它的数据域可以是空的，也可以存放表长等附加信息，指针域存放第一个元素的地址，如图 4-2（a）所示。对单

向链表可以进行访问、修改、删除或插入等操作。

② 双向链表。单向链表的节点只有一个存放直接后继的指针域，因此从某个节点出发只能向后寻找其他节点。如果节点再增设一个指针域，存放它的直接前趋的地址，就可以方便地从每个节点向前寻找其他节点。这样的链表称为双向链表，如图 4-2（b）所示。

线性表的链式存储结构与顺序存储比较，具有下列特点：

① 删除或插入运算速度快。

② 不需事先分配存储空间，以免不能充分利用空间。

③ 表的容量容易扩充。

④ 按逻辑顺序查找的速度慢。

⑤ 比相等长度的顺序存储多占用作为指针域的存储空间。

由于上述特点，链式存储结构多用于事先难以确定容量或增删运算频繁的线性表的存储结构。

### 2. 树形结构

树形结构简称为树，它是一种重要的非线性数据结构。它为计算机应用中出现的具有层次关系或分支的数据提供了一种自然的表示方法。图 4-3 所示即为一棵树的结构。A，B，C，D，E，F，G，H，I 为这棵树的 9 个节点。其中节点 A 是树根，称为根节点；节点 C，E，F，G，H，I 是树叶，也称为终端节点；节点间的连线称为边。从图 4-3 中可以看出：除根节点外，每个节点有且只有一个直接前趋；除终端节点外，每个节点可以有不止一个直接后继。节点的直接前趋称为该节点的双亲，节点的直接后继称为该节点的孩子，同一双亲的孩子间称为兄弟。树是具有层次关系的数据结构，层次的数量称为树的高度。节点的孩子数量称为度。树的所有节点中最大的度数称为这棵树的度数。

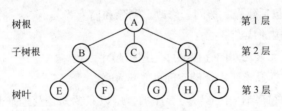

图 4-3 树的逻辑结构

由于树的逻辑结构为非线性，所有只能采用链式存储结构。可采用定长或不定长两种方式确定树的节点。

（1）定长方式。以具有最大度数的节点的结构作为该树所有节点的结构。如表 4-1 所示，每个节点都有相同数量的子树域。

表 4-1 定长方式

| 数据域 | 子树 1 地址 | 子树 2 地址 | … | 子树 $n$ 地址 |
|---|---|---|---|---|

（2）不定长方式。每个节点增加一个存放度数的域，节点的长度随着度数的增加而增加，如表 4-2 所示。

表 4-2 不定长方式

| 数据域 | 度数 $n$ | 子树 1 地址 | 子树 2 地址 | … | 子树 $n$ 地址 |
|---|---|---|---|---|---|

### 3. 二叉树结构

（1）二叉树的几个基本术语定义：

二叉树的子树：二叉树是一种不同于树的数据结构，它的每个节点至多有两棵子树，子树有左右之分，不能颠倒。二叉树可以是空的。

满二叉树：深度为 $i$ 的有 $2^{(i-1)}$ 个节点的二叉树称为满二叉树，如图 4-4（a）所示。

完全二叉树：节点的度数或者为 0，或者为 2 的二叉树称为完全二叉树，如图 4-4（b）所示。

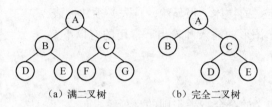

（a）满二叉树　　　　（b）完全二叉树

图 4-4　二叉树的分类

（2）二叉树的存储结构。对于满二叉树，可用顺序存储形式。对于节点 $i$，如果 $i=1$，此节点是根节点；如果 $i=k$，$k/2$ 是节点 $i$ 的双亲节点，节点 $2k$ 是节点 $i$ 的左孩子，节点 $2k+1$ 是节点 $i$ 的右孩子，如图 4-5 所示。

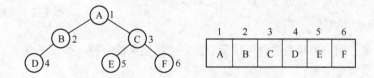

图 4-5　满二叉树的顺序存储形式

对于一般二叉树，通常采用链表结构。每个节点设 3 个域：存放节点的值域，存放左子树地址的左子树域以及存放右子树地址的右子树域，如图 4-6 所示。

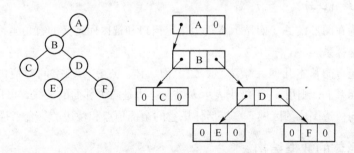

图 4-6　二叉树链式存储形式

顺序存储结构的特点是节省存储空间，可利用公式随机地访问每个节点和它的双亲及左、右孩子，但不便于进行删除或插入操作。

链表存储结构的特点是需多占一些存储空间，但运算算法实现比较简单直观。

# 4.2 几何体在计算机中的表示

要在计算机中表示几何体，需要首先建立相应的坐标系，然后讨论表示计算机中几何体存储的数据结构。

## 4.2.1 几何造型中的坐标系

几何造型中最基本的问题是如何用计算机的一维存储空间来存放 $n$ 维几何元素所定义的物体。很显然，首先必须建立表示物体的坐标系，以便于图形的输入和输出。常用的有以下 5 种坐标系，如图 4-7 所示。

- 坐标系
  - 造型坐标系
  - 用户坐标系
    - 直角坐标系
    - 仿射坐标系
    - 圆柱坐标系
    - 球坐标系
    - 极坐标系
  - 观察坐标系
  - 规格化设备坐标系
  - 设备坐标系

图 4-7　坐标系分类

### 1. 用户坐标系（UC）

用户坐标系是用户定义的符合右手定则的坐标系。包含直角坐标系、仿射坐标系、圆柱坐标系、球坐标系、极坐标系。

### 2. 造型坐标系（MC）

造型坐标系是为方便基本形体和图素的定义而设立的三维右手直角坐标系，对于不同的形体有其单独的坐标原点和长度单位。相对用户坐标系而言，造型坐标系可以看成局部坐标系。

### 3. 观察坐标系（VC）

观察坐标系是在用户坐标系的任何位置、任意方向定义的一种三维左手直角坐标系。用于指定裁剪空间和定义观察平面。

### 4. 规格化设备坐标系（NDC）

规格化设备坐标系是为提高应用程序的可移植性而定义的一种三维左手直角坐标系。取值范围为［0，0，0］到［1，1，1］。

### 5. 设备坐标系（DC）

设备坐标系为在图形设备（如显示器）上指定窗口和视区而定义的直角坐标系。目前 DC 采用三维左手直角坐标系。

几何造型所包含的基本几何元素为点、边、面、体。点在三维空间对应的表示为 $\{x, y, z\}$。若在齐次坐标系下，则用 $n+1$ 维来表示 $n$ 维点。边是两个邻面的交线，可用两个点来表示。面是形体上由有向棱边围成的区域。三维形体用它的全部顶点和棱边的集合来描述。

## 4.2.2 表示形体的数据结构

为了将形体存储到计算机内，就必须用一定的数据结构来对形体进行描述。常用的数据结构有三表结构和八叉树。

### 1. 三表结构

三表结构中包括顶点表、棱边表、面表。图 4-8 表示了物体及其表示关系，该物体由 16 个顶点、24 条边、10 个面组成。

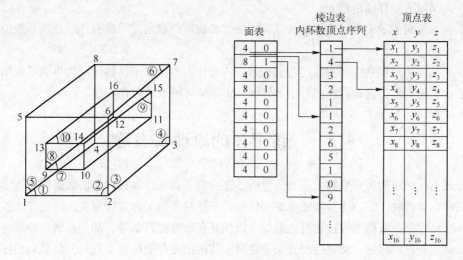

图 4-8　三表结构

### 2. 八叉树

　　二维图形用四叉树表示，三维形体用八叉树表示，如图 4-9 所示。用八叉树对形体所占空间作单元分解，首先要定义形体的外接正立方体，并把它分割成 8 个子立方体，如子立方体为满或为空，则该子立方体全在或者全不在形体中，该子立方体可以停止分解；被形体分割所得的子立方体还要作一分为八的分解，直到所有的子立方体为满或为空，或已达到规定的分解精度，则停止分解。

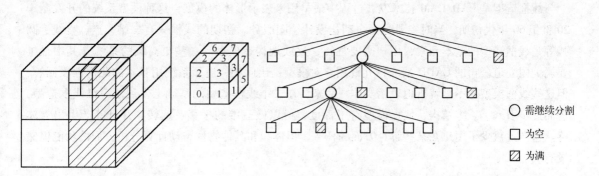

图 4-9　八叉树结构

　　用八叉树结构表示空间体，具有以下优点：

　　（1）可以用统一而简单的形体（即立方体）来表示空间任意形状的实体，因而数据结构简单划一。

　　（2）容易实现实体之间的交、并、差等集合运算。

　　（3）容易检查空间实体之间是否碰撞，也相对容易计算出两个实体之间的最小距离。

　　（4）易于计算物体的性质，如物体的体积、质量、重量等。

　　（5）容易实现消隐及显示输出。

当然也存在一些不足：

（1）八叉树表示存储量较大。

（2）在八叉树表示中难以实现某些几何变换，如旋转任意角度、具有任意比例系数的比例变换等。

（3）八叉树表示只是空间实体的近似表示，八叉树表示形体难以转换成边界表示或结构实体的几何表示，从而使得它难以和已有的 CAD/CAM 系统有机地结合在一起。

# 4.3　三维形体的原理及表达

由于现实生活中的客观事物大多是三维的、连续的，而在计算机内部的数据均为一维的、离散的、有限约，因此，在表达与描述三维实体时，怎样对几何实体进行定义，以保证其准确、完整和唯一；怎样选择数据结构描述有关数据，以使其存取方便自如等，都是几何造型系统中几何造型方法必须解决的问题。几何造型方法是将对实体的描述和表达建立在几何信息和拓扑信息处理的基础上。所谓几何信息是指物体在空间的形状、尺寸及位置的描述；拓扑信息是构成物体的各个分量的数目及相互之间的连接关系。

根据造型空间的不同，可将几何造型分为二维造型和三维造型两种。按照对几何信息与拓扑的描述及存储方法的不同，三维几何造型又可分为三维线框造型、曲面造型和实体造型。

本节从工程角度出发，主要介绍线框造型、曲面造型、实体造型等的原理及计算机表达。

## 4.3.1　线框造型

线框造型是 CAD/CAM 技术发展过程中最早用来表示形体的模型，这种模型系统的开发始于20 世纪 60 年代初期，当时主要是为自动化设计绘图服务。初期的线框只有二维，点、直线、圆弧等是线框造型的基本元素，用户需要逐点、逐线地构造模型。一些更高级的系统（其中最早要属美国麦道公司的 CADD 系统）允许用户对模型提出问题，造型系统用基本的几何性质回答，但这些线框模型并不是解析地表示实体。后来，在二维线框造型的基础上发展了三维线框造型，进而逐步引入了三维结构，使得模型有了深度，可以做三维的平移、旋转，并且能产生出立体感。这样就减少了用户在某些解释方面的任务，但体积和其他物性自动计算分析方面的功能仍然没有。

### 1. 线框造型的概念

线框造型是指用构成物体的各顶点坐标和连接各顶点所形成的边来描述物体的造型方法。线框定义过程简单，很多复杂产品先用几条线勾划出基本轮廓，然后逐步细化。线框的存储量小，操作灵活，响应速度快，从它产生二维图和工程图也比较方便。线框模型中的几何曲线采用直线、二次曲线和自由曲线等，由于解析式简单，几何概念清楚，一次和二次代数方程求解容易，直线和圆可以直接输出绘图，所以应该尽量多地采用这种表达形式。但直线、圆弧和自由曲线组合在一起形成不规则曲面边界时，为了在构造曲面中采用统一的 B 样条形式，需要将它们变成组合曲线，改用 NURBS 表达式。线框模型不能自动消隐，当设计对象形状复杂时，屏幕上大量线条交叉重叠，就难以区别各部分形体的相互关系、交互操作无法继续进行。这时可借用二维绘图中的分层方法，每层采用不同颜色和线型，使画面变得清晰。将一组线条构成一个单元，称之为块。把常用的子图定义为块，便于插入、编辑和复制。

### 2. 线框造型的特点

采用线框造型的描述方法所需信息最少，数据运算简单，所占的存储空间也比较小。另外，这种造型方法对硬件的要求不高，容易掌握，处理时间较短。

但是，线框造型也有局限性。一方面，线框造型的数据模型规定了各条边的两个顶点以及各个顶点的坐标，这对于由平面构成的物体来说，轮廓线与棱线一致，能够比较清楚地反映物体的真实形状，但是对于曲面体，仅能表示物体的棱边就不准确了。例如，表示圆柱的形状，就必须添加母线，对有些轮廓就必须描述圆弧的起点、终点、圆心位置、圆弧的走向等。另一方面，线框造型所构造的实体模型，只有离散的边，而没有边与边的关系，即没有构成面的信息，由于信息表达不完整，在许多情况下，会对物体形状的判断产生多义性。如图 4-10 所示，带孔立方体的孔是盲孔还是通孔含义就不清楚。线框造型没有自动消隐功能，无法对图形进行剖切，不能进行物体几何特性（体积、面积、重量、惯性矩等）计算，不能满足特性的组合和存储多坐标数控加工刀具轨迹的生成等方面的要求。对同一种线框模型，难以准确地确定实体的真实形状，这不仅不能完整、准确、唯一地表达几何实体，也给物体的几何特性、物理特性的计算带来困难。

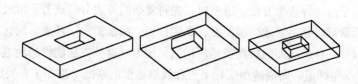

图 4-10　线框造型的多义性

尽管线框模型有许多不足，但由于它仍能满足许多设计与制造的要求，因此在实际工作中使用很广泛，而且在许多 CAD/CAM 系统中仍将此种模型作为表面模型与实体模型的基础。线框模型一般具有丰富的交互功能，常用于点、线、圆、圆弧、二次曲线、样条曲线等图素的构图。

### 3. 线框造型的描述

线框造型描述的是产品的轮廓外形。线框造型的数据结构是表结构，线框造型在计算机内部是以边表和点表来表达和存储的，实际物体是边表和点表相对应的三维映像，计算机可以自动实现视图变换和空间尺寸协调。图 4-11 所示为一立方体线框模型的数据结构，采用了 8 个顶点和 12 条边来表达。它由两张表构成，即顶点表和边表。在顶点表中记录了各顶点的坐标值，在边表中则记录了构成边所需两个端点和边号及边的几何元素类型代码，在这里我们以 0 代表直线（若具有弧段，则可以用其他代码表示）。由此可见，三维物体可以用它的全部顶点及边的集合来描述，线框一词由此而得名。线框模型具有数据结构简单，所占的存储空间小，处理时间短，对硬件要求不高，易于理解掌握等特点。这种模型曾广泛应用于工厂或车间布局、管道铺设、运动机构的模拟干涉检查等方面。

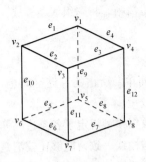

| 顶点 | 坐标值 | | |
|---|---|---|---|
| | $x$ | $y$ | $z$ |
| 1 | $x_1$ | $y_1$ | $z_1$ |
| 2 | $x_2$ | $y_2$ | $z_2$ |
| 3 | $x_3$ | $y_3$ | $z_3$ |
| 4 | $x_4$ | $y_4$ | $z_4$ |
| 5 | $x_5$ | $y_5$ | $z_5$ |
| 6 | $x_6$ | $y_6$ | $z_6$ |
| 7 | $x_7$ | $y_7$ | $z_7$ |
| 8 | $x_8$ | $y_8$ | $z_8$ |

| 边线 | 顶点号 | | 属性 |
|---|---|---|---|
| 1 | 1 | 2 | 0 |
| 2 | 2 | 3 | 0 |
| 3 | 3 | 4 | 0 |
| 4 | 4 | 1 | 0 |
| 5 | 5 | 6 | 0 |
| 6 | 6 | 7 | 0 |
| 7 | 7 | 8 | 0 |
| 8 | 8 | 5 | 0 |
| 9 | 1 | 5 | 0 |
| 10 | 2 | 6 | 0 |
| 11 | 3 | 7 | 0 |
| 12 | 4 | 8 | 0 |

（a）立方体　　　　　　　　（b）顶点表　　　　　　　（c）边表

图 4-11　线框模型的数据结构

### 4.3.2　曲面造型

　　曲面造型又称表面造型，是通过对实体的各个表面或曲面进行描述而构造实体模型的一种建模方法；是用有向棱边围成的部分来定义形体表面，由面的集合来定义形状，对表面或曲面进行描述而构造形体模型的一种造型方法。造型时，先将复杂的外表分解成若干组成面，然后定义出基本面素，基本面素可以是平面或二次曲面，如圆柱面、圆锥面、圆环面、回转面等，通过各面素的连接构成组成面，各组成面的拼接就是所构造的模型。这种方法能够精确地确定物体表面上任意一个点的 $x/y/z$ 坐标值。曲面造型实际上是在线框造型的基础上添加了有关面、边（环）信息以及表面特征、棱边的连接等内容而成。利用曲面模型，我们就可以对物体进行剖面、消隐、获得 NC 加工所需的表面信息等一系列操作。

　　曲面造型是 CAD 和 CG 中最有用的内容之一。飞机、汽车、船舶、叶轮的流体力学分析，家用电器、轻工业产品的造型设计；服装款式设计，地形、地貌、矿藏、石油分布的地理资源描述，人体外貌和内部器官的 CT 扫描数据三维结构，科学计算中的应力、应变、温度场、速度场的直观显示等，都需要强有力的曲面造型工具。

#### 1．曲面造型的特点

　　由于增加了有关面的信息，在提供三维实体信息的完整性、严密性方面，曲面造型比线框造型进了一步，它克服了线框造型的许多缺点，能够比较完整地定义三维立体的表面，所能描述的零件范围广，特别是像汽车车身、飞机机翼等难于用简单的数学模型表达的物体，均可以采用曲面造型的方法构造其模型，而且利用曲面造型能在图形终端上生成逼真的彩色图像，以便用户直观地从事产品的外形设计，从而避免表面形状设计的缺陷。另外，曲面造型可以为 CAD/CAM 中的其他场合提供数据，例如有限元分析中的网格的划分，就可以直接利用曲面造型构造的模型。一般来讲，曲面造型有以下特点：

　　（1）表达了零件表面和边界定义的数据信息，有助于对零件进行渲染等处理，有助于 CAM 系统直接提取有关面的信息生成数控机床的加工指令（自动确定刀具的切削路径），因此大多数 CAD/CAM 系统中都具备曲面造型的功能。

（2）在物理性能计算方面，曲面造型中面信息的存在有助于对物性方面与面积相关的特征计算，如零件的表面积等，同时对于封闭的零件来说，采用扫描等方法亦可以实现对零件进行与体积等物理性能相关的特征计算，如计算曲面所围成的容积、重量、形心位置、惯性矩等。

（3）曲面造型方式生成的零部件及产品可分割成板、壳形式的有限元网格。

曲面造型缺乏面、体间的拓扑关系，无法区别面的哪一侧是体内，哪一侧是体外，曲面建模算法还存在其他一些不足：

（1）理论上讲，曲面造型可以描述任何复杂的结构体，但是从产品造型设计的有效性上看，曲面造型在许多场合下效率低，如实体造型，特别是对不规则区域的曲面处理，例如两个半径不相等的管路或两简体相交，采用实体造型可以轻而易举地实现相贯线的生成，而采用曲线造型难度相当大，可能还要借用类似 B 样条曲面这样的高次曲面来逼近或用多个曲面片来表示。

（2）曲面造型事实上是以蒙面的方式构造零件形体，因此容易在零件造型中漏掉某个甚至某些面的处理，这就是常说的"丢面"。同时，依靠蒙面的方法把零件的各个面粘贴上去，往往会在两面相交处出现缺陷，如在面与面的连接处出现重叠或间隙，不能保证零件的造型精度，失去了精度，对于复杂型腔的模具 CAD/CAM 来说，高度自动化的应用程序就无从谈起。所以，曲面造型并不宜用作表示机械零件的一般方法。

**2. 曲面及其主要用途**

（1）理解曲面。从视觉上理解，曲面与平面是相对的，一个表面不是平面就是曲面。例如，球面、抛物面、双曲面、椭圆面、马鞍面、螺旋面等都是一些二次曲面，还有更复杂的曲面，如汽车外表面、摩托车外表面、飞机外表面，甚至人体表面，可以称之为雕塑曲面或自由曲面。因此，曲面可以认为是一种具有长、宽、高，但是没有厚度概念的物体。随着工业进步，具有曲面外形的产品越来越多，流线造型已经成为产品外观造型的趋势。

从物理上理解，曲面可以看成是在一个形状复杂的骨架上糊上一层表皮材料后的产物。就好象现代建筑物，先搭建建筑的框架，这个框架的外形可以搭建得非常复杂，例如悉尼歌剧院贝壳形的拱顶，然后在该框架外表面铺上玻璃板，形成一个非常漂亮的曲面。

从数学上看，曲面就是一个数学方程。例如，球面可以表示为一个球的方程 $x^2 + y^2 + z^2 = r^2$，椭圆面可以表示为一个椭圆面方程 $x^2/a^2 + y^2/b^2 + z^2/c^2 = 1$。不同类型的曲面对应着不同结构的数学方程，但有些自由曲面（或者称为雕塑曲面）则很难写出简单的解析表达式，因此现代 CAD 系统普遍采用 NURBS 技术来统一描述各类曲面。NURBS 的全称是 Non Uniform Rational B – Spline（非均匀有理 B 样条），它是一种结构复杂的数学方程，这种数学方程具有下列显著特点：

① 结构标准，不同的曲面（线）具有相同的方程结构形式。

② 构造规范，对不同的曲面，方程的构造过程是相似的，只是由于曲面构造的数据不同，其结果也不相同。

③ 运算标准，对该方程可以有效地进行一系列的数学运算，例如计算函数值，计算一阶、二阶和高阶导数。

NURBS 还有许多其他的特点，例如几何描述的唯一性、几何不变性、易于定界、几何直观等。

NURBS 曲面是建立在曲面框架（Framework）上的曲面，也就是说，构造曲面之前，要先构造好曲面框架。但是，框架数据和曲面数据是互相独立的，一旦根据曲面框架生成了曲面，曲面框架的数据可以随时删，而曲面数据可以继续保存。一个曲面生成以后，就可以被显示、拾取、复制、修改和编辑。

（2）曲面的主要用途。用2D绘图的方法是很难精确表达3D曲面的。曲面造型技术是通过构造计算机的曲面模型来精确表达3D的曲面，并采用相关技术加以显示。曲面模型构造之后可以继续在以下方面加以应用：

① 生成一系列准确的截面图供工程分析。

② 作为有限元建模和分析的输入数据。

③ 在设计阶段生成真实感外观图形，供市场宣传所用。

④ 作为快速原型的输入数据。

⑤ 作为加工准备的基础数据，例如设计工具设计、注塑模具设计或冲压模具设计。

⑥ 作为数控加工编程的原始数据。

由此可见，曲面模型的用途非常大，曲面模型在CAD中占据重要地位。

（3）曲面的种类。AutoSurf是一个以NURBS曲面为基础的曲面造型系统。从技术上讲，AutoSurf只有一种类型的曲面，即NURBS曲面，但是，为了构造NURBS曲面，AutoSurf提供了多种方法。

① 基本曲面（Surface Primitive）。基本曲面是一种不需要事先构造曲面框架，而是通过指定数值的方式直接生成的面，如表4-3所示。

② 运动曲面（Motion-based Surface）。运动曲面是一种利用线条在空间移动来生成曲面，在生成这些曲面之前需要构造曲面框架，如表4-4所示。

③ 表层曲面（Skin Surface）。表层曲面是一种典型的通过"封装"一个曲面框架而形成的曲面。根据不同的"封装"方法，分成4类，如表4-5所示。

④ 导出曲面（Derived Surface）。导出曲面是根据已经存在的曲面而生成的新曲面，也可分为4类，如表4-6所示。

**表4-3 基本曲面种类**

| 曲面类型 | 曲面定义 | 曲面主要参数 | 图　例 |
|---|---|---|---|
| 球面<br>（Sphere） | 环的外表面 | 球心坐标 + 球半径 | |
| 锥面<br>（Cone） | 锥体的侧表面 | 底圆心位置 + 底圆半径 +<br>顶圆半径 + 锥体高度 | |
| 圆柱面<br>（Cylinder） | 圆柱体的侧面 | 底圆心位置 + 圆柱半径 +<br>圆柱高度 | |
| 环面<br>（Torus） | 一个回转的圆形环面 | 圆环截面半径 + 圆环回转<br>半径 + 回转中心位置 | |

表 4-4 运动曲面种类

| 曲面类型 | 曲面定义 | 曲面框架 | 图 例 |
|---|---|---|---|
| 旋转曲面<br>（Revolved Surface） | 一条母线沿一条轴线旋转而形成的曲面 | 2D 旋转母线 + 旋转轴 + 旋转角度 | |
| 拉伸曲面<br>（Extruded Surface） | 在空间沿一条直线移动一条 3D 曲线而生成的曲面 | 3D 曲线 + 移动直线 | |
| 管道曲面<br>（Tubular Surface） | 一个一定直径的圆的圆心沿着指定的 3D 曲线移动而生成的曲面 | 截面圆 + 3D 曲线 | |
| 扫掠曲面<br>（Swept Surface） | 一条或数条截面轮廓沿着一条 3D 轨迹线移动而生成曲面 | 一条或数条曲线 + 3D 轨迹线 | |

表 4-5 表层曲面种类

| 曲面类型 | 曲面定义 | 曲面框架 | 图 例 |
|---|---|---|---|
| 直纹曲面<br>（Rule Surface） | 在两条曲线间封装而成的一个直而平的空间曲面 | 两条 3D 曲线 | |
| 平整曲面<br>（Planar Surface） | 在一个 2D 封闭曲面上封装而成的平面 | 封闭的 2D 曲线（或多义线） | |
| U 蒙面<br>（Lofted Surface） | 在一组 2D 曲线框架上封装而成的空间曲面。这组 2D 曲线具有相同的特征 | 一组性质相似的 2D 曲线 | |
| UV 蒙面<br>（Lofted UV Surface） | 在两组 2D 曲线框架上封装而成的空间曲面。每组 2D 曲线具有相同的特征 | 一组性质相似的 2D 曲线作为 U 向造型线；一组性质相似的 2D 曲线作为 V 向造型线 | |

表 4-6 导出曲面种类

| 曲面类型 | 曲面定义 | 曲面框架 | 图 例 |
|---|---|---|---|
| 过渡曲面<br>（Blended Surface） | 在数个已经存在的曲面（或曲线）之间相切关系连接而成的曲面 | 数个曲面（两个或两个以上），数条曲线，或曲线与曲面 | |

续表

| 曲面类型 | 曲面定义 | 曲面框架 | 图　例 |
|---|---|---|---|
| 等距曲面<br>（Offset Surface） | 在一个已知曲面基础上向曲面一边等距平移而获得的曲面 | 一个曲面和平移距离 | |
| 倒边曲面<br>（Fillet Surface） | 通过在两个相交面的交线处给定一个半径而生成的曲面 | 两个曲面＋倒角半径（含变半径） | |
| 倒角曲面<br>（Corner Fillet Surf） | 在 3 个相交的角点处以给定半经而生成的曲面 | 3 个曲面＋倒角半径 | |

（4）曲面的描述。Step 标准选用非均匀有理样条 NURBS 作为几何描述的主要方法，因为它不但可以表示标准的解析曲面，如圆锥面、二次曲面和旋转面等，而且还可以表示复杂的自由曲面。

曲面造型的描述有两种：一种是基于线框模型扩充为曲面模型，另一种为基于曲线曲面理论的描述方法来构成曲面模型。基于线框模型的曲面模型是把线框模型中的边所包围成的封闭部分定义为面。其数据结构是在线框模型的顶点表和边表中附加必要的指针，使边有序连接，并增加一张面表来构成表面模型，如图 4-12 所示。这类表面模型适于简单规则形体，对于由曲面组成的形体，则需要采用小平面片逼近的近似描述。

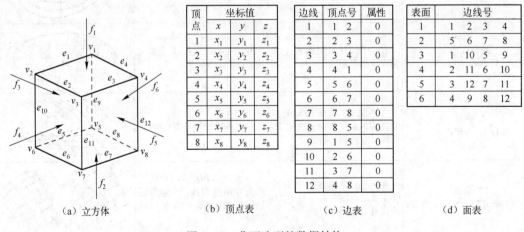

（a）立方体　　　　　（b）顶点表　　　　（c）边表　　　　（d）面表

图 4-12　曲面造型的数据结构

对于汽车车身、飞机机身、模具型面等一些极为复杂的物体表面，我们无法基于线框模型扩充进行描述，必须借助于空间自由曲线和自由曲面的理论进行计算。这些无法用基本立体要素（棱柱、棱锥、球、一般回转体、有界平面等）来描述的呈自然形状的曲面称为自由曲面模型。常见的自由曲面有放样曲面、Coons 曲面、Bezier 曲面、B 样条曲面、NURBS 曲面等。

为精确描述在航空、航天、汽车等行业中常见的复杂曲面，需采用双参数方程。而平面可用平面方程来描述，它是曲面模型的一个特例。

三维曲面模型在 CAD/CAM 系统中占有重要地位，它能够比较完整地定义三维立体表面，可以无二义性地表示实体，可以为诸如有限元分析等场合提供数据。曲面造型克服了线框造型的许多缺点，可以实现对物体消隐、明暗处理、着色、曲面求交、表面积计算、刀具轨迹生成等应用需求，还可表示那些无法用线框来构造的形体，比如外形曲面（汽车和电话机的外壳表面）和函数曲面（如齿轮和叶片）等。

当然它也存在不足：由于它描述的是实体的外表面，无法切开实体展示其内部结构，因而也就无法表示零件的立体属性，以致很难判断一个经过曲面造型生成的物体是一实心体还是具有一定壁厚的壳体，这种不确定性给物体的质量特性分析带来了困难。

### 4.3.3　实体造型

线框造型和表面造型在完整、确定地表达实体形状方面各有其局限性，要想唯一地构造实体的模型，还需采用实体造型的方法。

实体造型是 20 世纪 70 年代后期逐渐发展完善起来的一种造型技术。实体造型的标志就是在计算机内部以实体形式来描述物体，它记录了实体全部的点、线、面、体的拓扑信息，是当代 CAD 技术发展的主流。由于这种造型方法可方便地实现实体的消隐、剖切、有限元网格划分、数控加工刀具轨迹生成，并且具有着色、光照、纹理处理等功能，所以它在 CAD/CAM 领域之外也有广泛的应用，如广告、动画等。

实体造型是利用一些基本体素，如长方体、圆柱体、球体、锥体、圆环体以及扫描体等，通过集合运算（布尔运算）生成复杂形体的一种造型技术。实体造型主要包括两部分内容，即体素的定义及描述和体素之间的布尔运算（并、交、差）。

实体模型与表面模型的不同之处在于确定了表面的哪一侧存在实体这一问题。常用的方法如图 4-13 所示，用有向棱边的右手法则确定所在面外法线的方向，例如规定正向指向体外。如此，只需将图 4-12 中的面表改为图 4-13 中的面表的形式，就可确切地分清体内体外，形成实体模型。

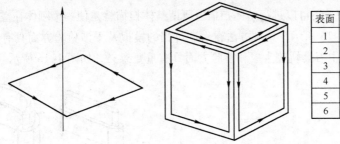

| 表面 | 边线号 |
|------|--------|
| 1 | 1　2　3　4 |
| 2 | −5　−6　−7　−8 |
| 3 | −1　−10　−5　−9 |
| 4 | 2　10　6　11 |
| 5 | 3　11　7　12 |
| 6 | −4　−9　−8　−12 |

图 4-13　右手法则确定所在面外法线方向

实体模型的数据结构当然不是这么简单，可以有许多不同的结构。但有一点是可以肯定的，即表示实体的数据结构不仅记录了全部几何信息，而且记录了全部点、线、面、体的拓扑信息，这就是实体模型与线框或表面模型的根本区别。正因如此，实体成为设计与制造自动化及集成的基础。

#### 1. 实体造型的原理

实体造型的标志是在计算机内部以实体描述客观事物。利用这样的系统，一方面可以提供实体完整的信息，另一方面可以实现对可见边的判断，具有消隐的功能。实体造型是通过定义基本体素，利用体素的集合运算或基本变形操作实现的，其特点在于覆盖三维立体的表面与其实体同时生成。由于实体造型能够定义三维物体的内部结构形状，因此能完整地描述物体的所有几何信息，是当前普遍采用的造型方法。

### 2. 体素的定义及描述

体素是现实生活中真实的三维实体。体素的定义及描述有两种方法：一种为基本体素，可通过少量参数进行描述，例如长方体通过长、宽、高定义。除此之外，为定义基本体素在空间的位置和方向，基准点的定义也很重要。就长方体而论，其基准点可位于它的一个顶点，也可位于一个平面的中心；不同的实体造型系统，可提供不同的基本体类型。图4-14所示为常见基本体素的汇总。

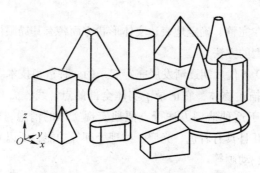

图4-14　实体造型中常用的基本体素

另一种体素为平面轮廓扫描体，即由平面轮廓扫描法生成的体素。平面轮廓扫描法是一种与二维系统密切结合的、并常用在棱柱体或回转体生成的一种描述方法。这种方法的基本设想是一个二维轮廓在空间平移或旋转就会扫描出一个实体。由此，扫描的前提条件是要有一个封闭的平面轮廓。这一封闭的平面轮廓沿着某一个坐标方向移动或绕某一给定的轴旋转，便形成了图4-15所示的两种扫描变换。

除了平面轮廓扫描外，还可以进行整体扫描。所谓整体扫描就是使一个刚体在空间运动以产生新的物体形状，如图4-16所示。这种方法在生产过程的模拟及干涉检验方面具有很大的实用价值，特别是在NC加工中刀具轨迹生成和检验方面具有重要意义，如图4-16所示。

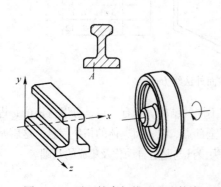

图4-15　平面轮廓扫描法生成体素

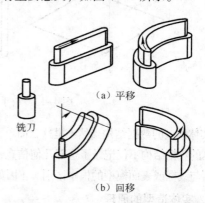

图4-16　铣刀运动中可能生成的形状

### 3. 布尔运算

两个或两个以体素经过集合运算得到实体的表示称为布尔模型（Boolean Model），所以这种集合运算亦称布尔运算。例如，A、B 两个实体经布尔运算生成 C 实体，那么布尔模型表示为：$C = A < OP > B$，符号 $< OP >$ 是布尔算子，它可以是 $\cup$（并）、$\cap$（交）和 $\backslash$（差）等。布尔模型是个过程模型，它通常可直接以二叉树结构表示。

由于实体建模具有一系列优点，所以在设计与制造中广为应用，尤其是运动学分析、干涉检验、机器人编程和五坐标 NC 铣削过程模拟、空间技术等方面已成为不可缺少的工具。可以说未来的 CAD/CAM 系统将全部拥有三维实体造型功能。

随着 CAD 应用范围不断扩大，实体造型技术也不断发展。近几年在计算机内部表达方式有如下几个发展趋势：

（1）采用混合模式，如混合使用线框、曲面、实体元素，混合使用 Brep 和 CSG 法等。

（2）以精确表示形式存储曲面实体模型。

（3）引入参量化、变量化建模方法，便于设计修改。

（4）采用特征造型技术，实现系统集成。

## 小　　结

本章讨论了几何造型的建模方法，对数据结构的概念和方法进行了详细的讲述，针对几何形体在计算机中的表示，分别论述了线框模型、曲面模型和实体模型的表达方法。这些概念和理论对于在计算机中表达形体的描述有重要意义。

## 思　考　题

4-1　三维造型系统有哪几种造型方法？各自的特点是什么？

4-2　试以图形表示线框造型的多义性。

4-3　试述实体建模的方法。

4-4　描述线性表数据结构的特点，详细了解链表数据结构的实现和各种操作。

4-5　选用合理的数据结构，编程实现三维实体的计算机表示，并结合前面所述内容，完成实体的各种变换、投影操作。

# 第 5 章　几何造型技术

学习目的与要求：理解几何造型的概念；掌握布尔运算理论和方法；熟悉实体造型中的几种构造方法以及特征、装配造型技术。

## 5.1　实体造型技术

早在 20 世纪 60 年代初，就提出了实体造型的概念，但由于当时理论研究和实践都不够成熟，实体造型技术发展缓慢。70 年代初出现了简单的、具有一定实用性的、基于实体造型的 CAD/CAM 系统，实体造型在理论研究方面也取得了相应进展，如 1973 年，英国剑桥大学的布雷德（I. C. Baird）曾提出采用 6 种体素作为构造机械零件的积木块的方法，但仍然不能满足实体造型技术发展的需要。在实践中人们认识到，实体造型只用几何信息表示是不充分的，还需要表示形体之间的相互关系、拓扑信息。到 70 年代后期，实体造型技术在理论、算法和应用方面逐渐成熟。进入 80 年代后，国内外不断推出实用的实体造型，在实体模型 CAD、实体机械零件设计、物性计算、三维形体的有限元分析、运动学分析、建筑物设计、空间布置、计算机辅助 NC 程序的生成和检验、部件装配、机器人、电影制片技术中的动画、电影特技镜头、景物模拟、医疗工程中的立体断面检查等方面得到广泛的应用。

实体造型是以立方体、圆柱体、球体、锥体、环状体等多种基本体素为单元元素，通过集合运算（拼合或布尔运算），生成所需要的几何形体。这些形体具有完整的几何信息，是真实而唯一的三维物体。所以，实体造型包括两部分内容，即体素定义和描述，以及体素之间的布尔运算（并、交、差）。目前常用的实体造型方法主要有：边界表示法、构造实体几何法和扫描法。目前，布尔运算是构造复杂实体的有效工具。

### 5.1.1　布尔运算理论

如果一个实体是由两个或两个以上较简单的体素（Primitive）经过集合运算得到的，那么这个实体的表示就是布尔模型。这种集合运算称为布尔运算，可以简单理解为布尔运算是在一个物体上增加或减少一部分。假设 $A$、$B$ 为两个实体，$C = A < OP > B$，这里 $< OP >$ 代表任一正则化布尔算子，那么 $C$ 就是布尔模型。$A$、$B$、$C$ 三者必须有相同的空间维数。为了简明起见，假定所有布尔运算都是正则化的，从而省略"正则的"一词。符号 $< OP >$ 代表正则算子（布尔算子），它可以是 ∪（并）、∩（交）和 −（差）等。布尔模型的一个重要特点是布尔模型是一个过程模型（Procedural Model）。

假定从 $A$、$B$、$C$ 这 3 个实体的顶点坐标得知它们的大小、位置和方位，$D$ 的布尔模型是 $D = (A \cup B) - C$。定义 $D$ 的布尔语句没有定量地说明新产生的实体，仅仅规定体素的结合方式；也未说明新体素的顶点坐标，或有关新棱边和面的任何信息，可能知道的就是关于 $A$、$B$、$C$ 三个体素的几何和拓扑信息，以及新实体 $D$ 的构造方法。

因此，布尔模型是过程模型，也可称作非求值模型。如果希望知道更多关于新实体的信息，则必须对布尔模型进行求值计算。例如，计算交线和交点、拓扑关系分类、分析运算得到的新元素的连通性，以确定该模型的拓扑特点，从而决定新的棱边和新的顶点。体素的结构表示就是将布尔算子直接变换成二叉树结构表示，在模型的二叉树结构中，叶节点上是体素，每个内部节点及根节点上是布尔算子。

体素是如何构造的呢？在许多系统中，体素作为图模型存储。同时，这些体素模型的二叉树上的叶节点是可以缩放和定位的单元形体和参数化形体。体素也可以是有向曲面或半空间的布尔组合。有向曲面是指那种由其面上任何一点的法向决定体素内部和外部的曲面。一个无界面将笛卡儿空间划分为两个无界区，每个无界区称作半空间。一组特定的半空间通过布尔交可以形成一个三维实体。日本北海道大学开发 TIPS 造型系统就是通过布尔组合，由半空间定义的有向面来构造整个模型，每一个有向面均由 $f(x, y, z) = 0$ 形式的方程给出。在有向面上其函数值为零，在实体内部函数值为正。这样，就可以把一个复杂的实体定义为有向面交的并集。其他系统，如 GMSol-id 系统、PADL 系统（Rochester 大学研制）和 ROMULUS 系统（Evans and Sutherland 公司研制）都是用有界体素运算，在二叉树任一个节点上，两个有效实体相组合产生第 3 个有效实体。在这些系统中，即使相当复杂的布尔模型也能很快产生，布尔模型有非常简单、紧凑的数据结构。

## 5.1.2　布尔运算的具体实现

设 $A$ 和 $B$ 是两个分别用边界表示 B-rep 法描述的多面体，布尔运算 $C = A < OP > B$ 的运算过程一般分为下面几个步骤完成：

（1）确定布尔运算两物体之间的关系。物体边界表示 B-rep 结构中的面、边、点之间的基本分类关系，分别是"点在面上"、"点在边上"、"两点重合"、"边在面上"、"两边共线"、"两个多边形共面"等 6 种关系。先用数值计算确定"点在面上"的关系，其余 5 种关系可以根据"点在面上"关系推导出来。

（2）进行边、体分类。对 $A$ 物体上的每一条边，确定对 $B$ 物体的分类关系（$A$ 在 $B$ 物体内、外、上面、相交等）；同样，对 $B$ 物体上的每一条边，确定对 $A$ 物体的分类关系。

（3）计算多边形的交线。对于 $A$ 物体上的多边形 $PA$ 和 $B$ 物体上的多边形 $PB$，计算它们的交线。在布尔模型的边界求值计算方面，求交计算是关键一环。

（4）构造新物体 $C$ 表面上的边。对于 $A$ 物体上和 $B$ 物体上的每一个多边形 $PA$、$PB$，根据布尔运算的算子收集多边形 $PA$ 的边与另一多面体表面多边形 $PB$ 的交线以生成新物体 $C$ 表面的边，如果多边形 $PA$ 上有边被收集到新物体 $C$ 的表面，则 $PA$ 所在的平面成为新物体 $C$ 表面上的一个平面，多边形 $PA$ 的一部分或全部则成为新物体 $C$ 的一个或多个多边形。如果定义了两个物体 $A$ 和 $B$ 的完整边界，那么物体 $C$ 的完整边界就是 $A$ 和 $B$ 边界各部分的总和。

（5）构造多边形的面：对新物体 $C$ 上的每一个面，将其边排序构成多边形面环。

（6）合法性检查：检查物体 $C$ 的 B-rep 表示的合法性。

### 5.1.3 边界表示的数据结构与欧拉操作

边界表示（Boundary-representations，B-rep）是以物体边界为基础，定义和描述几何形体的方法。这种方法能给出物体完整、显式的边界描述。其原理是：每个物体都由有限个面构成，每个面（平面或曲面）由有限条边围成的有限个封闭域定义。或者说，物体的边界是有限个单元面的并集，而每一个单元面也必须是有界的。用边界法描述实体，必须满足一定的条件。一个理想、有效表面的条件是：封闭、有向、不自交、有限和相连接，并能区分实体边界内、边界外和边界上的点。

边界表示法强调物体的外表细节，建立了有效的数据结构，把面、顶点的信息分层记录，并建立了层与层之间的关系。分层记录的信息包括相互独立、相互联系的两部分：一组为几何信息，一组为拓扑信息。几何信息是指欧氏空间中的位置和大小，包括点的坐标，曲线和曲面的数学方程等；拓扑信息是指几何体顶点、边、面的数目、类型以及相互间的连通关系。根据这些明确的记录信息，可以知道几何体表面的范围及其邻接情况。图5-1所示图形显示了物体在计算机内部的网状数据结构。

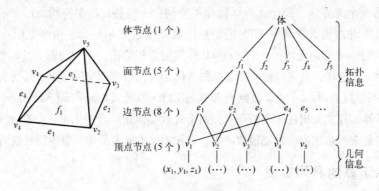

图5-1　边界法数据结构

边界表示法描述形体的信息最完整，它通过5层或6层拓扑结构描述三维形体，并存储形体的几何信息，如图5-2所示。在边界表示的造型系统中通常采用翼边数据结构，如图5-3所示。

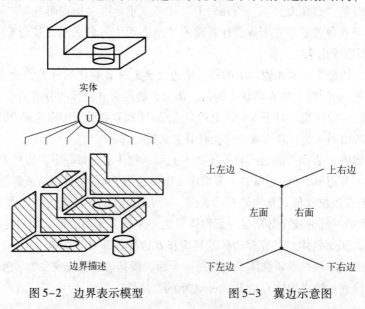

图5-2　边界表示模型　　　　　　　图5-3　翼边示意图

这种数据结构是由斯坦福大学鲍姆加特（B. G. Baumgart）于 20 世纪 70 年代创造性地提出的，旨在有效地表示几何体的拓扑关系边结构。运用翼边数据结构，当检索到某条边后就可方便地检索到该条边的右邻面和左邻面、该条边的两端点和上下左右的四条邻边。由此，通过边可方便地查找出各种元素的连接关系。边界表示法存储信息完整，信息量大，相应占用存储空间也大。

边界表示法允许绝大多数有关几何体结构的运算直接用面、边、点定义的数据实现。这有利于生成和绘制线框图、投影图、有限元网格的划分和几何特性计算，容易与二维绘图软件衔接生成工程图。边界表示法还能够构造用 CSG 法的体素拼合无法实现的复杂形体，如飞机、汽车等，因此实体的边界表达模型在实际工程得到了广泛的应用。当然，边界表示法也有其缺点，一是存储量大，二是必须提供一个方便的用户界面。因此，现在几乎所有以边界表示法为基础的系统都有 CSG 方式的命令输入界面，当执行这些命令时，系统就会自动生成或修改 B-rep 数据结构中的数据。

采用边界表示法时，存在表面合法性问题。有两类合法性条件，一类是几何数据方面的，另一类为拓扑方面的，如何检查合法性及怎样保证合法性呢？几何数据合法性条件一般由模型的设计者通过监视等手段来保证，而拓扑方面的合法性条件则需借助于欧拉公式及欧拉运算来检查保证。

对于多面体有以下著名的欧拉公式

$$V - E + F = 2(B - G) + L$$

其中：$V$ 表示顶点数；$E$ 表示边数；$F$ 表示面数；$B$ 表示独立的、不相连续的多面体数；$G$ 表示贯穿多面体的孔的个数；$L$ 表示所有面上未连通的内环数。

凡符合上述欧拉公式的物体被称为欧拉物体。如图 5-4 所示的 3 个物体，图 5-4（a）中的圆柱孔可看作是一个近似的四棱柱，用欧拉公式检查全部合格，均为合法形体。结果分别如下：

（a）$\qquad\qquad 14 - 21 + 9 = 2 \times 1 - 2 \times 1 + 2$

（b）$\qquad\qquad 16 - 24 + 11 = 2 \times 1 - 2 \times 0 + 1$

（c）$\qquad\qquad 24 - 36 + 15 = 2 \times 1 - 2 \times 1 + 3$

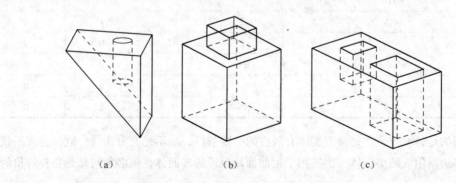

图 5-4  符合欧拉公式的物体

在保证欧拉不变性定理的条件下，对实体数据结构中的 $V$、$E$、$F$、$B$、$G$、$L$ 等进行的实或虚的数据项的增、删、改的操作称为欧拉操作。现在已有一套欧拉算子供用户使用，保证在每一步欧拉操作后正在构造中的物体符合欧拉公式。表 5-1 列出了一套欧拉算子，其中 M（Make）代表增加，K（Kill）代表删除。

表 5-1　欧 拉 算 子

| 操　作 | 欧 拉 算 子 | 对应补算子 | 欧拉算子的作用 |
|---|---|---|---|
| 初始化创建一个实体 | MBFV | KBFV | 增加一个体、一个面及一个点 |
| 建立边及顶点 | MEV | KEV | 增加一条边及一个点 |
| 建立边及面 | MEKL | KEML | 增加一条边，删去一个环 |
| | MEF | KEF | 增加一个面及一条边 |
| | MEKBFL | KEMBFL | 增加一条边，删除一个体、一个面及一个环 |
| | MFKLG | KFMLG | 增加一个面，删除一个环及一个孔 |
| 粘接 | KFEVMG | MFEVKG | 删除面、边、顶点，增加一个孔 |
| | KFEVB | MFEVB | 删除面、边、顶点、体 |
| 组合操作 | MME | KME | 增加多条边 |
| | ESPLIT | ESQUEEZE | 边分割 |
| | KVE | | 删除顶点及边 |

欧拉算子与欧拉公式之间存在着表 5-2 所示的关系。可以看出，如果原来的形体符合欧拉公式，那么在执行任一欧拉算子之后，所产生的新形体仍符合欧拉公式。

表 5-2　欧拉算子的状态

| 欧 拉 算 子 | $V$ | $E$ | $F$ | $B$ | $G$ | $L$ |
|---|---|---|---|---|---|---|
| MBFV | 1 | 0 | 1 | 1 | 0 | 0 |
| MEV | 1 | 1 | 0 | 0 | 0 | 0 |
| MEKL | 0 | 1 | 0 | 0 | 0 | $-1$ |
| MEF | 0 | 1 | 1 | 0 | 0 | 0 |
| MEKBFL | 0 | 1 | $-1$ | $-1$ | 0 | $-1$ |
| MFKLG | 0 | 0 | 1 | 0 | $-1$ | $-1$ |
| KFEVMG | $-N$ | $-N$ | $-2$ | 0 | 1 | 0 |
| KFEVB | $-N$ | $-N$ | $-2$ | $-1$ | 0 | 0 |
| MME | $N$ | $N$ | 0 | 0 | 0 | 0 |
| ESPLIT | 1 | 1 | 0 | 0 | 0 | 0 |
| KVE | $-1$ | $-1$ | $-(N-1)$ | 0 | 0 | 0 |

需要说明的是，欧拉公式是检查实体有效性的必要条件，而不是充分条件。欧拉公式不仅适用于由平面多边形组成的多面体，也适用于由曲面片组成的多面体，但必须与球是拓扑等价的。

## 5.1.4　构造实体几何

构造实体几何（Constructive Solid Geometry，CSG）是一种通过描述基本体素和集合运算（布尔，并、交、差等）来构造实体，即用基本体素拼合成复杂实体的造型方法。

CSG 的基本概念是由 Rochester 大学生产自动化研究组 Voelcker 和 Requicha 等人首先提出的。这些概念包括正则布尔运算、体素、边界定值计算和元素的分类等。在构造实体几何法中，物体形状的定义是以集合论为基础的。首先是集合本身的定义，其次是集合之间运算。所以，构造实体几何法建立在两级模式的基础之上。第一级是以半空间为基础定义有界体系。例如，球体是一个半空间，圆柱体是两个半空间，立方体则是三个半空间（因其存在域是 6 个半空间的交集）。第二级是将这些体素施以交、并、差运算，生成一个 CSG 二叉树结构，如图 5-5 所示，树的叶节点是体素或变换参数，中间节点是集合运算符号，树根是生成的几何实体。

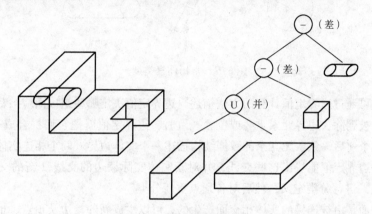

图 5-5　CSG 二叉树结构示图

CSG 可看成物体的单元分解的结果。在模型被分解为单元以后，通过拼合运算（并集）能使其结合为一体。其中，组件只能在匹配的面上进行拼接。CSG 可以使用所有正则布尔运算（并集，交集、差集），从而既可以增加体素，又可以移去体素。以两个三维体素为例，运算结果如图 5-6 所示。

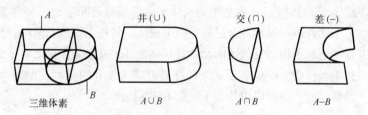

图 5-6　体素拼合的集合运算

如果造型系统中基本体素是由系统定义的有效的有界实体，且拼合运算是正则运算，那么拼合运算得到的最终实体模型也是有效和有界的。如果系统允许用户自己定义体素，则必须证明该体素的有效性。

现有造型系统的共同目标是为用户提供一套形式简洁、数目有限的基本体素，这些体素的尺寸、形状、位置、方向由用户输入较少的参数值来确定。例如，大多数系统提供长方形体素，用户可输入长、宽、高和原始位置参数，系统可以检查这些参数的正确性和有效性。另一些常用体素是圆柱体、球体、圆锥体和圆环体，如图 5-7 所示。

体素的定义方法分为两类：定义有界体素和无界体素。无界体素用空间域定义，这时体素是在有限个半空间内集合组成。例如，一个圆柱体可以表示为 3 个半空间的交集。有界体素用 B-rep 表示或用与之相似的数据结构表示。这样的表示可以清楚地表示出组合成体素的面、边、点等。

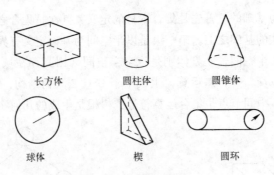

长方体           圆柱体           圆锥体

球体           楔           圆环

图 5-7    常用体素类型

形体的边界可通过边界定值计算的方法描述，边界定值决定哪些组成面应被裁去，哪些棱边或顶点被生成或被删除，边界元素重叠或位置一致时，边界定值就把它们拼合成一个简单元素。这样，就能用一个前后一致、无冗余的数据结构描述一个实体边界。两个相连实体的相交处产生新的交线，通过边界定值能找出这些交线，并对新实体实际棱边的交线（新的交线在棱边与表面的交点处终止）进行分类定义，然后对各顶点重新分类。

新实体各表面是由被连接的实体相交面产生的，可以生成新的棱边及顶点，也能删除某些类型的元素。用构造实体几何法描述复杂实体是十分简洁的，而且生成速度很快，从实体表示法到边界表示法的转换则需要进行大量计算（包括整体性计算、图形显示模型计算和其他应用内容）。

CSG 表示法与机械装配的方式极其类似。从定义体素到拼合实体的过程，如同先设计制造零部件，然后将零部件装配成产品的过程。

用 CSG 表示构造几何形体时，通常是先定义体素，然后通过布尔运算将体素拼合成所需要的几何体。因此，一个几何体可视为拼合过程中的半成品，其特点是信息简单，处理方便，无冗余的几何信息，并详细记录了构成几何体的原始特征和全部定义参数，必要时还可以修改原体素参数或附加体素进行重新拼合。CSG 表示的几何体具有唯一性和明确性，但一个几何体 CSG 表示和描述方式却不是唯一的，即可以用几种不同的 CSG 树表示。

## 5.1.5　CSG 与 B-rep 混合造型方法

B-rep 法在图形处理上有明显的优点，因为这种方法与工程图的表示相近，根据 B-rep 数据可迅速转换为线框模型，尤其在曲面造型领域，便于计算机处理、交互设计与修改。而 CSG 表示法则强调过程，在几何形体定义方面具有精确、严格的优点。其基本定义单位是体，但不具备面、环、边、点的拓扑关系。因此，其数据结构比较简单。CSG 表示法定义的是严格的数学模型的方程式，其数据结构包含在判别函数方程组中。显然，CSG 表示法模型误差很小。在模式识别方面，CSG 法也有自己的长处。CSG 模型由各个体素构成，而体素正是零件基本形体的表示，因此从中很容易抽象出零件的宏观形体和具体形体。

从 CAD/CAPP/CAM 的集成和发展角度来看，单纯的几何模型已不能满足要求，而需要将几何模型发展成为产品模型，即将设计制造信息加到几何模型上。这样，产品模型信息量将大大增加。由于采用 CSG 表示法来建立完整的边界信息，因此，既不可能向线框模型转换，也不能用来直接显示工程图。同样，对 CSG 模型不能作局部修改，因为其可修改的最小单元是体素。

CSG 和 B – rep 表示法各有所长，所以有人在 B – rep 法和 CSG 法的基础之上提出了一个新的设想，即在原来 CSG 树的节点上再扩充一级边界数据结构（见图 5-8），以便实现快速显示图形的目的。

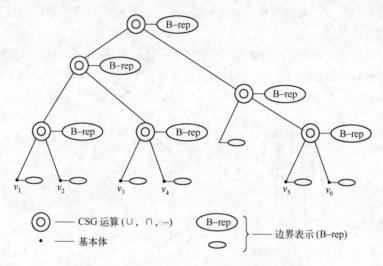

图 5-8　CSG 与 B – rep 混合造型的数据结构

目前有许多 CAD/CAM 系统就是采用两者综合的混合实体造型技术，即采用 CSG 模型系统作为外部模型，而采用 B – rep 模型作为系统的内部数据。在这种混合造型模式中，起主导作用的数据结构仍是 CSG 的二叉树结构，所以边界表示法中的一些优点，如便于局部修改等，在混合模式中就不再起作用，而 CSG 法的所有特点则被完全继承到这种混合模式中。

## 5.1.6　扫描表示法

扫描表示法（Sweep Representation）是建立在沿某一轨迹移动一个点、一条曲线或一个曲面的想法之上的，由这个过程所产生的那些点的轨迹定义一维、二维或三维的形体。用扫描法构造实体易于理解，易于执行，同时也为开发新方法提供了一个富于创造性的领域。许多造型系统使用扫描法的结果表明，它对构造等截面机械零件是行之有效的，它也能用于检查机械零件之间可能存在的干涉现象。一项具体的应用是在加工中模拟和分析切削过程，这时，由沿预定轨迹移动的刀具扫描出的体积与零件的毛坯相交的体积表示零件上切除的部分。

对于扫描法实体造型来说，需要两个要素，即被移动的形体（扫描截面）和移动该形体的轨迹（扫描路径）。这个形体可能是一条曲线，或是一个曲面，还可能是一个实体。而轨迹是可解析定义的路径。最常用的扫描方法主要有两种：平移扫描法和旋转扫描法。

（1）平移扫描法。它是一种沿空间某一轨迹移动某物体从而定义新物体的方法。最简单的扫描情况是用一个二维图形沿着一指定的矢量方向作直线运动形成新实体。如图 5-9（a）所示，平移扫描体的矢量数学模型为

$$r = r' + l \cdot n$$

式中：$r$ 为扫描后图形的矢量函数（体）；$r'$ 为平面图形的矢量函数（面）；$n$ 为扫描方向；$l$ 为扫描距离。

（2）旋转扫描法。它是把一个二维图形绕某一轴线旋转来定义新物体，一般称为旋转体，如图 5-9（b）所示。旋转体的矢量数学模型为

$$r = r' + R_i \cdot n$$

式中：$r$ 为旋转轴矢量；$r'$ 为回转体相应点的矢量函数；$n$ 为旋转单位圆对应的位置矢量；$R_i$ 为母线上各顶点的旋转半径。

此外，如果在扫描过程中允许扫描体的截面随着扫描过程变化，那我们就可以得到不等截面的平移扫描体和非对称的旋转扫描体，这种方法统称为广义扫描法。图 5-10 所示即为广义扫描法生成的扫描体。

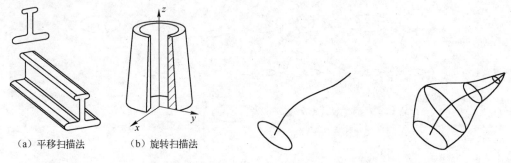

（a）平移扫描法　　　（b）旋转扫描法

图 5-9　扫描法生成实体　　　　　　　　　图 5-10　广义扫描法

在扫描表示法中，由于三维空间的实体和曲面可分为由二维平面及曲线通过平移扫描和旋转扫描来实现，因此只需要定义二维平面及曲线即可。这对于许多领域的工程设计人员来说都很方便。例如，建筑设计师就是先设计建筑的平面图，然后通过平移扫描来构造建筑物的模型的。因此，在三维物体的表示中，扫描表示法常常是必不可少的输入手段，应用颇为广泛。

从以上介绍的各种实体造型方法可以看出：边界表示法以边界为基础，构造实体几何法以体素为基础，扫描法以面为基础，它们各有优缺点，很难用一种方法代替。因此，许多系统都具有多种造型方法的功能，可通过相互之间的转换来发挥各种造型方法的长处。但并不是各种方法都可以相互转换，有的转换也并不十分可靠。

# 5.2　特　征　建　模

20 世纪 80 年代以来，为了满足 CIMS 技术发展的需要，人们一直在研究更完整描述几何体的实体造型技术。为实现 CAD/CAM 技术的集成化，满足自动化生产要求的实体造型技术，必须考虑诸如倒角、圆弧、圆角、孔，以及加工用到的各种过渡面的形状信息和工程信息，特征造型正是为满足这一要求而被提出的。

## 5.2.1　特征的定义

特征是指产品描述的信息的集合，并可按一定的规则分类。纯几何的实体与曲面是十分抽象的，将特征的概念引入几何造型系统的目的是为了增加实体几何的工程意义。

常用的特征信息主要包括：

（1）形状特征。与描述零件几何形状、尺寸相关的信息集合，包括功能形状、加工工艺形状、装配辅助形状等。

（2）精度特征。在设计和加工中使用的形位公差、尺寸公差、表面粗糙度等信息集合。

（3）材料特征。与零件材料和热处理相关的信息集合，包括材料性能、热处理方式、硬度等值。

（4）管理特征。与零件管理有关的信息集合，包括标题信息、零件材料、表面粗糙度等信息。

（5）装配特征。与零件装配相关的信息集合，如零件的装配关系、配合关系、功能关系系统。

（6）分析特征。有关工程分析方面的特征，如有限元分析中的梁特征、板特征等。

其中，形状特征是最基本的特征，因此，目前关于特征的分类方法也大都以形状为主进行研究。常见的形状特征类型如图 5-11 所示。

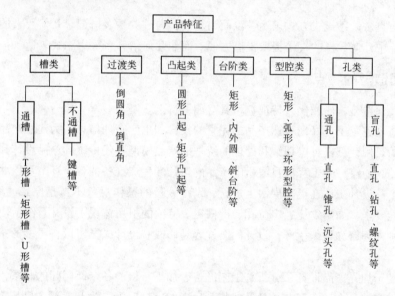

图 5-11　常见的形状特征类型

## 5.2.2　特征表示及数据结构

特征表达主要包括以下两个方面：表达几何形状的信息；表示属性。根据几何形状的信息和属性在数据结构中的关系，可分为集成表达和分离表达两种特征表达方式。集成表达是将属性信息与几何形状信息集成地表达在同一内部数据结构中，而分离表达则是将属性信息表达在与几何形状信息集分离的外部数据结构中。

集成表达方式可以有效地避免出现分离模式中内部实体模型数据和外部数据不一致和数据冗余现象，可以方便地对多种抽象层次的数据进行通信，从而满足了不同应用的需求。对集成表达方式而言，由于现有的实体模型不能很好地满足特征模型的需求，需要从头和实施全新的基于特征的表达方案，工作量太大。鉴于此，不少系统采用了分离表达方式。

几何形状信息的表达分隐式和显式两种。前者是对特征生成过程的描述；后者则是确定几何信息与拓扑信息的描述。如图 5-12 所示的圆柱，用圆柱面、两底面和两条边界来描述即为显式表达；而用中心线、长度和圆柱直径来描述即为隐式表达。

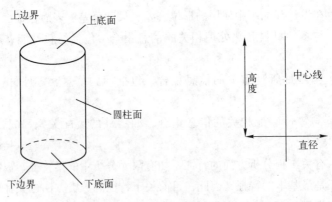

图 5-12　隐式与显式表达

几何形状信息常采用显式方式表达，以面为基础，通过关系表格记录几何要素的面、环、点等信息，为设计中几何数据的直接提取提供方便。而非几何信息多采用隐式表达。

### 5.2.3　特征造型的特点

与传统的几何造型方法相比，特征造型具有如下特点：

（1）特征造型着眼于更好地表达产品的完整的技术和生产管理信息，为建立产品的集成信息服务。它的目的是用计算机可以理解和处理的统一的产品模型替代传统的产品设计和施工成套图纸以及技术文档，使得一个工程项目或机电产品的设计和生产准备的各个环节可以并行展开。

（2）它使产品设计工作在更高层次上进行，设计人员的操作对象不再是原始的线条和体素，而是产品的功能要素，如螺纹孔、定位孔、键槽等。特征的引用体现了设计意图，使得建立的产品模型容易为别人理解和组织生产，设计的图样容易修改。设计人员可以将更多的精力用在创造性构思上。

（3）它有助于加强产品设计、分析、工艺准备、加工、检验各个部门间的联系，更好地将产品的设计意图贯彻到各个后续环节并且及时得到后者的意见反馈，为开发新一代基于统一产品信息模型 CAD/CAM/CAE/CAPP 集成系统创造良好的前提。

特征模型一方面包括了实体造型系统的全部信息，另一方面还能识别和处理所设计零件的特征。从用户操作和图形显示上，往往感觉不到特征模型与实体模型的不同，其主要区别表现在内部数据表示上。

通过定义特征，可以避免计算机内部实体模型数据与外部特征数据的不一致性和冗余，可以方便地对特征进行编辑操作，使用户的界面更加友好。针对机械形状设计定义的主要特征有孔、轴、圆角、倒角、槽、平推体、凸缘、筋、吊耳、管道、薄壁件等。

以特征为基础的造型方法是 CAD 建模方法的一个里程碑，它可以充分提供制造所需的几何数据，从而可用于制造可行性方案的评价、功能分析、过程选择、工艺过程设计等，把设计和生产过程紧密结合，有良好的发展前景。

## 5.3　装 配 造 型

在用计算机完成零件造型后，根据设计意图将不同零件组装配合在一起，形成与实际产品相一致的装配体结构以供设计者分析评估，我们称此种技术为装配造型技术。装配造型是通过各种各样的配合约束来建立零件之间的连接关系，采用参数化技术将零件组装成装配体与用参数化技术将特征组装成零件的过程非常相似。现代的装配造型大多采用参数化方法，同时对于大型的复杂装配往往需要借助特殊的技术来提高工作效率，而不仅仅限于零件的简单组合。

## 5.3.1　装配模型的表示

通常，一个复杂产品可分解成多个部件，每个部件又可以根据复杂程度的不同继续划分为下一级的子部件，依此类推，直至零件。这就是对产品的一种层次描述，采用这种描述可以为产品的设计、制造和装配带来很大的方便。同样，产品的计算机装配模型也可以表示成这种层次关系，如图 5-13 所示。

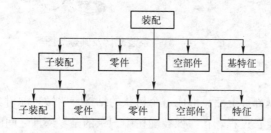

图 5-13　装配结构

### 1. 部件

组成装配的基本单元叫部件。部件是一个包封的概念。一个部件可以是一个零件或一个子装配体，也可以是一个空部件。一个装配是由一系列部件按照一定的约束关系组合在一起的。部件既可以在当前的装配文件中创建，也可以在外部装配模型文件中建立，然后引用到当前文件中来。

### 2. 根部件

根部件是装配模型的最顶层结构，也是装配模型的图形文件名。当创建一个新模型文件时，根部件就自动产生，此后引入该图形文件的任何零件都会跟在该根部件之后。注意，根部件不是一个具体零部件，而是一个装配体的总称。

### 3. 基部件

基部件指进入装配中的第一个部件。基部件不能被删除或禁止，不能被阵列，也不能改变成附加部件。它是装配模型的最上层部件。基部件在装配模型中的自由度为零，无须施加任何装配约束。

### 4. 子装配

当某一装配是另一装配的零部件时，称之为子装配。子装配常用于更高一层的装配造型中作为一部件被装配。子装配可以多层嵌套，以反映设计的层次关系。合理地使用子装配对于大型装配有重要意义。

### 5. 爆炸图

为了清楚地表达一个装配，可以将部件沿其装配的路线拉开，形成所谓的爆炸图。爆炸图比较直观，常用于产品的说明插图，以方便用户的组装与维修。图 5-14 所示为一真空泵装配体及其爆炸图。

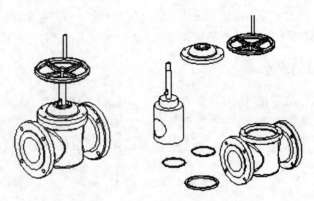

图 5-14　真空泵装配体及其爆炸图

### 6. 装配树

所有的部件添加在基部件上面，形成一个树状的结构，叫做装配树。整个装配建模的过程可以看成是这棵装配树的生长过程。在一棵装配树中记录的是零部件之间的全部结构关系，以及零部件之间的装配约束关系。用户可以从装配树中选取装配部件，或者改变装配部件之间的关系。

## 5.3.2　装配约束技术

装配约束技术是指在装配造型中，通过在零部件之间施加配合约束，对零件部件的自由度进行限制的一种技术。

### 1. 零部件自由度分析

零部件自由度描述了零部件运动的灵活性，自由度越大则零部件运动越灵活。三维空间中一个自由零件的自由度是 6，即 3 个绕坐标轴旋转的转动自由度和 3 个沿坐标可来回移动的移动自由度。给零部件的运动施加一系列约束限制后，零部件运动的自由度将减少。当某零部件的自由度为 0 时，则称为完全定位。

### 2. 装配约束分析

装配造型的过程可视为对零部件的自由度进行限制的过程。其主要方式是对两个或多个零部件施加各种配合约束，从而确定它们之间的几何关系。

以下为装配造型中常见的几种配合约束类型：

（1）贴合约束。贴合是一种最常用的配合约束，它可以对所有类型的物体进行定位安装。使用贴合约束可以使一零件上的点、线、面与另一个零件上的点、线、面贴合在一起。使用此约束时要求两个项目同类，比如，对于平面对象，它们共面且法线方向相反，如图 5-15（a）所示；对于圆锥面，则要求角度相等，并对齐其轴线，如图 5-15（b）所示。

（2）对齐约束。使用对齐可以定位所选项目使其产生共面或共线关系。注意，当对齐平面时，应使所选项目的表面共面且法线方向相同，如图 5-16 所示；当对齐圆柱、圆锥、圆环等对称实体时，应使其轴线相一致；当对齐边缘和线时，应使两者共线。

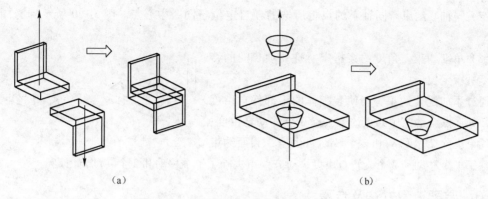

（a）　　　　　　　　　　　　　　　　（b）

图 5-15　贴合约束

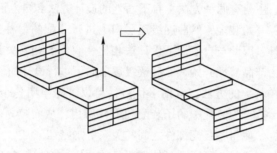

图 5-16　对齐约束

（3）平行约束。平行约束定位所选项目使其保持同相、等距。平行约束主要包括面—面、面—线、线—线等配合约束。

（4）垂直约束。垂直约束定位所选项目为 90°相互垂直。图 5-17 所示为面—面之间的垂直配合约束。

（5）相切约束。将所选项目放置到相切配合中（至少有一选择项目必须为圆柱面、圆锥面或球面）。图 5-18 所示为平面与圆柱面相切的相切约束。

（6）距离约束。距离约束将所选的项目以彼此间指定的距离 $d$ 定位。当距离为 0 时，该约束与贴合约束相同，也就是说，距离约束可以转化为贴合约束；反过来，贴合约束却不能转化为距离约束。图 5-19 所示为指定面—面之间特定距离的距离约束。

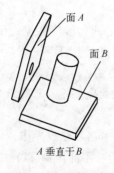

$A$ 垂直于 $B$

图 5-17　垂直约束

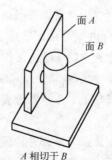

$A$ 相切于 $B$

图 5-18　相切约束

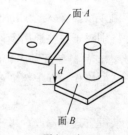

$A$ 距离 $B$ 为 $d$

图 5-19　距离约束

（7）同轴心约束。同轴心约束将所选的项目定位于同一中心点。图 5-20 所示即为同轴心约束。

（8）角度约束。角度约束指定所选的项目间的特定角度进行定位。

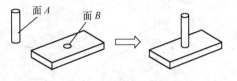

图 5-20　同轴心约束

通过添加配合约束，会使装配体的零部件自由度减少，如在贴合约束中共点约束去除 3 个移动自由度；共线约束去除 2 个移动和 2 个转动自由度；共面约束则去除了 1 个移动和 2 个旋转自由度；对齐约束去除了 1 个移动和 2 个转动自由度。

### 5.3.3　装配造型方法及步骤

在产品造型装配时，主要有两种方法：自下而上的设计方法和自上而下的设计方法。自下而上设计是由最底层的零件开始装配，然后逐级逐层向上进行装配的一种方法。该方法比较传统，其优点是零部件独立设计，因此与自上而下设计法相比，它们的相互关系及重建行为更为简单。而自上而下设计则是指由产品装配开始，然后逐级逐层向下进行设计的装配造型方法。与自下而上的方法相比，它是比较新颖的方法，有诸多优点：可以首先申明各个子装配的空间位置和体积，设定全局性的关键参数，为装配中的子装配和零件所用，从而建立起它们之间的关联特性，发挥参数化设计的优越性，使得各装配部件之间的关系更加密切。

两种装配造型方法各有优势，可根据具体情况具体选用。例如，在产品系列化设计中，由于产品的零部件结构相对稳定，大部分的零件模型已经具备，只需要添加部分设计或修改部分零件模型，这时采用自下而上的设计方法较为合适。然而，对于创新性设计，因事先对零部件结构细节不是很了解，设计时需要从比较抽象笼统的装配模型开始，边设计边细化、边修改，逐步到位，这时常常采用自上而下的设计方法。同时，自上而下的设计方法也特别有利于创新性设计，因为这种设计方法从总体设计阶段开始就一直能把握整体，且着眼于零部件之间的关系，并且能够及时发现、调整和灵活地进行设计中的修改，可实现设计的一次成功。

当然，两种方法不是截然分开的，可以根据实际情况综合应用两种装配设计方法来进行造型，达到灵活设计的目的。

**1. 自下而上装配造型的基本步骤**

（1）零件设计。逐一构造装配体中的所有零件的特征模型。

（2）装配规划。对产品装配进行规划。应注意以下问题：

① 装配方案。对复杂产品，应采用部件划分多层次的装配方案，进行装配数据的组织和实施装配。特别对于一些通用零件，应作成独立的子装配文件在装配时进行引用。

② 考虑产品的装配顺序，确定零部件的引入顺序及其配合约束方法。

（3）装配操作。在上述准备工作的基础上，采用系统提供的装配命令，逐一把零部件装配成装配模型。

（4）装配管理和修改。可随时对装配体及其零部件构成进行管理和各项修改操作。

（5）装配分析。在完成了装配模型后，应进行装配干涉状态分析、零部件物理特性分析等，若发现干涉碰撞现象，物理特性不符合要求时，需对装配模型进行修改。

（6）其他图形表示。如需要可生成爆炸图、工程图等。

### 2. 自上而下装配造型的基本步骤

（1）明确设计要求和任务。确定诸如产品的设计目的、意图、产品功能要求、设计任务等方面的内容。

（2）装配规划。这是该造型中的关键步骤。这一步首先设计装配树的结构，要把装配的各个子装配或部件勾画出来，至少包括子装配或部件的名称，形成装配树。主要涉及以下 3 个方面的内容：

① 划分装配体的层次结构，并为每一个子装配或部件命名。

② 全局参数化方案设计。由于这种设计方法更加注重零部件之间的关联性，设计中修改将更加频繁，因此应该设计一个灵活的、易于修改的全局参数化方案。

③ 规划零部件间的装配约束方法。事先要规划好零部件间的装配约束方法，可以采用逐步深入的规划。

（3）设计骨架模型。骨架模型是装配造型中的核心内容，它包含了整个装配的重要的设计参数。这些参数可以被各个部件引用，以便将设计意图融入整个装配中。

（4）部件设计及装配。采取由粗到精的策略，先设计粗略的几何模型，在此基础上再按照装配规划，对初始轮廓模型加上正确的装配约束；采用相同方法对部件中的子部件进行设计，直到零件轮廓的出现。

（5）零件级设计。采取参数化或变量化的造型方法进行零件结构的细化，修改零件尺寸。随着零件级设计的深入，可以继续在零部件之间补充和完善装配约束。

# 5.4　参数化与变量化技术

传统的实体造型技术都是基于无约束的自由造型技术，要想修改成形的结构形状，则必须重新造型。而参数化和变量化实体造型技术则属于基于约束的实体造型技术，这种技术使用约束来定义和修改模型，约束包括尺寸约束、拓扑约束和工程约束（如应力、性能等），这些约束反映了设计时要考虑的因素。参数化造型技术又称尺寸驱动几何技术。参数化实体造型方法使用"全约束"方法构造模型。变量化技术是一种采用约束驱动方式改变由几何约束和工程约束混合构成的几何模型的一种设计方法，它采用的是"欠约束"方法构造模型。在求解几何约束模型时，常采用图理论和稳定的数值求解技术。变量化技术保持了参数化技术的原有优点，克服了它的许多不足之处，为 CAD 技术的发展提供了更大的空间和机遇。

## 5.4.1　参数化与变量化造型的关键技术

参数化与变量化造型的关键是几何约束关系的提取和表达、几何约束的求解以及参数化几何模型的构造。

### 1. 几何约束关系的提取和表达

在参数化造型中，几何约束关系的表达的形式主要有：

（1）由算术运算符、逻辑比较运算符和标准数学函数组成的等式或不等式关系，它们可以在参数化造型系统的命令窗中直接以命令行形式输入。

（2）曲线关系，直接把物理实验曲线或其他特性曲线用于几何造型。

（3）以规则和符号形式表达的代数式。

（4）面向人工智能的知识表达方式，这种方式将组成几何形体的约束关系、几何与拓扑结构用一阶逻辑谓词的形式描述，并写入知识库中。知识表达的方式一方面是以符号化形式表达各种类型的数据，求取符号解；另一方面是加上基于约束的几何推理，求取数值解，从而在更大程度上实现机械产品智能设计。

### 2. 几何约束的求解

几何约束的求解方法主要有数学计算和几何推理两种。数学计算方法的思想是通过一系列特征点来定义形体的几何，所有约束和约束之间的工程关系都可以换成以这些点为未知变量的方程，方程的求解就能唯一地确定精确的几何。数学计算求解约束的方法又可分为全局求解和局部求解两种方式。局部求解适于整个实体几何模型由层次构造方式生成的情况，整个实体由一系列实体子结构组成，子结构几何和整个实体几何可以在多个不同层次上构造。全局求解则不同，整个实体几何是在同一层次上进行构造。其核心算法是 Newton – Raphson 迭代法。目前，全局求解方式主要应用于 2D 形状的参数化绘图，而局部求解方式则主要应用于 3D 实体参数化造型。几何推理求解方法又称约束传播方法（Constraint Propagation Method）。其一般求解原理是：由已知的某个参数值 $A$，找到所有涉及 $A$ 的约束集，该约束集涉及新的变量 $B$、$C$，则根据这些约束，通过一定的传播规则进行推理，找出适合于 $B$、$C$ 的值，并把设计值赋给 $B$、$C$，在这种方式下，对 $A$ 的决策就传播给了 $B$、$C$，再由 $A$、$B$、$C$ 得到所有的参数值。

变化量技术则采用了更为先进的约束求解机制。其求解机制主要有代数求解法和数值求解法两种，如图 5–21 所示。

### 3. 参数化几何模型的构造

集合形体的参数化模型由传统的几何模型信息和集合约束信息两大部分组成。根据几何约束和几何拓扑信息的模型构造的先后次序，亦即它们之间的依存关系，参数化造型可分两类。一类是几何约束作用在具有固定拓扑结构形体的几何要素上，几

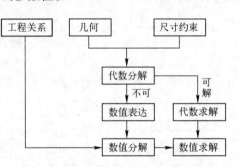

图 5–21　变量化技术约束求解机制

何约束值不改变几何模型的拓扑结构，而是改变几何模型的公称大小。这类参数化造型系统以 B–rep 为其内部表达的主模型，且必须首先确定清楚几何形体的拓扑结构才能说明几何约束模式。另一类是先说明参数化模型的几何构成要素及它们之间的约束关系，而模型的拓扑结构是由约束关系决定的。这类参数造型系统以 CSG 表达形式为内部的主模型，可以方便地改变实体模型的拓扑结构，并且便于以过程化的形式记录构造的整个过程。

变量化技术与参数化技术的显著区别在于：参数化造型只是通过几何参数，或用来定义这些参数的简单方程来得到设计结果，而在变量化造型中，不仅考虑几何约束，而且考虑工程关系等非几何约束，模型的变量驱动用复杂的方程组来表达，因此在造型时设计人员不必按固定的顺序设定约束关系。

### 5.4.2　参数化与变量化技术的目前发展

目前，参数化与变量化技术正在不断的发展和完善。在两种技术上起步较早且发展得比较成熟的当属美国的参数技术公司（PTC）和 SDRC 公司，它们都推出了各自的商品化的软件，前者为 Pro/Engineer 系统，后者为 iDeaS 系统。

PTC 公司一直致力于参数化技术的研究，在原有的参数化技术基础上，进一步提出了行为建模技术：在产品开发时，综合考虑产品要求的功能行为、设计背景及几何图形，采用知识捕捉和迭代求解的智能化方法，使产品开发人员可以应对不断变化的要求，达到高度创新的行为设计意图。

SDRC 公司一直致力于变量化技术的研究，开创性提出了新一代变量化技术 VGX，即超变量化几何，这种技术采用了更为先进的约束推理和求解机制，加入了动态导航、智能化交互技术，可对产品三维模型进行直观、实时、动态的修改与操纵，极大地发展了传统的变量化技术。

参数化与变量化造型技术是实现工程设计向智能化、自动化发展的重要手段。

## 小　　结

本章讨论了几何造型的概念，针对实体运算操作对布尔运算理论和方法进行了讲述，详细分析了实体造型中的几种构造方法以及特征、装配造型技术。

## 思　考　题

5-1　何为特征？其特点是什么？

5-2　常见的约束类型有哪些？

5-3　试述实体建模的方法。

5-4　简述基于特征的参数化和变量化造型技术的异同点。

5-5　什么是装配造型？装配造型有哪些方法？

5-6　简述参数化设计的关键技术。

# 第 6 章　隐藏线和隐藏面的处理

学习目的与要求：掌握消隐的基本理论和算法，包括线消隐、面消隐等内容；理解实现线消隐和面消隐的 C 语言程序。

用计算机生成三维物体的真实图形，是计算机图形学研究的重要内容。真实图形在仿真模拟、几何造型、广告影视、指挥控制和科学计算的可视化等许多领域都有广泛应用。从一个视点去观察一个三维物体，必然只能看到该物体表面上的部分点、线、面，而其余部分则被这些可见部分遮挡住。如果观察的是若干个三维物体，则物体之间还可能彼此遮挡而部分不可见。因此，如果想真实感地显示三维物体，必须在视点确定之后，将对象表面上不可见的点、线、面消去，消除二义性（见图 6-1）。执行这一功能的算法称为消隐算法。图 6-2 所示为一个零件的线框、消隐和真实感图形。

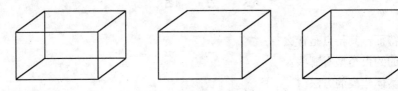

图 6-1　长方体线框投影图的二义性

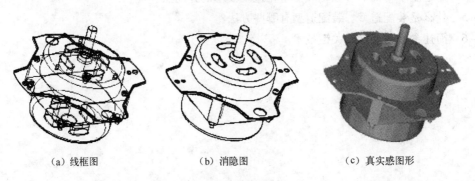

（a）线框图　　　　　　　（b）消隐图　　　　　　　（c）真实感图形

图 6-2　零件图形

消隐的对象是三维物体。三维形体的表示主要有边界表示和 CSG 表示等。最简单的表示方式是用表面上的平面多边形表示。如物体的表面是曲面，则将曲面用多个平面多边形近似。消隐结果与观察物体有关，也与视点有关。

**1．按消隐对象分类**

（1）线消隐。消隐对象是物体上的边，消除的是物体上不可见的边。

（2）面消隐。消隐对象是物体上的面，消除的是物体上不可见的面。

**2．按消隐空间分类**

（1）物体空间的消隐算法（光线投射、Roberts）。将场景中每一个面与其他每个面比较，求出所有点、边、面遮挡关系。

（2）图像空间的消隐算法（Z–buffer、扫描线、warnock）。对屏幕上每个像素进行判断，决定哪个多边形在该像素可见。

（3）物体空间和图像空间相结合的消隐算法（画家算法）。在物体空间中预先计算面的可见性优先级，再在图像空间中生成消隐图。

# 6.1　消隐常用的计算方法

我们用平面多边形表示物体的表面，物体的曲面部分可以用平面多边形逼近的方法近似表示。多边形又可用它的边表示，每条边又可以用其两个端点来定义。因此，消隐过程中所涉及的几何元素一般都是点、直线段和平面多边形，消隐算法需要对它们进行大量的计算和比较。

## 6.1.1　两直线段求交点

直线有几种表达式，常用参数方程的形式进行描述。设两直线段分别为 $P_1P_2$、$P_3P_4$，如图 6–3 所示。

其参数方程为

$$\begin{cases} x = x_1 + (x_2 - x_1)u \\ y = y_1 + (y_2 - y_1)u \end{cases}, \quad 0 \leqslant u \leqslant 1$$

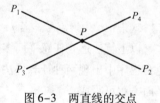

图 6-3　两直线的交点

$$\begin{cases} x = x_3 + (x_4 - x_3)v \\ y = y_3 + (y_4 - y_3)v \end{cases}, \quad 0 \leqslant v \leqslant 1 \qquad (6\text{–}1)$$

两直线的交点应满足

$$x_1 + (x_2 - x_1)u = x_3 + (x_4 - x_3)v$$
$$y_1 + (y_2 - y_1)u = y_3 + (y_4 - y_3)v \qquad (6\text{–}2)$$

求得

$$u = \frac{\begin{vmatrix} x_3 - x_1 & x_3 - x_4 \\ y_3 - y_1 & y_3 - y_4 \end{vmatrix}}{\begin{vmatrix} x_2 - x_1 & x_3 - x_4 \\ y_2 - y_1 & y_3 - y_4 \end{vmatrix}}$$

$$v = \frac{\begin{vmatrix} x_2 - x_1 & x_3 - x_1 \\ y_2 - y_1 & y_3 - y_1 \end{vmatrix}}{\begin{vmatrix} x_2 - x_1 & x_3 - x_4 \\ y_2 - y_1 & y_3 - y_4 \end{vmatrix}} \qquad (6\text{–}3)$$

如果参数值同时满足 $0 \leqslant u \leqslant 1$，$0 \leqslant v \leqslant 1$，则两线段有交点，代入公式（6-1）即可求得交点坐标 $(x, y)$，否则无交点。

## 6.1.2  平面多边形的外法矢量

为了判别物体上各表面是朝前面还是朝后面，需求出各表面（平面多边形）指向物体外侧的法矢量，如图 6-4 所示。

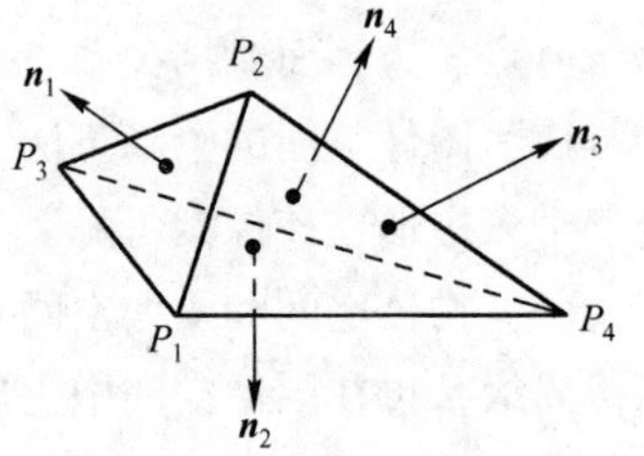

（1）设物体位于右手坐标系中，多边形顶点按逆时针排列。当多边形为凸多边形时，该平面的外法矢量为多边形相邻两边矢量的叉积（见图中的外法矢量）：

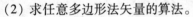

$$n_1 = \overrightarrow{P_1P_2} \times \overrightarrow{P_2P_3}$$

这种方法虽然简单，但当多边形为凹多边形时，则可能出现错误，即所求出的矢量为内法矢量。

图 6-4  物体表面外法矢量

（2）求任意多边形法矢量的算法。

设法矢量

$$n = \{A, B, C\}$$

而 3 个方向分量为

$$A = \sum_{i=1}^{n} (y_i - y_j)(z_i + z_j)$$
$$B = \sum_{i=1}^{n} (z_i - z_j)(x_i + x_j) \qquad (6-4)$$
$$C = \sum_{i=1}^{n} (x_i - x_j)(y_i + y_j)$$

式中：$n$ 为顶点号，若 $i \neq n$，则 $j = i + 1$；否则 $i = n$，$j = 1$。

以上算法适合任意平面多边形。非平面但最佳逼近该平面的法矢量也可用此算法求出。为避免在程序中出现两种计算外法矢量的方法，建议凸多边形也采用该算法进行计算。多边形所在的平面方程可写成

$$Ax + By + Cz + D = 0 \qquad (6-5)$$

其中

$$D = -(Ax_0 + By_0 + Cz_0) \qquad (6-6)$$

这里 $(x_0, y_0, z_0)$ 为平面上任意一点。

## 6.1.3  包容性检验

在消隐算法中，经常会遇到判别一点的投影（仍然是点）是否落在多边形投影范围内的问题，这个判别称为包容性检验。有多种包容性检验方法，这里介绍其中的两种：交点计数法和弧长法。

### 1. 交点计数法

如图 6-5 所示，从判断点沿任意方向（一般平行于坐标轴）引射线至无穷远处，例如平行 $x$ 轴的直线

$$x = x_0 + u \qquad (u \geqslant 0)$$
$$y = y_0$$

求出射线与多边形投影（一般仍为多边形）各边的交点个数：

（1）当交点数为奇数时，点在多边形投影内。

（2）当交点数为偶数时，点在多边形投影外。

所引射线过多边形投影顶点，必须特殊对待，否则会出现错误。具体做法为：

（1）若共享顶点是局部极值点时，交点计数加 2。

（2）否则，交点计数加 1。

### 2. 弧长法

弧长法要求多边形是有向多边形，即规定沿多边形的正向，边的左侧为多边形的内域。以被测点为圆心，作单位圆，将全部有向边向单位圆作径向投影，并计算其在单位圆上弧长的代数和。代数和为 0，点在多边形外部；代数和为 $2\pi$，点在多边形内部；代数和为 $\pi$，点在多边形边上。弧长法的最大优点就是算法的稳定性高，计算误差对最后的判断没有多大的影响，如图 6-6 所示。

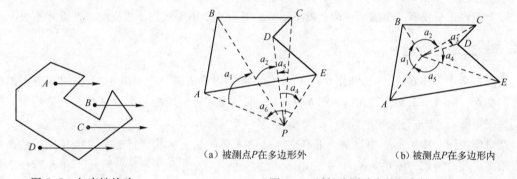

（a）被测点 P 在多边形外　　　　　　（b）被测点 P 在多边形内

图 6-5　包容性检验　　　　　　图 6-6　弧长法测试点的包容性

## 6.1.4　包围盒检验

包围盒检验的目的是排除不可能产生遮挡关系的两个对象（物体之间或物体上两个表面之间），以减少不必要的求交计算。

### 1. 算法思想

（1）求出对象在画面坐标系中投影的最大、最小值域，也就是建立包围该投影的最小矩形盒。

（2）判断两对象矩形盒是否重叠。

### 2. 两对象矩形盒的 3 种情况

两对象矩形盒有 3 种情况，如图 6-7 所示。

（1）图 6-7（a）为两盒不重叠，故两对象不可能存在遮挡关系。

（2）图 6-7（b）两盒虽然重叠，但两对象没有相互遮挡的问题。

（3）图 6-7（c）矩形盒及对象都重叠，两对象有遮挡关系，需进一步进行隐藏关系计算。

### 3. 具体算法

（1）分别求出两对象投影 A、B 在 x，y 方向上的最大、最小值：

$$x_{Amin}、y_{Amin}、x_{Amax}、y_{Amax}；x_{Bmin}、y_{Bmin}、x_{Bmax}、y_{Bmax}$$

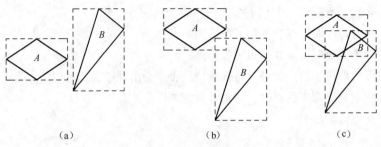

(a)　　　　　　　　(b)　　　　　　　　(c)

图 6-7　包围盒检验

（2）比较：

| | |
|---|---|
| 若 | $x_{Amax} \leqslant x_{Bmin}$ |
| 或 | $x_{Amin} \geqslant x_{Bmax}$ |
| 或 | $y_{Amax} \leqslant y_{Bmin}$ |
| 或 | $y_{Amin} \geqslant y_{Bmax}$ |

以上不等式只要有一个满足，两盒就不重叠；只有 4 个不等式均不成立时，两盒才重叠。

## 6.1.5　交矩形检验

在图 6-7 中，图 6-7（b）和图 6-7（c）的两种情况都需进一步求出 $A$、$B$ 两对象投影的边与边的交点。为减少求交次数和排除图 6-7（b）的情况，可利用两包围盒重叠部分的矩形，称它们为交矩形 $I$，来进行交矩形检验。

两对象投影（多边形）中与交矩形有交点的边才可能相交，从而排除不可能相交的边，以减少求交次数。例如，图 6-8（b）中，由于 $A$ 的各边不与交矩形 $I$ 相交，因此 $A$ 和 $B$ 本身不相交，就不必对线段求交点。在图 6-8（c）中，$A$ 与 $B$ 各有两边与交矩形 $I$ 边界相交，因此需要求交点；而其余的边不相交，则不必求交点。

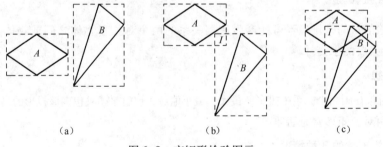

(a)　　　　　　　　(b)　　　　　　　　(c)

图 6-8　交矩形检验图示

具体算法：

（1）求交矩形 $I$ 的极值：$x_{Imin}$、$y_{Imin}$、$x_{Imax}$、$y_{Imax}$

$$x_{Imin} = \max(x_{Amin}, x_{Bmin}) \qquad y_{Imin} = \max(y_{Amin}, y_{Bmin})$$

$$x_{Imax} = \min(x_{Amax}, x_{Bmax}) \qquad y_{Imax} = \min(y_{Amax}, y_{Bmax})$$

（2）判别线段与矩形是否相交：

设某对象的边投影（线段）的起点为 $(x_1, y_1)$，终点为 $(x_2, y_2)$，则

当

$$\min(x_1, x_2) \geqslant x_{Imax}$$

或
$$\min(y_1, y_2) \geqslant y_{I\max}$$
或
$$\max(x_1, x_2) \leqslant x_{I\min}$$
或
$$\max(y_1, y_2) \leqslant y_{I\min}$$
时，线段不与交矩形相交。

## 6.1.6　深度检验

深度检验的目的是为了判别线段与多边形沿着视线方向的前后遮挡关系。在同一投影点上，离视线近的对象会挡住离视线远的对象。为了减少比较和计算的工作量，检验分两步进行：粗略检验和精确检验。

### 1. 粗略检验

粗略检验是将那些对某条线段不构成遮挡的多边形排除，不再进行下面的精确检验。

设视点在 $z$ 轴正向无穷远处。如果线段两端点的 $z$ 坐标均大于多边形每一顶点的 $z$ 坐标，则线段在该多边形之前，那么线段不可能被多边形遮挡。

### 2. 精确检验

设线段两端点为 $P(x_p, y_p, z_p)$，$Q(x_q, y_q, z_q)$，多边形所在平面 $F$ 的方程为 $Ax + By + Cz + D = 0$，分别过 $P$ 和 $Q$ 两点作两条平行 $z$ 轴的直线 $L_1$ 和 $L_2$，$L_1$ 和 $L_2$ 与平面 $F$ 的交点分别为 $P_1(x_p, y_p, z_{p1})$ 和 $Q_1(x_q, y_q, z_{q1})$，比较重影点（沿着视线方向，它们在投影平面上是重叠的点）$P$ 和 $P_1$、$Q$ 和 $Q_1$ 的 $z$ 坐标值，有以下 3 种情况：

（1）若 $z_p > z_{p1}$ 且 $z_q > z_{q1}$，则线段 $PQ$ 在 $F$ 面之前，$PQ$ 全部可见。

（2）若 $z_p < z_{p1}$ 且 $z_q < z_{q1}$，则线段 $PQ$ 在 $F$ 面之后，$PQ$ 可能全部被遮挡，也可能部分被遮挡。

（3）若 $z_p < z_{p1}$ 且 $z_q > z_{q1}$ 或 $z_p > z_{p1}$ 且 $z_q < z_{q1}$，则 $PQ$ 部分在 $F$ 面之前，部分在 $F$ 面之后。

对于后两种情况需要进一步判别线段的可见性。

精确检验的进一步判别：

图 6-9 所示为线段 $PQ$ 的投影 $pq$ 与多边形投影的相互关系。多边形投影把 $pq$ 分成七个子线段，其中 $pu_1$，$u_2u_3$，$u_4u_5$，$u_6q$，显然不被多边形遮挡，是可见的。

需要判别的是其余的子线段 $u_1u_2$，$u_3u_4$ 和 $u_5u_6$ 是否可见：

如属于第②种情况，显然它们都不可见；

若属于第③种情况，还需对每一段进行判别。具体方法为：在 $PQ$ 和多边形所在平面各取一点构成重影点来比较。若子线段上任一点可见，则该子线段可见，反之不可见。

以子线段 $u_1u_2$ 为例。取 $u_1u_2$ 的中点 $M(x_m, y_m, z_m)$ 及与 $M$ 对应的位于 $F$ 平面上的点 $M_1(x_{m1}, y_{m1}, z_{m1})$ 为一对重影点。设与参数 $t_1$ 和 $t_2$ 对应的子线段 $u_1u_2$ 的端点为 $(x_1, y_1, z_1)$ 和 $(x_2, y_2, z_2)$，则 $u_1u_2$ 的中点 $M$ 为

$$x_m = \frac{(x_1 + x_2)}{2}$$
$$y_m = \frac{(y_1 + y_2)}{2}$$
$$z_m = \frac{(z_1 + z_2)}{2}$$

过 $M$ 点作直线 $L$ 平行 $z$ 轴，则该直线的参数方程为

$$x = x_m \qquad y = y_m \qquad z = z_m + t$$

代入上述的多边形所在平面 $F$ 的方程，得

$$t = -(Ax_m + By_m + Cz_m + D)/C \tag{6-7}$$

其中：$C \neq 0$。交点 $M_1$ 的 $z$ 坐标值 $z_{m1} = z_m + t$，于是点 $M$ 与 $M_1$（$M_1$：过 $M$ 点平行 $z$ 轴的直线 $L$ 和平面 $F$ 的交点）构成一对重影点。显然：

当 $t \leq 0$ 时，$z_{m1} \leq z_m$，表明 $M$ 点位于 $M_1$ 点之前，故子线段 $u_1 u_2$ 在 $F$ 面之前，$u_1 u_2$ 可见；

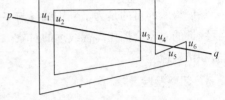

反之，$t \geq 0$ 时，$z_{m1} \geq z_m$，则 $M$ 点位于 $M_1$ 点之后，子线段 $u_1 u_2$ 在 $F$ 面之后，$u_1 u_2$ 不可见。

同理可判断 $u_3 u_4$ 和 $u_5 u_6$ 的可见性。

图 6-9　线段投影的分段

## 6.1.7　平面和棱边的分类

根据平面上任一点的外法矢量与过该点的视线矢量（该点与视点的连接矢量，指向视点）的夹角 $\theta$ 可将平面分成朝前面和朝后面两类。

若 $\theta \leq 90°$，平面面向观察者，称为朝前面；若 $90° < \theta \leq 180°$，则平面背向观察者，称为朝后面。朝后面是不可见的；朝前面可能全部可见，也可能部分可见或全部不可见，故称为潜在可见面。

根据组成棱边的两个平面的性质可以将棱边分成下面 4 类（见图 6-10）。

### 1. $H_1$ 类

$H_1$ 类棱边所在的两平面均为朝后面，故 $H_1$ 类棱边不可见。

### 2. $H_2$ 类

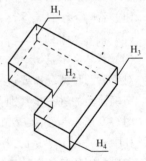

$H_2$ 类棱边所在的两平面，一个为朝前面，另一个为朝后面，且两面角（体内测量）大于 $180°$，这类棱边也是完全不可见的。

### 3. $H_3$ 类

$H_3$ 类棱边所在的两平面，一个为朝前面，另一个为朝后面，但是两面角（体内测量）小于 $180°$，这类棱边称为轮廓边，它构成

图 6-10　棱边的分类

立体的外部轮廓。对于单个形体，这类棱边是可见的。对于多个形体，这类棱边可能全部可见，也可能部分可见。

### 4. $H_4$ 类

$H_4$ 类棱边所在的两平面均为朝前面，因朝前面可能全部可见，也可能部分可见，故这类棱边可能全部可见，也可能部分可见或全部不可见。

# 6.2　凸多面体消隐　（Roberts 消隐）

凸多面体是由多个多边形包围而成的平面立体，对于这样的形体可通过各组成平面的法矢量在物体空间进行消隐。

（1）平面 $\pi_i$ 上任一点的外法矢 $n_i$ 与该点的视线矢量 $s_i$ 的数量积

$$n_i \cdot s_i = |n_i|\,|s_i|\cos\theta_i \quad 0 \leqslant \theta_i \leqslant \pi$$

从而有

$$\cos\theta_i = \frac{n_i \cdot s_i}{|n_i|\,|s_i|} \tag{6-8}$$

式中：$\theta_i$ 为 $n_i$ 与 $s_i$ 之间的夹角，$i = 1,2,\cdots,n$，这里 $n$ 为平面数。

当 $\cos\theta_i \geqslant 0$，即 $0 \leqslant \theta_i \leqslant \pi/2$ 时，$\pi_i$ 为朝前面，为可见的，应该画出；

当 $\cos\theta_i < 0$，即 $\pi/2 < \theta_i \leqslant \pi$ 时，$\pi_i$ 为朝后面，为不可见的，不画出或用虚线表示。

（2）视线矢量 $s_i$ 平行某一基本坐标轴。当视线矢量平行某一基本坐标轴时，平面的外法矢量 $n\{A,B,C\}$ 与视线矢量的夹角就是外法矢量 $n$ 与某一基本坐标轴的夹角：$\cos\alpha$（视线矢量平行 $x$ 轴）或 $\cos\beta$（视线矢量平行 $y$ 轴）或 $\cos\gamma$（视线矢量平行 $z$ 轴）。

假设视线矢量平行 $z$ 轴时

$$\cos\gamma = \frac{C}{|n|} = \frac{C}{\sqrt{A^2 + B^2 + C^2}} \tag{6-9}$$

因为分母无符号，所以 $\cos\gamma$ 的符号就由平面的外法矢量 $n$ 在 $z$ 轴的方向分量 $C$ 所决定：

① $C \geqslant 0$，则 $\cos\gamma_i \geqslant 0$，所以平面可见；

② $C < 0$，则 $\cos\gamma < 0$，所以该平面不可见。

（3）如果为凸多边形，则平面法矢量（见图 6-11）可计算如下：

$$w = u \times v = \begin{bmatrix} i & j & k \\ x_2 - x_1 & y_2 - y_1 & z_2 - z_1 \\ x_3 - x_2 & y_3 - y_2 & z_3 - z_2 \end{bmatrix} = Ai + Bj + Ck \tag{6-10}$$

式中

$$A = \begin{bmatrix} y_2 - y_1 & z_2 - z_1 \\ y_3 - y_2 & z_3 - z_2 \end{bmatrix}$$

$$B = \begin{bmatrix} x_2 - x_1 & z_2 - z_1 \\ x_3 - x_2 & z_3 - z_2 \end{bmatrix}$$

$$C = \begin{bmatrix} x_2 - x_1 & y_2 - y_1 \\ x_3 - x_2 & y_3 - y_2 \end{bmatrix}$$

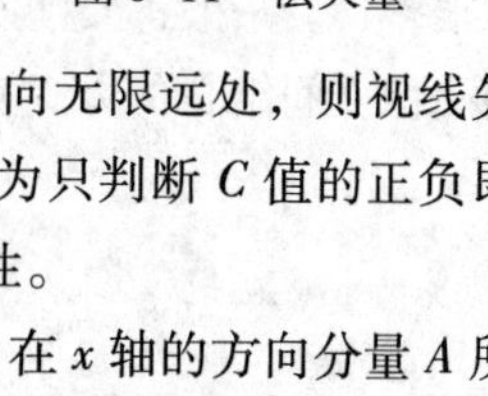

图 6-11　法矢量

若是平行投影（此处视线矢量平行于 $z$ 轴），观察点在 $z$ 轴方向的正向无限远处，则视线矢量在 $x$、$y$ 上的投影分量为 0，$z$ 向分量恒为正。故判断 $w \cdot n$ 的正负简化为只判断 $C$ 值的正负即可，如果 $C > 0$ 为潜在可见面；$C < 0$ 为不可见面；$C = 0$ 则该面具有积聚性。

同理，若视线矢量平行 $x$ 轴时，某平面的可见性由该平面外法矢量 $n$ 在 $x$ 轴的方向分量 $A$ 所决定。若视线矢量平行 $y$ 轴时，则平面的可见性由该平面外法矢量 $n$ 在 $y$ 轴的方向分量 $B$ 所决定。

此算法应属消除隐藏面算法，也叫 Roberts 消隐算法。虽然这种算法只适用于单个凸多面体，但它也常用于其他消隐算法之前，以消除画面中的朝后面（即自隐藏面或背面），所以这一算法也称为背面剔除法。对于凸多面体，采用该算法后约有半数的隐藏面被剔除掉。

· 例：已知坐标 $A(0,0,0)$，$B(1,0,2)$，$C(2,0,0)$，$D(1,2,1)$ 的四面体（见图 6-12），若视线平行于 $z$ 轴（视点在无限远处）试判断其面的可见性。

解：对于面 $ABD$

$$C = \begin{bmatrix} x_2 - x_1 & y_2 - y_1 \\ x_4 - x_2 & y_4 - y_2 \end{bmatrix} = \begin{bmatrix} 1 & 0 \\ 0 & 2 \end{bmatrix} = 2 > 0$$

为潜在可见面；

对于面 $BCD$

$$C = \begin{bmatrix} x_3 - x_2 & y_3 - y_2 \\ x_4 - x_3 & y_4 - y_3 \end{bmatrix} = \begin{bmatrix} 1 & 0 \\ -1 & 2 \end{bmatrix} = 2 > 0$$

为潜在可见面；

对于面 $DCA$

$$C = \begin{bmatrix} x_3 - x_4 & y_3 - y_4 \\ x_1 - x_3 & y_1 - y_3 \end{bmatrix} = \begin{bmatrix} 1 & -2 \\ -2 & 0 \end{bmatrix} = -4 < 0$$

为不可见面；

对于面 $CBA$

$$C = \begin{bmatrix} x_2 - x_3 & y_2 - y_3 \\ x_1 - x_2 & y_1 - y_2 \end{bmatrix} = \begin{bmatrix} -1 & 0 \\ -1 & 0 \end{bmatrix} = 0$$

该面具有积聚性。

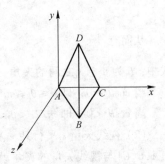

图 6-12　四面体图形

## 6.3　任意多面体的隐藏线消除

上一节介绍的凸多面体消隐算法虽然简单，但应用时受限。通常我们遇到的平面立体很少是单纯的凸多面体，更常见的是任意形状的平面立体（组合体）。对于单个凸多面体，其表面不是全部可见就是全部不可见，因此构成各表面的棱边也必然是全部可见或全部不可见。然而任意平面立体则不同，除了有全部可见和全部不可见的棱边外，还有部分可见的棱边。如图 6-13 中顶点 16、13 组成的棱边（$\pi_5$ 上）为部分可见，由顶点 11、14 组成的棱边（$\pi_4$ 上）所在的两平面虽然都是朝前面，但全部不可见。因此，对于任意平面立体必须寻求适当的消隐算法。这类算法有很多，但一般都要涉及前述消隐常用的计算方法。下面介绍其中的一种算法，它是以物体空间和图像空间结合的方式实现的。

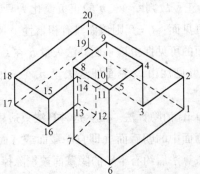

$\pi_1(1, 2, 3, 4, 5, 6)$
$\pi_2(5, 8, 7, 6)$
$\pi_3(7, 8, 9, 10, 11, 12)$
$\pi_4(11, 14, 13, 12)$
$\pi_5(13, 14, 15, 16)$
$\pi_6(15, 18, 17, 16)$
$\pi_7(17, 18, 20, 19)$
$\pi_8(1, 19, 20, 2)$
$\pi_9(1, 6, 7, 12, 13, 16, 17, 19)$
$\pi_{10}(2, 20, 18, 15, 14, 11, 10, 3)$
$\pi_{11}(4, 9, 8, 5)$
$\pi_{12}(3, 10, 9, 4)$

图 6-13　任意多面体的隐藏情况

### 1. 算法思想

算法的基本思想是将形体朝前面上的 $H_3$、$H_4$ 类棱边与构成形体的每个表面作包围盒检验、深度检验和求交等处理，以决定棱边的可见性。为了减少计算量，可预先把朝后面全部剔除，而只将 $H_3$、$H_4$ 类棱边与朝前面作上述处理。朝后面总是不可见的，不会仅仅由于朝后面的遮挡而使棱边不可见，即去掉朝后面并不影响消隐结果，同时也排除了 $H_1$ 类棱边。

### 2. 剔除朝后面和建立潜在可见面表

用前述方法将朝后面全部剔除，只保留朝前面并建立其平面方程系数表，称为潜在可见面表。

### 3. 建立潜在可见棱边表

算法采用图6-14中的三表结构：面表、棱边表和顶点表。面表的第一列为该面的棱边总数，第二列为内环数，无内环则为0。棱边表中存放着相应面棱边的顶点序列，外环按逆时针方向排列，内环按顺时针方向排列。为了区分内外环，内环与外环之间用0隔开。

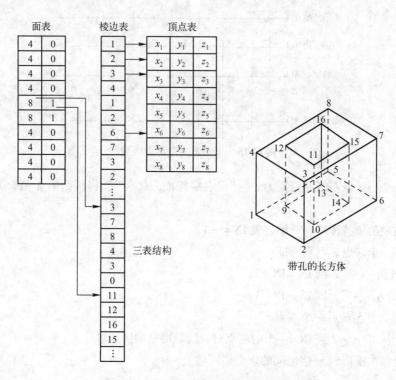

图6-14 带孔长方体的数据结构

为了便于对 $H_3$、$H_4$ 类棱边进行消隐处理，利用上述的三表数据结构为这两类棱边另外建立一个潜在可见棱边表。表中存放着每条棱边的两个端点号（或两个端点的指针）。为避免重复，在建立潜在可见棱边表的过程中，如当前棱边已在表中，则不重复进来，否则将当前棱边送入表中。

检查当前棱边是否已在表中，可通过比较当前棱边和表中所有棱边的端点号是否相同来进行。由棱边表顶点序列的排列规则可知，若当前棱边第一个端点号和第二个端点号分别与表中某棱边第二个端点号和第一个端点号相等，则说明当前棱边和该棱边是同一条棱边。

### 4. 求每条潜在可见棱边与各个朝前面的隐藏关系

从潜在可见棱边表中顺序取出每条棱边与各个潜在可见面作包围盒和深度检验。如果被排除，即一条棱边与某潜在可见面无隐藏关系，则不进行下面的试求交，但要设定该棱边的可见标志；若不能被上述两种检验所排除，即一条棱边可能被某潜在可见面所隐藏时，则试求出它的投影与该面投影各棱边的交点，如有交点，则用深度检验的方法确定交点所分割的各子段的可见性并设置可见性标志。

当某条棱边被 $m(m \geq 2)$ 个潜在可见面所隐藏时，可得到 $m$ 组可见的参数区间 $[\lambda_{i,1}, \lambda_{i,2}]$，$[\lambda_{i,3}, \lambda_{i,4}]$，$\cdots$，$[\lambda_{i,2n_i-1}, \lambda_{i,2n_i}]$，$i = 1, 2, \cdots, m$，这里 $n_i$ 为第 $i$ 组区间的个数。该棱边最终的可见部分应该是这些区间的交集。为求出这个交集，我们首先求出二组区间的交集，即 $[\lambda_{i,1}, \lambda_{i,2}]$，$[\lambda_{i,3}, \lambda_{i,4}]$，$\cdots$，$[\lambda_{i,2n_i-1}, \lambda_{i,2n_i}]$ 与 $[\lambda_{i+1,1}, \lambda_{i+1,2}]$，$[\lambda_{i+1,3}, \lambda_{i+1,4}]$，$\cdots$，$[\lambda_{i+1,2n_{i+1}-1}, \lambda_{i+1,2n_{i+1}}]$ 的交集。其算法如图 6-15 所示。

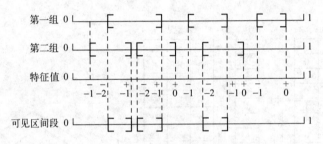

图 6-15　求交集决定可见区域

（1）置每个小区域左端的特征为"－"，右端特征为"＋"，将两组的 $\lambda$ 值合并后从小到大排序。

（2）从最左的负特征端点开始，置 IN ＝ －1。

（3）取下一个端点，判别特征：

① 若特征为"＋"，则 IN ＝ IN ＋1；

② 若特征为"－"，则 IN ＝ IN －1；

重复（3），直至最后一个端点。

（4）每个从 IN ＝ －2 到 IN ＝ －1 的端点对，就是可见的区间段。

不难把此算法推广到 $m$ 组区间的求交集问题上。

## 6.4　Z 缓冲器算法

Z 缓冲器算法也叫深度缓冲器算法，属于图像空间消隐算法。深度缓冲器算法有两个缓冲器，深度缓冲器和帧缓冲器，如图 6-16 所示，对应两个数组：深度数组 depth$(x, y)$ 和属性数组 intensity$(x, y)$。前者存放着图像空间每个可见像素的 $z$ 坐标，后者用来存储图像空间每个可见像素的属性（光强或颜色）值。

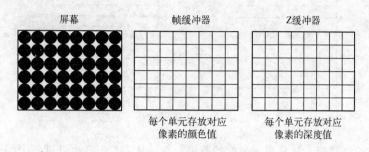

图 6-16　Z 缓冲区示意图

### 1. Z 缓冲器算法基本思想

将投影平面每个像素所对应的所有面片（平面或曲面）的深度进行比较，然后取离视线最近面片的属性值作为该像素的属性值。算法通常沿着观察坐标系的 $z$ 轴来计算各物体表面距观察平面的深度，它对场景中的各个物体表面单独进行处理，且在各面片上逐点进行。物体的描述转化为投影坐标系之后，多边形面上的每个点 $(x, y, z)$ 均对应于观察平面上的正投影点 $(x, y)$。因而，对于观察平面上的每个像素点 $(x, y)$，其深度的比较可通过它们 $z$ 值的比较来实现。

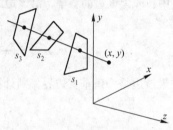

图 6-17　Z 缓冲器算法的原理

在图 6-17 所示的观察平面上，面 $s_1$ 相对其他面 $z$ 值最大，因此它在该位置 $(x, y)$ 可见。

### 2. Z 缓冲器算法步骤

初始时，深度缓冲器所有单元均置为最小 $z$ 值，帧缓冲器各单元均置为背景色，然后逐个处理多边形表中的各面片。每扫描一行，计算该行各像素点 $(x, y)$ 所对应的深度值 $z(x, y)$，并将结果与深度缓冲器中该像素单元所存储的深度值 $\text{depth}(x, y)$ 进行比较：若 $z > \text{depth}(x, y)$，则 $\text{depth}(x, y) = z$；而且将该像素的属性值 $I(x, y)$ 写入帧缓冲器，即 $\text{intensity}(x, y) = I(x, y)$，否则不变。

### 3. 深度值的计算

若已知多边形的方程，则可用增量法计算扫描线每一个像素的深度。

设平面方程为

$$Ax + By + Cz + D = 0$$

则多边形面上的点 $(x, y)$ 所对应的深度值为

$$z = \frac{-(Ax + By + D)}{C} \qquad C \neq 0 \qquad (6\text{-}11)$$

由于所有扫描线上相邻点间的水平间距为 1 个像素单位，扫描线行与行之间的垂直间距也为 1。因此，可以利用这种连贯性来简化计算过程，如图 6-18 所示。

若已计算出 $(x, y)$ 点的深度值为 $z_i$，沿 $x$ 方向相邻连贯点 $(x+1, y)$ 的深度值 $z_{i+1}$ 可由下式计算

$$z_{i+1} = \frac{-[A(x+1) + By + D]}{C} = z_i - \frac{A}{C} \qquad (6\text{-}12)$$

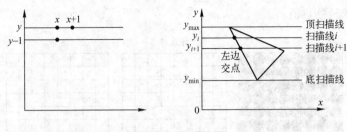

图 6-18　深度计算

沿着 $y$ 方向的计算应先计算出 $y$ 坐标的范围，然后从上至下逐个处理各个面片。由最上方的顶扫描线出发，沿多边形左边界递归计算边界上各点的坐标

$$x_{i+1} = x_i - \frac{1}{m}$$

式中：$m$ 为该边的斜率，沿该边的深度也可以递归计算出来，即

$$z_{i+1} = \frac{-\left[ A\left( x_i - \dfrac{1}{m} \right) + B(y_i - 1) + D \right]}{C} = z_i + \frac{\dfrac{A}{m} + B}{C} \tag{6-13}$$

如果该边是一条垂直边界，则计算公式简化为

$$z_{i+1} = z_i - \frac{B}{C}$$

对于每条扫描线，首先根据式（6-13）计算出与其相交的多边形最左边的交点所对应的深度值，然后，该扫描线上所有的后续点由式（6-12）计算出来。

所有的多边形处理完毕，即得消隐后的图形。

### 4. Z 缓冲器算法特点

Z 缓冲器算法的最大优点在于简单，它可以轻而易举地处理隐藏面以及显示复杂曲面之间的交线。画面可任意复杂，因为图像空间的大小是固定的，因此计算量最多随画面复杂度线性增长。

它的主要缺点是：深度数组和属性数组需要占用很大的内存。以深度数组为例，对于 800 × 600 的显示分辨率，需要 480 000 个单元的缓冲器存放深度值，如每个单元需要 4 字节，则需要 1.92 兆字节。

一个减少存储需求的方案是：每次只对场景的一部分进行处理，这样只需要一个较小的深度数组。处理完一部分之后，该数组再用于下一部分场景的处理。

## 6.5　扫描线算法

扫描线算法也属于图像空间消隐算法。消隐处理中，在逐条处理各扫描线时，首先要判别与其相交的所有多边形表面的可见性，然后计算各重叠面片的深度值以确定离观察者最近的面片。当某像素点所对应的可见面被确定后，该点的颜色（光强值）也可以计算出来，将其置入帧缓冲器，则完成了消隐过程。

**1. 扫描线算法的三表数据结构**

首先为各面片建立边表（ET）和多边形表（PT）。

（1）边表（ET）。对投影到屏幕上的这些多边形的所有非水平边建立 ET 表，ET 表包含：

① $y_{max}$：该边最大的 $y$ 值。

② $x$：具有较小 $y$ 坐标值一端的 $x$ 值，即端点$(x, y_{min})$。

③ $1/m$：该边斜率的倒数。

④ ID：该边属于哪个多边形的标志码。

⑤ $z$：该多边形 $x$ 对应点处的深度值。

⑥ $dz_x$：该多边形深度沿 $x$ 轴方向的增量。

⑦ $dz_y$：该多边形深度沿 $y$ 轴方向的增量。

边节点结构如下：

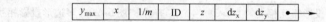

| $y_{max}$ | $x$ | $1/m$ | ID | $z$ | $dz_x$ | $dz_y$ | ● |

（2）多边形表（PT）。对于每个多边形，应当包含的信息为：

① ID：多边形标志码。

② $A$、$B$、$C$、$D$：平面方程各系数。

③ color：多边形的颜色值。

④ flag：进出标志，表明扫描线是否进入该多边形内，初始时置为"假"。

⑤ num：计数器，记录与该多边形相交的扫描线的根数。

多边形表的结构如下：

| ID | $A$、$B$、$C$、$D$ | color | flag | num |

（3）为了计算扫描线与各边的交点，建立活动边表（AET）。

① AET 是与当前扫描线相交的多边形边节点链接而成的表。

② AET 的边节点按 $x$ 增加的顺序排列。

③ AET 中节点的数据项与 ET 表一致，只是 AET 中节点的数据内容将随着扫描线的变动而不断更新。

④ 其 $x$ 项的更新为当前扫描线与各边交点的 $x$ 坐标值，其他项视具体情况随 $x$ 值的更新而更新。

⑤ 扫描转换时，当进入下一条扫描线前，需删除那些已脱离扫描线的多边形的边节点，并从 ET 表中增加一些新的边节点。

**2. 扫描线经过非多边形相交区域**

当扫描线经过非多边形相交区域时，如图 6-19 中的 $y = \beta$ 扫描线。扫描线 $\beta$ 首先与多边形 $ABC$ 的边 $AB$ 相交，扫描线进入多边形内，多边形 $ABC$ 的 flag 标志由假（F）转为真（T）。由于在此区段中扫描线仅与一个多边形相交，因而用多边形 $ABC$ 的颜色写像素。

当扫描线与 $AC$ 边相交后，扫描线穿出多边形 $ABC$，其标志变为 F，从而用背景色写像素。

接着扫描线与多边形 $DEF$ 的 $DF$ 边相交至与 $EF$ 边相交前，标志变为 T，写入多边形 $DEF$ 的颜色，在与 $EF$ 边相交之后，则标志变为 F，则像素写入背景色。

### 3. 扫描线经过多边形投影相互覆盖区域

当扫描线经过多边形投影相互覆盖区域时，如图 6-20 中的 $y = \gamma$。同样，在扫描线 $\gamma$ 与 $AB$ 边相交前像素写背景色。扫描线与 $AB$ 边相交后，进入多边形 $ABC$，其标志转为 T，此时以多边形 $ABC$ 的颜色写像素。而当扫描线与 $DE$ 边相交后，多边形 $DEF$ 的 flag 标志也转为 T。

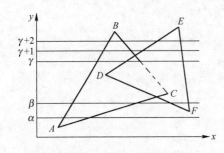

图 6-19　多边形投影相互相交

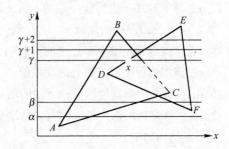

图 6-20　多边形投影相互覆盖

当两个以上的多边形标志为真时，将以何值写入像素呢？

应该选择离观察者最近的多边形的颜色值写入，这时就需要由这几个多边形在 $x$ 点处的深度信息来决定。

本例中即为扫描线 $\gamma$ 与 $DE$ 边相交处的 $x$ 点，多边形 $DEF$ 具有较大的 $z$ 值，因而 $DEF$ 是可见的，应将多边形 $ABC$ 隐去。因此，使用多边形 $DEF$ 的颜色直到 $BC$ 边交点，这时多边形 $ABC$ 的标志转为 F，扫描线仅位于一个多边形 $DEF$ 内，则仍以 $DEF$ 的颜色写入像素。

### 4. 多边形发生相互贯穿

在多边形发生相互贯穿的情况下，仍可以使用扫描线消隐算法。如图 6-21 所示，多边形 $GHI$ 和 $JKL$ 发生相互贯穿。

此时，可将多边形 $GHI$ 分为两个多边形 $GHH'$ $G'$ 和 $H'$ $G'$ $I$，引入虚边 $G'$ $H'$ 。

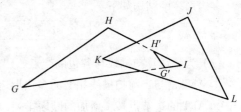

图 6-21　多边形相互贯通

然后，应用此算法于 3 个多边形 $GHH'$ $G'$ 、$H'$ $G'$ $I$ 和 $JKL$。

当扫描转换时，同时求得两多边形的贯穿点 $G'$ 和 $H'$ 。

### 5. 扫描线消隐算法特点

扫描线消隐算法不仅用于多边形的消隐，还可扩展应用到任意曲面体的消隐。

在任意曲面体的消隐中，需要将多边形表 PT 改为曲面表 ST，活动边表改为活动曲面表，并需要一些附加的计算：如将一个曲面分解成多个小多边形。

扫描转换时，当进入下一条扫描线，需删除那些已脱离扫描线的多边形节点，并增加一些新加入的多边形节点。当然，这会导致工作量会增加许多。

## 6.6　画 家 算 法

假设一个画家要作一幅画，画中远处有山，近处有房子，房子的前面有树。画家在纸上先画远处的山，再画房子，最后画树，通过这样的作画顺序正确地处理了画中物体的相互遮挡关系。由 Newell 等人于 1972 年提出的画家算法就是基于这种思想的消隐算法，该算法运用物体空间和图像空间进行操作。

**1. 画家算法的基本思想**

先将画面中的物体按其距离观察点的远近进行排序，结果存放在一张线性表中。距观察点远者称其优先级高，放在表头；距观察点近者称其优先级低，放在表尾。这张表称为深度优先级表。

然后按照从表头到表尾的顺序逐个绘制物体。由于距观察者近的物体在表尾最后画出，它覆盖了远处的物体，最终在屏幕上产生了正确的遮挡关系。

画家算法看起来十分简单，但关键是如何对画面中各种不同情况下的多边形按深度排序，建立深度优先级表。

假设视点在 $z$ 轴正向无穷远处，视线方向沿着 $z$ 轴负向看过去。如果 $z$ 值大，则离观察点近；如果 $z$ 值小，则离观察点远。

**2. 多边形优先级的考虑**

首先，对一个简单的画面，如图 6-22（a）所示，可以直接建立一个确定的深度优先表，排序可以一次完成，不会有任何的歧义。

例如，多边形可按其最大或最小值排序，都可以很容易地把它们按深度大小分开。

但是，当画面略微复杂一点，如图 6-22（b）所示，却无法按简单的 $z$ 向排序建立确定的深度优先表，以确定每一个多边形的优先级。

例如，若按最小 $z$ 坐标值（$z_{min}$）对 $P$、$Q$ 排序，则在深度优先表中，$P$ 应排在 $Q$ 之前，如按此顺序将 $P$、$Q$ 写入帧缓冲器，则 $Q$ 将部分地遮挡 $P$。但实际上是 $P$ 部分地遮挡 $Q$。如果按最大 $z$ 坐标值（$z_{max}$）对 $P$、$Q$ 排序，同样也不能得到正确的消隐结果。

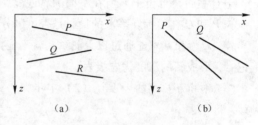

图 6-22　多边形的优先级

**3. 交叉覆盖和循环覆盖多边形的优先级考虑**

对更复杂的情况，出现的困难更多。如图 6-23（a）和图 6-23（b）均有交叉覆盖或循环遮挡的情况。在图 6-23（a）中，$P$ 在 $Q$ 的前面，$Q$ 在 $R$ 的前面，而 $R$ 反过来又在 $P$ 的前面。在图 6-23（b）中，$P$ 在 $Q$ 的前面，而 $Q$ 又在 $P$ 的前面。对它们均无法直接建立确定的深度优先级表。

**4. 解决深度优先级冲突的排序算法**

为了解决上述深度优先级冲突问题，Newell 等人提出了一种针对多边形的特殊排序方法。该算法在处理每一幅画面时，动态地计算和产生一个新的深度优先级表，在通过一系列检验确定其深度优先级表正确后，写入帧缓存，否则重新计算并产生一个新的深度优先级表。假定视点在 $z$ 轴正向无穷远处，则该算法叙述如下：

（1）计算多边形最小深度值 $z_{min}$，并以此值的优先级进行排序，建立初步的深度优先级表。表中第一个元素是对应有最小 $z_{min}$ 值的多边形，标记为 $P$，优先级最高。表中第二个多边形标记为 $Q$。

（2）考察 $P$ 和 $Q$ 之间的关系：若 $P$ 上离视点最近的顶点 $Pz_{max}$ 比 $Q$ 上离视点最远的顶点 $Qz_{min}$ 还远，$Qz_{min} \geqslant Pz_{max}$，则 $P$ 不遮挡 $Q$，将 $P$ 写入帧缓冲区，如图 6-24 所示。若 $Qz_{min} < Pz_{max}$，那么

$P$ 不但有遮挡 $Q$ 的可能, 而且还可能部分地遮挡表上 $Q$ 之后的任一满足 $Rz_{min} < Pz_{max}$ 的多边形 $R$。

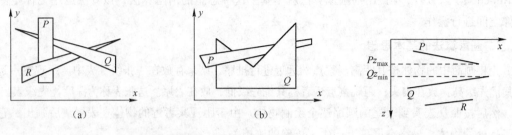

图 6-23  循环覆盖多边形的优先级          图 6-24  位置关系

我们把所有这种有可能被 $P$ 所遮挡的多边形的全体记为 $\{Q\}$。

为了进一步确定 $P$ 是否真正遮挡 $\{Q\}$ 中的多边形, 逐步做以下的测试, 如果对 $\{Q\}$ 中每个 $Q$, 都能通过以下问题中任一个, 那么 $P$ 不会遮挡 $\{Q\}$, 因而可将 $P$ 写入帧缓冲区中去。

所提出的问题是:

① $P$ 和 $Q$ 的外接最小包围盒在 $x$ 方向不相交吗?

② $P$ 和 $Q$ 的外接最小包围盒在 $y$ 方向不相交吗?

③ $P$ 是否全部位于 $Q$ 所在平面的背离视点的一侧。图 6-25 (a) 能通过这一测试。

④ $Q$ 是否全部位于 $P$ 所在平面的靠近视点的一侧。图 6-25 (b) 能通过这一测试。

⑤ $P$ 和 $Q$ 在显示屏幕上的投影是否可以分离。

若 $\{Q\}$ 和 $P$ 不能通过以上测试, 就不能把 $P$ 写到帧缓冲区中去, 应交换 $P$ 和 $Q$, 并将 $Q$ 作上记号, 形成新的深度优先级表。

(3) 对重新排列的表重复 (2) 中步骤, 对于图 6-25 (c), 经重新排列后, 就能把 $Q$ 写入帧缓冲区中去了。

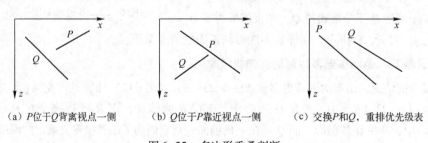

(a) $P$ 位于 $Q$ 背离视点一侧    (b) $Q$ 位于 $P$ 靠近视点一侧    (c) 交换 $P$ 和 $Q$, 重排优先级表

图 6-25  多边形重叠判断

(4) 执行 (3) 以后, 若 $Q$ 的位置需再次交换, 则表明存在交叉覆盖的情况, 如图 6-26 所示, 这时可将 $P$ 沿 $Q$ 所在平面分割成两部分 $P_1$ 和 $P_2$, 从表中去掉原多边形 $P$, 而将 $P$ 的这两个新的部分插入原表中的适当位置, 使其仍保持按 $z_{min}$ 排序的性质。对新形成的深度优先级表, 重新执行 (2)。

### 5. 画家算法的特点

(1) 画家算法同时在物体空间和图像空间中进行处理, 即: 在物体空间中排序以确定优先级; 而显示结果在算法运行之际就要不断地写入图像空间的帧缓冲区中。

（2）该算法利用几何关系来判断可见性，而不是像在 Z 缓冲器算法中那样，逐个像素地进行比较。因此，它利用了多边形深度的相关性，可见性判别是根据整个多边形来进行的。

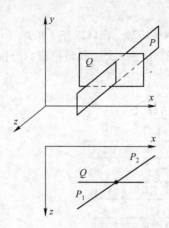

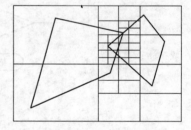

图 6-26　交叉覆盖情况分析

## 6.7　区域子分割算法（Warnack 算法）

区域子分割算法的基本思想是：把物体投影到全屏幕窗口上，然后递归分割窗口，直到窗口内目标足够简单，可以显示为止。首先，该算法把初始窗口取作屏幕坐标系的矩形，将场景中的多边形投影到窗口内。如果窗口内没有物体则按背景色显示；若窗口内只有一个面，则把该面显示出来。否则，窗口内含有两个以上的面，则把窗口等分成 4 个子窗口。对每个小窗口再做上述同样的处理。这样反复地进行下去。如果到某个时刻，窗口仅有像素那么大，而窗口内仍有两个以上的面，这时不必再分割，只要取窗口内最近的可见面的颜色或所有可见面的平均颜色作为该像素的值，如图 6-27 所示。

图 6-27　区域子分的过程

窗口与多边形的覆盖关系有 4 种：内含、相交、包围和分离。如图 6-28 所示。

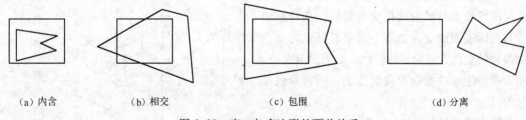

（a）内含　　　（b）相交　　　（c）包围　　　（d）分离

图 6-28　窗口与多边形的覆盖关系

下列情况之一发生时，窗口足够简单，可以直接显示：

（1）所有多边形均与窗口分离。该窗口置背景色。

（2）只有一个多边形与窗口相交，或该多边形包含窗口，则先整个窗口置背景色，再对多边形在窗口内部分用扫描线算法绘制。

（3）有一个多边形包围窗口，或窗口与多个多边形相交，但有一个多边形包围窗口，而且在最前面最靠近观察点。

假设全屏幕窗口分辨率为 $1024 \times 1024$。窗口以左下角点 $(x, y)$ 和边宽 $s$ 定义。区域子分割算法的流程如图 6-29 所示。由于算法中每次递归地把窗口分割成 4 个与原窗口相似的小窗口，故这种算法通常称为四叉树算法。

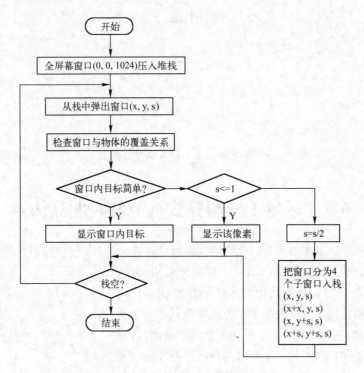

图 6-29　区域子分割算法流程图

# 6.8　光线投射算法

光线投射算法的思想是：考察由视点出发穿过观察屏幕的一像素而射入场景的一条射线，则可确定出场景中与该射线相交的物体。在计算出光线与物体表面的交点之后，离像素最近的交点所在面片的颜色为该像素的颜色；如果没有交点，说明没有多边形的投影覆盖此像素，用背景色显示它即可。

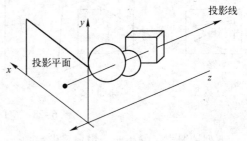

图 6-30　投影线生成

算法步骤可简单描述如下：

（1）通过视点和投影平面（显示屏幕）上的所有像素点作一入射线，形成投影线（见图 6-30）。

（2）将任一投影线与场景中的所有多边形求交。

（3）若有交点，则将所有交点按 $z$ 值的大小进行排序，取出最近交点所属多边形的颜色；若没有交点，则取出背景的颜色。

（4）将该射线穿过的像素点置为取出的颜色。

光线投射算法与 Z 缓冲器算法相比，它们仅仅是内外循环颠倒了一下顺序，所以它们的算法复杂度类似。二者的区别在于光线投射算法不需要 Z 缓冲器。为了提高本算法的效率，可以使用包围盒技术、空间分割技术以及物体的层次表示方法等来加速。

# 6.9　消隐算法的编程实现

## 6.9.1　线消隐

图 6-31 所示为三维形体的数据结构及其消隐图形。表 6-1 是用来表示平面体各棱线从属关系的，如果仅表现物体的几何形状信息，根据三维物体的表现方法，线表内容只需存放各条棱线的端点信息——起点号与终点号，且不需考虑各条线段的排列顺序。表 6-2 面表主要记录各表面相关信息。一般按照表面的次序存放各表面的多边形的边数。

表 6-1　线　表

| 线段序号 | 1 | 2 | 3 | 4 | 5 | 6 | 7 | 8 | 9 | 10 | 11 |
|---|---|---|---|---|---|---|---|---|---|---|---|
| 起点终点 | 1, 2 | 2, 3 | 3, 4 | 4, 5 | 5, 6 | 6, 7 | 7, 8 | 8, 9 | 9, 10 | 10, 11 | 11, 12 |
| 线段序号 | 12 | 13 | 14 | 15 | 16 | 17 | 18 | 19 | 20 | 21 | |
| 起点终点 | 12, 13 | 13, 14 | 14, 9 | 10, 13 | 5, 8 | 1, 4 | 2, 12 | 3, 6 | 7, 11 | 1, 14 | |

表 6-2　面　表

| 面　号 | 1 | 2 | 3 | 4 | 5 | 6 | 7 | 8 | 9 |
|---|---|---|---|---|---|---|---|---|---|
| 边数 | 4 | 6 | 4 | 4 | 5 | 4 | 4 | 5 | 6 |
| 面顶点 | 1, 4, 3, 2, 1 | 2, 3, 6, 7, 11, 12, 2 | 6, 3, 4, 5, 6 | 6, 5, 8, 7, 6 | 7, 8, 9, 10, 11, 7 | 12, 11, 10, 13, 12 | 13, 10, 9, 14, 13 | 1, 2, 12, 13, 14, 1 | 1, 14, 9, 8, 5, 4, 1 |

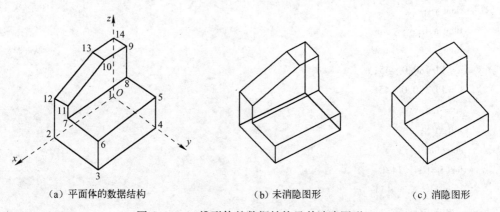

（a）平面体的数据结构　　　　　（b）未消隐图形　　　　　（c）消隐图形

图 6-31　三维形体的数据结构及其消隐图形

其线消隐程序如下：

```
/*    HELLO. C -- Hello, world */
#include "stdio. h"
#include "graphics. h"
#include "math. h"
#define PI 3. 1415926
#define closegr closegraph
void initgr( void ) /* BGI 初始化 */
{  int gd = DETECT, gm = 0; /* 和 gd = VGA, gm = VGAHI 是同样效果 */
   registerbgidriver( EGAVGA_DRIVER );/* 注册 BGI 驱动后可以不需要 . BGI 文件的支持运
行 */
   initgraph( &gd, &gm, "" );
}
main( )
{   int x[14] = {0,50,50,0,0,50,50,0,0,15,50,50,15,0};
    int y[14] = {0,0,40,40,40,40,15,15,15,15,15,0,0,0};
    int z[14] = {0,0,0,0,15,15,15,15,45,45,30,30,45,45};
    int poly[ ] = {4,6,4,4,5,4,4,5,6};
    int linep[ ][2] = {1,4,4,3,3,2,2,1,2,3,3,6,6,7,7,11,11,12,12,2, 6,3,3,4,4,5,5,6,
6,5,5,8,8,7,7,6,6,7,8,8,9,9,10,10,11,11,7,12,11,11,10,10,13,13,12,13,10,10,9,9,14,14,13,
1,2,2,12,12,13,13,14,14,1,1,14,14,9,9,8,8,5,5,4,4,1};
    int P,L,linestart;
    int linenum, startp, endp;
    float x1[20], y1[20], z1[20];
    float sx[20], sy[20];
    float xp0, zp0;
    float xp1, zp1;
    float xp2, zp2;
    float yn;
    float a,b,sc;
    int i;
    a = PI/180. 0 * 45;
    b = PI/180. 0 * 45;
    sc = 4. 5;
    initgr( );
    setcolor( 15 );
    for( i = 0; i < 14; i ++.) {
      x[i] = sc * x[i];
      y[i] = sc * y[i];
      z[i] = sc * z[i];
```

$$x1[i] = x[i] * \cos(a) - y[i] * \sin(a);$$

$$z1[i] = -x[i] * \sin(a) * \sin(b) - y[i] * \cos(a) * \sin(b) + z[i] * \cos(b);$$

```
}
for(i = 0; i < 14; i ++) {
    sx[i] = 320 - x1[i];
    sy[i] = 240 - z1[i];}
linestart = 0;
for(P = 0; P < 9; P ++) {
linenum = poly[P];
xp0 = x1[linep[linestart + 0][0] - 1];
zp0 = z1[linep[linestart + 0][0] - 1];
xp1 = x1[linep[linestart + 1][0] - 1];
zp1 = z1[linep[linestart + 1][0] - 1];
xp2 = x1[linep[linestart + 2][0] - 1];
zp2 = z1[linep[linestart + 2][0] - 1];
yn = (xp1 - xp0) * (zp2 - zp1) - (xp2 - xp1) * (zp1 - zp0);
if(yn > = 0.0)
for(L = 1; L < = linenum; L ++) {
    startp = linep[linestart + L - 1][0];
    endp = linep[linestart + L - 1][1];
    line(sx[startp - 1], sy[startp - 1], sx[endp - 1], sy[endp - 1]);
    getch();   }
linestart = linestart + linenum;
}
getch();
closegraph();
}
```

## 6.9.2　面消隐

利用网格四边形的外法线方向可判断圆柱面各网格的可见性，对圆柱面作消隐处理。为了编制一个通用的圆柱面程序，设立 3 个变量 xa、ya、za，分别为圆柱面柱轴方向与空间坐标系 $x$、$y$、$z$ 轴正向之间的角度，建立一个复合旋转变换子程序 rotxyz()。当分别改变空间角度 xa、ya、za 值时，可得到不同位置时的圆柱面消隐图形，如图 6-32 所示。

其 C 语言程序如下：

```
#include "Conio. h"
#include "graphics. h"
#include "math. h"
#include "stdio. h"
#define PI 3. 1415926
```

图 6-32　不同角度的消隐图形

```
#define closegr closegraph
void initgr( void )
{   int gd = DETECT,gm = 0;
    registerbgidriver( EGAVGA_driver );
    initgraph( &gd,&gm,"" );
}
float x[5],y[5],z[5];
float x1[5],y1[5],z1[5];
float x2,y2,z2;
double xa,ya,za;
void rotxyz( void );
main( )
{
    double a1,a2,b1,b2;
    float R = 100,H = 320;
    int xc = 320,yc = 360;
    int i,j,k;
    float sx[5],sy[5],sx1,sy1;
    double xn,yn,zn;
    double vn;
    xa = 145;ya = 145;za = 145;
    initgr( );
    for( j = 0;j < 360;j = j + 5 ) {
      a1 = j * PI/180. 0;a2 = (j + 5) * PI/180. 0;
      x[0] = R * cos(a1);y[0] = R * sin(a1);z[0] = H;
      x[1] = R * cos(a1);y[1] = R * sin(a1);z[1] = 0;
      x[2] = R * cos(a2);y[2] = R * sin(a2);z[2] = 0;
      x[3] = R * cos(a2);y[3] = R * sin(a2);z[3] = H;
      x[4] = R * cos((a1 + a2)/2);y[4] = R * sin((a1 + a2)/2);z[4] = H/2;
      for( k = 0;k < 5;k ++ ) {
        x2 = x[k];y2 = y[k];z2 = z[k];
        rotxyz( );
        x1[k] = x2;y1[k] = y2;z1[k] = z2;
        sx[k] = xc - x1[k];sy[k] = yc - z1[k];}
      xn = (y1[2] - y1[0]) * (z1[3] - z1[1]) - (y1[3] - y1[1]) * (z1[2] - z1[0]);
      yn = - (x1[2] - x1[0]) * (z1[3] - z1[1]) + (x1[3] - x1[1]) * (z1[2] - z1[0]);
      zn = (x1[2] - x1[0]) * (y1[3] - y1[1]) - (x1[3] - x1[1]) * (y1[2] - y1[0]);
      vn = sqrt( xn * xn + yn * yn + zn * zn );
      xn = xn/vn;yn = yn/vn;zn = zn/vn;
      if( yn > = 0. 0) {
```

```
    moveto(sx[0],sy[0]);
    lineto(sx[1],sy[1]);lineto(sx[2],sy[2]);
    lineto(sx[3],sy[3]);lineto(sx[0],sy[0]);}
}
x2 = 0;y2 = 0;z2 = 1;
rotxyz();
yn = y2;
for(j = 0;j < 361;j = j + 5) {
  x2 = R * cos(PI * j/180);y2 = R * sin(PI * j/180);
  if(yn > =0.0)    z2 = H;
    else z2 = 0.0;
  rotxyz();
  sx1 = xc - x2;sy1 = yc - z2;
  if(j == 0) moveto(sx1,sy1);
  lineto(sx1,sy1);}
getch();
closegr();
}

void rotxyz(void) {
    float x1,y1,z1;
    double za1,xa1,ya1;
    za1 = PI * za/180;
    xa1 = PI * xa/180;
    ya1 = PI * ya/180;
x1 = x2 * (cos(za1) * cos(ya1) - sin(za1) * sin(xa1) * sin(ya1))
  + y2 * ( - sin(za1) * cos(ya1) - cos(za1) * sin(xa1) * sin(ya1))
  + z2 * cos(xa1) * sin(ya1);
y1 = x2 * sin(za1) * cos(xa1) + y2 * cos(za1) * cos(xa1)
  + z2 * sin(xa1);
z1 = x2 * ( - cos(za1) * sin(ya1) - sin(za1) * sin(xa1) * cos(ya1))
  + y2 * (sin(za1) * sin(ya1) - cos(za1) * sin(xa1) * cos(ya1))
  + z2 * cos(xa1) * cos(ya1);
x2 = x1; y2 = y1; z2 = z1;
}
```

# 小　结

　　本章讨论了消隐的基本理论和算法，包括线消隐，面消隐等内容，对 Z 缓冲器算法进行了详细讲述，讨论了画家算法和凸多边形消隐理论、算法实现。给出了线消隐和面消隐的 C 语言程序。

# 思 考 题

6-1 简述包容性测试的概念及其方法。

6-2 编写一个程序实现 Z 缓冲器算法和 Z 缓冲扫描线算法。

6-3 编写一个程序实现画家算法。

6-4 编写一个程序实现区域分割算法。

6-5 简述凸多面体的消隐算法理论和实现。

# 第 7 章 自由曲线和自由曲面理论

学习目的与要求：掌握参数曲线表示的优点；掌握各种曲线、曲面的性质和特点并能够绘制出相应图形；理解 NURBS 曲线曲面的含义。

现代工业产品设计理念中，功能已不再是决定消费者是否购买商品的唯一因素，具有美观的外形也是消费者选择产品的主要依据。产品的表面轮廓特征越是符合"美学"逻辑，就越给人以"美感"。目前，诸如飞机、汽车、船舶以及各种家电产品等都具有较为复杂的外形，这就需要大量的自由曲线和自由曲面来描述其几何形状。因此，了解和掌握有关自由曲线和自由曲面的知识，对一个使用 CAD 系统的技术人员来说尤为重要。

曲线曲面基本理论的形成开始于 20 世纪 60 年代。在 1963 年，美国的波音（Boeing）飞机公司的弗格森（Ferguson）首先提出了将曲线曲面表示为参数的矢函数方法。1964 年，美国麻省理工学院（MIT）的孔斯（Coons）提出了用封闭曲线的 4 条边界定义曲面的方法。在此基础上，法国雷诺（Renault）汽车公司的贝齐尔（Bezier）于 1971 年发表了一种由控制多边形定义曲线的方法，称之为"Bezier 曲线"。紧接着德布尔（de Boor）在 1972 年给出了关于 B 样条的一套标准算法。1974 年，美国通用汽车公司的戈登（Gordon）和里森费尔德（Riesenfeld）成功地将 B 样条理论应用于形状的描述，进而提出了 B 样条曲线曲面。B 样条方法几乎继承了贝齐尔方法的一切优点，还克服了贝齐尔方法存在的缺点，较成功地解决了局部控制问题，又轻而易举地在参数连续性基础上解决了连接问题。

工业和数学领域对曲线曲面理论的研究从未间断过。美国锡拉兹（Syracuse）大学的弗斯普里尔（Versqrille, 1975）在他的博士论文中首先提出了有理 B 样条方法。由于皮格尔（Piegl）和蒂勒（Tiller）等人不懈的努力，至 20 世纪 80 年代后期，非均匀有理 B 样条（NURBS）方法成为描述曲线曲面的最为流行的技术。非有理、有理贝齐尔曲线曲面和非有理 B 样条曲线曲面都被统一在 NURBS 标准形式中，因而可以采用统一的数据库。国际标准组织（ISO）继美国的 PDES 标准之后，于 1991 年颁布了关于工业产品数据交换的 STEP 国际标准，把 NURBS 作为定义工业产品几何形状的唯一数学方法。

## 7.1 曲线曲面的基础知识

在计算机辅助设计和制造（CAD/CAM）中，微分几何中的许多知识是基础。曲线曲面的矢函数表示，曲线曲面上的切矢、法矢、二阶导矢、曲率、切线（平面）、法线（平面）、等距线（面）等都是计算机辅助设计和制造技术中经常遇到的问题。例如，用球刀头加工曲面时，刀心轨迹和加工表面的等距面问题；两段或多段曲线（面）光滑拼接时，要求两者在位置、切矢、曲率上的连续问题；为防止数控加工中的过切现象，要求在接触点处工件的曲率半径要大于刀具的曲率半径问题，这些都要用到微分几何的知识。

## 7.1.1　矢量代数基础

### 1. 矢量

（1）矢量在对某一"量"进行定义描述时，不仅定义了其大小，而且还定义了其方向，如速度、加速度、力等。

（2）绝对矢量和相对矢量。几何中的有向线段就是一个直观的矢量。通常用空间中的有向线段 $AB$ 表示矢量，其长度 $|AB|$ 表示大小，端点的顺序 $A \rightarrow B$ 表示方向。若矢量的起始端点位于坐标系的原点，则称此矢量为绝对矢量，否则称其为相对矢量。

（3）位置矢量。表示空间点的绝对矢量称为该点的位置矢量。如图 7-1 所示，从原点 $O$ 到点 $A$ 连线 $OA$ 表示一个矢量。如果用 $i$，$j$，$k$ 分别表示三个坐标分量，则空间点 $A$ 的位置矢量可表示为

$$a = a_1 i + a_2 j + a_3 k$$

也可以用矩阵表示为

$$a = [a_1, a_2, a_3]$$

（4）常矢量和变矢量。大小和方向都不变化的量称为常矢量，否则称为变矢量。

（5）矢量的模和方向。矢量的长度或者大小称为矢量的模。在图 7-1 中，矢量 $a$ 的模可以表示为 $|a|$，它的大小为 $|a| = \sqrt{a_1^2 + a_2^2 + a_3^2}$，其方向就是从起始点指向终点的直线方向。

（6）单位矢量。单位矢量就是模为 1 的矢量。

### 2. 矢量的运算

（1）两矢量的点积。已知 $a$、$b$ 两个矢量，$a = [a_1, a_2, a_3]$，$b = [b_1, b_2, b_3]$，则两个矢量的点积为

$$a \cdot b = |a| \, |b| \cos\theta = a_1 b_1 + a_2 b_2 + a_3 b_3$$

式中：$\theta$ 为两矢量之间的夹角，当两矢量垂直时，即 $\theta = \dfrac{\pi}{2}$ 时，$a \cdot b = 0$。由矢量的点积的计算公式可以看出，两个矢量的点积结果是一个数，只有大小没有方向。

（2）两矢量的矢积。两个矢量的矢积 $c = a \times b$ 是一个矢量。它的方向是由右手法则确定的，即 $c$ 的方向垂直于由矢量 $a$、$b$ 确定的平面，如图 7-2 所示。

其大小可表示为 $|c| = |a \times b| = |a| \, |b| \sin\theta$，所以矢积值的大小为以 $a$、$b$ 为邻边的平行四边形的面积。若 $a = [a_1, a_2, a_3]$，$b = [b_1, b_2, b_3]$，则两矢量矢积 $c$ 的表现形式可以用下面的式子来描述

$$c = a \times b = \begin{vmatrix} i & j & k \\ a_1 & a_2 & a_3 \\ b_1 & b_2 & b_3 \end{vmatrix} = -(b \times a) = - \begin{vmatrix} i & j & k \\ b_1 & b_2 & b_3 \\ a_1 & a_2 & a_3 \end{vmatrix}$$

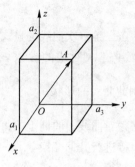

图 7-1　位置矢量

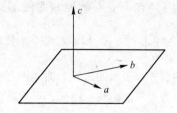

图 7-2　矢积方向的确定

（3）三个矢量的混合积。三个矢量的混合积记作 $(a,b,c)$，即两个矢量的矢积与一个矢量做点积。其数学表达式为

$$(a,b,c) = a \cdot (b \times c) = \begin{vmatrix} a_1 & a_2 & a_3 \\ b_1 & b_2 & b_3 \\ c_1 & c_2 & c_3 \end{vmatrix}$$

可以看出，其结果仍然是一个数，大小为以矢量 $a$、$b$、$c$ 为邻边构成的平行六面体的体积。当然，$(a,b,c) = (b,c,a) = (c,a,b) = -(b,a,c) = -(c,b,a) = -(a,c,b)$ 也是成立的。

## 7.1.2　曲线论

曲线的表示分为以下 3 种：

### 1. 显式、隐式和参数表示

曲线和曲面的表示方程都有参数表示和非参数表示之分，非参数表示又分为显式表示和隐式表示。对于一个平面曲线，显式表示的一般形式是 $y = f(x)$。在此方程中，一个 $x$ 值与一个 $y$ 值对应，所以显式方程不能表示封闭或多值曲线。

如果一个平面曲线方程表示成 $f(x,y) = 0$ 的形式，则称之为隐式表示。隐式表示的优点是易于判断函数 $f(x,y)$ 是否大于、小于或等于零，也就易于判断点是落在所表示曲线上或在曲线的哪一侧。

对于非参数表示形式方程（无论是显式还是隐式）存在下述问题：与坐标轴相关；会出现斜率为无穷大的情形（如垂线）；对于非平面曲线、曲面，难以用常系数的非参数化函数表示；不便于计算机编程。

在几何造型系统中，曲线方程通常表示成参数的形式，即曲线上任一点的坐标均表示成给定参数的函数。假定用 $t$ 表示参数，平面曲线上任一点 $P$ 可表示为

$$p(t) = [x(t), y(t)]$$

空间曲线上任一三维点 $P$ 可表示为

$$p(t) = [x(t), y(t), z(t)]$$

最简单的参数曲线是直线段，端点为 $P_1$、$P_2$ 的直线段参数方程可表示为

$$p(t) = p_1 + (p_2 - p_1)t \quad t \in [0,1]$$

在曲线、曲面的表示上，参数方程比显式、隐式方程有更多的优越性，主要表现在：

（1）可以满足几何不变性的要求。

（2）有更大的自由度来控制曲线、曲面的形状。如一条二维三次曲线的显式表示为 $y = ax^3 + bx^2 + cx + d$，式中只有 4 个系数控制曲线的形状。而二维三次曲线的参数表达式为 $p(t) =$
$$\begin{bmatrix} a_1t^3 + a_2t^2 + a_3t + a_4 \\ b_1t^3 + b_2t^2 + b_3t + b_4 \end{bmatrix} \quad t \in [0,1]$$，有 8 个系数可用来控制此曲线的形状。

（3）对非参数方程表示的曲线、曲面进行变换时，必须对曲线、曲面上的每个型值点进行几何变换；而对参数表示的曲线、曲面，可对其参数方程直接进行几何变换。

（4）便于处理斜率为无穷大的情形，不会因此而中断计算。

（5）由于坐标点各分量的表示是分离的，从而便于把低维空间中曲线、曲面扩展到高维空间中去。

（6）规格化的参数变量 $t \in [0,1]$，使得界定曲线、曲面的范围十分简单。

（7）易于用矢量和矩阵运算，从而大大简化了计算。

## 2. 曲线的矢量表示

曲线的形成可形象地表示为一点 $P$ 的运动轨迹，设该点的起始点为 $P_0$，以时间 $t$ 为其运动描述参数，则用 $t$ 描述点 $P$ 的运动轨迹为

$$p(t) = \begin{cases} x = x(t) \\ y = y(t) \\ z = z(t) \end{cases}$$

这就是曲线的参数方程。

如果忽视参数 $t$ 的具体含义，用一个模糊的参数 $u$ 代替 $t$，则曲线的描述更为通用化。如果把 3 个标量 $x(u)$、$y(u)$、$z(u)$ 合起来表示成矢量的形式 $[x(u), y(u), z(u)]$，则

$$p(u) = x(u)i + y(u)j + z(u)k$$

就是曲线的矢量方程。

在计算机辅助几何设计（CAGD）中，为了计算和分析的方便，常常把曲线的表示抽象化，这样能把所要考察的曲线作为一个整体，只研究其矢量间的相互关系，而不依赖于坐标系。曲线矢函数形式如下

$$p(u) = \sum_{i=0}^{n} a_i \varphi_i(u)$$

式中：$\varphi_i(u)(i = 0, 1, \cdots, n)$ 称为基函数，它决定了曲线的整体的性质；$a_i(i = 0, 1, \cdots, n)$ 称为系数矢量。

## 3. 曲线的导矢

由于矢函数可以表示成各坐标分量的矢量形式，所以可以对矢函数进行求导。矢函数导数的坐标分量等于矢函数各坐标分量关于参数 $u$ 的导数。矢函数的导数也是矢函数。对 $u$ 求导（为区别一般参数方程，用 $\dot{p}(u)$ 表示 $p(u)$ 的一阶导数）

$$\dot{p}(u) = \frac{\mathrm{d}p}{\mathrm{d}u}\left[\frac{\mathrm{d}x(u)}{\mathrm{d}u}, \frac{\mathrm{d}y(u)}{\mathrm{d}u}, \frac{\mathrm{d}z(u)}{\mathrm{d}u}\right] 或 \dot{p}(u) = \sum_{i=0}^{n} a_i \frac{\mathrm{d}\varphi_i(u)}{\mathrm{d}u}$$

根据导数的定义，曲线在 $u = u_0$ 点的一阶导矢为：$\dot{p}(u_0) = \lim\limits_{u \to u_0} \dfrac{p(u) - p(u_0)}{u - u_0}$

若极限存在，则 $\dot{p}(u_0)$ 称为曲线在 $u = u_0$ 处的切矢。类似地，用同样的方法可以求出曲线在某一定点的高阶导矢。切矢以及高阶导矢都是相对矢量，可以在平面内任意平移。

**4. 曲线论基本公式**

（1）活动坐标系。如果坐标系原点和曲线上的一动点重合并随着动点一起运动，也就是坐标系原点的轨迹为曲线，那么，这种坐标系称为活动坐标系。

曲线的参数可以是任意的，如果取曲线的自身弧长作为参数来表示曲线，则称其为曲线的自然参数方程。由于曲线的自身弧长相对于刚体运动是曲线的不变量，所以它不依赖于坐标系的选取。设取定起始点 $p_0(x_0, y_0, z_0)$，则曲线上的点 $p(x, y, z)$ 到点 $P_0$ 的弧长是确定的；这样，曲线上的每一点的位置就和它的弧长形成了一一对应的关系。它的矢量方程可以表示为

$$r = r(s) = [x(s), y(s), z(s)]$$

对其求导可得导矢为

$$\dot{r}(s) = \frac{dr}{ds} = \frac{dr}{dt} \cdot \frac{dt}{ds} = r'(t) \frac{1}{|r'(t)|}$$

有

$$|\dot{r}(s)| = 1$$

所以，曲线的自然参数方程的切矢为一单位矢量，用 $t$ 表示，即

$$t(s) = \dot{r}(s)$$

因 $|t| = 1$，所以 $t^2 = 1$，对其求导得 $\dot{t} t = 0$，故 $t \perp \dot{t}$；定义单位矢量 $n = \dfrac{\dot{t}}{|\dot{t}|}$ 为曲线的主法矢。

对于自然参数方程曲线规定如下的各轴：

$T$ 轴——$t$ 为曲线的单位切矢。

$N$ 轴——$n$ 为曲线的单位主法矢。

$B$ 轴——曲线上任意一点都存在同时和 $t(s)$ 和 $n(s)$ 相垂直的矢量 $b(s)$，称为单位副法矢。

$t(s)$、$n(s)$ 和 $b(s)$ 三者相互垂直，构成右手坐标系，即活动标架。该标架随 $P$ 点在曲线上的移动而改变。空间曲线上由 $P$ 点导出的其他任何矢量都可以在活动标架上分解，故将 $t(s)$、$n(s)$ 和 $b(s)$ 称为活动标架的三个基矢。

由切矢 $t$ 和主法矢 $n$ 张成的平面称为密切平面；由主法矢 $n$ 和副法矢 $b$ 张成的平面称为法平面；由切矢 $t$ 和副法矢 $b$ 张成的平面称为从切面，如图 7-3 所示。

对于一般参数曲线，活动标架 3 个坐标轴的计算方法为

$$\begin{cases} t = \dfrac{r'}{|r'|} \\[2mm] n = \dfrac{(r' \times r'') \times r'}{|(r' \times r'') \times r'|} \\[2mm] b = n \times t \end{cases}$$

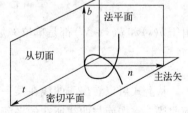

图 7-3　活动标架

（2）曲线论的基本公式（Frenet – Serret 公式）。有了活动标架，曲线上任意一个矢量就可以表示成活动标架上 3 个基矢量的线性组合。把 3 个基矢量 $t$、$n$、$b$ 分别对弧长 $s$ 求导，就得到曲线论的基本公式，即 Frenet – Serret 公式。

$$\begin{bmatrix} \dot{t} \\ \dot{n} \\ \dot{b} \end{bmatrix} = \begin{bmatrix} 0 & k & 0 \\ -k & 0 & \tau \\ 0 & -\tau & 0 \end{bmatrix} \begin{bmatrix} t \\ n \\ b \end{bmatrix}$$

其中的 $k$、$\tau$ 即为曲线的曲率和挠率。

（3）曲率的几何意义及其计算。在微积分学中，平面曲线在一点的曲率定义为切线方向对于弧长的导数 $\mathrm{d}\theta/\mathrm{d}s$。若给定曲线方程 $y = f(x)$，则其曲率的计算公式为

$$k = \left| \frac{y''(x)}{[1 + (y'(x))^2]^{3/2}} \right|$$

对于自然参数方程，曲率的计算公式为

$$k = \sqrt{[\ddot{x}(\dot{s})]^2 + [\ddot{y}(\dot{s})]^2 + [\ddot{z}(\dot{s})]^2}$$

对于一般参数方程 $r = r(t)$，曲率计算公式为

$$k = \frac{|r' \times r''|}{|r'|^3}$$

由 Frenet - Serret 公式所含第一个方程知

$$\dot{t} = kn$$

两边取绝对值（$n$ 为单位矢量）　　　$k = |\dot{t}| = \left| \frac{\mathrm{d}t}{\mathrm{d}s} \right|$

由上式可知曲率 $k$ 的几何意义为曲线的单位切矢对弧长的转动率，反映了曲线的"弯曲程度"，它与主法矢方向一致，指向曲线凹的一方。"转动"越快，曲率越大，"弯曲程度"越厉害。

曲率的倒数称为曲率半径，即 $r = \frac{1}{k}$。沿着曲线某点 $p(u_0)$ 的主法线方向，距离该点为 $r$ 的点 $O$ 即为该点的曲率中心。

曲率在 CAD/CAM 中占有非常重要的地位。例如，在曲线、曲面的拼接中，常需要达到曲率连续；在数控加工中，需计算曲面在刀具切触点处的曲率半径，用以和刀具的半径或其他相关尺寸作比较，以防止过切现象。

（4）挠率的几何意义及其计算。由 Frenet - Serret 公式所含的第三个方程知

$$\dot{b} = -\tau n$$

$$|\tau| = \left| \frac{\mathrm{d}b}{\mathrm{d}s} \right| = \lim_{\Delta s \to 0} \left| \frac{\Delta b}{\Delta s} \right| = \lim_{\Delta s \to 0} \left| \frac{\Delta b}{\Delta \theta} \cdot \frac{\Delta \theta}{\Delta s} \right|$$

由于 $b(s)$ 和 $b(s + \Delta s)$ 都是单位矢量，故弦长 $|\Delta b|$ 和角度 $\Delta \theta$ 之比的极限为 1，所以

$$|\tau| = \lim_{\Delta s \to 0} \left| \frac{\Delta \theta}{\Delta s} \right|$$

从上式可以看出，曲线在某一点的挠率等于副法矢（或密切面）对弧长的转动率。对于平面曲线，密切面与曲线所在的平面一致，因而副法矢是固定不变的，故挠率为零。

当曲线以自然参数方程给定时，其挠率计算公式为

$$\tau(s) = \frac{(r', r'', r''')}{(r'')^2}$$

对于一般参数曲线，挠率的计算公式为

$$\tau = \frac{(r', r'', r''')}{(r' \times r'')^2}$$

曲线的曲率和挠率的几何表示如图 7-4 所示。

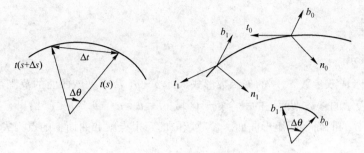

图 7-4  曲线的曲率和挠率

例：给定曲线 $r(s) = \left[ a\left(1 + \sin\dfrac{s}{\sqrt{a^2 + b^2}}\right), a\left(1 + \cos\dfrac{s}{\sqrt{a^2 + b^2}}\right), \dfrac{bs}{\sqrt{a^2 + b^2}} \right]$，求其上任意一点的曲率和挠率。

解：由于

$$| \dot{r}(s) | = \sqrt{ \left( \frac{a}{\sqrt{a^2 + b^2}}\cos\frac{s}{\sqrt{a^2 + b^2}} \right)^2 + \left( -\frac{a}{\sqrt{a^2 + b^2}}\sin\frac{s}{\sqrt{a^2 + b^2}} \right)^2 + \frac{b^2}{a^2 + b^2} } = 1$$

所以 $s$ 是弧长参数，则

$$t(s) = \dot{r}(s) = \frac{1}{\sqrt{a^2 + b^2}}\left( a\cos\frac{s}{\sqrt{a^2 + b^2}}, -a\sin\frac{s}{\sqrt{a^2 + b^2}}, b \right)$$

$$\dot{t}(s) = -\frac{a}{a^2 + b^2}\left( \sin\frac{s}{\sqrt{a^2 + b^2}}, \cos\frac{s}{\sqrt{a^2 + b^2}}, 0 \right)$$

所以曲率

$$k = | \dot{t}(s) | = \frac{a}{a^2 + b^2}$$

由 $\dot{t} = kn$ 可得

$$n(s) = \frac{1}{k}\dot{t}(s)$$

所以

$$n(s) = \left( -\sin\frac{s}{\sqrt{a^2 + b^2}}, -\cos\frac{s}{\sqrt{a^2 + b^2}}, 0 \right)$$

$$b(s) = t \times n = \frac{1}{\sqrt{a^2 + b^2}}\left( b\cos\frac{s}{\sqrt{a^2 + b^2}}, -b\sin\frac{s}{\sqrt{a^2 + b^2}}, -a\cos^2\frac{s}{\sqrt{a^2 + b^2}} \right)$$

$$\dot{b}(s) = \frac{1}{\sqrt{a^2 + b^2}}\left( -b\sin\frac{s}{\sqrt{a^2 + b^2}}, -b\cos\frac{s}{\sqrt{a^2 + b^2}}, 2a\cos\frac{s}{\sqrt{a^2 + b^2}}\sin\frac{s}{\sqrt{a^2 + b^2}} \right)$$

因为

$$\dot{b} = -\tau n$$

所以

$$\tau = -\dot{b} \cdot n$$

即

$$\tau = \frac{1}{a^2 + b^2}\left( -b\sin\frac{s}{\sqrt{a^2 + b^2}}, -b\cos\frac{s}{\sqrt{a^2 + b^2}}, 2a\cos\frac{s}{\sqrt{a^2 + b^2}}\sin\frac{s}{\sqrt{a^2 + b^2}} \right) \cdot$$

$$\left( -\sin\frac{s}{\sqrt{a^2 + b^2}}, -\cos\frac{s}{\sqrt{a^2 + b^2}}, 0 \right)$$

$$= \frac{b}{a^2 + b^2}$$

## 7.1.3 曲面论

### 1. 曲面的表示

曲面可以表示成双参数 $u$、$v$ 的矢函数形式，即 $p = p(u, v)$。该曲面的范围可用两个参数 $u$、$v$ 的变化区间所表示的参数平面上的一个矩形区域 $u_1 \leqslant u \leqslant u_2$，$v_1 \leqslant v \leqslant v_2$ 给出，这样我们就相应得到具有 4 条边界的曲面，即矩形曲面。参数域内的每个点就和曲面上的点构成了一一对应的关系，如图 7-5 所示。

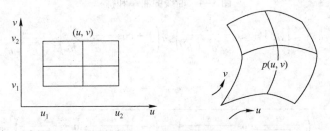

图 7-5　曲面上的点与参数域内点间的映射关系

双参数 $u$、$v$ 的变化范围往往取为单位正方形，即 $0 \leqslant u \leqslant 1$，$0 \leqslant v \leqslant 1$，这样讨论曲面方程时，既简单又不失一般性。

### 2. 曲面论基本公式

（1）曲面的第一基本公式

$$(ds)^2 = E(du)^2 + 2Fdudv + G(dv)^2$$

在古典微分几何中，上式称为曲面的第一基本公式。其中：$E = p_u^2$，$F = p_u p_v$，$G = p_v^2$ 称为第一基本量，且在曲面上，每一点的第一基本量与参数化无关。曲面第一基本公式在曲线弧长、曲面面积、曲面上两条曲线间夹角的计算等方面有广泛的应用。

（2）曲面的第二基本公式

$$k\cos\phi ds^2 = Ldu^2 + 2Mdudv + Ndv^2$$

上式称为曲面的第二基本公式，其中：$L = np_{uu}$，$M = np_{uv}$，$N = np_{vv}$ 称为第二基本量。当在 $(u, v)$ 平面内由 $du/dv$ 给定切矢方向并设定 $\phi$ 角时，可应用曲面的第一和第二基本公式计算曲面上给定切矢方向曲线的曲率 $k$。

（3）法曲率。在 $P$ 点处，当曲面上曲线的主法矢 $m$ 和曲面的法矢重合，即 $\phi = 0$，$\cos\phi = 1$ 时，此时曲面上曲线的密切平面垂直于曲面的切平面，该曲面上曲线的曲率 $k_n$ 称为曲面在 $P$ 点处的法曲率。法曲率的计算公式为

$$k_n = \frac{Ldu^2 + 2Mdudv + Ndv^2}{Edu^2 + 2Fdudv + Gdv^2}$$

即平面第二基本公式与平面第一基本公式的比值。

（4）主曲率、主方向、曲率线。曲面上点 $P$ 处有无数个包含法矢 $n$ 在内的密切平面，每个密切平面的方位由 $\lambda = dv/du = \tan\partial$ 定义，把 $\lambda$ 代入上式，即得法曲率 $k$

$$k = \frac{L + 2M\lambda + N\lambda^2}{E + 2F\lambda + G\lambda^2}$$

当比值为 0 时，法曲率 $k$ 与 $\lambda$ 无关，曲面上具有此种性质的点称为奇点。一般情况下，$k$ 随 $\lambda$ 而变化，法曲率 $k(\lambda)$ 是有理二次函数，其极值发生在 $dk(\lambda)/d\lambda = 0$ 时，换言之，当 $\lambda$ 为方程 $(GM - FN)\lambda^2 + (GL - EN)\lambda + (FL - EM) = 0$ 的根 $\lambda_1$ 和 $\lambda_2$ 时，$k(\lambda)$ 达到其极值 $k_1$ 和 $k_2$，由此可以推出法曲率的极值 $k_1$ 和 $k_2$ 是方程 $(EG - F^2)k^2(\lambda) - (EN + GL - 2FM)k(\lambda) + (LN - M^2) = 0$ 的两根 $k_1$ 和 $k_2$，称之为曲面在 $P$ 点处的主曲率，其值分别为

$$\begin{cases} k_1 = H + \sqrt{H^2 - K} \\ k_2 = H - \sqrt{H^2 - K} \end{cases}$$

式中：

$$\begin{cases} K = (LN - M^2)/(EG - F^2) \\ H = (EN - 2FM + GL)/2(EG - F^2) \end{cases}$$

$\lambda_1$ 和 $\lambda_2$ 在 $(u, v)$ 平面内定义了曲线的走向，曲面上与其对应的切平面内的方向称为主方向。若曲面上一条曲线的某点处其切线总是沿着该点的一个主方向，则称该曲线为曲面上的曲率线。曲率线上每点的切线方向都是主方向，曲率线构成曲面上的一张正交网。如旋转面，其曲率线网由经线和纬线定义，两者相互垂直。曲率线网可用于曲面的参数化。

（5）Gauss 曲率和平均曲率。Gauss 曲率亦称全曲率，是主曲率 $k_1$ 和 $k_2$ 的乘积，以大写字母 $K$ 表示。

$$K = k_1 k_2 = \frac{LN - M^2}{EG - F^2}$$

平均曲率亦称中曲率，是主曲率 $k_1$、$k_2$ 之和的平均值，以大写字母 $H$ 表示。

$$H = \frac{1}{2}(k_1 + k_2) = \frac{NE - 2MF + LG}{2(EG - F^2)}$$

当法矢 $n$ 改变方向时，主曲率 $k_1$ 和 $k_2$ 同时改变符号，而 Gauss 曲率 $K$ 则不受影响。可以用 Gauss 曲率 $K$ 的正、负判断点的性质。$k_1$ 和 $k_2$ 符号相同时，$K > 0$，所考虑的点为椭圆点；$k_1$ 和 $k_2$ 符号不同，$K < 0$，所考虑的点为双曲点；当 $k_1$ 和 $k_2$ 之一为 0 时，$K = 0$，该点为抛物点；当 $K$ 和 $H$ 都等于 0 时，曲面上的点为平面点。

### 3. 曲面上的曲线

已知曲面 $p = p(u, v)$，固定其中的一个参数 $v = v_0$，$p(u, v_0)$ 就成为单参数的矢量函数，它表示曲面上一条以 $u$ 为参数的曲线，称为 $u$ 曲线。类似地，也存在以 $v$ 为参数的 $v$ 曲线，$u$ 曲线和 $v$ 曲线统称为参数曲线。这样，曲面上就形成了由 $u$ 曲线和 $v$ 曲线所组成的网格。

给定曲面上任一点 $p_0(u_0, v_0)$，则必定会有一条 $u$ 曲线和 $v$ 曲线通过该点。$u$ 曲线在该点处的切矢称为 $u$ 向切矢，即关于 $u$ 的偏导矢

$$p_u(u_0, v_0) = \left. \frac{\partial p(u, v_0)}{\partial u} \right|_{u = u_0}.$$

类似地，$v$ 曲线在该点的切矢为

$$p_v(u_0, v_0) = \left. \frac{\partial p(u_0, v)}{\partial v} \right|_{v = v_0}$$

把 $p_u(u_0, v_0) = \left. \dfrac{\partial p(u, v_0)}{\partial u} \right|_{u = u_0}, p_v(u_0, v_0) = \left. \dfrac{\partial p(u_0, v)}{\partial v} \right|_{v = v_0}$ 这两个偏导数看作依附于该点的两个

矢量。如果 $p_{u \times v} = p_u(u_0, v_0) \times p_v(u_0, v_0) \neq 0$，即两个偏导矢不平行，则称该点为曲面的正则点，否则称其为曲面的奇点。这样就必存在一个以 $p_{u \times v}$ 为法矢且通过矢量 $u$、$v$ 的平面，这个平面称为曲面在点 $p_0(u_0, v_0)$ 处的切平面，其单位矢量为

$$n = \frac{p_{u \times v}}{|p_{u \times v}|}$$

则该平面可表示为

$$n \cdot (p - p_0) = 0$$

其中 **p** 为切平面上任意一点的位置矢量。

过 $P_0$ 点的法线方程为

$$p = p_0 + \lambda n$$

其中 $p$ 为该法线上任一点的位置矢量。

### 4. 等距面

若曲面 $p = p(u, v)$ 沿着其上某一点的法矢移动一定距离而得到另外一个平面，则该平面就称为曲面 $p = p(u, v)$ 的等距面。其方程为

$$p(u, v) = p(u, v) \pm nd$$

其中：$n$ 为该点的法矢，$d$ 为其移动的距离。

例：求螺旋面 $p(u, v) = \left( u\cos v, u\sin v, \dfrac{u^2}{4} \right)$ 的坐标曲线的切矢和距离为 $a$ 的等距面。

解：$u$ 向切矢为

$$p_u(u, v) = \frac{\partial p(u, v)}{\partial u} = \left( \cos v, \sin v, \frac{u}{2} \right)$$

$v$ 向切矢为

$$p_v(u, v) = \frac{\partial p(u, v)}{\partial v} = ( -u\sin v, u\cos v, 0 )$$

则其叉积为

$$p_{u \times v} = p_u(u_0, v_0) \times p_v(u_0, v_0) = \begin{vmatrix} i & j & k \\ \cos v & \sin v & \dfrac{u}{2} \\ -u\sin v & u\cos v & 0 \end{vmatrix} = \left( -\frac{u^2}{2}\cos v, -\frac{u^2}{2}\sin v, u \right)$$

其单位法矢为

$$n = \frac{p_{u \times v}}{|p_{u \times v}|} = \frac{2}{u\sqrt{u^2+4}} \left( -\frac{u^2}{2}\cos v, -\frac{u^2}{2}\sin v, u \right) = \left( -\frac{u}{\sqrt{u^2+4}}\cos v, -\frac{u}{\sqrt{u^2+4}}\sin v, \frac{2}{\sqrt{u^2+4}} \right)$$

则其距离为 $a$ 的等距面方程为

$$p(u, v) = p(u, v) \pm an = \left( u\cos v, u\sin v, \frac{u^2}{4} \right) \pm an$$

$$= \left( \frac{u \mp au}{\sqrt{u^2+4}}\cos v, \frac{u \mp au}{\sqrt{u^2+4}}\sin v, \frac{u^2}{4} \pm \frac{2a}{\sqrt{u^2+4}} \right)$$

上式即为所求。

# 7.2　参数多项式与数据点的参数化

曲线表述可以表达成参数多项式形式、代数形式和几何形式，对于数据点需要进行参数化表

示后才能唯一决定一条曲线。

## 7.2.1　参数多项式

在计算机辅助几何设计（CAGD）中，为了计算和分析的方便，常常把曲线的表示抽象化，这样能把所要考察的曲线作为一个整体，只研究其矢量间的相互关系，采用曲线矢函数形式。

$$p(u) = \sum_{i=0}^{n} a_i \varphi_i(u)$$

其中：$\varphi_i(u), i = 0, 1, 2, \cdots, n$ 称为基函数，它决定了曲线的整体的性质；$a_i(i = 0, 1, \cdots, n)$ 称为系数矢量。

参数多项式是最早用来表示曲线曲面的数学形式，在用参数多项式构造插值曲线或曲面时，可以采用不同的多项式基函数，这就导致了插值曲线或曲面的不同基的表示形式的情况，其中多项式基的表示形式最为简单。由于其可达无穷次可微，因而曲线和曲面足够光滑，且容易计算其函数值和各阶导数值，能较好地满足要求。例如，采用多项式函数作为基函数即多项式基，相应得到参数多项式曲线和曲面。

$n$ 次多项式的全体构成 $n$ 次空间。$n$ 次多项式空间中任一组 $n + 1$ 个线性无关的多项式都可以作为一组基，因此就有无穷多组基。不同组之间仅仅相差一个线性变换。

幂基 $u^i(i = 0, 1, \cdots, n)$ 是最简单的多项式基。相应的参数多项式曲线方程为

$$p(u) = \sum_{i=0}^{n} a_i u^i$$

其中：$a_i$ 为系数矢量。

## 7.2.2　数据点的参数化

采用参数多项式构造插值曲线时，顺序通过三点 $P_0$、$P_1$ 和 $P_2$ 构造出的参数多项式插值抛物线可以有无数条，其原因是：参数在 $[0，1]$ 区间的分割可以有无数种，$p_0$、$p_1$ 和 $p_2$ 可对应

$$\left(t_0 = 0, t_1 = \frac{1}{2}, t_2 = 1\right); \quad \left(t_0 = 0, t_1 = \frac{1}{3}, t_2 = 1\right); \quad \cdots ;$$

其中每个参数值称为节点（knot）。同理，顺序通过 $n + 1$ 个点的不超过 $n$ 次的参数多项式曲线也可以有无数条。

对于一条插值曲线，型值点 $p_i(i = 0, 1, \cdots, n)$ 与其参数域 $t \in [t_0, t_1]$ 内的节点之间有一种对应关系。对于一组有序的型值点，确定一种参数分割，就称之为型值点的参数化。

对一组型值点 $p_i(i = 0, 1, \cdots, n)$ 参数化常用方法有以下几种：

### 1. 均匀参数化（等距参数化）法

使每个节点区间长度 $\Delta i = t_{i+1} - t_i = $ 正常数，$i = 0，1，\cdots，n - 1$，即节点在参数轴上呈等距分布，为处理方便，常取成整数序列 $t_i = i，i = 0，1，\cdots，n$。

均匀参数化法适用于数据点多边形各边（弦）接近相等的场合。

### 2. 累加弦长参数化

$$\begin{cases} t_0 = 0 \\ t_i = t_{i-1} + |\Delta p_{i-1}|, \quad i = 1, 2, \cdots, n \end{cases}$$

其中，$\Delta p_{i-1} = p_{i+1} - p_i$ 为向前差分矢量，即弦边矢量。这种参数法如实反映了型值点按弦长的分布情况，能够克服型值点按弦长分布不均匀的情况下采用均匀参数化所出现的问题。

### 3. 向心参数化法

$$\begin{cases} t_0 = 0 \\ t_i = t_{i-1} + |\Delta p_{i-1}|^{1/2}, \quad i = 1, 2, \cdots, n \end{cases}$$

累加弦长法没有考虑相邻弦边的拐折情况，假设在一段曲线弧上的向心力与曲线切矢从该弧段始端至末端的转角成正比，再加上一些简化假设，就得到向心参数化法。此法尤其适用于非均匀型值点分布的场合。

### 4. 修正弦长参数化法

$$\begin{cases} t_0 = 0 \\ t_i = t_{i-1} + k_i |\Delta p_{i-1}|, \quad i = 1, 2, \cdots, n \end{cases}$$

其中：

$$k_i = 1 + \frac{3}{2}\left( \frac{|\Delta p_{i-2}| \, \theta_{i-1}}{|\Delta p_{i-2}| + |\Delta p_{i-1}|} + \frac{|\Delta p_i| \, \theta_i}{|\Delta p_{i-1}| + |\Delta p_i|} \right)$$

$$\theta_i = \min\left( \pi - \angle p_{i-1} p_i p_{i+1}, \frac{\pi}{2} \right)$$

$$|\Delta p_{-1}| = |\Delta p_n| = 0$$

弦长修正系数 $k_i \geq 0$。从公式可知，与前后邻弦长 $|\Delta p_{i-2}|$ 及 $|\Delta p_i|$ 相比，$|\Delta p_{i-1}|$ 越小，且与前后邻弦边夹角的外角 $\theta_{i-1}$ 和 $\theta_i \left(\text{不超过} \frac{\pi}{2}\right)$ 越大，修正系数 $k_i$ 就越大。因而，修正弦长即参数区间 $\Delta_{i-1} = k_i |\Delta p_{i-1}|$ 也就越大，这样就对因该曲线段绝对曲率偏大与实际弧长相比实际弦长偏短的情况起到了修正作用。

### 5. 参数区间的规格化

上述对数据点的参数化都是非规范的，欲获得规范参数 $[t_0, t_1] = [0, 1]$，只需对参数区间作如下处理

$$\begin{cases} t_0 = 0 \\ t_i = \dfrac{t_i}{t_n}, \quad i = 0, 1, \cdots, n \end{cases}$$

## 7.2.3 参数曲线的代数和几何形式

已知空间曲线的参数方程为

$$p(t) = \begin{cases} x = x(t) \\ y = y(t) \qquad t \in [0, 1] \\ z = z(t) \end{cases}$$

我们以三次参数曲线为例，讨论参数曲线的代数和几何形式。

### 1. 代数形式

一条三次曲线的代数形式是

$$\begin{cases} x(t) = a_3 t^3 + a_2 t^2 + a_1 t + a_0 \\ y(t) = b_3 t^3 + b_2 t^2 + b_1 t + b_0 \qquad t \in [0,1] \\ z(t) = c_3 t^3 + c_2 t^2 + c_1 t + c_0 \end{cases}$$

方程组中的 12 个系数唯一确定了一条三次参数曲线的位置与形状。上述代数式写成矢量式是

$$p(t) = a_3 t^3 + a_2 t^2 + a_1 t + a_0 \qquad t \in [0,1]$$

### 2. 几何形式

代数矢量对曲线形状的改变并不明显，要显著改变空间曲线的形状，可以选择描述参数曲线的条件：端点位矢、端点切矢、曲率等。

如图 7-6 所示，对三次参数曲线，若用其端点位矢 $p(0)$、$p(1)$ 和切矢 $p'(0)$、$p'(1)$ 描述，则将 $p(0)$、$p(1)$、$p'(0)$ 和 $p'(1)$ 简记为 $p_0$、$p_1$、$p'_0$ 和 $p'_1$。代入公式可得

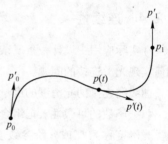

$$\begin{cases} a_0 = p_0 \\ a_1 = p'_0 \\ a_2 = -3 p_0 + 3 p_1 - 2 p'_0 - p'_1 \\ a_3 = 2 p_0 - 2 p_1 + p'_0 + p'_1 \end{cases}$$

图 7-6　曲线端点位矢和切矢

整理后得

$$p(t) = (2t^3 - 3t^2 + 1) p_0 + (-2t^3 + 3t^2) p_1 + (t^3 - 2t^2 + t) p'_0 + (t^3 - t^2) p'_1 \quad t \in [0,1]$$

令

$$F_0(t) = 2t^3 - 3t^2 + 1 \qquad F_1(t) = -2t^3 + 3t^2$$

$$G_0(t) = t^3 - 2t^2 + t \qquad G_1(t) = t^3 - t^2$$

则

$$p(t) = F_0 p_0 + F_1 p_1 + G_0 p'_0 + G_1 P'_1 \quad t \in [0,1]$$

上式即为三次埃尔米特（Hermite）曲线的几何形式，其中 $p_0$、$p_1$、$p'_0$ 和 $p'_1$ 称为几何系数；$F_0$、$F_1$、$G_0$ 和 $G_1$ 称为调和函数（或混合函数），即该形式下的三次埃尔米特基，表示几何系数 $p_0$、$p_1$、$p'_0$ 和 $p'_1$ 对曲线形状的影响。它们具有如下的性质：

$$F_i(j) = G'_i(j) = \delta_{ij} = \begin{cases} 1 & 当\ i = j \\ 0 & 当\ i \neq j \end{cases}$$

$$F'_i(j) = G_i(j) = 0 \qquad i, j = 0, 1$$

$F_0$ 和 $F_1$ 专门控制端点的函数值对曲线的影响，而同端点的导数值无关；$G_0$ 和 $G_1$ 专门控制端点的一阶导数值对曲线形状的影响，而同端点的函数值无关。或者说，$F_0$ 和 $G_0$ 控制左端点的影响，$F_1$ 和 $G_1$ 控制右端点的影响。图 7-7 给出了这 4 个调和函数的图形。

调和函数通过端点及切矢量产生整个 $t$ 值范围内的其余各点的坐标，并且只与参数 $t$ 有关。根据参数曲线的已知条件不同，调和函数也不相同，即调和函数不是唯一的，任何满足式

$$F_i(j) = G'_i(j) = \delta_{ij} = \begin{cases} 1 & 当\ i = j \\ 0 & 当\ i \neq j \end{cases}$$

$$F'_i(j) = G_i(j) = 0 \qquad i, j = 0, 1$$

的 $C^1$（$C^1$ 类连续，将在后面介绍）类多项式函数都可以作为调和函数使用，其中 $F_0$ 和 $F_1$ 必须是单调连续函数。例如，$F_0(t) = 1 - t$，$F_1(t) = t$ 是一次多项式调和函数。

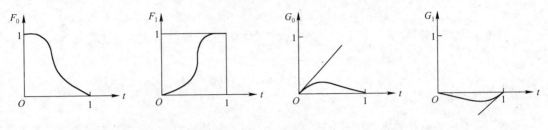

图 7-7　三次调和函数

## 7.2.4　连续性

在实际应用中设计一条复杂曲线时，常常通过多段曲线组合而成，这就需要解决曲线段之间如何实现光滑连接的问题。

曲线间连接的光滑度的度量有两种：

（1）函数的可微性。把组合参数曲线构造成在连接处具有 $n$ 阶连续导矢，即 $n$ 阶连续可微，这类光滑度称为 $C^n$ 或 $n$ 阶参数连续性。函数连续阶数越高，就越光滑。在几何上，$C^0$、$C^1$、$C^2$ 分别表示该函数的图形位置、切线方向、曲率是连续的，如图 7-8 所示。

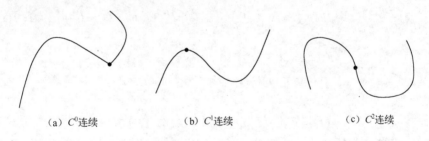

（a）$C^0$ 连续　　　　（b）$C^1$ 连续　　　　（c）$C^2$ 连续

图 7-8　曲线的连续性

（2）几何连续性。组合曲线在连接处满足不同于 $C^n$ 的某一组约束条件，称为具有 $n$ 阶几何连续性，简记为 $G^n$。

曲线光滑度的两种度量方法并不矛盾，$C^n$ 连续包含在 $G^n$ 连续之中。下面讨论两条曲线的连续问题。

如图 7-9 所示，对于两条曲线 $p(t)$ 和 $Q(t)$，$t \in [0,1]$。若要求在结合处达到 $C^0$ 连续或 $G^0$ 连续，即要求两曲线在结合处位置连续

$$p(1) = Q(0) \text{ 或 } Q(1) = p(0)$$

若要求在结合点处达到 $G^1$ 连续，即两条曲线在结合处满足 $G^0$ 连续，并有公共的切矢

$$Q'(0) = \alpha p'(1) \quad (\alpha > 0)$$

当 $\alpha = 1$ 时，$G^1$ 连续就成为 $C^1$ 连续。

若要求在结合处达到 $G^2$ 连续，即两条曲线在结合

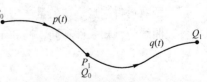

图 7-9　两条曲线的连续性

处满足 $G^1$ 连续并有公共的曲率矢

$$\frac{p'(1) \times p''(1)}{\mid p'(1) \mid^3} = \frac{Q'(0) \times Q''(0)}{\mid Q'(0) \mid^3}$$

结合上式得

$$p'(1) \times Q''(0) = \alpha^2 p'(1) \times p''(1)$$

即

$$Q''(0) = \alpha^2 p''(1) + \beta p'(1)$$

式中：$\beta$ 为任意常数。当 $\alpha = 1$，$\beta = 0$ 时，$G^2$ 连续就成了 $C^2$ 连续。

我们已经看到，$C^1$ 连续能保证 $G^1$ 连续，$C^2$ 连续能保证 $G^2$ 连续，但反过来不成立。也就是说，$C^n$ 连续的条件比 $G^n$ 连续的条件要苛刻。

# 7.3　Bezier 曲线与曲面

由于市场对产品的几何外形设计的要求越来越高，传统的曲线曲面表示方法已不能满足用户的需求。1962 年，法国雷诺汽车公司的 P. E. Bezier 构造了一种以逼近为基础的参数曲线和曲面的设计方法，称为 Bezier 方法，并用这种方法完成了一种称为 UNISURF 的曲线和曲面设计系统。1972 年，该系统投入应用。Bezier 方法将函数逼近同几何表示结合起来，使得设计师在计算机上就像使用作图工具一样得心应手。

## 7.3.1　Bezier 曲线的定义和性质

Bezier 曲线是通过一组叫做"特征多边形"的多边折线的端点来定义的曲线形状。Bezier 曲线的起点和终点与特征多边形的起点和终点重合，特征多边形的其他端点用来控制曲线的导数、阶次和形状等。其中，特征多边形的第一条边和最后一条边刚好与 Bezier 曲线在起点和终点处相切，如图 7-10 所示。改变特征多边形的顶点位置即可改变 Bezier 曲线的形状。即，Bezier 曲线的形状和走势由特征多边形的顶点控制。

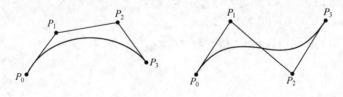

图 7-10　三次 Bezier 曲线

### 1. 定义

给定空间 $n+1$ 个点的位置矢量 $p_i(i = 0,1,\cdots,n)$，则 Bezier 参数曲线上各点坐标的插值公式是

$$p(t) = \sum_{i=1}^{n} p_i B_{i,n}(t), \quad t \in [0,1]$$

其中：$p_i$ 构成该 Bezier 曲线的特征多边形；$B_{i,n}(t)$ 是 $n$ 次 Bernstein 基函数，也就是特征多边形的各顶点位置矢量之间的调和函数。其表达式为

$$B_{i,n}(t) = C_n^i t^i (1-t)^{n-i} \quad t \in [0,1] \quad (i = 0,1,\cdots,n)$$

其中：$C_n^i = \dfrac{n!}{i!(n-i)!}$，并约定 $0! = 1$。

当 $n = 2$ 时，由 Bezier 曲线的表达式可得到二次 Bezier 曲线的矩阵表达式

$$p(t) = (t^2 \quad t \quad 1) \begin{pmatrix} 1 & -2 & 1 \\ -2 & 2 & 0 \\ 1 & 0 & 0 \end{pmatrix} \begin{pmatrix} p_0 \\ p_1 \\ p_2 \end{pmatrix} \quad 0 \leqslant t \leqslant 1$$

它是一条抛物线，$p_0$，$p_2$ 为抛物线的两个端点，抛物线的顶点位于中线的中点位置。其用 C 语言实现的程序代码如下：

```c
#include < graphics. h >
#include < conio. h >
#include < stdio. h >
float px[5] = {50,190,250};
float py[5] = {200,80,230};
main()
{
    float a0,a1,a2,a3,b0,b1,b2,b3;
    int k,x,y;
    float i,t,dt,n = 20;
    int graphDrive = DETECT;
    int graphMode = 0;
    initgraph(&graphDrive,&graphMode,"");
    setcolor(BLUE);
    setcolor(YELLOW);
    for(k = 0;k < 2;k ++)
        line(px[k],px[k+1],px[k+1],py[k+1]);
    line(px[0],py[0],px[2],py[2]);
    line(px[1],py[1],(px[0]+px[2])/2,(py[0]+py[2])/2);
    dt = 1/n;
    a0 = px[0];
    a1 = 2.0 * (px[1] - px[0]);
    a2 = px[2] - 2 * px[1] + px[0];
    b0 = py[0];
    b1 = 2.0 * (py[1] - py[0]);
    b2 = py[2] - 2 * py[1] + py[0];
    setlinestyle(0,0,3);
    for(i = 0;i < = n;i = i + 0.1)
    {
        t = i * dt;
```

```
        x = a0 + a1 * t + a2 * t * t;
        y = b0 + b1 * t + b2 * t * t;
        if( i = = 0 )
            moveto( x , y ) ;
        else
            lineto( x , y ) ;
    }
    getch( ) ;
    getch( ) ;
    closegraph( ) ;
}
```

### 2. Bernstein 基函数的性质

（1）正性：

$$B_{i,n} \begin{cases} =0 & \text{当 } t=0,1 \\ >0 & t\in(0,1), \quad i=1,2,\cdots,n-1 \end{cases}$$

（2）端点性质：

$$B_{i,n}(0) = \begin{cases} 1 & \text{当 } i=0 \\ 0 & \text{else} \end{cases} \qquad B_{i,n}(1) = \begin{cases} 1 & \text{当 } i=n \\ 0 & \text{else} \end{cases}$$

（3）权性：

$$\sum_{i=0}^{n} B_{i,n}(t) \equiv 1 \quad t\in[0,1]$$

由于 $B_{i,n}(t)$ 是一个两项之和为 1 的二项式的各项展开，由二项式定理可知

$$\sum_{i=0}^{n} B_{i,n}(t) = \sum_{i=0}^{n} C_n^i t^i (1-t)^{n-i} = [(1-t)+t]^n = 1$$

（4）对称性：

$$B_{i,n}(1-t) = B_{n-i,n}(t)$$

这是由于组合数有对称性 $C_n^i = C_n^{n-i}$，因此有

$$B_{n-i,n}(t) = C_n^{n-i} t^i [1-(1-t)]^{n-(n-i)} (1-t)^{n-i} = C_n^i t^i (1-t)^{n-i} = B_{i,n}(1-t)$$

（5）递推性：

$$B_{i,n}(t) = (1-t)B_{i,n-1}(t) + tB_{i-1,n-1}(t), \quad i=0,1,\cdots,n$$

即，高一次的 Bernstein 基函数可由两个低一次的 Bernstein 调和函数线性组合而成。由于组合数的递推性 $C_n^i = C_{n-1}^i + C_{n-1}^{i-1}$，所以

$$\begin{aligned} B_{i,n}(t) &= C_n^i t^i (1-t)^{n-i} = (C_{n-1}^i + C_{n-1}^{i-1}) t^i (1-t)^{n-i} \\ &= (1-t)C_{n-1}^i t^i (1-t)^{n-i-1} + tC_{n-1}^{i-1} t^{i-1} (1-t)^{n-i} \\ &= (1-t)B_{i,n-1}(t) + tB_{i-1,n-1}(t) \end{aligned}$$

（6）导函数：

$$B'_{i,n}(t) = n[B_{i-1,n-1}(t) - B_{i,n-1}(t)], \quad i=0,1,\cdots,n$$

（7）最大值：$B_{i,n}(t)$ 在 $t=\dfrac{i}{n}$ 处达到最大值。

（8）Bernstein 基函数与幂基的关系：

$$
\begin{cases}
t^i = \sum_{i=j}^{n} \dfrac{C_i^j}{C_n^j} B_{i,n}(t) \\[2mm]
B_{i,n}(t) = \sum_{j=i}^{n} (-1)^{i+j} C_n^j C_j^i t^i \\[2mm]
B_{i,n}(t) = \sum_{j=i}^{n} (-1)^{i+j} C_n^i C_{n-i}^{j-i} t^j
\end{cases}
$$

（9）积分：

$$
\int_0^1 B_{i,n}(t)\,\mathrm{d}t = \frac{1}{n+1}
$$

### 3. Bezier 曲线的性质

（1）端点性质：

① 曲线端点位置矢量。由 Bernstein 基函数的端点性质可以推得，当 $t=0$ 时，$p(0)=p_0$；当 $t=1$ 时，$p(1)=p_n$。由此可见，Bezier 曲线的起点、终点与相应的特征多边形的起点、终点重合。

② 切矢量。因为

$$
p'(t) = n \sum_{i=0}^{n} p_i [B_{i-1,n-1}(t) - B_{i,n-1}(t)] = n \sum_{i=0}^{n} \Delta p_i B_{i,n-1}(t)
$$

其中：$\Delta p_i = p_{i+1} - p_i$。所以，当 $t=0$ 时，$p'(0) = n(p_1 - p_0)$，当 $t=1$ 时，$p'(1) = n(p_n - p_{n-1})$。

可以看出，Bezier 曲线的起点和终点处的切线方向和特征多边形的第一条边及最后一条边的走向一致。切矢量的模长分别是第一条边和最后一条边长的 $n$ 倍；曲线在起点处的密切平面是特征多边形的第一条边与第二条边所张成的平面，在终点处的密切平面是最后两条边所张成的平面。

③ 二阶导矢：

$$
p(t) = n(n-1) \sum_{i=0}^{n-2} (p_{i+2} - 2p_{i+1} + p_i) B_{i,n-2}(t)
$$

则当 $t=0$ 时

$$
p''(0) = n(n-1)(p_2 - 2p_1 + p_0)
$$

当 $t=1$ 时

$$
p''(1) = n(n-1)(p_n - 2p_{n-1} + p_{n-2})
$$

还可以证明，曲线在起点和终点处的第 $k$ 阶导矢分别是

$$
p^k(0) = \frac{n!}{(n-k)!} \sum_{i=0}^{k} (-1)^{k-i} C_k^i p_i
$$

$$
p^k(1) = \frac{n!}{(n-k)!} \sum_{i=0}^{k} (-1)^i C_k^i p_{n-i}
$$

可见，曲线在两端点处的 $k$ 阶导矢只与最靠近它们的 $k+1$ 个邻点有关，与更远点无关。

已知曲线两端点的一阶二阶导矢值 $p'(0)$、$p''(0)$、$p'(1)$ 和 $p''(1)$ 和曲线曲率公式 $k(t) = \dfrac{|p'(t) \times p''(t)|}{|p'(t)|^3}$，则可以得到 Bezier 曲线在两端点处的曲率

$$
k(0) = \frac{n-1}{n} \frac{|(p_1 - p_0) \times (p_2 - p_1)|}{|p_1 - p_0|^3}
$$

$$k(1) = \frac{n-1}{n} \frac{\left| (p_{n-1} - p_{n-2}) \times (p_n - p_{n-1}) \right|}{\left| p_n - p_{n-1} \right|^3}$$

（2）对称性。保持 Bezier 曲线的各个顶点 $p_i$ 的位置不变，只是把它们的位置次序完全颠倒，得到新的控制多边形顶点，记为 $p_i^*$，$p_i^* = p_{n-i}(i=0,1,\cdots,n)$，由此控制多边形构成的新的 Bezier 曲线为

$$p^*(t) = \sum_{i=0}^{n} p_i^* B_{i,n}(t) = \sum_{i=0}^{n} p_{n-i} B_{i,n}(t) = \sum_{i=0}^{n} p_{n-i} B_{n-i,n}(1-t) = \sum_{i=0}^{n} p_i B_{i,n}(t), t \in [0,1]$$

由此可见，控制多边形的顶点位置次序颠倒后，所得到 Bezier 曲线形状未发生变化，只是走向相反。这个性质说明 Bezier 曲线在起点处有什么几何性质，在终点处也有相同的性质，即具有对称性。

（3）凸包性。由 Bernstein 基函数的权性 $\sum_{i=0}^{n} B_{i,n}(t) \equiv 1, t \in [0,1]$ 和 $0 \leqslant B_{i,n} \leqslant 1(i=0,1,\cdots,n)$ 可知，当在区间[0,1]变化时，对于某一个 $t$，$p(t)$ 就是特征多边形各顶点 $p_i$ 的加权平均，权因子依次为 $B_{i,n}$。反映到几何图形上就是，对于任何 $t \in [0,1]$，$p(t)$ 必落在其控制多边形顶点所张成的凸包内，即 Bezier 曲线完全包含在这一凸包之中，如图 7-11 所示。这就是 Bezier 曲线的凸包性。

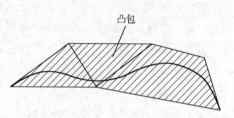

图 7-11　Bezier 曲线凸包性

（4）几何不变性。几何不变性是指某些几何特性不随坐标变换而变化的特性。Bezier 曲线的位置与形状与其特征多边形顶点 $p_i(i=0,1,\cdots,n)$ 的位置有关，它不依赖坐标系的选择，即

$$\sum_{i=0}^{n} p_i B_{i,n}(t) = \sum_{i=0}^{n} p_i B_{i,n}\left(\frac{u-a}{b-a}\right),（参数 u 是 t 的置换）$$

（5）变差缩减性。若 Bezier 曲线的特征多边形 $p_0 p_1 \cdots p_n$ 是一个平面图形，则平面内任意直线与曲线 $p(t)$ 的交点个数不多于该直线与其特征多边形的交点个数，这一性质叫 Bezier 曲线的变差缩减性。此性质反映了 Bezier 曲线比其特征多边形的波动小，也就是说 Bezier 曲线比特征多边形的折线更光滑。

（6）仿射不变性。对于任意的仿射变换 $A$，有

$$A([p(t)]) = A\left(\sum_{i=0}^{n} p_i B_{i,n}(t)\right) = \sum_{i=0}^{n} A[p_i] B_{i,n}(t)$$

即在仿射变换下，$p(t)$ 的形式不变。

## 7.3.2　Bezier 曲线的递推（de Casteljau）算法

Bezier 曲线是由控制多边形所定义，所以计算 Bezier 曲线上的点时，可以利用 Bezier 曲线方程，但使用 de Casteljau 提出的递推算法则要简单得多。

如图 7-12 所示，设 $p_0$、$p_0^2$、$p_2$ 是一条抛物线上的 3 个顺序相异点。过 $p_0$ 和 $p_2$ 点的两切线交于 $p_1$ 点，在 $p_0^2$ 点的切线交 $p_0 p_1$ 和 $p_2 p_1$ 于 $p_0^1$ 和 $p_1^1$，则下列比例式成立

$$\frac{p_0 p_0^1}{p_0^1 p_1} = \frac{p_1 p_1^1}{p_1^1 p_2} = \frac{p_0^1 p_0^2}{p_0^2 p_1^1}$$

称此为抛物线的三切线定理。

将 $p_0$，$p_2$ 固定，引入参数 $t$，令上述比值为 $t/(1-t)$，则

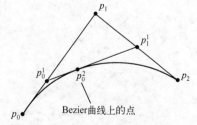

图 7-12　抛物线三切线定理

$$p_0^1 = (1-t)p_0 + tp_1$$

$$p_1^1 = (1-t)p_1 + tp_2$$

$$p_0^2 = (1-t)p_0^1 + tp_1^1$$

当 $t$ 从 0 变化到 1 时，则上式中第一、二式就分别表示控制两边形的第一、二条边，它们是两条一次 Bezier 曲线。将一、二式代入第三式得

$$p_0^2 = (1-t)^2 p_0 + 2t(1-t)p_1 + t^2 p_2$$

当 $t \in [0,1]$ 时，上式表示了由三顶点 $p_0$、$p_1$、$p_2$ 定义的一条二次 Bezier 曲线。并且，此二次 Bezier 曲线 $p_0^2$ 可以定义为分别由前两个顶点 $p_0$、$p_1$ 和后两个顶点 $p_1$、$p_2$ 决定的一次 Bezier 曲线的线性组合。依此类推，由 4 个控制点定义的三次 Bezier 曲线 $p_0^3$ 可被定义为分别由顶点 $p_0$、$p_1$、$p_2$ 和 $p_1$、$p_2$、$p_3$ 确定的两条二次 Bezier 曲线的线性组合。所以，由 $n+1$ 个控制点 $p_i(i=0,1,\cdots,n)$ 定义的 $n$ 次 Bezier 曲线 $p_0^n$ 可被定义为分别由前、后 $n$ 个控制点定义的两条 $n-1$ 次 Bezier 曲线 $p_0^{n-1}$ 与 $p_1^{n-1}$ 的线性组合，即

$$p_0^n = (1-t)p_0^{n-1} + tp_1^{n-1}, t \in [0,1]$$

由此得到 Bezier 曲线的递推计算公式为

$$p_i^k = \begin{cases} p_i & \text{当 } k=0 \\ (1-t)p_i^{k-1} + tp_{i+1}^{k-1} & \text{当 } k=1,2,\cdots,n; i=0,1,\cdots,n-k \end{cases}$$

这便是著名的 de Casteljau 算法。在给定参数下，用这一递推公式求 Bezier 曲线上一点 $p(t)$ 非常有效。上式中，$p_i^0 = p_i$ 定义了 Bezier 曲线的控制点，$p_0^n$ 即为曲线 $p(t)$ 上具有参数 $t$ 的点。de Casteljau 算法稳定可靠，直观简便，能够方便地实现计算机编程，是计算 Bezier 曲线的基本算法和标准算法。

当 $n=3$ 时，利用 de Casteljau 算法递推出的 $p_i^k$ 呈直角三角形，如图 7-13 所示。从左向右递推，最右边点 $p_0^3$ 即为曲线上的点。

这一算法可以用简单的几何作图法来实现。给定参数 $t \in [0,1]$，把定义域分成长度为 $t:(1-t)$ 的两段。依次对原控制多边形的每一条边进行同样的定比分割，所得分点就是第一级递推生成的中间顶点 $p_i^1(i=0,1,\cdots,n-1)$。对由中间顶点构成的控制多边形再进行同样的定比分割，即得第二级中间顶点 $p_i^2(i=0,1,\cdots,n-2)$。重复进行下去，直到 $n$ 级递推得到一个中间顶点 $p_0^n$ 即为所求曲线上的点 $p(t)$，如图 7-14 所示。

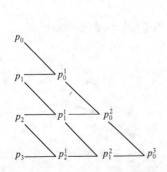

图 7-13　$n=3$ 时，$p_i^n$ 的递推关系

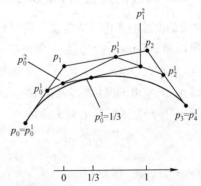

图 7-14　几何作图法求 Bezier 曲线上一点（$n=3$，$t=1/4$）

### 7.3.3 Bezier 曲线的拼接

仅仅利用单条 Bezier 曲线已不能满足复杂零件几何设计，因为描述复杂的曲线要求更复杂的控制多边形，也即要求有更多的控制多边形顶点。随着控制多边形顶点的个数的增加，所构造的 Bezier 曲线的次数也随之升高，而高次多项式又会带来计算和表达上的困难。这就提出了用多条低阶次的 Bezier 曲线段相互连接来构造曲线的方法。并根据实际设计要求，在结合处给出必要的控制条件使其达到设计要求。例如，在结合点处保持位置连续、切矢连续以及曲率连续等来保证拼接的曲线在整体上看起来是光滑的。

给定两条 Bezier 曲线 $p(t)$ 和 $q(t)$，$p_i(i=0,1,\cdots,n)$ 和 $q_i(i=0,1,\cdots,m)$ 为其相应的控制点。令 $a_i = p_i - p_{i-1}$，$b_i = q_i - q_{i-1}$，如图 7-15 所示，现把两条曲线连接起来。

图 7-15 Bezier 曲线的拼接

（1）要使它们达到 $G^0$ 连续，则

$$p_n = q_0$$

（2）要使它们达到 $G^1$ 连续，则

$$b_1 = aa_n \quad (a > 0)$$

不难看出 $p_{n-1}$、$p_n = q_0$ 和 $q_1$ 三点共线。

（3）要使它们达到 $G^2$ 连续，就需要计算拼接点处的二阶导数。即在 $G^1$ 连续的条件下，满足方程

$$q''(0) = \alpha^2 p''(1) + \beta p'(1)$$

由 $G^0$ 连续知 $q_0 = p_n$，令 $q_1 - q_0 = \alpha(p_n - p_{n-1})$，整理可得

$$q_2 = \left(\alpha^2 + 2\alpha + \frac{\beta}{n-1} + 1\right)p_n - \left(2\alpha^2 + 2\alpha + \frac{\beta}{n-1}\right)p_{n-1} + \alpha^2 p_{n-2}$$

确定 $\alpha$ 和 $\beta$ 的值，就确定了曲线段 $q(t)$ 的特征多边形顶点 $q_2$，结合 $G^1$ 连续的条件，要使拼接曲线达到 $G^2$ 连续，只有 $q_2$ 待定。上式两边同时减去 $p_n$，即

$$q_2 - p_n = \left(\alpha^2 + 2\alpha + \frac{\beta}{n-1} + 1\right)p_n - \left(2\alpha^2 + 2\alpha + \frac{\beta}{n-1}\right)p_{n-1} + \alpha^2 p_{n-2} - p_n$$

$$= \left(\alpha^2 + 2\alpha + \frac{\beta}{n+1}\right)(p_n - p_{n-1}) - \alpha^2(p_{n-1} - p_{n-2})$$

上式右端表示为 $p_n - p_{n-1}$ 和 $p_{n-1} - p_{n-2}$ 的线性组合，这表明 $p_{n-2}$，$p_{n-1}$，$p_n = q_0$，$q_1$ 和 $q_2$ 五点共面。由于在接合点两条曲线段的曲率相等，主法线方向一致，所以可以断定 $p_{n-2}$ 和 $q_2$ 位于直线 $p_{n-1}q_1$ 的同一侧。但是，五点共面只是保证两曲线段在拼接处曲率连续的必要条件，而不是充分条件。

### 7.3.4 Bezier 曲线的升阶与降阶

Bernstein 基函数决定了 Bezier 曲线具有很多良好的性质，但其也存在明显的缺点。例如，当特征多边形的顶点分布不均匀时，参数在曲线上的分布也不均匀；特征多边形只是决定了 Bezier 曲线的走势和形状，但曲线的形状和定义其形状的特征多边形相距甚远；当改变特征多边形的一

个顶点时，整个曲线的形状都会发生变化，这不利于曲线的局部修改。为了使 Bezier 曲线更大可能地接近特征多边形，提出了 Bezier 曲线的升阶和降阶的概念。

### 1. Bezier 曲线的升阶

Bezier 曲线的升阶是指在保持 Bezier 曲线的形状与方向不变的情况下，增加定义它的控制多边形的顶点数，通过移动新增加的顶点来提高 Bezier 曲线的次数，使控制多边形更接近曲线，降低曲线的"刚性"，增加其"柔性"。增加控制顶点数，不仅能增加对曲线形状控制的灵活性，还在构造曲面方面有着重要的应用。对于一些由曲线生成曲面的算法，要求曲线必须是同次的，这样就可以利用升阶的方法，把低于最高次数的曲线提升到最高次数，使得各条曲线具有相同的次数。另外，相同次数的曲线之间可以方便地实现拼接。

曲线升阶后，控制顶点会发生变化。下面，我们来计算曲线提升一阶后的新的控制顶点。

设由原始控制顶点 $p_i(i=0,1,\cdots,n)$ 定义了一条 $n$ 次 Bezier 曲线

$$p(t) = \sum_{i=1}^{n} p_i B_{i,n}(t), t \in [0,1]$$

增加一个顶点后，仍定义同一条曲线的新控制顶点为 $p_i^*(i=0,1,\cdots,n+1)$，则有

$$\sum_{i=0}^{n} C_n^i p_i (1-t)^{n-i} = \sum_{i=0}^{n+1} C_{n+1}^i p_i^* t^i (1-t)^{n+1-i}$$

上式左边乘 $(t+(1-t))$，得

$$\sum_{i=0}^{n} \left( C_n^i p_i t^i (1-t)^{n+1-i} + t^{i+1} (1-t)^{n-i} \right) = \sum_{i=0}^{n+1} C_{n+1}^i p_i^* t^i (1-t)^{n+1-i}$$

比较等式两边 $t^i (1-t)^{n+1-i}$ 项的系数，可知

$$p_i^* C_{n+1}^i = p_i C_n^i + p_{i-1} C_n^{i-1}$$

即

$$p_i^* = \frac{i}{n+1} p_{i-1} + \left(1 - \frac{i}{n+1}\right) p_i \quad (i=0,1,\cdots,n+1)$$

并约定 $p_{-1} = p_{n+1} = 0$。上式说明新的控制多边形顶点 $\dot{p}_i$ 是以参数值 $\frac{i}{n+1}$ 按分段线性插值从原始特征多边形中得出的；升阶后的新特征多边形包含在原始特征多边形的凸包中；此时的特征多边形更靠近曲线，如图 7-16 所示。

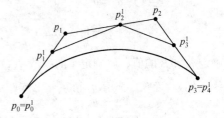

图 7-16 Bezier 曲线的升阶

### 2. Bezier 曲线的降阶

Bezier 曲线的降阶是升阶的逆过程。一条由原始控制顶点 $p_i(i=0,1,\cdots,n)$ 定义的 $n$ 次 Bezier 曲线，要求找到一条由新控制顶点 $p_i^*(i=0,1,\cdots,n-1)$ 定义的 $n-1$ 次 Bezier 曲线来逼近原始曲线。假定 $p_i$ 是由 $p_i^*$ 升阶得到，由升阶公式知

$$p_i = \frac{n-i}{n} p_i^* + \frac{i}{n} p_{i-1}^*$$

则

$$p_i^* = \frac{np_i - ip_{i-1}^*}{n-i} \quad i=0,1,\cdots,n-1$$

$$p_{i-1}^* = \frac{np_i - (n-i)p_i^*}{i} \quad i = n, n-1, \cdots, 1$$

其中，第一个递推公式在靠近 $p_0$ 处趋向生成较好的逼近；而第二个递推公式在靠近 $p_n$ 处趋向生成较好的逼近。

Bezier 曲线的降阶在实际中很少用到，因为准确的降阶是不可能的。例如，具有拐点的三次 Bezier 曲线不能表示成二次。降阶只能看作一条曲线被较低次的曲线逼近的方法。

### 7.3.5 Bezier 曲面

Bezier 曲面是 Bezier 曲线的直接推广。基于 Bezier 曲线的讨论，我们可以方便地给出 Bezier 曲面的定义和性质，Bezier 曲线的一些算法也可以很容易扩展到 Bezier 曲面的情况。

#### 1. Bezier 曲面的定义

设 $p_{ij}(i=0,1,\cdots,n;j=0,1,\cdots,m)$ 为 $(n+1) \times (m+1)$ 个空间点列，则 $m \times n$ 次张量积形式的 Bezier 曲面为

$$p(u,v) = \sum_{i=0}^{m} \sum_{j=0}^{n} p_{ij} B_{i,m}(u) B_{j,n}(v) \quad u,v \in [0,1]$$

其中

$$B_{i,m}(u) = C_m^i u^i (1-u)^{m-i}$$
$$B_{j,n}(v) = C_n^j v^j (1-v)^{n-j}$$

是 Bernstein 基函数。

依次用线段连接点列 $p_{ij}(i=0,1,\cdots,n;j=0,1,\cdots,m)$ 中相邻两点所连成的空间网格，称为特征网格。Bezier 曲面的矩阵形式为

$$p(u,v) = [B_{0,n}(u), B_{1,n}(u), \cdots, B_{m,n}(u)] \begin{bmatrix} p_{00} & p_{01} & \cdots & p_{0m} \\ p_{10} & p_{11} & \cdots & p_{1m} \\ \vdots & \vdots & & \vdots \\ p_{n0} & p_{n1} & \cdots & p_{nm} \end{bmatrix} \begin{bmatrix} B_{0,m}(v) \\ B_{1,m}(v) \\ \vdots \\ B_{n,m}(v) \end{bmatrix}$$

在一般实际应用中，$n$，$m$ 不大于 4。

#### 2. Bezier 曲面的性质

除变差减小性质外，Bezier 曲线的其他性质可推广到 Bezier 曲面。

（1）Bezier 曲面特征网格的四个角点正好是 Bezier 曲面的四个角点，即

$$p(0,0) = p_{00}, \quad p(1,0) = p_{m0},$$
$$p(0,1) = p_{0n}, \quad p(1,1) = p_{mn}$$

（2）Bezier 曲面特征网格最外一圈顶点定义 Bezier 曲面的四条边界；Bezier 曲面边界的跨界切矢只与定义该边界的顶点及相邻一排顶点有关，且图 7-17 中阴影三角形 $\triangle p_{00} p_{10} p_{01}$、

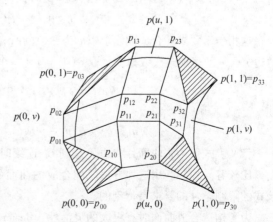

图 7-17 双三次 Bezier 曲面及边界信息

$\triangle p_{0n}p_{1n}p_{0n-1}$、$\triangle p_{mn}p_{mn-1}p_{m-1n}$ 和 $\triangle p_{m0}p_{m-1,0}p_{m1}$ 的跨界二阶导矢只与定义该边界的顶点及相邻两排顶点有关。

（3）几何不变性。

（4）对称性。

（5）凸包性。

### 3. Bezier 曲面片的拼接

在工程设计中，用上述方法设计的一张 Bezier 曲面经常不能满足复杂零件设计的要求，需要将多张 Bezier 曲面进行合成，也即 Bezier 曲面的拼接，如图 7-18 所示。设两张 $m \times n$ 次 Bezier 曲面片

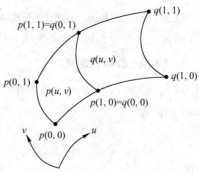

$$p(u,v) = \sum_{i=0}^{m} \sum_{j=0}^{n} p_{ij} B_{i,m}(u) B_{j,n}(v) \qquad u,v \in [0,1]$$

$$q(u,v) = \sum_{i=0}^{m} \sum_{j=0}^{n} q_{ij} B_{i,m}(u) B_{j,n}(v) \qquad u,v \in [0,1]$$

分别由控制顶点 $p_{ij}$ 和 $q_{ij}$ 定义。

要使曲面在边界上保证光滑连接，需要满足一定的连续条件。通过调节特征多边形网格的顶点位置，可以得到位置连续、跨界斜率连续、跨界曲率连续等拼接条件。

图 7-18　Bezier 曲面片的拼接

如果要求两曲面片达到 $G^0$ 连续，则它们有公共的边界，即

$$p(1,v) = q(0,v)$$

于是有

$$p_{ni} = q_{0i} \quad (i = 0,1,\cdots,m)$$

如果要求沿该公共边界达到 $G^1$ 连续，则两曲面片在该边界上有公共的切平面，即

$$q_u(0,v) \times q_v(0,v) = \alpha(v)p_u(1,v) \times p_v(1,v)$$

下面来研究满足这个方程的两种方法。

（1）曲面在满足 $G^1$ 连续的同时必满足 $G^0$ 连续，所以

$$p(1,v) = q(0,v)$$

对式 $q_u(0,v) \times q_v(0,v) = \alpha(v)p_u(1,v) \times p_v(1,v)$ 来说，最简单的取解为

$$q_u(0,v) = \alpha(v)p_u(1,v)$$

这相当于要求在合成曲面上以 $v$ 为参数的所有曲线在跨界时有切向的连续性。为了保证等式两边关于 $v$ 的多项式次数相同，取 $\alpha(v) = a$（一个正常数），于是有

$$\overline{q_{1i}q_{0i}} = \alpha \overline{p_{ni}p_{n-1,i}}（\alpha > 0, i = 0,1,\cdots,m）$$

即

$$q_{1i} - q_{0i} = \alpha(p_{ni} - p_{n-1,i}) \quad (\alpha > 0, i = 0,1,\cdots,m)$$

（2）上式使两张曲面片在边界达到 $G^1$ 连续时，只涉及曲面 $p(u,v)$ 和 $q(u,v)$ 的两列控制顶点，比较容易控制。用这种方法匹配合成的曲面的边界，$u$ 向和 $v$ 向都是光滑连续的。实际上，该式的限制条件的要求是苛刻的。

为了构造合成曲面时有更大的灵活性，Bezier 在 1972 年放弃把式

$$q_u(0,v) = \alpha(v)p_u(1,v)$$

作为 $G^1$ 连续的条件，而用式

$$q_u(0,v) = \alpha(v)p_u(1,v) + \beta(v)p_v(1,v)$$

取而代之。此式仅仅要求 $q_u(0,v)$ 位于 $p_u(1,v)$ 和 $p_v(1,v)$ 所在的同一个平面内，也就是曲面片 $p(u,v)$ 边界上相应点处的切平面。这样就有了大得多的余地，但跨界切矢在跨越曲面片的边界时就不再连续了。

同样，为了保证等式两边关于 $v$ 的多项式次数相同，$\alpha(v)$ 须为任意正常数，而 $\beta(v)$ 是 $v$ 的一次函数。

目前为止，我们已对 Bezier 曲线曲面有了一个较为全面的了解。Bezier 曲线曲面是以 Bernstein 基函数为基础的，固然有很多优点，但也存在一些不足：

（1）Bezier 曲线的次数是由控制多边形的顶点的个数决定的。当次数过高时，就会带来计算上的不便。若采用曲线的拼接的方法来创造曲线，还要满足苛刻的连续条件。

（2）Bezier 曲线是整体定义的，曲线的形状要受到控制多边形的全部顶点的影响。改变其中的任一个顶点的位置都会对整条曲线的形状有影响，因而 Bezier 曲线不具有局部修改性。

## 7.4　均匀 B 样条曲线曲面

为了克服 Bezier 曲线存在的缺点，Gordon 和 Riesenfeld 在 B 样条理论的基础上提出了 B 样条方法。它用 B 样条基函数来代替 Bernstein 基函数 $B_{i,n}(t)$，这样既继承了 Bezier 方法的一切优点，还解决了 Bezier 曲线的局部控制问题，并且解决了参数连续性基础上的连接问题，从而使自由型曲线曲面的形状表达真正"自由"。

### 7.4.1　B 样条曲线的定义

为了保留 Bezier 曲线的性质，仍采用基函数来定义 B 样条曲线。已知 $n+1$ 个控制点 $p_i$（$i = 0,1,\cdots,n$），称为特征多边形的顶点（又称 De boor 点），则 $k$ 阶 B 样条曲线的表达式为

$$p(t) = \sum_{i=0}^{n} p_i N_{i,k}(t)$$

其中，$N_{i,k}(t)$ 是调和函数，也称为 $k$ 次规范 B 样条基函数，按照递归公式可定义为

$$N_{i,0}(t) = \begin{cases} 1 & t_i \leqslant t \leqslant t_{i+1} \\ 0 & \text{其他} \end{cases}$$

$$N_{i,k}(t) = \frac{(t-t_i)N_{i,k-1}(t)}{t_{i+k}-t_i} + \frac{(t_{i+k+1}-t)N_{i+1,k-1}(t)}{t_{i+k+1}-t_{i+1}}$$

规定
$$\frac{0}{0} = 0$$

其中，$t_i$ 是节点值，$\boldsymbol{T} = [t_0,t_1,\cdots,t_{i+2k-1}]$ 构成了 $k$ 阶 B 样条函数的节点矢量。其中的节点是非减序列，当节点沿参数轴是均匀等距分布的，则表示均匀 B 样条函数，当节点沿参数轴的分布是不等距的，则表示非均匀 B 样条函数。

可以看出，B 样条曲线是分段组成的。其特征多边形顶点对曲线的控制更加直观，逼近性更好，样条曲线可以局部修改，多项式阶次较低。在产品的外形设计中，二次 B 样条曲线和三次 B

样条曲线的应用最为广泛。

## 7.4.2 B 样条曲线的矩阵表示

基于 B 样条函数，可以推出 B 样条曲线的矩阵表示。

### 1. 一次 B 样条曲线的矩阵表示

设空间 $n+1$ 个顶点的位置矢量 $p_i(i=0,1,\cdots,n)$，其中每相邻两个点可构造一段一次 B 样条曲线

$$p_i(t) = \begin{bmatrix} t & 1 \end{bmatrix} \begin{bmatrix} -1 & 1 \\ 1 & 0 \end{bmatrix} \begin{bmatrix} p_{i-1} \\ p_i \end{bmatrix} \quad i=0,1,\cdots,n-1;0 \leq t \leq 1$$

### 2. 二次 B 样条曲线的矩阵表示

二次 B 样条曲线中，$k=2$，$i=0$，1，2。二次 B 样条曲线的表达式为

$$p(t) = \sum_{i=0}^{2} p_i N_{i,2}(t) = N_{0,2}(t)p_i + N_{1,2}(t)p_{i+1} + N_{2,2}(t)p_{i+2}$$

其中，B 样条基函数

$$N_{0,2}(t) = \frac{1}{2}(t-1)^2$$

$$N_{1,2}(t) = \frac{1}{2}(-2t^2+2t+1)$$

$$N_{2,2}(t) = \frac{1}{2}t^2$$

二次 B 样条的矩阵表达式为

$$p(t) = \frac{1}{2}\begin{bmatrix} t^2 & t & 1 \end{bmatrix} \begin{bmatrix} 1 & -2 & 1 \\ -2 & 2 & 0 \\ 1 & 1 & 0 \end{bmatrix} \begin{bmatrix} p_0 \\ p_1 \\ p_2 \end{bmatrix}$$

$p_0$、$p_1$、$p_2$ 为控制多边形的三个顶点，二次 B 样条曲线在端点处具有以下特性

$$p(0) = \frac{1}{2}(p_0+p_1), \quad p(1) = \frac{1}{2}(p_1+p_2)$$

$$p'(0) = p_1-p_0, \quad p'(1) = p_2-p_1$$

二次 B 样条曲线段的起点 $p(0)$ 在特征多边形第一条边的终点处，且其切向矢量 $p_1p_0$ 为第一条边的走向；终点 $p(1)$ 在特征多边形第二条边的中点处，其切矢量 $p_2p_1$ 为第二条边的走向；$p(0.5)$ 是 $p(0)$、$p_1$ 和 $p(1)$ 三点所形成的三角形的中线 $p_1M$ 的中点，且在 $p(0.5)$ 处的切线平行于 $p(0)$、$p(1)$ 两个端点连线，如图 7-19 所示。因此，分段二次 B 样条曲线是一条抛物线。此处，由 $n$ 个顶点定义的二次 B 样条曲线，实质上是由相邻三点定义的 $n-2$ 段抛物线的连接。由于抛物线在连接点处具有相同的切线方向，即特征多边形的同一条边，实现了一阶连续。

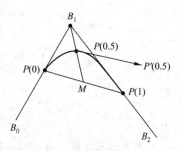

图 7-19　二次 B 样条曲线的端点性质

### 3. 三次 B 样条曲线的矩阵表示

当 $k=3$，$i=0$，$1$，$2$，$3$ 时，得到三次 B 样条曲线。它的分段调和函数依次为

$$N_{0,3}(t) = \frac{1}{6}(-t^3 + 3t^2 - 3t + 1)$$

$$N_{1,3}(t) = \frac{1}{6}(3t^3 - 6t^2 + 4)$$

$$N_{2,3}(t) = \frac{1}{6}(-3t^3 + 3t^2 + 3t + 1)$$

$$N_{3,3}(t) = \frac{1}{6}t^3$$

其矩阵表达式为

$$p(t) = \frac{1}{6}\begin{bmatrix} t^3 & t^2 & t & 1 \end{bmatrix} \begin{bmatrix} -1 & 3 & -3 & 1 \\ 3 & -6 & 3 & 0 \\ -3 & 0 & 3 & 0 \\ 1 & 4 & 1 & 0 \end{bmatrix} \begin{bmatrix} p_0 \\ p_1 \\ p_2 \\ p_3 \end{bmatrix}$$

式中：符号的定义和二次 B 样条曲线中的相同。

## 7.4.3 B 样条曲面

基于均匀 B 样条曲线的定义和性质，可以得到 B 样条曲面的定义。给定 $(m+1) \times (n+1)$ 个空间点列 $p_{i,j}, i=0,1,\cdots,m; j=0,1,\cdots,n$，则

$$p(u,v) = \sum_{i=0}^{m} \sum_{j=0}^{n} p_{i,j} N_{i,k}(u) N_{j,l}(v) \quad u,v \in [0,1]$$

就定义了 $k \times l$ 次 B 样条曲面，式中 $N_{i,k}(u)$ 和 $N_{j,l}(v)$ 是 $k$ 次和 $l$ 次的 B 样条基函数，由 $p_{i,j}$ 组成的空间网格称为 B 样条曲面的特征网格。一般情况下，B 样条曲面不通过任何网格点。上式也可以写成矩阵形式

$$p_{r,s}(u,v) = U_k M_k p_{kl} M_l^T V_l^T$$

$$r \in [1, m+2-k], \quad s \in [1, n+2-k]$$

$$u,v \in [0,1]$$

其中 $r$，$s$ 分别表示在 $u$，$v$ 参数方向上曲面片的个数。

$$U_k = [u^{k-1}, u^{k-2}, \cdots, u, 1], \quad V_l = [v^{l-1}, v^{l-2}, \cdots, v, 1]$$

$$p_{kl} = [p_{i,j}] \quad i \in [r-1, r+k-2], j \in [s-1, s+l-2]$$

$p_{kl}$ 是某一个 B 样条曲面片的控制点编号。

### 1. 均匀双二次 B 样条曲面

已知曲面的控制点 $p_{i,j}(i,j=0,1,2)$，参数 $u$，$v$，且 $u,v \in [0,1]$，$k=l=2$，构造步骤是：

（1）沿 $v$ 向构造均匀二次 B 样条曲线，即

$$p_0(v) = \begin{bmatrix} v^2 & v & 1 \end{bmatrix} \begin{bmatrix} 1 & -2 & 1 \\ -2 & 2 & 0 \\ 1 & 1 & 0 \end{bmatrix} \begin{bmatrix} p_{00} \\ p_{01} \\ p_{02} \end{bmatrix} = VM \begin{bmatrix} p_{00} \\ p_{01} \\ p_{02} \end{bmatrix}$$

转置后

$$p_0(v) = \begin{bmatrix} p_{00} & p_{01} & p_{02} \end{bmatrix} M_B^T V^T$$

同上可得

$$p_1(v) = \begin{bmatrix} p_{10} & p_{11} & p_{12} \end{bmatrix} M_B^T V^T$$

$$p_2(v) = \begin{bmatrix} p_{20} & p_{21} & p_{22} \end{bmatrix} M_B^T V^T$$

（2）再沿 $u$ 向构造均匀二次 B 样条曲线，即可得到均匀二次 B 样条曲面

$$p(u,v) = UM_B \begin{bmatrix} p_0(v) \\ p_1(v) \\ p_2(v) \end{bmatrix} = UM_B \begin{bmatrix} p_{00} & p_{01} & p_{02} \\ p_{10} & p_{11} & p_{12} \\ p_{20} & p_{21} & p_{22} \end{bmatrix} M_B^T V^T$$

简记为

$$p(u,v) = UM_B p M_B^T V^T$$

### 2. 均匀双三次 B 样条曲面

已知曲面的控制点 $p_{i,j}(i,j=0,1,2,3)$，参数 $u$，$v$，且 $u,v \in [0,1]$，$k=l=3$，即生成双三次 B 样条曲面，表达式中各元素为

$$U = \begin{bmatrix} u^3 & u^2 & u & 1 \end{bmatrix}, \qquad V = \begin{bmatrix} v^3 & v^2 & v & 1 \end{bmatrix}$$

$$p = \begin{bmatrix} p_{00} & p_{01} & p_{02} & p_{03} \\ p_{10} & p_{11} & p_{12} & p_{13} \\ p_{20} & p_{21} & p_{22} & p_{23} \\ p_{30} & p_{31} & p_{32} & p_{33} \end{bmatrix}, \qquad M = \frac{1}{6} \begin{bmatrix} -1 & 3 & -3 & 1 \\ 3 & -6 & 3 & 0 \\ -3 & 0 & 3 & 0 \\ 1 & 4 & 1 & 0 \end{bmatrix}$$

根据上式，即可生成双三次 B 样条曲面片。

与 B 样条曲线一样，B 样条曲面是由控制多边形的顶点唯一确定的。曲面一般不通过控制多边形的顶点。类似于 Bezier 曲线的性质向 Bezier 曲面的推广，除了变差缩减性外，B 样条曲线的其他性质都可以推广到 B 样条曲面。

# 7.5 NURBS 曲线曲面

Bezier 曲线和 B 样条曲线都只能是近似而不精确地表示二次曲线，由此产生了设计误差。非均匀有理 B 样条（Non-Uniform Rational B-Spline，NURBS）就是在 B 样条的基础上，通过扩充二次曲线和曲面的表达能力而形成的一种曲线定义方法。与 B 样条曲线函数不同，非均匀有理 B 样条曲线函数的节点沿参数轴不是等距分布，不同节点矢量形成的 B 样条函数也各不相同。有理样条是两个样条参数多项式之比。NURBS 曲线就是由分段有理 B 样条多项式基函数定义的。这种方法的提出是为了找到与描述自由型曲线曲面的 B 样条方法相统一的又能精确表示二次曲线弧与二次曲面的数学方法。

## 7.5.1 NURBS 曲线的定义

一条 $k$ 次 NURBS 曲线是由分段有理 B 样条多项式基函数定义的，其形式为

$$p(t) = \frac{\displaystyle\sum_{i=0}^{n} \omega_i p_i N_{i,k}(t)}{\displaystyle\sum_{i=0}^{n} \omega_i N_{i,k}(t)}$$

其中，$\omega_i, i = 0, 1, \cdots, n$ 称为权或权因子（weights），与相应的控制顶点 $p_i, i = 0, 1, \cdots, n$ 相联系。为防止分母为零、保留凸包性质及曲线不致因权因子而退化为一点，规定首、末权因子 $\omega_0$，$\omega_n$ $> 0$，其余 $\omega_i \geqslant 0$。

控制点 $p_i$ 的权 $\omega_i$ 的值越大，曲线越靠近控制点，当所有控制点的权都取为值 1 时，则成为有理 B 样条曲线；$N_{i,k}(t)$ 是由节点矢量 $T = [t_0, t_1, \cdots, t_{n+k}]$ 决定的 $k$ 次 B 样条基函数，节点矢量 $T$ 共有 $n + k + 1$ 个，$n$ 为控制点个数，$k$ 为 B 样条曲线基函数的次数。对于非周期 NURBS 曲线，常将两端点的重复度取为 $k + 1$，即 $t_0 = t_1 = \cdots = t_k$，$t_n = t_{n+1} = \cdots = t_{n+k}$。在大多数实际应用里，节点值分别取为 0 与 1，因此，可得曲线定义域 $t \in [t_k, t_{k+1}] = [0, 1]$。

假设，用二次 B 样条函数来拟合 3 个控制点，节点矢量为

$$T = (0, 0, 0, 1, 1, 1)$$

权因子为

$$\omega_0 = \omega_2 = 1, \omega_1 = \frac{r}{1 - r}, r \in [0, 1)$$

则有理 B 样条的表达式为

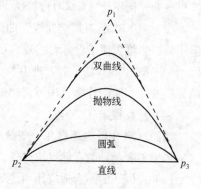

$$p(t) = \frac{p_0 N_{0,3}(t) + \dfrac{r}{1-r} p_1 N_{1,3}(t) + p_2 N_{2,3}(t)}{N_{0,3}(t) + \dfrac{r}{1-r} N_{1,3}(t) + N_{2,3}(t)}$$

当 $r$ 取不同的值时可得到不同的二次曲线，如图 7-20 所示。当 $\dfrac{1}{2} < r < 1$，$\omega_1 > 1$ 时为双曲线；当 $r = \dfrac{1}{2}$，$\omega_1 = 1$

图 7-20　NURBS 的二次曲线段

时为抛物线；当 $0 < r < \dfrac{1}{2}$，$\omega_1 < 1$ 时为圆弧；当 $r = 0$，$\omega_1 = 0$ 时为直线。

## 7.5.2　权因子对 NURBS 曲线形状的影响

为了说明权因子对 NURBS 曲线的影响，现在只改变权因子 $\omega_i$，而其他所有的控制点及其权因子和节点矢量都保持不变，则只有由权因子 $\omega_i$ 所影响的曲线段发生变化，即 $[t_i, t_{i+k+1}]$ 内的曲线发生变化。

设 $B$、$N$、$B_i$ 分别是 $\omega_i = 1$，$\omega_i = 0$，$\omega_i \neq 0$，1 时，对应的曲线上的点。令

$$\alpha = R_{i,k}(t, \omega_i = 1), \beta = R_{i,k}(t)$$

则

$$N = (1 - \alpha) \cdot B + \alpha \cdot p_i$$

$$B_i = (1 - \beta) \cdot B + \beta \cdot p_i$$

所以

$$\frac{1 - \alpha}{\alpha} : \frac{1 - \beta}{\beta} = \frac{|\overrightarrow{p_i N}|}{|\overrightarrow{BN}|} : \frac{|\overrightarrow{p_i B_i}|}{|\overrightarrow{BB_i}|} = \omega_i$$

恒成立。

此时，结合以上两式可以清楚地分析 $\omega_i$ 对其所控制域内曲线段的影响。

（1）若固定所有控制顶点及除 $\omega_i$ 外的所有其他权因子不变，当 $\omega_i$ 变化时，曲线上 $p$ 点也随之移动，它在空间扫描出一条过控制顶点 $p_i$ 的一条直线。当 $\omega_i \to +\infty$ 时，$p$ 趋近与控制顶点 $p_i$ 重合。

（2）若 $\omega_i$ 增加，则曲线被拉向控制顶点 $p_i$；$\omega_i$ 减小，则曲线被推离控制顶点 $p_i$。

（3）若 $\omega_i$ 增加，则一般地，曲线在受影响的范围内被推离除顶点 $p_i$ 外的其他相应控制顶点；$\omega_i$ 减小时，则相反，如图 7-21 所示。

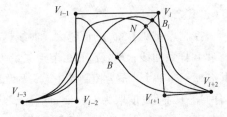

图 7-21　权因子的影响

通过以上分析，可以看出 NURBS 曲线的一些优点：

（1）NURBS 不仅可以表示自由曲线曲面，它还可以精确地表示圆锥曲线和规则曲线，所以 NURBS 为计算机辅助几何设计（CAGD）提供了统一的数学描述方法。

（2）NURBS 具有影响曲线、曲面形状的权因子，故可以设计相当复杂的曲线曲面形状。若运用恰当，将更便于设计者实现自己的设计意图。

（3）NURBS 方法是非有理 B 样条方法在四维空间的直接推广，多数非有理 B 样条曲线曲面的性质及其相应的计算方法可直接推广到 NURBS 曲线曲面。

（4）计算稳定且快速。

然而，NURBS 也还存在一些缺点：

（1）需要额外的存储以定义传统的曲线和曲面。

（2）权因子的不合适应用可能导致很坏的参数化，甚至毁掉随后的曲面结构。

虽然 NURBS 还存在这样一些缺点，但其强大的优点已经使其成为自由型曲线曲面的唯一表示。

### 7.5.3　NURBS 曲面的定义

与 NURBS 曲线相似，由双参数变量分段有理多项式定义的 $k \times l$ 次 NURBS 曲面可表示为

$$p(u,v) = \frac{\sum\limits_{i=0}^{m} \sum\limits_{j=0}^{n} \omega_{ij} p_{ij} N_{ik}(u) N_{jl}(v)}{\sum\limits_{i=0}^{m} \sum\limits_{j=0}^{n} \omega_{ij} N_{ik}(u) N_{jl}(v)}$$

其中：控制顶点 $p_{ij}$，$i = 0, 1, \cdots, m$；$j = 0, 1, \cdots, n$ 呈拓扑矩形阵列，形成一个控制网格，称为控制多边形网格；$\omega_{ij}$ 是与控制顶点 $p_{ij}$ 相联系的权因子。规定四角顶点处用正权因子，即 $\omega_{00}$，$\omega_{m0}$，$\omega_{0n}$，$\omega_{mn} > 0$，其余 $\omega_{ij} \geqslant 0$；$N_{i,k}(u), i = 0, 1, \cdots, m$ 和 $N_{j,l}(v), j = 0, 1, \cdots, n$ 分别为 $u$ 向 $k$ 次和 $v$ 向次的规范 B 样条基。它们分别由 $u$ 向与 $v$ 向的节点矢量 $U = [u_0, u_1, \cdots, u_{m+k+1}]$ 与 $V = [v_0, v_1, \cdots, v_{n+l+1}]$ 决定。

### 7.5.4　权因子对 NURBS 曲面片的影响

类似于 NURBS 曲线权因子的作用，在 NURBS 曲面中，权因子 $\omega_{ij}$ 的改变最多能影响矩形区

域 $u_i < u < u_{i+k_u+1}$，$v_j < v < v_{j+k_v+1}$ 上的曲面片。现只考察此片曲面来说明权因子对 NURBS 曲面的影响。固定两参数值 $u \in (u_i, u_{i+k_u+1})$ 和 $v \in (v_j, v_{j+k_v+1})$，当 $\omega_{ij} = 1$，$\omega_{ij} = 0$，$\omega_{ij} \neq 0$，1 时，可以得到如下各点

$$M = p(u, v; \omega_{ij} = 0)$$

$$N = p(u, v; \omega_{ij} = 1)$$

$$P = p(u, v; \omega_{ij} \neq 0, 1)$$

其中：$N$ 和 $P$ 可由 $M$ 与控制点 $p_{ij}$ 的线性组合表示，即

$$N = (1 - \alpha)M + \alpha p_{ij}$$

$$P = (1 - \beta)M + \beta p_{ij}$$

式中

$$\alpha = \frac{N_{i,k_u}(u) \cdot N_{j,k_v}(v)}{\sum_{i \neq r = 0}^{n_u} \sum_{j \neq s = 0}^{n_v} \omega_{rs} \cdot N_{r,k_u}(u) \cdot N_{s,k_v}(v) + N_{i,k_u}(u) \cdot N_{j,k_v}(v)}$$

$$\beta = \frac{\omega_{ij} N_{i,k_u}(u) \cdot N_{j,k_v}(v)}{\sum_{r = 0}^{n_u} \sum_{s = 0}^{n_v} \omega_{rs} \cdot N_{r,k_u}(u) \cdot N_{s,k_v}(v)}$$

则有以下关系式恒成立

$$\frac{1 - \alpha}{\alpha} : \frac{1 - \beta}{\beta} = \frac{|\overrightarrow{p_{ij}N}|}{|\overrightarrow{MN}|} : \frac{|\overrightarrow{p_{ij}P}|}{|\overrightarrow{PM}|} = \omega_{ij}$$

根据以上各式，可以推断出 NURBS 曲面中权因子对曲面片的影响：

（1）当 $\omega_{ij}$ 增大时，曲面被拉向控制顶点 $p_{ij}$，反之被推离控制点。

（2）当 $\omega_{ij}$ 变化时，相应得到沿直线 $p_{ij}M$ 移动的点 $p$。

（3）当 $\omega_{ij} \to \infty$ 时，$p \to p_{ij}$。

与 NURBS 曲线相似，NURBS 曲面片也存在比较明显的优点：

（1）NURBS 可以精确地表示标准的解析形状，并为自由曲面提供可统一的数学表示。因此，NURBS 曲面为产品开发数据库的管理提供了方便。

（2）NURBS 曲面的形状控制更为灵活，可通过改变控制点和权因子来灵活地改变其形状，对插入节点、修改、分割、几何插值等的处理能力也更大。

（3）NURBS 曲面片具有透视投影变换和仿射变换的不变性。

# 7.6　曲线和曲面生成

曲线曲面生成技术是曲面造型技术中最基本也是最关键的技术，它包括曲线曲面的反算技术，以及曲线曲面的各种生成方法。

## 7.6.1　曲线生成

曲线生成有两种实现方法，第一种是由设计人员输入曲线控制顶点来设计曲线，此时曲线生成就是以上所述的曲线正算过程；第二种是由设计人员输入曲线上的型值点来设计曲线，此时曲

线生成就是曲线反算过程。

曲线反算过程一般包括以下几个主要步骤：确定插值曲线的节点矢量；确定曲线两端的边界条件；反算插值曲线的控制顶点。下面以三次 B 样条曲线为例，详细说明。

**1. 确定插值曲线的节点矢量**

为了使一条三次 B 样条曲线通过一组数据点 $p_i, i = 0, 1, \cdots, n$，反算过程一般使曲线的首末数据点一致，使曲线的分段连接点分别依次与相应的内数据点一致。因此，数据点 $p_i$ 将依次与 B 样条曲线定义域内的节点一一对应，即 $p_i$ 点有节点值 $u_{3+i}, i = 0, 1, \cdots, n$。而这些节点值的确定也就是对数据点实行参数化的过程。

**2. 确定曲线两端的边界条件**

在确定了节点矢量 $U = [u_0, u_1, \cdots, u_{n+6}]$ 之后，就可以给出以 $n + 3$ 个控制顶点为未知矢量的由 $n + 1$ 个矢量方程组成的线性方程组

$$p(u_{3+i}) = \sum_{j=0}^{n+2} d_j \cdot N_{j,3}(u_{3+i}) = p_i, i = 0, 1, \cdots n$$

因方程数小于未知顶点数，故必须补充两个合适的边界条件给出的附加方程，才能联立求得。常用的边界条件及对应的附加方程有如下几种：

（1）切矢条件。切矢条件在力学上相当于梁的端部固定的情况，因此具有固定的切线方向。这样首末端就有如下附加方程，其中 $p_0'$ 和 $p_n'$ 为给定的首末端切矢。

$$\begin{cases} d_{n+2} - d_{n+1} = \dfrac{\Delta_{n+2}}{3} p_n' \\ d_1 - d_0 = \dfrac{\Delta_3}{3} p_0' \end{cases}$$

（2）自由端点条件。自由端点条件在力学上相当于铰支梁，在端点不受力矩作用，因此具有零曲率。这可由端点二阶导矢取零矢量保证，这样首末端就有如下附加方程

$$\begin{cases} d_0 = d_1 \\ d_{n+1} = d_{n+2} \end{cases}$$

（3）闭曲线条件。闭曲线条件是指曲线首末端点重合且保证二阶连续，这样就有如下附加方程

$$\begin{cases} d_0 = d_{n+1} \\ d_1 = d_{n+2} \end{cases}$$

**3. 反算插值曲线的控制顶点**

以常用的切矢边界条件为例。由于取两端点重复度 $\gamma = 3$，于是三次 B 样条曲线的首末控制顶点就是首末数据点，即 $d_0 = p_0$，$d_{n+2} = p_n$，且由边界条件可得附加方程

$$\begin{cases} d_1 - d_0 = \dfrac{\Delta_3}{3} p_0' \\ d_{n+2} - d_{n+1} = \dfrac{\Delta_{n+2}}{3} p_n' \end{cases}$$

这样就可得如下线性方程组

$$\begin{pmatrix} 1 & & & \\ a_2 & b_2 & c_2 & \\ \ddots & \ddots & \ddots & \\ & a_n & b_n & c_n \\ & & & 1 \end{pmatrix} \begin{pmatrix} d_1 \\ d_2 \\ \vdots \\ d_n \\ d_{n+1} \end{pmatrix} = \begin{pmatrix} e_1 \\ e_2 \\ \vdots \\ e_n \\ e_{n+1} \end{pmatrix}$$

其中

$$\Delta_i = u_{i+1} - u_i$$

$$a_i = \frac{(\Delta_{i+2})^2}{\Delta_i + \Delta_{i+1} + \Delta_{i+2}}$$

$$b_i = \frac{\Delta_{i+2}(\Delta_i + \Delta_{i+1})}{\Delta_i + \Delta_{i+1} + \Delta_{i+2}} + \frac{\Delta_{i+1}(\Delta_{i+2} + \Delta_{i+3})}{\Delta_{i+1} + \Delta_{i+2} + \Delta_{i+3}}$$

$$c_i = \frac{(\Delta_{i+1})^2}{\Delta_{i+1} + \Delta_{i+2} + \Delta_{i+3}} \qquad i = 1,2,\cdots,n$$

$$e_1 = p_0 + \frac{\Delta_3}{3}p_0' \qquad\qquad e_{n+1} = p_0 - \frac{\Delta_{n+2}}{3}p_0'$$

$$e_i = (\Delta_{i+1} + \Delta_{i+2})p_{i-1} \qquad i = 2,3,\cdots,n$$

求解上述线性方程组，即可求出全部未知控制顶点。

## 7.6.2 曲面生成

### 1. 曲面的类型

有些曲面可以由数学函数生成，有些曲面则可以由给定的数据点生成。按照生成方式的不同，曲面可分成规则曲面和自由曲面两类。如球面、圆柱面、圆锥面、马鞍面等曲面都可以用数学函数表示，一般称为规则曲面。有些曲面的形状并不规则，如飞机机翼、汽车的车身、玩具造型等难以用确定的数学函数来表达，或者说不能用多次方程描述，这样的曲面称为自由曲面。下面简单介绍几种常见的基本曲面。

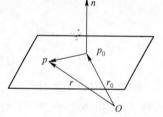

图 7-22 平面

（1）平面。平面是最简单的曲面。可以用平面上的法矢和在平面上的一点来表示平面。如图 7-22 所示，设已知平面的法矢 $n$，平面上的一已知点 $p_0$，其矢径为 $r_0$，则对平面上任意一点 $p$ 的矢径 $r$ 的描述就是该平面的矢量方程。即 $n \cdot (r - r_0) = 0$。

（2）拉伸曲面。拉伸曲面是指在一个平面内的一条直线或者曲线沿着该平面的法线方向拉伸所得到的曲面，如图 7-23 所示。

（3）旋转曲面。旋转曲面是指一条直线或曲线围绕一条中心轴线，按特定的角度旋转所形成的曲面，如图 7-24 所示。

（4）扫描曲面。扫描曲面是指一条直线或者曲线沿着一条确定的直线或曲线运动所掠过的曲面，如图 7-25 所示。扫描曲面的控制方法很多，既可以是一条直线或曲线沿某一条直线或曲线运动所生成的曲面，也可以是多条直线或曲线沿一条直线或曲线运动所生成的曲面，当然还有更多复杂的方法。

图 7-23　拉伸曲面　　　　　图 7-24　旋转曲面　　　　　图 7-25　扫描曲面

（5）混成曲面。混成曲面是指由一系列直线或者曲线上的对应点串连所形成的曲面。混成曲面根据对应点之间的不同的数学过渡方式，可以是直线过渡型的，也可以是曲线过渡型的，如图 7-26 和图 7-27 所示。

图 7-26　直线过渡型混成曲面　　　　　图 7-27　曲线过渡型混成曲面

曲面生成技术是曲面造型技术中的核心技术。其生成方法通常可分为两大类，即蒙皮曲面生成法及扫描曲面生成法。不管哪一种生成方法，其核心都是曲面的反算技术。下面以 B 样条曲面为例，先介绍曲面反算技术的主要内容，而后分别介绍蒙皮曲面及各种扫描曲面的生成特点及主要计算公式。

**2. 双三次 B 样条插值曲面的反算**

（1）参数方向与参数选取。对给定的呈拓扑矩形阵列的数据点阵 $p_{ij}$，$i=0,1,\cdots,m;j=0,1,\cdots,n$。如果其中每行（或列）都位于一个平面内，则取插值于每行（或列）数据点的一组曲线为截面曲线，以 $u$ 为参数。现设每列数据点为截面数据点，共有 $n+1$ 个截面。另一方向为纵向，纵向参数线以 $v$ 为参数。如果列向与行向数据点都非平面数据点，则按其在空间分布，适当地把一个方向取为截面方向，以 $u$ 为参数，另一方向为纵向参数方向，以 $v$ 为参数。

（2）节点矢量的确定。类似参数双三次样条曲面那样，对给定的曲面数据点 $p_{ij}$，$i=0,1,\cdots$，

$m; j = 0, 1, \cdots, n$ 实行参数化，相应得定义域内的节点参数值。对应数据点 $p_{ij}$，有参数值 $u_{i+3}$ 与 $v_{i+3}$。若曲面沿任一参数方向是周期闭曲面，则该参数方向的节点矢量在定义域以外的节点可按周期性决定。若是开曲面或非周期闭曲面，通常将该参数方向两端节点取成重复度 4。两个参数方向的节点矢量 $U = [u_0, u_1, \cdots, u_{m+6}]$，$V = [v_0, v_1, \cdots, v_{m+6}]$ 就可决定下来。

（3）反算控制顶点。对于沿任一参数方向若是周期闭曲面的情况，则在该参数方向无须提供边界条件，就可唯一确定插值该方向各排数据点的周期三次 B 样条曲线的控制顶点。如果沿两个参数方向都是周期闭曲面，则可能生成拓扑上形似球面或环面的封闭曲面。

下面只考虑开曲面的情况，这时必须提供合适的边界条件。以切矢条件为例，即提供各截面曲线 $u$ 线的端点 $u$ 向切矢，又提供过纵向各排数据点的等参数线 $v$ 线的端点 $v$ 向切矢，还提供数据点阵四角数据点处的混合偏导矢（即扭矢）。按如下步骤反算：

先在节点矢量 $U$ 上，由截面数据点及端点 $u$ 向切矢，应用 B 样条曲线反算，构造出各截面曲线，求出它们的 B 样条控制顶点 $\overline{d}_{i,j}, i = 0, 1, \cdots, m+2; j = 0, 1, \cdots, n$。（为了避免混淆，这里用 $d_{i,j}, i = 0, 1, \cdots, m+2; j = 0, 1, \cdots, n+2$ 表示 B 样条控制顶点）

又在节点矢量 $U$ 上，分别视首末截面数据点处 $v$ 向切矢为"位置矢量"表示的"数据点"；又视四角角点扭矢为"端点 $v$ 向切矢"，应用曲线反算，求出定义首末 $u$ 参数边界（即首末截面曲线）的跨界切矢曲线的控制顶点。

然后固定指标 $i$，以第一步求出的 $n+1$ 条截面曲线的控制顶点阵列中的第 $i$ 排即 $\overline{d}_{ij}, j = 0, 1, \cdots, n$ 为"数据点"，以上一步求出的跨界切矢曲线的第 $i$ 个顶点为"端点切矢"，在节点矢量 $V$ 上应用曲线反算，分别求出 $m+3$ 条插值曲线即控制曲线的 B 样条控制顶点 $d_{i,j}, i = 0, 1, \cdots, m+2; j = 0, 1, \cdots, n+2$，即为所求双三次 B 样条插值曲面的控制顶点。

### 3. 蒙皮曲面生成法

利用蒙皮技术生成曲面其实质就是拟合一张曲面（即"皮"）通过一组有序的称为截面曲线的空间曲线。可形象地看成为给一族截面曲线构成的骨架蒙上一张光滑的皮。蒙皮技术通常被考虑为最合适于交互 CAD 应用的，目前市场上每个 CAD 系统实际上都采用类似的曲面定义。

利用蒙皮技术生成曲面其关键在于设计出 $n+1$ 条具有统一次数与节点矢量，且参数化情况良好地相近的符合要求的截面曲线。而这可由如下步骤实现：

（1）初始地生成形状符合要求的截面曲线，都用 B 样条曲线表示。它们可能具有不同的次数与节点矢量。

（2）统一次数，使所有较低次数的截面曲线都升阶到其中的最高次数。

（3）域参数变换，使所有截面曲线都具有统一的定义域。

（4）插入节点，使所有截面曲线都具有统一的节点矢量。

（5）从曲面光顺性考虑，应使所有截面线的端点与分段连接点沿曲线弧长的分布情况比较接近。

上述处理顺序并非固定不变，某些处理也需反复进行。最后得到具有统一次数 $k$ 与节点矢量 $U = [u_0, u_1, \cdots, u_{m+2k}]$，且参数化情况良好地相近的 $n+1$ 条截面曲线

$$S_j(u) = \sum_{i=0}^{m+k-1} p_{ij} \cdot N_{ik}(u), \quad j = 0, 1, \cdots, n$$

利用前面介绍的 B 样条曲面反算，就可以由 $n+1$ 条截面曲线得到 B 样条曲面的控制顶点。

### 4. 扫描面生成法

扫描面生成法是蒙皮曲面生成法的推广。它需要先设计一族反映曲面基本截面形状的曲线，称为基线族，以及一族控制曲面基本走向的曲线，称为导线族；而后规定一种运动方式，使基线族沿导线族进行扫掠运动，这样形成的曲面就叫扫曲面。根据基线族、导线族中曲线个数的多少，扫曲面可分为一基一导扫曲面及多基多导扫曲面等；根据运动方式的不同，扫曲面则又可分为脊线扫曲面、旋转扫曲面及同步扫曲面等。

# 小　　结

本章讨论了参数曲线表示的优点，详细论述了 Bezier 曲线和曲面、B 样条曲线和曲面的性质和特点，讨论了 NURBS 曲线曲面的含义。

# 思　考　题

7-1　试证拉格朗日恒等式

$$(a \times b) \times (c \times d) = \begin{vmatrix} a \cdot c & a \cdot d \\ b \cdot c & b \cdot d \end{vmatrix}$$

7-2　求出半立方抛物线 $r(u) = [u^2, u^3]$ 在 $u=0$ 和 $u=1$ 处的切矢和切线。

7-3　求圆锥面 $x^2 + y^2 - z^2 \tan^2\alpha = 0$ 上任意一点 $M$ 的切平面方程，法线方程和距离为 $a$ 的等距面方程。

7-4　已知三个数据点和对应的基线参数值 $u$，要求构造一条以 $u$ 为参数的 Bezier 曲线（作为一条插值曲线）通过这三个数据点 $p_0(0,0,0)$，$p_1(1,1,0)$，$p_2(2,1,0)$，写出它的方程。

7-5　把点 $(2,0,0)$ 与点 $(1,2,0)$ 之间的连线沿着 $y$ 轴旋转 $180°$ 后得到一个圆锥面。

（1）求出这个圆锥面的方程。假设参数 $u$ 沿着一个圆移动，其中这个圆在与 $y$ 轴垂直的平面上，如从 0 移动到 1；参数 $v$ 则改变这个圆在 $y$ 轴上的高度，如也从 0 改为 1。

（2）计算机双三次曲面在参数 $u=0.5$，$v=0.5$ 处的坐标值，并与由参数方程解出的精确值进行比较。

# 第 8 章 计算机辅助工艺过程技术基础

学习目的与要求：了解计算机辅助工艺过程的概念与内容；掌握计算机辅助工艺设计的原理和功能；了解计算机辅助工艺过程的发展。

## 8.1 概　　述

工艺设计是优化配置工艺资源、合理编排工艺过程、经验性很强、影响因素很多的决策过程。它是生产准备工作的第一步，也是连接产品设计与产品制造的桥梁。以文件形式确定下来的工艺过程是进行工装制造和零件加工的主要依据，它对组织生产、保证产品质量、提高生产率、降低成本、缩短生产周期及改善劳动条件等都有直接的影响，因此是生产中的关键性工作。工艺设计的主要任务是为被加工零件选择合理的加工方法和加工顺序，以便能按设计要求生产出合格的成品零件。当前，机械产品市场是多品种小批量生产起主导作用，传统的工艺设计方法已远不能适应机械制造行业发展的需要。随着机械制造生产技术的发展和当今市场对多品种、小批量生产的要求，特别是 CAD/CAM 系统向集成化、智能化方向发展，计算机辅助工艺过程设计日益得到重视。

### 8.1.1 CAPP 的基本概念

计算机辅助工艺过程设计是指利用计算机来制定零件加工工艺的方法和过程。通过向计算机输入所要加工零件的几何信息（如形状、尺寸及公差等）、工艺信息（如材料、热处理、批量等）、加工条件、加工技术要求和工时定额等，由计算机自动输出经过优化的工艺路线和工序内容。

传统的手工工艺设计包括查阅资料与手册、确定零件的加工方法、安排加工路线、选择设备、工装设计、确定切削参数、计算工序尺寸、绘制工序图、填写工艺卡片和表格文件等工作。这样就不可避免地存在以下问题：

（1）对工艺设计人员要求高。传统的工艺设计是由工艺人员手工进行设计的，工艺文件的合理性、可操作性以及编制时间的长短主要取决于工艺人员的经验和熟练程度。这样就不可避免地会导致工艺文件的设计周期和质量不易保证。因此，传统的工艺设计要求工艺人员具有丰富的生产经验。

（2）传统的工艺设计是人工编制的，劳动强度大，效率低，是一项烦琐重复性的工作。

（3）难以保证数据的准确性。工艺设计需要处理大量的图形信息、数据信息，并通过工艺设计产生大量的工艺文件和工艺数据；传统的设计方式需要人工处理图形及数据信息，由于数据多且分散，因此处理起来烦琐、易出错。

（4）工艺设计最优化、标准化较差，工艺设计经验的继承性亦较困难；设计效率低下，存在大量的重复劳动。由于每个工艺过程都要靠手工编写，光是花费在书写工艺表格上的时间就占30%左右，而工艺设计质量完全取决于工艺人员的技术水平和经验。当产品更换时，原有的工艺过程就不再使用，必须重新设计一套产品的工艺过程，即使新产品中某些零件与过去生产的零件相同，也必须重新设计。

（5）无法利用CAD的图形、数据。随着国家科委"甩图板工程"的实施，二维CAD技术在企业中的应用已很普及，各部门之间通过电子图档进行交流。然而，由于工艺设计部门仍采用人工方式进行设计，因此无法有效利用CAD的图形及数据。

（6）不便于计算机对工艺技术文件进行统一的管理和维护。

（7）信息不能共享。随着企业计算机应用的深入，各部门所产生的数据可以通过计算机进行数据交流和共享，如果工艺部门仍采用手工方式，其他部门的数据就只能通过手工查询，工作效率低且易出错；所产生的工艺数据也无法方便地与其他部门进行交流和共享。

（8）不便于将工艺专家的经验和知识集中起来加以充分的利用。

（9）当代制造领域中，多品种小批量生产的企业大量增加，制造系统正逐渐从刚性（高效率的大批量生产模式）向柔性（高效率多品种小批量生产模式）转变，这要求将计算机贯穿于产品策划、设计、工艺规化、制造与管理的全过程。显然，传统的手工设计方式已不能满足上述要求。

（10）工艺设计工作贯穿于企业的整个生产活动中，在各个方面都充满着"个性"。工艺设计所涉及的因素不仅是大量的，而且是极其错综复杂的，如企业的生产类型、产品结构、工艺准备、生产技术发展等的影响，甚至受到管理体制的制约。

上述因素中的任何变化，均可能导致工艺设计方案的变化。因此说工艺是企业生产活动中最活跃的因素，工艺设计对使用环境的极大依赖性就必然导致工艺设计的动态性。而传统的手工方式显然不能满足要求。

计算机辅助工艺过程设计的基本原理正是基于人工设计的过程及需要解决的问题而提出的。随着机械制造生产技术的发展及多品种小批量生产的要求，特别是CAD/CAM系统向集成化、智能化方向发展，传统的工艺设计的方法已远远不能满足要求。用CAPP代替传统的工艺设计克服了上述的缺点。它对于机械制造业具有重要意义，其主要表现如下：

（1）可以将工艺设计人员从大量繁重的、重复性的手工劳动中解放出来，使他们能从事新产品的开发、工艺装备的改进及新工艺的研究等创造性的工作。

（2）可以大大地缩短工艺设计周期，保证工艺设计的质量，提高产品在市场上的竞争能力。

（3）能继承有经验的工艺设计人员的经验，提高企业工艺的继承性，特别是在当前国内外机械制造企业有经验的工艺设计人员日益短缺的情况下，它具有特殊意义。

（4）可以提高企业工艺设计的标准化，并有利于工艺设计的最优化工作。

（5）为适应当前日趋自动化的现代制造环节的需要和实现计算机集成制造系统（Computer

Integrated Manufacturing System，CIMS）创造必要的技术基础。

（6）工艺人员的工艺经验、工艺知识能够得到充分的利用和共享。

（7）能够把制造资源、工艺参数等以适当的形式建立成制造资源和工艺参数库。

（8）能充分利用标准（典型）工艺生成新的工艺文件，即可派生性。

正因为 CAPP 在机械制造业有如此重要的意义，从 20 世纪 60 年代人们就开始对其进行研究，30 多年来已取得了重大的发展，在理论体系及生产过程实际应用方面都取得了重大的成果。但是到目前为止，仍有许多问题有待进一步深入研究，尤其是 CAD/CAM 向集成化、智能化方面发展，追求并行工程模式等，这些都对 CAPP 技术提出新的要求，也赋予它新的含义。从狭义的观点来看，CAPP 是完成工艺过程设计，输出工艺过程。但是，为满足 CAD/CAM 集成系统及 CIMS 发展的需要，对 CAPP 认识应进一步扩展，P 不再单纯理解为 Process Planning，而含有 Production Planning 的含义。此时，CAPP 所包含的内容是在原有的基础上向两端发展，向上扩展为生产规划最佳化及作业计划最佳化；向下扩展为形成 NC 控制指令。广义的 CAPP 概念就是在这种形势下应运而生的，这也给 CAPP 的理论与实践提出了新的要求。

## 8.1.2  CAPP 系统的发展及其在我国的应用

计算机辅助工艺过程设计的研究始于 20 世纪 60 年代后期，其早期意图就是建立包括工艺卡片生成、工艺内容存储及工艺过程检索在内的计算机辅助系统。它只是将计算机当作存储、整理、计算和提取信息的工具，以帮助减少工艺人员所做的事务性工作，从而节省工艺设计的时间。这样的系统没有工艺决策能力和排序功能，因而不具有通用性。真正具有通用意义的 CAPP 系统以 1969 年挪威开发的 AUTOPROS 系统为开端，其后很多的 CAPP 系统都受到这个系统的影响。将计算机辅助工艺过程设计正式命名为 CAPP 则是在计算机辅助工艺过程设计发展史上具有里程碑意义的美国计算机辅助制造国际组织 CAM-I（Computer Aided Manufacturing-International）于 1976 年所推出的 CAM-I'S Automated Process Planning 系统。1985 年 1 月 CIRP 首次举行了 CAPP 专题研讨会，11 月美国 ASME 冬季年会的主题定为"计算机辅助/智能工艺过程设计"；1987 年 6 月 CIRP 又举行了 CAPP 的专题学术研讨会，从而使 CAPP 系统的研究进入了一个崭新的时代。

### 1. CAPP 发展历程

第一代产品：1982—1995 年，基于智能化和专家系统思想开发的 CAPP 系统。这段时间的研究片面强调工艺设计的自动化，忽略人在工艺决策中的作用。

第二代产品：1995 年至目前，基于低端数据库（FoxPro 等）开发的 CAPP 系统。这种 CAPP 系统所处理的数据和生成的数据必须都是基于数据库的，但为开发技术所限，不是交互式设计方式，直观性较差。工艺卡片的生成是由程序来完成或是在 CAD 系统中生成，系统的实用性存在较大的问题。

第三代产品：1996 年至目前，基于 AutoCAD 或自主图形平台开发的 CAPP 系统。采用 CAD 技术开发了一些 CAPP 系统，它解决了实用性问题，但却忽视了最根本的问题：工艺是以相关的数据为对象的，而不是以卡片为对象的。此类 CAPP 是基于文件系统 CAD 技术开发的，特别是自主 CAD 平台软件，文件格式采用了非标准的自定义格式，信息的交换存在一定的问题。

第四代产品：1998 年至目前，完全基于数据库、采用交互式设计方式、注重数据的管理与集成的综合式平台 CAPP 系统。此类系统集中了第二、第三两代系统的优点，是国内外 CAPP 学者公认的最佳开发模式，同时满足了特定企业、特定专业的智能化专家系统的二次开发需要。

### 2. CAPP 发展趋势

为适应企业进入新经济时代，解决 T（Time）、Q（Quality）、C（Cost）、S（Service）问题，在优化产品设计的同时，必须优化工艺设计，才能为优化管理打好基础。因此，CAPP 不能是简单的在卡片填写方式上用计算机代替手工，而必须通过应用 CAPP 系统提高工艺设计的优化、标准化水平（标准化不仅仅是文件格式的标准化，而是内容的标准化），以指导生产过程与生产管理，获得良好的效果。包括实施 ERP、JIT、CIMS 等的应用效果，使企业经营进入良性循环的轨道。

应用相似性原理、成组技术、标准化技术开展工艺标准化工作，建立工艺标准化体系，解决工艺设计的多样性等一系列工作，为开发 CAPP 应用软件及其系统的通用化、商品化打下牢固的基础，使企业工艺工作适应市场经济的发展。绝对不能牺牲开发应用 CAPP 的根本目的——优化生产管理与优化操作解决 T、Q、C、S，来开发所谓的"商品化"系统。

一个企业的实用的、可行的 CAPP 系统，必须首先以企业中占 70% 以上的可以实现工艺标准化的零件及产品工艺信息为主体，形成多种 CAPP 技术方式的应用系统，包括目前条件下可能实现的专家系统、半自动生成系统、派生式系统、样件系统等。对于那些暂时不能用以上方式解决的，可采用一些较为基础的方式。

在应用 CAPP 工艺设计系统的同时，开展工艺信息管理系统的开发与应用。用系统工程的原理与方法对企业工艺系统的全部工作进行系统分析、设计，形成完整的工艺信息系统，不但使工艺工作实现信息化，同时为企业工作的信息化提供坚实的基础，明确 CAPP 与 CAD、PDM、ERP 的关系。

### 3. CAPP 发展重点

（1）集成化。计算机集成制造是现代制造业的发展趋势，作为集成系统中的一个单元技术，CAPP 系统集成化也是必然的发展方向。在并行工程思想的指导下实现 CAD/CAPP/CAM 的全面集成，进一步发挥 CAPP 在整个生产活动中的信息中枢和功能调节作用，这包括：与产品设计实现双向的信息交换与传送；与生产计划调度系统实现有效集成；与质量控制系统建立内在联系。

（2）工具化。为了能使 CAPP 系统在企业中更好地推广应用，CAPP 系统应提供更好的开发模式。传统专用型 CAPP 系统虽然针对性强，但由于开发周期长，缺乏商品化的标准模块，适应性差，很难适应企业的产品类型、工艺方法和制造环境的发展和变化。而应用面广、适应性强的平台型（工具式）CAPP 系统，已经成为开发和应用的趋势。

（3）智能化。CAPP 系统必将在获取、表达和处理各种知识的灵活性和有效性上有进一步的发展。

随着 CAD、CAPP、CAM 单元技术日益成熟，同时又由于 CIMS 及 IMS 的提出和发展，促使 CAPP 向智能化、集成化和实用化方向发展。20 世纪 80 年代以来，随着机械制造业向 CIMS 技术的发展，在集成系统中，CAPP 必须能直接从 CAD 模块中获取零件的几何信息、材料信息、工艺信息等，以代替人机交互的零件信息输入，CAPP 的输出是 CAM 所需的各种信息。

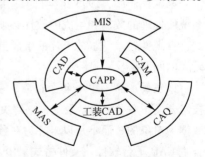

图 8-1　CAPP 与其他系统的信息流

CAPP 与 CIMS 中其他系统的信息流如图 8-1 所示。

（1）CAPP 接受来自 CAD 的产品几何拓扑、材料信息以及精度、粗糙度等工艺信息，为满足并行产品设计的要求，需向 CAD 反馈产品的结构工艺性评价信息。

（2）CAPP 向 CAM 提供零件加工所需的设备、工装、切削参数、装夹参数及切削过程的刀具轨迹文件，同时接收 CAM 反馈的工艺修改意见。

（3）CAPP 向工装 CAD 提供工艺过程文件和工装设计任务书。

（4）CAPP 向 MIS（管理信息系统）提供工艺过程、设备、工装、工时、材料定额等信息，同时接受 MIS 发出的技术设备计划、原材料库存、刀具量具状况、设备变更等信息。

（5）CAPP 向 MAS（制造自动化系统）提供各种工艺过程文件和夹具、刀具等信息，同时接受由 MAS 反馈的工作报告和工艺修改意见。

（6）CAPP 向 CAQ（质量保证系统）提供工序、设备、工装、检测等工艺数据，以生成质量控制计划和质量检测规程，同时接收 CAQ 反馈的控制数据，用以修改工艺过程。

## 8.2　CAPP 的基本功能与模块

CAPP 系统的组成与其开发环境、产品对象及其规模大小有很大的关系。CAPP 系统的基本组成模块如图 8-2 所示。

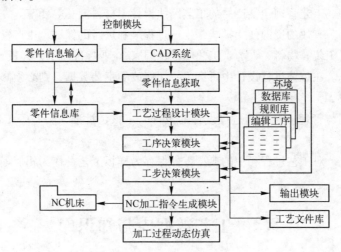

图 8-2　CAPP 系统的构成

（1）控制模块。控制模块用来协调和控制 CAPP 所有模块之间的运行和信息交流，并控制着零件信息的获取方式。

（2）零件信息的输入/输出模块。制定工艺过程所需要的零件信息（几何信息、工艺信息、加工条件等）可以直接从 CAD 模型中读取，也可以通过人机交互的方式获得。经过 CAPP 系统自动优化的工艺路线和工序内容信息，以通过工艺过程卡、工序和工步卡、工序图等各类文档的形式输出，并可以对其进行修改，以期获得所需要的工艺文件。

（3）工艺过程设计模块。工艺过程的设计模块主要进行加工工艺流程的选择和优化，最终确定加工工艺流程，生成工艺过程卡。

（4）工序决策模块。工艺决策模块主要用来生成工序卡，并对工序间尺寸进行计算，生成工序图。

（5）工步决策模块。工步决策模块中要生成工步卡，提供形成 NC 加工控制指令所需的刀位源文件。

（6）NC 加工指令生成模块。NC 加工指令生成模块是通过工步决策模块提供的刀位源文件来自动生成 NC 加工指令。

（7）加工过程的动态仿真。加工过程的动态仿真模块有效地避免了由不合理的工艺过程所造成的加工事故，比如碰刀、干涉等，可以检查工艺过程和 NC 指令的正确性。

为适应多变的产品种类和制造环境的要求，集成化是 CAPP 主要的发展趋势。所谓集成化是指 CAD/CAPP/CAM 的局部集成。CAPP 向上与计算机辅助设计相接，从根本上解决了 CAPP 系统的零件信息的输入问题，可以直接从 CAD 系统中读取零件信息，避免了由人工交互输入所带来的人为错误。向下与计算机辅助制造相连，要求 CAPP 系统输出的 NC 加工指令必须符合 NC 加工的要求，工艺的设计深度要达到对工步进行全面、详细的规范描述。设计信息通过工艺过程设计生成制造信息，是设计与制造之间的桥梁。总而言之，要适应现代化的生产环境的要求，CAPP 系统的发展趋势要具有以下的功能：

（1）产品的工艺设计。根据产品的结构、装配关系以及零部件明细表等，编制产品制造工艺的过程卡和工序卡，并绘制工序图。

（2）工艺管理。工艺管理包括产品的工艺路线设计、材料汇总等环节。

（3）资源利用。有效的资源使用模式是生产过程顺利进行的保证。生产资源包括工艺过程设计所需要的设备、工装、物料、人力、工艺规范、国家/企业标准、工艺样板、工艺档案等。

（4）工艺汇总。在工艺过程设计中所产生一切修改的工艺数据，则必须修改汇总卡中的相关内容。

（5）流程控制与管理。对工艺过程设计的设计、审核、批准、会签等工作流程进行作业实现、控制和管理。

（6）样板工艺。对工艺过程相似的典型零件保存为样板工艺，作为相似零件或相似工艺的参考模板。

# 8.3  工艺数据库与知识库

工艺数据是指 CAPP 系统在工艺设计过程中使用和产生的数据；工艺知识是指支持 CAPP 系统工艺决策所需的规则。CAPP 系统进行工艺设计时，一方面要利用系统中存储的工艺数据与知识等信息进行工艺决策，另一方面还要生成零件的工艺过程文件、NC 程序、刀具清单、工序图等众多信息。所以，CAPP 系统的工作过程实际上是工艺数据与知识的访问、调用、处理和生成新数据的过程。为了满足 CAPP 系统的需求，必须建立工艺数据与知识库来对数据和知识进行管理和维护。可见，工艺数据和知识库是 CAPP 系统的重要支撑系统。

## 8.3.1  工艺数据与知识的种类和特点

### 1. 工艺数据与知识的种类

工艺数据分为静态与动态两类。静态工艺数据主要是指工艺设计手册上已经标准化和规范了的工艺数据，以及标准工艺过程等。静态工艺数据一般由加工材料数据、加工数据、机床数据、刀具数据量、夹具数据、标准工艺过程数据、成组分类特征数据、已输入计算机的零件信息和对应的最终工艺过程等组成，且常采用表格、线图、公式、图形及格式化文本表示。动态工艺数据则主要指在工艺规划过程中产生的相关信息，如中间过程数据、零件图形数据、工序图形数据、中间工艺过程、NC 代码等。

工艺知识主要分为选择性规则和决策性规则两大类。前者如加工方法选择规则、基准选择规则、设备与工装选择规则、切削用量选择规则、余量选择规则、毛坯选择规则等；后者如加工方法排序规则（包括工序排序和工步排序规则）、实例或主样件筛选（推理）规则、工艺过程修正规则、工序图生成规则、工序尺寸标注规则等。

从工艺规划的方式来看，工艺数据与知识又可划分成支持检索式、派生式、创成式 CAPP 的工艺数据与知识。

### 2. 工艺数据与知识的特点

工艺数据与知识是工程数据的一种形式，具有许多独特的特点。

（1）数据类型复杂。从数据形式化表达的一般格式看，任何数据都能表示为实体、属性、属性值三元组及其关联集。对于传统的商用数据，用基本数据类型，如字符型、整型、浮点型等及其组合就能构造出三元组中的数据类型。工艺数据和知识与一般的关系型数据不同，它们除了含有一般关系型数据库所能表达的数据类型外，还涉及它们当中所没有的变长数据、非结构化数据、具有复杂关联关系的数据、过程类数据以及图形数据等。可见工艺数据与知识是由复杂的数据类型所构成的，用一般的关系型商用数据库很难实现对它们的管理。

（2）动态的数据模式。动态工艺数据是在工艺设计过程中由各个问题求解行为所产生的中间及最终设计结果。在问题求解过程中，必须具备动态数据模式来支持对上述数据的处理，这完全不同于传统商用数据的处理模式。

## 8.3.2　工艺数据与知识的获取与表达

如何获取、表达 CAPP 系统所需的数据与知识，使之既便于计算机内部对它们的描述和管理，又便于 CAPP 系统的工艺决策，是 CAPP 系统的重要课题。

### 1. 工艺数据与知识的获取

为了便于数据与知识的获取，应主要做到：

（1）工艺数据和知识的表达方式规范化与标准化。这主要包含三层含义：一是数据与知识内存表达规范化，为此，系统要为各种数据和知识制定合理的模型与相应的数据结构，最常用的表达方式是框架模型；二是数据与知识内存表达式的文本表达格式（供用户收集和整理数据与知识时用）标准化；三是数据与知识的获取界面规范化，这要依靠标准化的工艺数据与知识获取界面来实现。

（2）工艺数据与知识的获取方式规范化与方便化。数据与知识的获取一般分两步：第一步是收集、整理、归纳、总结和分类，并用系统提供的标准文本格式记录下来，这一般要由领域工程师完成；第二步就是输入、维护和管理，这是在系统提供的知识获取和管理界面的引导下实现的，前者关系到数据与知识的准确性和完备性，后者关系到数据与知识是否便于输入和管理。

**2. 工艺数据与知识的表达**

工艺数据与知识的表达是通过数据结构来实现的。用于表达工艺数据与知识的数据结构有串、表、栈、树、图，以及框架结构（类似于树）、网络结构（类似于图）等。作为工艺数据与知识表达的示例，此处简要介绍工艺过程的表达。

在工艺设计过程中，根据零件信息，在推理机的控制策略下，按一定顺序执行各个子任务，对应于各个子任务的有关函数被执行，有关知识被依次调入或被清除内存。各个子任务的推理、设计或计算，结果被依次记录下来，存入工艺过程数据库。直到各子任务全部完成为止，工艺过程才告形成。为了便于工艺决策，可以构造以工序为主链，工步为辅链的"工序—工步二叉树"数据结构，并将各种工艺信息用指针与链表挂于工序或工步节点之上，从而完成工艺过程信息模型建立。

## 8.3.3 工艺数据与知识库的设计

**1. 建立工艺数据与知识库的一般途径**

（1）按照数据库设计的一般方法与步骤，开发满足工艺数据与知识特点的适用于 CAPP 系统要求的工程数据库，这是解决问题最根本的途径。然而，由于工艺数据与知识本身的复杂性和多样性，以及 CAPP 系统对工艺数据和知识的要求的特殊性，要建立这样的工程数据库决非轻而易举之事。

（2）根据 CAPP 的应用特点，用高级语言开发实用型的层次数据库。这种方法要求事先为每一种数据和知识建立数据结构，设计相应的管理逻辑和管理界面，各种数据与知识按 CAPP 系统工艺设计的子任务分类存储和管理，以便于 CAPP 系统对它们的访问与调用。该方法简单易行，比较适合于 CAPP 系统对数据和知识的管理需求，因此被许多 CAPP 系统所采用。其主要缺点是不便于用户自行扩充和定义数据类型，数据管理界面也不统一。

（3）在现有商品化数据库的基础上二次开发工艺数据与知识库。这也是一种切实可行的方法。这种方法主要存在两个方面的问题不好解决：第一，现有成熟的商品数据库多为关系型，并不适用于大部分工程数据的管理，特别是图文数据和非线性数据类型的管理；第二，要专门开发数据库系统与 CAPP 系统之间的数据接口，以实现二者之间的数据通信。为了克服第二个不足，有些 CAPP 系统直接在一些商用数据库上开发。

**2. 工艺数据库与知识库管理系统的功能需求**

与商用系统对静态管理模式不同，工艺数据与知识动静相结合的特点决定了其相应的工艺数据库管理功能应具备下述一般性和特殊性要求。

（1）支持对复杂数据类型的定义。数据类型是数据对象的基础。因此，要求工艺数据的管理功能能实现对定义结构数据、非结构化数据、变长数据的定义与描述。

（2）支持对动态数据模式的操作。由于工艺规则进程中动态数据模式动态可变，因此，相应的数据管理功能应支持数据库模式的动态修改与扩充，并具备工艺文件修改的权限控制机能。

（3）支持复杂数据模型的定义、描述与操作。工艺数据涉及多重关系的数据实体，这样就要求具有表示和处理实体间复杂关系，并保证实体的完整性的能力。

（4）支持版本控制机制。工艺设计是一个渐进的、反复的、层次式的规划进程。在设计过程中，相应的数据管理功能应具备保留和管理规划中的历史、不同工艺规划方案和动态变化的模式等信息的能力。因此，要求具备一个良好的多级版本管理能力。

（5）支持工程事务处理和恢复功能。考虑到工艺设计事务的长期性和事务的分层特征，要求相应的数据管理功能应具备事务分解、事务处理功能，并能保留中间结果。

（6）支持分布式环境下的数据操作。在计算机集成制造或并行工程中，工艺设计必须与CAD 系统、CAM 系统、信息管理系统（MIS）以及车间自动化系统等交换数据，要实现这一目的，必须依赖于计算机网络。这就要求对相应的工艺数据管理具备网络操作功能，且包含分布式数据存储与处理机制。

### 3. 工艺数据库与知识库的数据模型

工艺数据库与知识库管理功能的实现在很大程度上取决于相应的工艺数据与知识的模型。工艺数据与知识种类多、数量大，而且数据间的联系错综复杂，其数据的组织将直接影响工艺设计系统的效率。可以说，工艺数据库与知识库的数据模型是实现工艺数据与知识库系统的核心。通常，工艺数据库与知识库的基本数据模型有 4 类，即层次模型、网状模型、关系模型和面向对象的模型。

（1）层次模型。由树状结构表示实体间的联系的模型称为层次模型。这种层次模型有两个限制：其一是树的根节点只能有一个；其二是根节点以外的其他节点仅有一个父节点。这种限制导致了层次模型不能直接表达"多对多"的关系。

（2）网状模型。取消层次模型中的两个限制，允许每个节点可以有多个父节点，便形成了网状模型。它可以直接表示"多对多"关系。从具体的应用角度看，网状模型按事先规定好的路径检索。它的优点是速度快、效率高；缺点是描述复杂、不易实现编程。

（3）关系模型。关系模型中，数据以关系或表的形式进行组织，它具有以下优点：

① 数据结构简单、直观易理解。

② 可以直接表示和处理"多对多"关系。

③ 数据独立性更高。

④ 适用于分布式数据库的构造。

⑤ 对数据的增减方便、灵活。

⑥ 有严格的数学定义及关系规范化技术支持。

对于工程数据中的一些二维表格数据，可以方便地用关系数据模型来描述，但对大量的非线性工程数据，要想将其线性化非常不便，反而为数据管理带来困难。

（4）面向对象的模型。随着数据及其操作复杂性的不断增加，传统的数据模型越来越难于适应新环境的要求。它们缺乏丰富的语义描述能力，难以支持诸如图像、文本、声音、规划或过程等新型数据类型，以及各种信息的多版本性。为解决这方面的难题，支持面向对象的数据模型和具有传统数据库特征的数据类型应运而生。面向对象的概念涉及对象、属性、封装、类、层次、继承等，这组概念形成了新一代数据库模型的基础。以这些概念的数据模型为相应的核心模型，通过在该核心模型的基础上增加与具体应用有关的语义、完整性约束和语义联系，定义出了面向对象的数据模型。

## 8.3.4　构造工艺数据库与知识库的一般步骤

工艺数据库与知识库的设计遵循软件设计的一般原则，即"自顶而下，逐步求精"的原则，一般分成 4 个阶段来完成：

（1）分析工艺设计用户的需求。

（2）进行概念结构设计。

（3）进行逻辑结构设计。

（4）进行物理结构设计。

可见，这与设计一般数据库的步骤相同，只是要充分考虑工艺数据与知识库的特殊需求。

# 8.4 派生法 CAPP 系统

派生法 CAPP 系统也叫做变异法 CAPP 系统、修订法 CAPP 系统。在派生法 CAPP 系统中，零件图样按成组技术中的分类编码系统进行编码，用数字代码表示零件图样上的信息。

派生法 CAPP 系统的工作原理是根据成组技术中的相似性原理。如果零件的结构形状相似，则它们的工艺过程也有相似性，即相似零件有相似工艺过程。对于每一个相似零件组，可以采用一个公共的制造方法来加工，这种公共的制造方法以标准工艺的形式出现，它可以集专家、工艺人员的集体智慧和经验及生产实践的总结制定出来，然后存储在计算机中。当为一个新零件设计工艺过程时，从计算机中检索标准工艺文件，然后经过一定的编辑和修改就可以得到该零件的工艺过程。根据零件信息的描述与输入方法不同，派生法 CAPP 系统又分为基于成组技术（GT）的派生法和基于特征的派生法 CAPP 系统。前者用 GT 码描述零件信息，后者用特征来描述零件信息，后者是在前者的基础上发展起来的。

## 8.4.1 基于 GT 的派生法 CAPP 系统

该系统是建立在成组原理的基础上的，用 GT 码描述输入零件信息。每个零件族或主样件有一通用的制造过程，即主样件的标准工艺过程。系统通过划分零件组对零件进行分类编码，确定零件所在的组后调用其标准工艺过程。派生法系统还需要存储零件族矩阵信息文件以及主样件的标准工艺过程文件和各种加工工程数据文件，如切削用量、设备、刀具、量具、辅具等资料，供新零件检索调用。在工艺设计时，系统会根据所设计零件的 GT 码搜索到该零件所属的零件族矩阵或主样件，并检索到其对应的标准工艺过程，再根据系统预先制定的筛选逻辑，从标准工艺过程中筛选派生出所要设计零件的工艺过程。对工艺过程文件进行必要的补充，最后得到当前零件的工艺过程。下面简单介绍此系统的设计过程。

（1）选择零件分类编码系统。首先要根据零件产品的特点选择或制定合适的零件分类编码系统（即 GT 码）。可以根据具体情况选用通用的分类系统，如 JCBM、JLBM、KK 系统等，也可选用适合于本部门产品特点的专用分类系统。其目的是用 GT 码来对零件信息进行描述与输入并对零件进行分组，以期得到零件族矩阵和相应的标准工艺过程。

（2）零件分组。为了合理选定主样件，必须对零件分组。分组方法一般常用的有视检法、生产流程分析法和编码分组法。其中，编码分组法是应用较为广泛的一种方法。编码分组法又可以分为特征数据法和特征矩阵法。一个零件组包含了若干个相似的零件，可以把每个相似零件组用一个主样件或一个零件族矩阵来代表。此主样件的制造工艺过程就是组内所有零件的公共制造工艺过程，即标准工艺过程。它除了包括主样件的加工内容外，还包括加设备、刀具和夹具等信息。对派生法 CAPP 系统而言，由于零件组中所有的零件必须具有相似性，所以整个零件组中只有一个标准工艺过程。

（3）主样件的设计。主样件是一个零件组的抽象，它是一个复合零件，也可以说一个零件族矩阵就是一个主样件。设计主样件的目的是为了制定标准工艺过程，以便对标准工艺检索。在设计主样件之前要检查各零件组的情况，每个零件组只需要一个主样件。对于简单零件组，零件品种以不超过 100 为宜，以形状复杂的零件作为设计基础，再把其他图纸上不同的形状特征添加到基础件上，从而得到主样件。

（4）标准工艺过程的制定。标准工艺过程应能满足该零件组所有零件的加工要求，并能反映工厂实际工艺水平，尽可能是合理可行的。设计时，要对零件组内各零件的工艺进行仔细分析、概括和总结，每一个形状要素都要考虑在内。另外，要征求有经验的工艺人员、专家和工人的意见，集中大家的智慧和经验。

有些单位在设计标准工艺过程时采用复合工艺路线法。即在分析零件组中零件的全部工艺路线后，选择其中一个工序最多、加工过程安排合理的零件工艺路线作为基本路线，然后把其他零件特有的、尚未包括在基本路线内的工序，按合理顺序加到基本路线中去，构成代表零件组的复合路线。

（5）建立工步代码文件。标准工艺过程是由各种加工工序组成的，一个工序又可以分为多个操作工步，所以操作工步是标准工艺过程中最基本的组成要素。如车外圆、钻孔、铣平面、磨外圆、滚齿、拉花键等。标准工艺过程如何存储在计算机中，怎样随时调用，又怎样进行筛选，主要依靠工步代码文件。工步代码随所采用的零件编码系统的不同而有所不同。下面介绍采用 JCBM 或 Opitz 编码系统时工步代码是如何建立的。

对于采用 9 位代码（JCBM 或 Opitz 系统）的零件，可用 5 位代码表示一个工步。其中，前两位代码表示操作工步的名称，其含义可规定如表 8-1 所示。

表 8-1　9 位代码的含义

| 01 | 粗车外圆 | 11 | 精车外圆 | 21 | 滚齿 |
|----|---------|----|---------|----|------|
| 02 | 粗车端面 | 12 | 精车端面 | 22 | 插齿 |
| 03 | 切槽 | 13 | 精车锥面 | 23 | 拉花键 |
| 04 | 钻孔 | 14 | 精镗内孔 | 24 | 拉键槽 |
| 05 | 钻辅助孔 | 15 | 加工内螺纹 | 25 | 磨齿 |
| 06 | 镗孔 | 16 | 磨外圆 | 26 | 钳工倒角 |
| 07 | 车外螺纹 | 17 | 磨端面 | 27 | 钳工去毛刺 |
| 08 | 粗车锥面 | 18 | 磨锥面 | 28 | 检验 |
| 09 | 铣平面 | 19 | 磨平面 | 29 | 渗碳淬火 |
| 10 | 倒角 | 20 | 磨内孔 | 30 | 磁力探伤 |

第三位代码表示零件 9 位代码中需要这一要素的码位，第四、五位代码分别代表了需要这一操作工步的码值上的最小数字和最大数字。

例如，代码为 09412 的工步，其含义是：前两位代码 09，表示铣平面；第三位代码 4，代表零件 JCBM 代码的第四位；后面两位代码 1 与 2，代表此零件要铣平面。再如，01216 工步代码，表示粗车外圆，零件第二位代码如是 1~6，则都要粗车外圆。工步代码 21544 表示滚齿，只有零件第五位代码是 4 时才是滚齿。

标准工艺过程用基于工步代码的工艺过程筛选方法来表示，这种方法不但使标准工艺过程文件的存储和调用十分便利，而且也为从标准工艺过程中筛选出当前零件的工艺过程提供了方便。当计算机检索到标准工艺过程的某一工步时，只要根据工步代码的第三位数值，查看该零件 JCBM 编码中这一码位的数值是否在工步代码的第四位和第五位数值范围内，如果在这一范围内，就在标准工艺过程中保留这一工步，否则就删除这一工步，直至将标准工步的所有工步代码筛选完毕为止。标准工艺过程中剩下的部分就是当前零件的初步的工艺过程。接下来就是对所得到工艺过程进行必要的修正与编辑，最后成为符合要求的工艺文件。

（6）建立切削数据文件。CAPP 系统所要处理的数据的种类和数量非常大，而且其中许多数据是和其他系统共享的。由于产品零件的品种繁多，零件形状又十分复杂，涉及的加工要素很多，采用的加工方法也各种各样，而所有的加工方法都必须有切削数据（进给量、切削速度、切削深度），为此必须建立大量的切削数据文件。为了生成工艺过程，还必须建立各种工艺数据文件，如机床文件、刀具文件、夹具文件、加工余量文件、公差文件、分组矩阵文件、标准工艺文件、工步代码文件、工时定额参数文件、成本计算参数文件等。另外，在生成工艺过程过程中，临时生成的中间数据文件、工序图文件以及最终生成的工艺过程都必须存储，需要时还将随时调用。

（7）设计各种功能子程序。由于 CAPP 系统中要应用各种计算方法，为此需预先将各种计算公式和求解方法编成各种功能子程序，如切削参数的计算，加工余量、工序尺寸公差的计算，切削时间和加工费用的计算，工艺尺寸链的求解，切削用量的优化和工艺方案的优化等。在系统运行过程中，如需要应用某种计算方法，就可随时调用。

（8）CAPP 系统总程序设计。上述各项准备工作完成以后，用一个主程序和界面把所有子程序连接起来，每一个单元功能可以来用模块结构形式，可以单独调试和修改，再把各个功能模块组合起来，就构成 CAPP 系统的总程序。CAPP 系统的建立是一个劳动量很大的工作过程，特别是要建立庞大的工艺数据库，要花费很多的人力和时间。开始时，可以建立各种数据文件，以后再逐步积累完善。

综上所述，CAPP 系统开发是一个工作量很大的工作过程。而且 CAPP 系统很难像 CAD 绘图系统那样做成通用的软件，特别是基于 GT 的派生法 CAPP 系统，由于建立在已有零件及其工艺过程之上，所以适用范围很窄。

## 8.4.2　基于特征的派生法 CAPP 系统

基于特征的派生法 CAPP 系统在基于 GT 的派生法 CAPP 系统的基础上进行了改进，克服了基于 GT 的派生法 CAPP 系统的一些不足。

### 1. 基于特征的派生法 CAPP 系统的主要思路

（1）用基于特征的零件信息模型来取代 GT 码。用工序—工步二叉树来描述零件的工艺过程，从而可以对零件信息进行完整准确的描述，为高质量的工艺过程设计打下坚实的基础。

（2）在主样件的基础上增加实例的概念。实例是系统中已有的工艺过程及其相应的零件信息的集合。实例可以是系统中新产生的工艺设计结果，也可以是一个主样件。实例是一种丰富的资源，从实例中可以派生出当前零件的工艺过程。

（3）用主样件（或实例）分类索引树来取代零件分组。这种分类索引树是动态的，用户可方便地创建实例分类索引树并对树进行维护和管理。主样件或实例按零件分类索引树分类存储，用户可以随时将新制定的主样件或新产生的实例按类存入主样件（或实例）库，无须事先对零件进行分组和制定零件族矩阵。主样件的制定不依赖于已有的大量零件图及其工艺过程，而只要对工厂现有的有限典型零件进行分类，并就每一类制定一个或若干主样件，编出其标准工艺过程，在系统提供的人机界面上方便地输入编辑主样件信息与主样件标准工艺过程，从而大大增加系统的灵活性和实用性。

（4）用基于特征的推理代替基于零件族矩阵的工艺过程筛选策略。即对标准工艺过程进行自动筛选，不再基于零件族矩阵，而是以基于特征的零件信息模型为依据，在基于特征的标准工艺过程中自动匹配和筛选出当前零件的工艺过程。

一个零件类或相似零件组一般有许许多多的实例，为了便于对实例进行搜索和管理，一般只将有一定代表性的实例存入实例库中，而且为实例的管理和调用制定一定的策略和算法。实例和主样件都包括两方面的信息，即主样件或实例的零件信息和与之相对应的工艺信息，因此实例的表达方式与零件信息和工艺过程的表达方式相同。主样件与实例的管理如何快速准确地抽取主样件或实例，是基于特征的派生法 CAPP 系统中最重要的内容之一。

主样件和实例的管理与维护是通过主样件和实例管理器来完成的。该管理器具有友好的管理界面。用户可以在此界面的引导下方便地创建零件分类索引树及其子类，也可以对已定义过的类进行修改。CAPP 系统运行时，可随时在分类索引树界面的引导下准确快捷地调用所需实例，或将有关主样件或实例按类存入实例库中。

## 2. 基于特征的派生法 CAPP 系统的推理策略

主样件与实例是按零件分类树分类存储的。系统提取到零件信息后，立即打开零件分类索引文件并将其装入计算机内存中，建立各类索引树。以当前零件信息和实例分类索引树为依据，可用两种方法抽取实例：人机交互式提取法和自动提取法。

人机交互抽取法可分两步进行人机交互式的实例抽取。第一步，人机交互搜索当前零件所属的零件类，在主样件与实例管理界面的引导下，从分类树树根开始，逐层逐层地地进行搜索，寻找当前零件所属的零件类。第二步，计算相似性系数 $k_s$。相似性系数是用于衡量当前零件与有关主样件或实例相似程度的一个参数。在第一步的基础上找到当前零件所属的零件类后，系统将自动计算当前零件与该零件所属类中的主样件或所有实例的相似性系数 $k_s$，并将 $k_s$ 大于 4 的主样件或实例按先后次序显示，以供用户选用，用户即可随时查看所列主样件或实例的有关属性，以进一步确定该主样件或实例是否可用。

自动抽取主样件或实例亦分两步进行：第一步，自动搜索当前零件所属的零件类。系统以当前零件信息为依据，从分类索引树树根开始，进行广度优先搜索，确定当前零件所属的零件类。第二步，计算相似性系数 $k_s$。在计算出当前零件与该零件所属类中的主样件或实例的相似性系数 $k_s$ 后，系统将自动取 $k_s$ 值最大的主样件或实例为依据进行工艺设计，若推理结果不满意，用户还可取其他主样件或实例进行工艺设计。

下面介绍计算相似系数的方法。

若

$$k_p = \frac{2 \times (当前零件与主样件或实例匹配上的主特征数)}{当前零件的主特征数 + 主样件或实例主特征数}$$

$$k_u = \frac{2 \times (当前零件与主样件或实例匹配上的辅特征数)}{当前零件的辅特征数 + 主样件或实例辅特征数}$$

$$k_h = \frac{当前零件与主样件或实例总体特征匹配数之和}{n}$$

则相似系数 $k_s$ 为

$$k_s = \frac{a_p \cdot k_p + a_u \cdot k_u + a_h \cdot k_h + a_l \cdot k_l}{a_p + a_u + a_h + a_l}$$

式中：$k_p$ 为主特征匹配率，$k_u$ 为辅特征匹配率，$k_h$ 为总体信息匹配率，$k_l$ 为精度匹配率，$a_p$，$a_u$，$a_h$，$a_l$ 为相应的加权系数，一般取 $a_p = 1$，$a_u = 0.5$，$a_h = 0.25$，$a_l = 0.25$。

# 8.5　创成法 CAPP 系统

## 8.5.1　创成法 CAPP 系统的工作原理

创成法 CAPP 又称生成法 CAPP，它不像派生法 CAPP 系统，不必有样本工艺文件。新零件工艺过程的产生是模拟工艺设计人员的决策过程。在输入新零件的全面信息后，根据加工能力知识库和工艺数据库中加工工艺信息，在没有人工干预的条件下，运用某种决策逻辑与规则自动生成工艺文件。有关零件的信息可以直接从 CAD 系统中获得。创成法 CAPP 系统流程如图 8-3 所示。

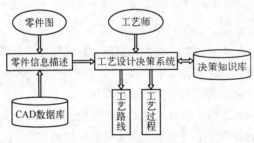

图 8-3　创成法 CAPP 系统流程

这种方法在原理上比较理想，就是让计算机模仿工艺人员的逻辑思维能力，自动进行各种决策，选择零件的加工方法，安排工艺路线，选择机床、刀具、夹具，计算切削参数和加工时间、加工成本，以及对工艺过程进行优化。用户的任务仅在于监督计算机的工作，并在计算机决策过程中作一些简单问题的人工处理，对中间结果进行判断和评估等。

创成法 CAPP 系统能很方便地设计出新零件的工艺过程，有很大的柔性，还可以和 CAD 系统以及自动化的加工系统相连接，实现 CAD/CAM 的一体化。其对用户的工艺知识要求不高，所以在制造业中得到了很广泛的应用。

创成法 CAPP 系统的核心是零件信息库、工艺知识库和推理机 3 部分。所以，要实现完全创成法的 CAPP 系统，必须要解决下列 3 个关键问题：

（1）工艺知识的获取和表达方法。零件的信息必须要用计算机能识别的形式完全准确地描述。

（2）收集大量的工艺设计知识和工艺过程决策逻辑以建立工艺知识库，并以计算机能识别的方式存储，且工艺过程的设计逻辑和零件信息的描述必须收集在统一的工艺知识数据库中。

（3）推理机的设计。即控制程序的设计。主要是推理方式和控制策略，以及运行库、生成库的管理。这里主要涉及人工智能技术和软件设计方法。

要做到以上 3 点，目前在技术上还有一定的困难。目前还不能完全实现创成法 CAPP 系统，所以将派生法和创成法互相结合，综合采用这两种方法的优点，例如可以选择几个存储在计算机中的工艺过程片断，同时又具有一定的工艺决策逻辑，考虑一部分加工表面理论上必需的加工顺序，然后把它们综合起来，形成一个工艺过程。这种系统就称为半创成系统，也叫综合法 CAPP 系统。现在世界各国研制出的号称创成法的 CAPP 系统，实际都属于这种类型，它们仅具有有限的创成功能。

## 8.5.2　零件信息描述

零件信息描述是设计创成法 CAPP 系统首先要解决的问题。所谓零件信息描述就是要把零件的几何形状和技术要求转化为让计算机能够识别的代码信息。零件信息描述的准确性和完整性，对 CAPP 系统的设计方法有直接的影响。

目前国内外创成法 CAPP 系统中采用的零件描述方法主要有下列几种：

### 1. 柔性编码法

传统的成组技术分类编码系统，如 Opitz 等都属于刚性分类编码系统，即它们的码位长度和每一码位包含的信息容量都是固定的，如 $9 \times 10$ 或 $15 \times 10$ 等。它们不能完整、详尽地描述零件结构特征和加工特征，不能满足生产系统中不同层次、不同方面的需求。而柔性编码系统是指其码位长度和每一码位所含的信息量都可以根据描述对象的复杂程度而柔性变化。

柔性编码系统的结构由固定码和柔性码两部分组成。固定码主要用于零件分类、检索和描述零件的整体信息，基本上起传统编码的作用；柔性码则详细地描述零件各部分结构特征和工艺信息，用于加工、检测等环节。

### 2. 型面描述法

这种描述方法把零件看成由若干种基本型面按一定规则组合而成，每一种型面都可以用一组特征参数给予描述，型面种类、型面的特征参数以及型面之间的关系都可以用代码来表示。每一种型面也都对应着一组加工方法。首先，确定达到型面技术要求的最终加工方法，有了最终的加工方法后再确定其前面的准备加工方法。型面又可以分为：

（1）基本型面——圆柱面、圆锥面、平面等。

（2）复合型面——螺纹、花键、构槽、滚花、齿形等。

（3）型面域——零件上那些功能、结构、工艺特点和精度要求类似的型面，合并为同一类别，以便更准确地描述零件的结构和便于将零件信息输入计算机。例如，退刀槽、箱体凸缘等。

### 3. 体元素描述法

体元素是零件可分解的最基本的三维几何体，如圆柱体、圆锥体、六面体、圆环体、球体等。体元素描述法把零件看成由若干种基本几何体按一定位置关系组合而成。

可以根据产品零件的结构形状特征，设计出一组体元素模型，它们以图形文件的形式存储。

还可以设计一组以基本体元素按一定位置关系组成的零件标准图形。

当向计算机输入零件特征信息时，首先检索标准零件图形文件，寻找可供使用的标准零件图形，若能检索到，即把标准图形调入内存，并继续输入标准图形中各体元素的具体尺寸信息，最后在屏幕上显示输入的实际零件图形，还可以进行修改。当检索不到可供利用的标准图形时，直接从体元素模型中调用所需的体元素，按零件实际尺寸信息和相互位置关系拼合零件图形，并将它们存储在图形文件中。

**4. 特征描述法**

特征描述法不是按传统的用纯几何体素来描述零件，而是根据零件特点，以具有明显工程意义的实体来描述零件。特征是具有一定拓扑关系的一组几何元素构成的形状实体，它对应零件上的一个或多个功能，可通过特定的加工方式来生成。特征还可以进一步分为基本特征和组合特征。基本特征是在特定的加工条件下，一次走刀所形成的几何实体；组合特征是在特定的加工条件下，需要多次走刀或需要更换刀具多次走刀才能形成的几何实体。

从上述定义可以看到，特征描述法不仅含有零件结构几何信息，同时也包含零件制造信息，如尺寸精度、公差、材料、表面粗糙度等。这就使设计与制造相互之间易于实现信息的交换和共享。

**5. 从 CAD 系统的数据库中直接获得零件信息**

该方法是利用中间接口或其他的传输手段，将零件的设计信息，直接从 CAD 系统的数据库中提取出，用于对零件进行工艺过程设计。采用这种方法可以省去工艺设计之前对零件信息进行二次描述，而且可以获得较完善的零件描述信息，实现 CAD/CAPP/CAM 的一体化。这是当今制造系统的发展方向。

## 8.5.3　工艺知识库的建立

在一般的 CAPP 系统中，都把工艺设计各阶段所用到的工艺知识归纳成工艺决策逻辑形式，编制在系统程序中。而在 CAPP 专家系统中，则是单独地建成工艺知识库。工艺知识在专家系统中属于过程性知识，它包括选择决策逻辑（如加工方法选择、工艺装备选择、切削用量选择等）、排序决策逻辑（如安排加工路线、确定工序中的加工步骤等），以及加工方法知识（如加工能力、预加工要求、表面处理要求等）。一般都采用产生式规则来表示工艺决策知识。

工艺知识库是一个完整的规则集，它可以划分为若干规则子集。根据需要每个规则子集还可以划分成若干规则组。一般可包含以下几部分：

（1）加工方法的选择。CAPP 系统一般都采用逆向编程原理，首先确定能达到质量要求的各个加工表面的最终加工方法，然后再确定其他的准备加工工序。

（2）工艺路线的确定。零件上某些表面的形成往往不是经过一次加工，而需要经过多次加工。所以，零件各表面的最终加工方法选定以后，为保证最终加工方法的质量，常安排一些准备工序，如精加工以前的粗加工工序、热处理工序等。另外，还需要确定这些加工方法在工艺路线中的顺序和位置，即排定工艺路线。

工艺路线的制定一般都是以划分加工阶段为依据，如基准加工、粗加工、细加工、精加工、表面处理、超精加工、检验等。并遵循先基准后其他、先粗后精等原则。划分了加工阶段以后，就可将同一加工阶段中的各加工表面的加工，根据安装方式，使用机床组合成若干工序，每个工序可以由若干工步所组成。切削工步的加工顺序和内容也有一定的加工先后关系，都可用产生式规则描述。

（3）毛坯的选择。毛坯选择主要根据加工零件的材料、尺寸、技术条件和现有加工条件等。首先要确定毛坯的类型和毛坯加工的方法。

其余，如刀具选择、切削用量选择和毛坯余量选择等均可采用产生式规则表示。

## 8.5.4　推理机的设计

### 1. 推理机的功能和模块

推理过程要解决的问题是在问题求解的每个状态下，如何控制知识的选择和运用。创成法 CAPP 系统的推理是以知识库的已有知识为基础来求解问题，其选择知识的过程即为系统推理决策过程，知识的运用即为推理方式。

创成法 CAPP 系统的推理机构由 4 部分组成：

（1）运行库。系统在求解的过程中会把当前求解状态下的符号和事实等信息记录下来，这些记录信息和零件的原始信息数据汇集起来形成一个信息集合，这个集合称为运行库。

（2）生成库。由系统求解过程中所产生的结论性信息数据组成，主要包括工艺过程信息和工序图形数据信息等。

（3）推理器。在一定的控制下，选取知识库中对当前问题的可用知识，运行库中的中间结果信息不断进行修改，直至得到问题的最佳求解结果。

（4）解释装置。当一个问题得到解决后，系统会通过一个显示装置重新展示问题的求解过程，以此来提供问题求解的推理路径信息，解释系统是如何求解并不断得到结论的。

### 2. 推理方式和策略

推理机是专家系统的控制机构，它规定了如何从知识库中选用适当的规则，来进行工艺过程设计，只有在一定的控制策略下，规则才能被启用。为了能在较短的时间内搜索到能启用的规则，一般都采用分阶段或分级推理的方法，也就是把工艺过程的设计划分为若干子任务，如毛坯选择、加工方法选择、工艺路线制定、工序设计、工序尺寸计算、切削用量计算、加工费用计算等。

归纳推理和演绎推理是两种比较常用的推理方式。归纳推理是从一组特定的实例中归结出某种结论，并把这个结论一般化到其他相类似的实例中。这种推理过程是一种知识的生殖的过程。演绎推理是在实际问题中新加入一个问题就能推出一个新的结论，而这个新推出来的结论同已知的知识和结论不发生矛盾。它是一个单调的推理过程。创成法 CAPP 系统多采用基于知识的演绎推理。这里的知识指工艺知识，取决于知识的描述模式。由于工艺知识大多采用产生式（即规则式）描述，故又称为基于规则的演绎推理。

对工艺过程设计还须有优化要求。要求选出的加工方法和排出的工艺路线，加工时间最短，费用最小，或生产率最高。在人工智能技术中，有许多有效的寻优求解方法。例如，分枝界限法就是 CAPP 专家系统中常用的方法。

在 CAPP 专家系统中还有一种优化工艺路线的简便方法，就是对知识库中规则的存储顺序作一些规定，即把生成同样几何形状表面的加工方法规则，按加工费用的高低排列，把较为经济的规则放在前面，而加工费用高的规则放在后面，以便在检索时，首先发现那些加工较为经济的加工方法。

在 CAPP 专家系统的推理过程中，当有多条规则的条件部分被满足时，系统到底应该选用哪条规则予以执行，则由冲突解决策略来处理。对于不同的系统或不同的子任务可以采用不同的解决方法。一般常用的方法有以下几种：

（1）按规则的存储次序决定启用规则。如前面所述的按知识库中规则存放顺序，从前向后匹配，最早被触发的规则即为启用规则。

（2）优先启用包含最多前提条件的规则。

（3）按规则可信度值选用，即可信度值大的规则为优先启用规则。

## 8.5.5 创成法 CAPP 系统的工艺决策逻辑

研制创成法 CAPP 系统是一个十分复杂的问题，它涉及选择、计算、规划、绘图以及文件编辑等工作。而建立工艺决策逻辑则是其核心问题。从决策基础来看，它又包括逻辑决策、数学计算以及创造性决策等方式。创造性决策将依靠人工智能的应用，建立 CAPP 专家系统来解决。

### 1. 逻辑决策为主的决策方式

（1）建立工艺决策逻辑的依据。建立工艺决策逻辑一般应根据工艺设计的基本原理、工厂生产实践经验的总结以及对具体生产条件的分析研究，并集中有关专家、工艺人员的智慧及工艺设计中常用的、行之有效的原则。如各表面加工方法的选择，粗、细、精、超精加工阶段的划分，装夹方法的选择，机床、刀具类型规格的选择，切削用量的选择，工艺方案的选择等，结合各种零件的结构特征，建立起相应的工艺设计逻辑。还要广泛收集各种加工方法的加工能力范围和所能达到的经济精度以及各种特征表面的典型工艺方法等数据，作为文件存储在计算机内。

用创成法设计工艺过程时，计算机将根据输入的零件特征的几何信息和加工技术要求，自动选择相应的工艺决策逻辑，确定其加工方法，或者选择已存储在计算机中的某些工艺过程片断，然后经综合编辑，生成所需的工艺过程。

（2）工艺决策逻辑的主要形式。现在有很多种工艺决策逻辑用于创成法 CAPP 系统中，其中最常用的是决策表和决策树。近来也有采用专家系统和人工智能中的其他决策技术。本节先介绍决策表和决策树。

| 条件项目 | 条件状态 |
|---|---|
| 决策项目 | 决策行动 |

图 8-4　决策表的格式

① 决策表。决策表是将一类不易用语言表达清楚的工艺逻辑关系，用一个表格形式来表达的方法，它是计算机软件设计的基本工具。决策表的格式如图 8-4 所示，用纵横两组双线将表分为 4 个区域，左边分别为条件项目和决策项目，右边分别为条件状态和决策行动。右边每一列即为一条决策规则。表 8-2 为决策表示例。

表 8-2　决策表示例

| | | | |
|---|---|---|---|
| 尺寸精度高 >0.1 | T | | |
| 尺寸精度 <0.1 | | T | T |
| 位置度高 >0.1 | T | T | |
| 位置高度 <0.1 | | | T |
| 钻　孔 | X | 1 | 2 |
| 铰　孔 | | 2 | |
| 镗　孔 | | | 2 |

② 决策树。工艺决策树是一个同决策表功能相似的工艺逻辑设计工具，是一种树状样的图形，它由树根、节点和分支组成。树根和分支间都用数值互相联系，通常用来描述事物状态转换的可能性以及转换过程和转换结果。分支上的数值表示向一种状态转换的可能性。图 8-5 所示为决策树实例。

**2. 基于专家系统的工艺决策方法**

在工艺的设计中，主要的工作是工艺决策。工艺决策方法主要是靠工艺人员长年的经验积累和逻辑判断能力。带有明显的专家个人技巧，而这些专家经验智慧的结晶难以用数学模型来表达，其求解过程只是逻辑、判断和决策的过程。基于专家系统的 CAPP 汇集了大量的工艺专家的经验和智慧，用计算机语言来准确表达这些专家智慧信息，并利用这些知识进行逻辑推理，探索解决问题的途径和方法，直至给出最佳工艺决策。基于专家系统的工艺决策基本结构如图 8-6 所示。

图 8-5　决策树示例

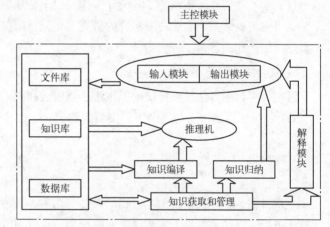

图 8-6　专家系统的基本结构

# 8.6　其他类型的 CAPP 系统简介

如上所述，人工智能为 CAPP 的发展注入了活力。然而，即使命名是最先进的、智能化的 CAPP 系统目前也不能解决工艺决策的全部问题。创成式 CAPP 专家系统也只是利用了专家系统的一些优点，并将其与传统 CAPP 工艺决策方法相结合而已。目前的 CAPP 系统还谈不上能对各种数据和知识没进行自组织和自学习，而且也没有联想记忆和自适应能力。于是，人们将探索 CAPP 系统，并研究新的系统结构。

**1. 基于人工神经元网络的 CAPP 系统**

ANN（Artificial Neural Network，人工神经网络）理论是近年来得到迅速发展的一个国际前沿领域，这为解决现有 CAPP 系统存在的问题开辟了新的途径。值得一提的是，人工神经网络与传统人工智能的关系不是简单的取代而是互补的关系。到目前为止，已开发了 30 余种神经网络模型，各种模型都有其特定的功能。对于 CAPP 而言，是实现输入"模式"和输出"模式"的映射，故可考虑为数学逼近映射问题。对于这类问题，可开发合适的函数 $f: A \in R^m \rightarrow B \in R^n$，以自组织的方式响应以下的样本集合 $(x_1, y_1), (x_2, y_2), \cdots, (x_n, y_n)$，这里 $y_i = f(x_i)$，$x_i$ 为信息输入，$y_i$ 为工艺文件输出，最常用的映射神经网络是 BP 网络和 CPN 网络。

### 2. 基于实例与知识的 CAPP 系统

这种 CAPP 系统同样具有自组织和学习功能，其基本原理和思路是通过系统本身的工艺设计实例来"自我"总结、组织、学习和更新工艺设计"经验"，当经验积累到一定程度时，系统将成为一个"聪明的设计者"。这种系统主要由基于实例的 CAPP 子系统和基于知识的 CAPP 专家子系统两大块组成，这两部分是相互联系的有机整体。在系统的初级阶段，系统主要通过基于知识的 CAPP 专家系统来进行工艺设计，并在设计过程中不断学习和积累知识。当工艺实例积累到一定程度时，在输入零件信息后，系统将首先搜索实例知识库，若找到很合适的实例，则将转入基于实例的子系统独立进行工艺设计；若找到一般合适的实例，系统将在实例与知识的两个子系统进行设计；若没有找到合适的实例，则单独调用基于知识的子系统进行设计。可见，这种系统除了具有学习功能外，系统的工艺设计工作一般不是从零开始的，从而提高了设计效率。

这里需要提醒是，上述两种系统的研究工作，目前仅属于初级阶段，虽有原型系统出现，但离实际应用还相距甚远。

### 3. 混合式 CAPP 系统

目前最可行的方法是将传统的派生法、创成法和人工智能相结合，构造所谓的混合式或综合式 CAPP 系统，以解决十分复杂工艺决策问题。

# 小　结

本章讲述了计算机辅助工艺过程的概念与内容，对派生法 CAPP 和创成法 CAPP 的院里和关键技术进行了讲述，给出了工艺决策的原理和特点，同时论述了计算机辅助工艺过程的发展。

# 思　考　题

8-1　试述 CAPP 技术在 CAD/CAM 集成系统的地位和作用。

8-2　派生法 CAPP 系统与创成法 CAPP 系统的工作原理有何不同？

8-3　开发派生法 CAPP 系统的关键技术有哪些？

8-4　零件信息描述有哪几种方法？有何特点？

8-5　创成法 CAPP 系统的工艺决策方法有哪几种？试各举一例。

8-6　创成法 CAPP 系统为什么要开发工程设计模块？它的主要功能有哪些？

8-7　CAPP 系统如何实现与 CAD 系统和 CAM 系统的集成？

# 第 9 章　计算机辅助工程技术基础

学习目的与要求：了解计算机辅助工程的作用；掌握其原理方法；能够利用计算机辅助工程技术分析解决工程设计中的实际问题；能够对相应软件有一定了解。

## 9.1　计算机辅助工程 （CAE） 技术概述

分析、计算是产品设计过程的一个重要环节。传统的分析方法一般比较粗略，因此，这种传统的分析方法只能用来定性地比较不同方案的好坏。此外，所谓的计算也就是用简单的工具进行手工计算，过程烦琐冗长，所以只能对产品的关键零部件进行计算分析，其余部分仍是凭设计者的经验，用类比法进行结构设计。由于分析不够准确，为了保证安全可靠，往往在设计时采用较大的安全系数，结果使结构尺寸和重量加大，不能很好地发挥材料的潜力，性能也难以提高。因此，只能作出一个可行的设计，而不能作出定量的评价。

近20年来，由于计算机的应用以及测试手段的不断改进和完善，机械设计已由静态、线性分析向动态、非线性过渡，由经验类比设计向最优化设计过渡，由人工计算向自动计算、由近似计算向精确计算过渡，以适应产品向高效、高速、高精度、低成本等现代化要求发展的需要。为了加快新产品的设计制造速度，缩短研制周期，提高产品性能，保证产品质量，常常要求尽力做到一次成功。因此，在设计阶段，就应该对产品的静、动态特性进行深入分析，以便找出薄弱环节，采取相应措施，获得满意结果。正是在这种前提下，将计算机引入了工程分析领域，这是机械设计中的一场巨大变革。

计算机辅助工程（Computer Aided Engineering，CAE）主要是利用数值分析技术对工程和产品进行性能分析与可靠性分析，模拟未来的工作状况和运动行为，及早发现设计缺陷，验证工程或产品的功能和性能的可用性和可靠性。计算机辅助工程分析的关键是在三维实体建模的基础上，从产品的方案设计阶段开始，按照实际使用的条件进行仿真和结构分析，按照性能要求进行设计和综合评价，以便从多个设计方案中选择最佳方案，其中包括有限元法、优化设计、仿真技术、试验模态分析等方面。计算机辅助工程分析已成为 CAD/CAM 中不可缺少的重要环节。

模具是生产各种工业产品的重要工艺装备，随着塑料工业的迅速发展以及塑料制品在航空、航天、电子、机械、船舶和汽车等工业部门的推广应用，产品对模具的要求越来越高，传统的模具设计方法已无法适应产品更新换代和提高质量的要求。计算机辅助工程技术已成为改善塑料产品开发、模具设计及产品加工中薄弱环节的最有效的途径。同传统的模具设计相比，CAE 技术无论在提高生产率、保证产品质量，还是在降低成本、减轻劳动强度等方面，都具有很大优越性。近几年，CAE 技术在汽车、家电、电子通信、化工和日用品等领域逐步地得到了广泛应用。

目前，世界塑料成型 CAE 软件市场由美国上市公司 Moldflow 公司主导，该公司专业从事注塑成型 CAE 软件和咨询，自 1976 年发行了世界上第一套流动分析软件以来，一直在此领域居领先地位。利用 CAE 技术可以在模具加工前，在计算机上对整个注塑成型过程进行模拟分析，准确预测熔体的填充、保压、冷却情况，以及制品中的应力分布、分子和纤维取向分布、制品的收缩和翘曲变形等情况，以便设计者能尽早发现问题，及时修改制件和模具设计，而不是等到试模以后再返修模具。这不仅是对传统模具设计方法的一次突破，而且对减少甚至避免模具返修报废、提高制品质量和降低成本等，都有着重大的技术经济意义。

在今天，塑料模具的设计不但要采用 CAD 技术，而且还要采用 CAE 技术，这是发展的必然趋势。注塑成型分两个阶段，即开发/设计阶段（包括产品设计、模具设计和模具制造）和生产阶段（包括购买材料、试模和成型）。传统的注塑方法是在正式生产前，由于设计人员凭经验与直觉设计模具，模具装配完毕后，通常需要几次试模，发现问题后，不仅需要重新设置工艺参数，甚至还需要修改塑料制品和模具设计，这势必增加生产成本，延长产品开发周期。采用 CAE 技术，可以完全代替试模，CAE 技术提供了从制品设计到生产的完整解决方案，在模具制造之前，预测塑料熔体在型腔中的整个成型过程，帮助研判潜在的问题，有效地防止问题发生，大大缩短了开发周期，降低了生产成本。

近年来，CAE 技术在注塑成型领域中的重要性日益增大，采用 CAE 技术可以全面解决注塑成型过程中出现的问题。CAE 分析技术能成功地应用于 3 组不同的生产过程，即制品设计、模具设计和注塑成型。

### 1. 制品设计

制品设计者能用流动分析解决下列问题：

（1）制品能否全部注满。这一古老的问题仍为许多制品设计人员所注目，尤其是大型制件，如盖子、容器和家具等。

（2）制件实际最小壁厚。如能使用薄壁制件，就能大大降低制件的材料成本。减小壁厚还可大大降低制件的循环时间，从而提高生产效率，降低塑件成本。

（3）浇口位置是否合适。采用 CAE 分析可使产品设计者在设计时具有充分的选择浇口位置的余地，确保设计的审美特性。

### 2. 模具设计和制造

CAE 分析技术可在以下诸方面辅助设计者和制造者，以得到良好的模具设计：

（1）良好的充填形式。对于任何的注塑成型来说，最重要的是控制充填的方式，以使塑件的成型可靠、经济。单向充填是一种好的注塑方式，它可以提高塑件内部分子单向和稳定的取向性。这种填充形式有助于避免因不同的分子取向所导致的翘曲变形。

（2）最佳浇口位置与浇口数量。为了对充填方式进行控制，模具设计者必须选择能够实现这种控制的浇口位置和数量，CAE 分析可使设计者有多种浇口位置的选择方案并对其影响作出评价。

（3）流道系统的优化设计。实际的模具设计往往要反复权衡各种因素，尽量使设计方案尽善尽美。通过流动分析，可以帮助设计者设计出压力平衡、温度平衡或者压力、温度均平衡的流道系统，还可对流道内剪切速率和摩擦热进行评估，如此便可避免材料的降解和型腔内过高的熔体温度。

（4）冷却系统的优化设计。通过分析冷却系统对流动过程的影响，优化冷却管路的布局和工作条件，从而产生均匀的冷却，并由此缩短成型周期，减少产品成型后的内应力。

（5）减小反修成本。提高模具一次试模成功的可能性是 CAE 分析的一大优点。反复的试模、修模要耗损大量的时间和金钱。此外，未经反复修模的模具，其寿命也较长。

### 3. 注塑成型

注塑者渴望在制件成本、质量和可加工性方面得到 CAE 技术的帮助：

（1）更加宽广和稳定的加工裕度流动分析对熔体温度、模具温度和注射速度等主要注塑加工参数提出一个目标趋势，通过流动分析，注塑者便可估定各个加工参数的正确值，并确定其变动范围。会同模具设计者一起，他们可以结合使用最经济的加工设备，设定最佳的模具方案。

（2）减小塑件应力和翘曲。选择最好的加工参数使塑件残余应力最小。残余应力通常使塑件在成型后出现翘曲变形，甚至发生失效。

（3）省料和减少过量充模。流道和型腔的设计采用平衡流动，有助于减少材料的使用和消除因局部过量注射所造成的翘曲变形。

（4）最小的流道尺寸和回用料成本。流动分析有助于选定最佳的流道尺寸，以减少浇道部分塑料的冷却时间，从而缩短整个注射成型的时间，以及减少变成回收料或者废料的浇道部分塑料的体积。

## 9.2　有限元分析

有限元分析（Finite Element Analysis，FEA）方法是在数值分析方法的基础上发展起来的，它有效地解决了工程中复杂的分析问题。随着计算机软硬件技术的发展，有限元法开始在工程实际中广泛应用，现已成为航空航天、机械、土木、交通等领域重要的分析工具，主要应用在复杂产品及工程结构的强度、刚度、稳定性、热传导性、流体、磁场、非线性材料的弹塑性蠕变等的分析计算和优化设计。

### 9.2.1　有限元分析简介

有限元法的基本思想就是：先把一个连续的物体剖分（离散）成有限个相互连接在一定数目节点上的单元，如图 9-1 所示，且它们承受等效的节点载荷，根据平衡和变形协调条件把这些单元重新组合，建立方程组，综合求解。由于单元的个数是有限的，节点数目也是有限的，所以称为有限元法。有限元方法具有很大的灵活性，通过改变单元数目可以改变解的精确度，从而得到与真实情况相当接近的解。

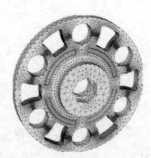

图 9-1　有限元单元分割

实际上，在使用有限元分析问题上时，用户要作出的重要决定之一就是从计算机软件提供的有限单元库中选择具有适当节点数和适当类型的有限单元。另外，在解决某一问题时，单元的总数量也是工程判断中的一个工作重点。一般情况下，单元的数量越多，有限元的精度越高，但求解的难度也越大。

当原始模型单元分割后，也就是用适当节点的有限单元近似表示后，每个节点都和所求的未知量有关联。在利用离散的有限单元集合对问题的求解域进行近似后，就要定义每个单元的材料属性和边界条件。通过给不同单元定义不同的材料属性，就可以分析由多种材料构成的物体。给定了外部节点边界条件后，有限元分析程序就会生成方程组，称为系统方程。该方程组把边界条件与未知量关联起来，通过求解该方程组，就可以得到未知参数的值。

## 9.2.2　弹性力学基本知识

（1）外力。作用于物体上的可以分为体力和面力。体力指分布在整个受力物体体积内的外力，如重力、惯性力、吸引力等，记为 $f^B$，它可以用坐标系上的 3 个分力来表示，即 $[f_x^B, f_y^B, f_z^B]$。面力指作用在受力物体表面上的外力，如接触力、浮力、流体压力等，记为 $f^S$，用坐标系上的分力表示为 $[f_x^S, f_y^S, f_z^S]$。

（2）应力。在受外力作用时物体单位面积上所承受的内力，可分为切应力和正应力。正应力可记为 $\delta_x$，$\delta_y$，$\delta_z$，切应力则记为 $\tau_{xy}$，$\tau_{yx}$，$\tau_{xz}$，$\tau_{zx}$，$\tau_{yz}$，$\tau_{zy}$，由切应力互等定理知 $\tau_{xy} = \tau_{yx}$，$\tau_{xz} = \tau_{zx}$，$\tau_{yz} = \tau_{zy}$，如图 9-2 所示。

（3）应变。线段的单位长度的伸缩量称为正应变，记为 $\varepsilon_x$，$\varepsilon_y$，$\varepsilon_z$。线段之间夹角的改变量称为切应变，记为 $\gamma_{xy}$，$\gamma_{xz}$，$\gamma_{yz}$，如图 9-3 所示。

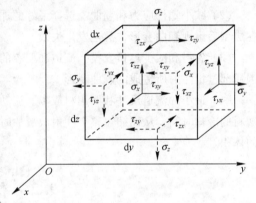

图 9-2　微分体截面上的应力状态

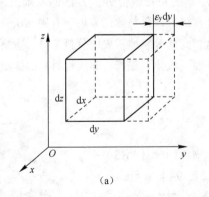

（a）

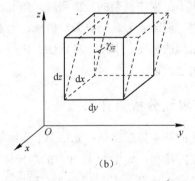

（b）

图 9-3　微分体的应变

（4）位移。在载荷作用下，物体内各点之间的距离的改变称为位移。位移反映了物体的变形大小，记为 $u$，$v$，$w$，即坐标系上 3 个方向的位移分量。

（5）虚功方程。虚功原理在力学中是一个普遍的原理。假设一弹性体在虚位移发生之前处于平衡状态，当弹性体产生约束许可的微小虚位移并同时在弹性体内产生虚应变时，体力与面力在虚位移上所作的虚功等于整个弹性体内各点的应力在虚应变上所作的虚功的总和，即外力虚功等于内力虚功。

若用 $\delta_u$，$\delta_v$，$\delta_w$ 分别表示受力点的虚位移分量，用 $\delta_{\varepsilon x}$，$\delta_{\varepsilon y}$，$\delta_{\varepsilon z}$，$\delta_{\varepsilon xy}$，$\delta_{\varepsilon yz}$，$\delta_{\varepsilon zx}$ 表示应变分量，用 $A$ 表示面力作用的表面积，则根据虚功原理，可得虚功方程为

$$\iiint\limits_V (\sigma_x \delta_{ex} + \sigma_y \delta_{ey} + \sigma_z \delta_{ez} + \tau_{xy} \delta_{\gamma xy} + \tau_{yz} \delta_{\gamma yz} + \tau_{zx} \delta_{\gamma zx}) \, \mathrm{d}x\mathrm{d}y\mathrm{d}z$$

$$= \iiint\limits_V (F_{bx} \delta_u + F_{by} \delta_v + F_{bz} \delta_w) \, \mathrm{d}x\mathrm{d}y\mathrm{d}z + \iint\limits_A (F_{sx} \delta_u + F_{sy} \delta_v + F_{sz} \delta_w) \, \mathrm{d}A$$

把此式写成矩阵的形式为

$$\iiint\limits_V (\delta_\varepsilon^{\mathrm{T}} \sigma) \, \mathrm{d}x\mathrm{d}y\mathrm{d}z = \iiint\limits_V (\delta \Delta^{\mathrm{T}} F_b) \, \mathrm{d}x\mathrm{d}y\mathrm{d}z + \iint\limits_A (\delta \Delta^{\mathrm{T}} F_s) \, \mathrm{d}A$$

其中

$$\Delta = (u, v, w)$$

### 9.2.3　有限元法的表达式

有限元分析程序生成了与边界条件相适应的由节点未知量组成的系统方程，求解系统方程可得到这些未知量，并可以通过它们导出单元内其他感兴趣的量。为了得到固体力学和结构力学中的系统方程，我们运用虚位移原理。

如图 9-4 所示，考虑载荷作用下三维物体的平衡。外表面上的牵引力为 $f^S$，体力为 $f^B$，外部的几种力记为 $f^i$。则这 3 个力用坐标系上的分力分别表示为

$$f^B = \begin{bmatrix} f_x^B \\ f_y^B \\ f_z^B \end{bmatrix} \quad f^S = \begin{bmatrix} f_x^S \\ f_y^S \\ f_z^S \end{bmatrix} \quad f^i = \begin{bmatrix} f_x^i \\ f_y^i \\ f_z^i \end{bmatrix}$$

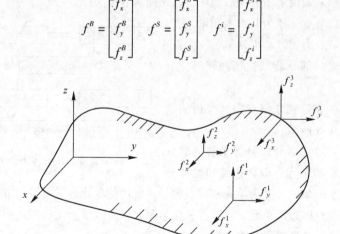

图 9-4　在不同载荷作用下的一般三维物体

记物体上不受力区域内任一点 $(x, y, z)$ 的位移为 $U$，则

$$U^{\mathrm{T}} = [U(x,y,z), V(x,y,z), W(x,y,z)]$$

位移 $U$ 产生的变形为

$$\varepsilon^{\mathrm{T}} = [\varepsilon_{xx}, \varepsilon_{yy}, \varepsilon_{zz}, \gamma_{xx}, \gamma_{yy}, \gamma_{zz}]$$

相应的应力为

$$\tau^{\mathrm{T}} = \left[ \tau_{xx}, \tau_{yy}, \tau_{zz}, \tau_{xy}, \tau_{yz}, \tau_{zx} \right]$$

这样，就可以在不同的单元上依据平衡条件建立平衡状态的微分方程，在给定适当的边界条件下就可求解方程。

当然，也可以用另外一种等价条件来建立平衡方程。如果对物体施加微小的虚位移（在满足基本的边界条件下），物体内部的总虚功等于外力所作的虚功。因此，可以此等价关系来建立平衡方程，即

$$\int_V \bar{\varepsilon}^{\mathrm{T}} \tau \mathrm{d}v = \int_V \bar{U}^{\mathrm{T}} f^B \mathrm{d}v + \int_S \bar{U}^{S\mathrm{T}} f^S \mathrm{d}s + \sum_i \bar{U}^{i\mathrm{T}} f^i$$

上式左边表示，当物体受到实际应力 $\tau$ 作用时内部所作的虚功，以及施加虚位移 $\bar{U}$ 所产生的虚应变 $\bar{\varepsilon}$，其中

$$\bar{\varepsilon}^{\mathrm{T}} = \left[ \bar{\varepsilon}_{xx}, \bar{\varepsilon}_{yy}, \bar{\varepsilon}_{zz}, \bar{\gamma}_{xy}, \bar{\gamma}_{yz}, \bar{\gamma}_{zx} \right]$$

右边所示为，在外力 $f^S$，$f^B$，$f^i$ 的作用下，使物体移动虚位移 $\bar{U}$ 时外力所作的功，其中

$$\bar{U}^{\mathrm{T}} = \left[ \bar{U}(x,y,z), \bar{U}(x,y,z), \bar{U}(x,y,z) \right]$$

$\bar{U}^S$ 上标 $S$ 表示表面的虚位移，$\bar{U}^i$ 的上标 $i$ 表示集中力 $f^i$ 作用点的位移。虚功方程式还包含了协调和边界条件。具有协调的连续位移函数的本构要求。通过适当的本构关系就可以从应变推导出应力。因此，虚位移原理体现了在固体力学和结构力学分析中的要求。

## 9.2.4  有限元法的基本解法与步骤

在满足边界条件的情况下，求解基本方程。在实际求解时，先求出某些未知量，再由它们求得其他未知量。根据未知量求出的先后顺序，有 3 种基本解法：

（1）位移法。以节点位移为基本未知量。

（2）力法。以节点力为基本未知量。

（3）混合法。取一部分节点位移和一部分节点力为基本未知量。

下面以平面为例，简要介绍有限元分析的基本步骤。流程如图 9-5 所示。

（1）单元剖分。单元剖分就是将求解区域分解成为某种几何形状的单元，即把连续弹性体分

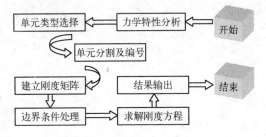

图 9-5  有限元法基本求解过程

割成许多个有限大小的单元，并为单元和节点编号。常用的单元形式有：三节点三角形单元、四节点矩形单元、四节点四边形单元、六节点三角形单元以及八节点曲边四边形单元等，如图 9-6 所示。其中以三节点三角形单元最为常用。

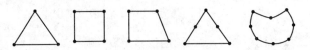

图 9-6  平面单元的基本形式

对求解区域进行单元剖分后，要对其进行编号。编号时要考虑到连续体的结构及分析要求，确定的单元要合理简单，并计算出各节点的坐标，从而对节点和单元编号，如图 9-7（a）所示。

（2）单元特征分析。设平面内任意一个三角形单元，节点编号为 1，2，3，$u(x,y)$，$v(x,y)$ 为该三角形单元内的任意一点的位移。则会出现 6 个位移分量，即

$$[q]^e = [u_1 \quad v_1 \quad u_2 \quad v_2 \quad u_3 \quad v_3]$$

$[q]^e$ 称为是单元节点位移，如图 9-7（b）所示。

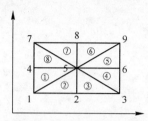 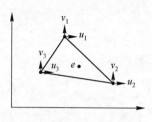

（a）单元剖分及节点、单元编号　　　　　　　（b）平面三角形单元

图 9-7　单元剖分及单元特征分析

这样，单元内部的任一点 $e$ 的位移用单元节点的位移完全确定。假设单元内点 $e$ 的位移为 $u$，$v$，则 $u$，$v$ 就可以用 $x$，$y$ 来线性表示，即

$$\begin{cases} u(x,y) = a_1 x + b_1 y + c_1 \\ v(x,y) = a_2 x + b_2 y + c_2 \end{cases}$$

把节点 1、2、3 的坐标代入上式可以得到 6 个方程，用矩阵表示为

$$\begin{bmatrix} u_1 \\ v_1 \\ u_2 \\ v_2 \\ u_3 \\ v_3 \end{bmatrix} = \begin{bmatrix} x_1 & y_1 & 1 & 0 & 0 & 0 \\ 0 & 0 & 0 & x_1 & y_1 & 1 \\ x_2 & y_2 & 1 & 0 & 0 & 0 \\ 0 & 0 & 0 & x_2 & y_2 & 1 \\ x_3 & y_3 & 1 & 0 & 0 & 0 \\ 0 & 0 & 0 & x_3 & y_3 & 1 \end{bmatrix} \begin{bmatrix} a_1 \\ b_1 \\ c_1 \\ a_2 \\ b_2 \\ c_2 \end{bmatrix}$$

若记上式为

$$[q]^e = [A][p]$$

其中

$$[p] = [a_1 \quad b_1 \quad c_1 \quad a_2 \quad b_2 \quad c_2]^T$$

则

$$[p] = [A]^{-1}[q]^e$$

代入方程式

$$\begin{cases} u(x,y) = a_1 x + b_1 y + c_1 \\ v(x,y) = a_2 x + b_2 y + c_2 \end{cases}$$

即可求出 $e$ 点位移 $u(x,y)$，$v(x,y)$。

（3）单元应变力分析。根据虚功原理，当结构受载荷作用处于平衡状态时，在任意给出的节点虚位移下，物体内部的总虚功等于外力所作的虚功。若单元内部产生的相应虚位移为 $\delta_u$，$\delta_v$，相对应的虚应变为 $\delta_{\varepsilon x}$，$\delta_{\varepsilon y}$，$\delta_{\varepsilon xy}$，则它们都是 $x$、$y$ 的函数。

单元节点力的虚功为

$$\delta_{WF} = \delta_{u1} F_{x1} + \delta_{v1} F_{y1} + \delta_{u2} F_{x2} + \delta_{v2} F_{y2} + \delta_{u3} F_{x3} + \delta_{v3} F_{y3}$$

记为

$$\delta_{WF} = \delta_q f^{e^{\mathrm{T}}}$$

内力所作的虚功为

$$\delta_{W\delta} = -\int_V (\delta_{ex}\sigma_x + \delta_{ey}\sigma_y + \delta_{\gamma xy}\tau_{xy})\,\mathrm{d}v$$

$$= -\int_V \delta_\varepsilon^{\mathrm{T}}\sigma\,\mathrm{d}v = -\int_V \delta\,(q^e)^{\mathrm{T}}B^{\mathrm{T}}DBq^e\,\mathrm{d}v$$

则根据虚功原理得

$$\delta_q f^{e^{\mathrm{T}}} = -\int_V \delta\,(q^e)^{\mathrm{T}}B^{\mathrm{T}}DBq^e\,\mathrm{d}v$$

即

$$f^e = q^e\int_V B^{\mathrm{T}}DB\,\mathrm{d}v$$

记

$$k^e = \int_V B^{\mathrm{T}}DB\,\mathrm{d}v$$

则称 $k^e$ 为单元 $e$ 的刚度矩阵。

（4）整体刚度矩阵叠加。由于各单元刚度矩阵是在统一的直角坐标系下建立的，所以可直接相加，将各单元刚度矩阵中的子块按其统一编号加入整体刚阵相应的子块中。

（5）基本方程和边界条件。刚度矩阵相加后可得到结构的基本方程，即

$$k[q] = [F]$$

其中：成对的节点内力将消除，再考虑边界及约束条件，即可求出各节点的未知位移。

（6）位移和应力求解。当得到所有节点的位移后，利用几何和物理方程即可求得单元的应变和应力。

### 9.2.5 有限元分析的前置处理和后置处理

用有限元法进行结构分析时，需要输入大量的数据，如单元数、单元的几何特性、节点数、节点编号、节点的位置坐标等。这些数据如果采用人工输入，工作量大、烦琐枯燥且易于出错。当结构经过有限元分析后，亦会输出大量数据，如静态受力分析计算后各节点的位移量、固有频率计算之后的振型等。对这些输出数据的观察和分析也是一项细致而难度较大的工作。因此，要求有限元计算程序应具备前置处理和后置处理的功能。

目前，各种交互式、半自动式的前后置处理程序被广泛应用，大大提高了工作效率，方便了有限元分析工作。纵观国内外在有限元前后置处理方面的发展，大致可分为两种类型。

一种是将几何建模系统与有限元分析系统有机结合在建模系统中，将有限元的前后置处理作为线框建模、表面建模、实体建模的应用层。即把几何模型的几何参数和拓扑关系等数据进行加工，自动剖分成有限元的网格，然后输入有限元分析需要的其他数据，生成不同有限元分析程序所需的数据网格文件。

另一种是单独为某一个有限元分析程序配置前后处理功能程序，并把二者集成为一套完整的有限元分析系统，它同时具有批处理和图形编辑功能。

### 9.2.6 有限元法在机械工程中的应用

在机械工程中有限元法已经作为一种常用的基本方法被广泛使用。凡是涉及计算零部件的应力、

变形、进行动态响应计算及稳定性分析，进行齿轮、轴、滚动轴承、活塞、压力容器及箱体中的应力、变形计算和动态相应计算，分析滑动轴承中的润滑问题，进行焊接中残余应力及复合材料和金属塑性成型中的变形分析等，都可以用有限元分析的方法。

有限元法在机械设计中的应用主要表现在以下两个方面：

（1）实现机械零部件的优化设计。有限元法作为结构分析的工具，对可能的结构方案进行计算，根据计算结果的分析和比较，按强度、刚度和稳定性等要求对原方案进行修改、补充，得到应力、变形分布合理及经济性好的结构设计方案。

（2）用于分析结构损坏的原因，寻找改进途径。当结构件在工作中发生故障（如断裂、出现裂纹和磨损等）时，可通过有限元法计算研究结构损坏的原因，找出危险区域和部位，提出改进设计的方案，并进行相应的计算分析，直到找到合理的结构为止。

## 9.2.7  有限元分析软件——ANSYS 简介

ANSYS 是涵盖结构、热、流体、电磁、声学等领域的通用型有限元分析软件。它是由世界上最大的有限元分析软件公司之一的美国 ANSYS 开发，广泛地应用在航天、机械制造、石油化工、交通、电子、土木等一般工业及科学研究。

### 1. 软件功能的简介

ANSYS 软件主要包括 3 部分：

（1）前处理模块。前处理模块提供了一个强大的实体建模及网格划分工具。用户可以方便地构造几何模型，划分有限元网格、节点及单元编号，设置边界条件等，为有限元计算作准备。

（2）分析计算模块。分析计算模块包括结构分析（可进行线性分析、非线性分析和高度非线性分析）、流动动力学分析、电磁场分析、声场分析、压电分析以及多物理场的耦合分析。还可以模拟多种物理介质的相互作用，具有灵敏度分析及优化分析能力。软件根据分析结果提供各种有限单元库、材料库、算法等将问题分解成若干子问题，由软件的不同相应子系统完成。有限元软件对工程和产品的仿真分析能力主要取决于单元库、材料库的丰富程度。单元库越多，仿真能力越强。ANSYS 提供了 100 种以上的单元类型，用来模拟工程中的各种结构和材料。

（3）后处理模块。后处理模块可将计算结果以彩色等值线显示、梯度显示、矢量显示、粒子流迹显示、立体切片显示、透明及半透明显示（可看到结构内部）等图形方式显示出来，也可将计算结果以图标、曲线形式显示或输出。

启动 ANSYS，从主菜单可以进入各种处理模块：如 PREP7（通用前处理模块）、SOLUTION（求解模块）、POSTI（通用后处理模块）、POST26（时间历程后处理模块）。ANSYS 用户手册的全部内容都可以联机查阅。

用户的指令可以通过鼠标点击菜单项选取和执行，也可以在命令输入窗口通过键盘输入。命令一经执行，该命令就会在 .LOG 文件中列出，打开输入窗口可以看到 .LOG 的内容。如果软件运行过程中出现问题，查看 .LOG 文件中的命令流及其错误提示，将有助于快速发现问题的根源。.LOG 文件的内容可以略作修改存到一个批处理文件中，在以后进行同样工作时，由 ANSYS 自动读入并执行，这是 ANSYS 软件的第三种命令输入方式。这种命令方式在进行某些重复性较高的工作时，能有效地提高工作速度。

### 2. 前处理模块 PREP7

双击"实用"菜单中的 Preprocessor，进入 ANSYS 的前处理模块。这个模块主要有两部分内容：

（1）实体建模。ANSYS 程序提供了两种实体建模方法：自底向上和自顶向下。自底向上进行实体建模时，用户从最低级的图元向上构造模型，即：用户首先定义关键点，然后依次是相关的线、面、体。自顶向下进行实体建模时，用户要定义一个模型的最高级图元，如球、棱柱，称为基元，程序则自动定义相关的面、线及关键点。用户利用这些高级图元直接构造几个模型，如二维的圆和矩形以及三维的块、球、锥和柱。无论使用自顶向下还是使用自底向上方法建模，用户均能使用布尔运算来组合数据集，从而"雕塑出"一个实体模型。ANSYS 程序提供了完整的布尔运算，诸如相加、相减、相交、分割、粘结和重叠。在创建复杂实体模型时，对线、面、体、基元的布尔操作能减少建模工作量。ANSYS 程序还提供了拖拉、延伸、旋转、移动、延伸和复制实体模型图元的功能。附加的功能还包括圆弧构造。切线构造、通过拖拉与旋转生成面和体、线与面的自动相交运算、自动倒角生成、用于网格划分的硬点的建立、移动复制和删除。

（2）网格划分。ANSYS 程序提供了使用便捷、高质量的对 CAD 模型进行网格划分的功能。包括 4 种网格划分方法：延伸网格划分、映像网格划分、自由网格划分和自适应网格划分。延伸网格划分可将一个二维网格延伸成一个三维网格。映像网格划分允许用户将几何模型分解成简单的几部分，然后选择合适的单元属性和网格控制，生成映像网格。ANSYS 程序的自由网格划分器功能是十分强大的，可对复杂模型直接划分，避免了用户对各个部分分别划分然后进行组装时各部分网格不匹配带来的麻烦。自适应网格划分是在生成了具有边界条件的实体模型以后，用户指示程序自动地生成有限元网格，分析、估计网格的离散误差，然后重新定义网格大小，再次分析计算、估计网格的离散误差，直至误差低于用户定义的值或达到用户定义的求解次数。

### 3. 求解模块 SOLUTION

前处理阶段完成建模以后，用户可以在求解阶段获得分析结果。ANSYS 软件提供的分析类型如下：

（1）结构静力分析。结构静力分析用来求解外载荷引起的位移、应力和力。静力分析很适合求解惯性和阻尼对结构的影响并不显著的问题。ANSYS 程序中的静力分析不仅可以进行线性分析，而且也可以进行非线性分析，如塑性、蠕变、膨胀、大变形、大应变及接触分析。

（2）结构动力学分析。结构动力学分析用来求解动载荷对结构或部件的影响，它的分析因素主要包括动载荷及其对阻尼和惯性的影响。主要应用于对瞬态动力学分析、模态分析、谐波相应分析及随机振动响应的分析。

（3）结构非线性分析。由于结构的非线性，会出现结构或部件的响应与外载荷不成比例的现象，ANSYS 程序可求解静态和瞬间非线性问题的功能解决了这种问题。它包括材料非线性、几何非线性和单元非线性 3 种。

（4）动力学分析。ANSYS 程序可以分析大型三维柔体运动。

（5）热分析。ANSYS 程序可处理传导、对流和辐射 3 种基本类型的热传递，对其进行稳态和瞬态、线性和非线性分析，还可以模拟材料的固化和熔解过程的相变分析以及热与结构应力之间的热 – 结构耦合分析。

（6）电磁场分析。ANSYS 电磁场所要研究的量主要是电流密度、电场强度、电压分布、电通量密度、焦耳热、储能以及电容等，所以 ANSYS 主要针对上述问题进行分析。还可用于螺线管、调节器、发电机、变换器、磁体、加速器、电解槽及无损检测装置等的设计和分析领域。

（7）流体动力学分析。ANSYS 流体单元能进行流体动力学分析，分析类型可以为瞬态或稳态。分析结果可以是每个节点的压力和通过每个单元的流率。并且可以利用后处理功能产生压力、流率和温度分布的图形显示。

（8）声场分析。声场分析用来研究流体介质中声波的传播以及分析流体介质中固体结构的动态特性。比如，确定音响话筒中的频率效应，研究音乐大厅的声场强度分布，或预测水对振动船体的阻尼效应等。

（9）压电分析。用于分析二维或三维结构对 AC（交流）、DC（直流）或任意随时间变化的电流或机械载荷的响应，分析类型包括静态分析、模态分析、谐波响应分析、瞬态响应分析。

### 4. 后处理模块 POST1 和 POST26

ANSYS 软件的后处理过程包括两部分：

（1）通用后处理模块 POST1。这个模块对前面的分析结果用图形的形式显示和输出。例如，计算结果（如应力）在模型上的变化情况可用等值线图表示，不同的等值线颜色，代表了不同的值（如应力值）。浓淡图则用不同的颜色代表不同的数值区（如应力范围），清晰地反映了计算结果的区域分布情况。

（2）时间历程响应后处理模块 POST26。这个模块用于检查在一个时间段或子历程中的结果，如节点位移、应力或支反力。这些结果通过绘制曲线或列表查看。绘制一个或多个变量随频率或其他量变化的曲线，有助于形象化地表示分析结果。另外，POST26 还可以进行曲线的代数运算。

### 5. ANSYS 数据接口程序

ANSYS 可与许多先进 CAD 软件共享数据，并为各个工业领域的用户提供了分析各种问题的能力，并可以通过网络使不同区域的用户共享数据成为可能。利用 ANSYS 的数据接口，可精确地将在 CAD 系统下生成的几何数据传入 ANSYS，在该模型上划分网络并求解，而不必在分析系统中重复建模。

ANSYS 数据接口程序还可以镶嵌在 CAD 环境下，用户可直接在 CAD 的界面下在 CAD 的模型上进行某些分析工作，并能保持 CAD 数据和分析数据间的相关性。

基于 NURBS 表示的几何模型可通过开放的几何图形传递标准为 IGES 在许多程序间传递。ANSYS 提供了 IGES 格式的数据，用来与基于 NURBS 的几何模型之间进行交换信息。ANSYS 公司还提供了 ANSYS 与其他分析程序的接口，从这些程序传来的数据文件可以仅包含有限元数据，例如节点位置、单元连接、甚至材料特性与边界条件。一旦数据转换完成，这些数据用 ANSYS 前处理器的命令语句表达，则前置处理器的全部功能可用于模型的进一步细化。

# 9.3　优　化　设　计

优化设计是在计算机广泛应用的基础上发展起来的一项设计技术，以求在给定技术条件下获得最优设计方案，保证产品具有优良性能。其方法就是：依据数学规划法，借助计算机和应用软件来寻求最优设计。要实现优化则必须具备两个条件，即：存在一个优化目标；有多个可供选择的方案。

目前，优化设计方法已广泛地应用于各个工程领域。如飞行器和宇航结构设计，在满足性能的要求下使重量最轻；土木工程结构设计，在保证质量的前提下使成本最低；等等。无数实践证明，采用优化设计方法，极大地提高了科研、生产的设计质量，缩短了设计周期，节约了人力、物力，具有显著的经济效益。尤其在市场竞争日趋激烈的今天，优化设计作为一种先进的现代设计方法，已成为 CAD/CAM 技术的一个重要组成部分。

### 9.3.1  优化设计的数学描述

在优化设计中，设计必须参数化，以便通过改变这些参数的数值来得到不同的设计方案。一个期望的性能指标就可以用这些具有自由度的参数来表达，并对这些参数进行优化以获得最佳的设计结果。这些被优化的设计参数称为优化变量，用这些优化变量表达的性能指标称为目标函数。所以，优化设计的关键就是怎样选择优化变量和目标函数。

如果用数学术语来描述优化设计，则具体为：选择一个优化变量 $x$，目标函数 $f(x)$，则可以把优化问题简述为目标函数 $f(x)$ 的极值问题。然而，实际上并不是这么简单，大多数的问题不是仅用一个目标函数就能表达清楚所要求的性能指标，需要在很多的性能指标之间进行选择，或采取加权的方法将几个性能指标组合成为一个，这样的性能指标称为复合目标函数。此时，可以把一些性能指标作为一种约束条件，来减少复合目标函数的数目，以减少求解的复杂性。在这种情况下，数学表达式必须以某种形式包含约束条件。

考虑上述约束，优化设计的一般数学描述可以表示为：

$$x^* \in R^n \text{ 使 } f(x^*) = \min f(x)$$

约束为

$$x_l \leqslant x^* \leqslant x_h$$
$$G_i(x^*) \geqslant 0 \quad i = 0,1,2,\cdots,m$$

且

$$H_j(x^*) = 0 \quad j = 0,1,2,\cdots,n$$

其中：$m$ 是不等式约束的个数；$n$ 为等式约束的个数；$R^n$ 表示由不同设计方案组成的设计空间。设计方案是 $n$ 个优化变量的不同组合，每一个组合就是一个设计方案。通常将 $n = 2 \sim 10$ 的优化问题称为小型优化问题，$n = 10 \sim 50$ 的优化问题称为中型优化问题，$n > 50$ 的称为大型优化问题。最大化目标函数的优化问题可通过对 $\min f(x)$ 的取反或取倒数来实现。

### 9.3.2  约束条件的处理

大多数优化设计问题都是有约束的。这些约束可以分为 3 类：

（1）给定设计变量的边界问题。这种约束比较容易实现，只要在搜索过程中，将优化限定在边界内就能满足这种约束。

（2）等式约束。每个等式约束都可以把设计空间减少 1。用代数方法从每个等数约束中消去一个设计变量（如果可能的话）是处理等式约束的最佳方法。

（3）不等式约束。解决不等式约束优化问题的标准方法是修改目标函数使之包含这些约束的作用。假如在目标函数前附加一个函数，当违反约束条件时，目标函数就会增加一个很大的

数，否则，目标函数没有变化。这样的一个函数称为惩罚函数，其定义为

$$p(x) = \begin{cases} 0 & x \in R_f^n \\ +\infty & x \notin R_f^n \end{cases}$$

其中：$R_f^n$ 是满足约束条件的可行域 $R^n$ 的子。则派生出来的函数为

$$d(x) = f(x) + p(x)$$

### 9.3.3 常用优化搜索方法

有多种搜索技术可以用来找到目标函数的最大值或最小值。一维搜索法是最常用的简单有效的搜索方法，但只能适用于一维问题。总的来说可以分为一维搜索法、基于微积分学的方法、引导随机搜索法和枚举技术法，如图 9-8 所示。

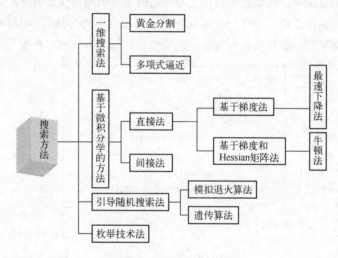

图 9-8 常用搜索方法分类

#### 1. 一维搜索法

一维搜索法是最基本和常用的方法。它的基本思想就是一步一步查询，直至函数的近似极值点。把搜索区间分成 3 段或者 2 段，通过判断弃除非极小段，从而使区间逐步缩小，直至达到要求的精度为止，最后取区间中的某点作为极值点。一维搜索法可分为黄金分割（0.618）和多项式逼近两种方法。

#### 2. 基于微积分学的方法

基于微积分学的方法可进一步分为直接求得问题最优解的方法和通过求解由目标函数的梯度为零的非线性方程组间接求得最优解的方法。直接法围绕搜索空间"移动"并估计新的梯度，该过程引导搜索的方向。这种观点是爬山法的一种——通过"攀登"可能的最陡的斜度来寻找最佳局部点。直接法可分为两类。第一类方法包括使用 $f(x)$ 的函数值和它的一阶偏导数 $\dfrac{\partial f}{\partial x_i}$ 的基于梯度的方法。例如，最速下降法和共轭梯度法等。第二类方法除了使用到一阶偏导数外，还要有二阶偏导数 $\dfrac{\partial^2 f}{\partial x_i \partial x_j}$，即 Hessian 矩阵，例如牛顿法等。

### 3. 枚举技术法

基于微积分的搜索方法都是典型的收敛到优化问题的极小点上。这样一来，只有应用在凸函数的优化问题上，才能保证所获得的极小值是全局极小值，而不是局部极小值。枚举技术法就很好地解决了这个问题。枚举技术的设计思想就是在设计空间或者是优化变量域内对每一个点进行搜索，且每次只搜索一个点，这样就能保证了所获得的极值点为全局极值点。但这种方法的计算量很大，使其在大设计空间问题上不能很好地得到应用。

### 4. 引导随机搜索法

引导随机搜索法（概率搜索技术）在枚举技术的基础上对其进行了改进，使其更有效的搜索设计空间，节省了找到全局最优值的时间。这些方法非常适合于并行运算，如模拟退火算法和遗传算法。模拟退火算法是根据最小组合优化问题的成本函数与固体缓慢冷却并达到一个低能量基态过程的相似性而提出来的。即在一个缓慢降温的温度值序列上执行 Metroolis 算法。Metroolis 算法是一种对热平衡状态的演化进行有效模拟的算法，其程序算法如图9-9所示。

```
Begin
        随机选择初始结构S
    Repeat
            s' :=s的随机邻近结构；
            Δ:=E(s')−E(s);
            Prob:=min(1,e^{-Δ/k_bT});
            If random (0,1)≤prob then  s:=s' ;
            Until false;
End
```

图9-9　Metroolis 算法

其中：“结构”指离散对象的布局；$\Delta$ 为大的能量变化，其概率为 $e^{-\Delta/k_iT}$。目前大多数的模拟退火使用的是由 Kirkpatrick、Gelatt 和 Vecchi 提出的简单有效的方法，其算法如图9-10所示。

遗传算法是一种用于解决搜索和优化问题的自适应方法。遗传算法源于生物进化和自然遗传学，即模拟“适者生存”的进化原则的过程。Holland 提出了一种叫做简单遗传算法（Simple Genetic Algorithm，SGA）的遗传算法，这种算法的基本要素就是二进制数字串种群。使用遗传算子交叉和变异，从当前种群中生成下一代。算法以某种方式使相对优良的个体的数字串参与繁殖，使下一代有更多的改良个体。重复这种生成周期直到达到所期望的终止条件。其算法如图9-11所示。

并不是所使用的搜索方法越先进，所得到的优化结果就越让人满意。在搜索方法的选择上要根据一定的原则：

（1）根据优化规模的大小来选择搜索方法，机械设计一般属于中小规模设计。

（2）根据目标函数的性态、数学模型的特点及其计算的复杂程度来选定搜索方法。设计变量的多少、约束条件的性质将直接影响优化过程的复杂程度，这样就必须选择相应的优化算法。

（3）考虑算法的可靠性、计算的精确性、程序的简洁性以及方法的实用性等。

```
Begin
    S:=初始解s_0
    T:=初始温度T_0
    While (不满足中止准则时) do
        Begin
            While(没有达到平衡状态时) do
                begin
                    s':=s的某个随机相邻的结构
                    Δ:=C(s')−C(s);
                    Prob:=min(1,e^{−Δ/T});
                    If random (0,1)≤prob then s:=s';
                    End;
            更新T;
            end;
        输出最优解;
End
```

图 9-10　一般模拟退火算法

```
Begin
    生成初始种群，并计算每个个体的适应度
    While not finished do
    Begin
        For population_size/2 do
        Begin
        从上一代选择两个个体进行配对重组，两个个体产生
        新一代个体，计算新一代个体的适应度，最后将新一代
        个体放入新一代种群
        End
        If 种群收敛then
            Finished:=true;
        End
End
```

图 9-11　遗传算法框架

（4）所选搜索方法要和硬件条件相适应。

（5）对于优化问题的求解，不能简单地认为输出了优化结果就完成了优化任务。还要对计算的结果进行仔细的分析，判断计算结果是否符合实际要求，以便获得准确、可靠的优化设计方案。

## 9.3.4　优化设计的一般过程

从设计方法来看，机械优化设计和传统的机械设计方法有本质的差别。一般将其分为以下几个阶段：

（1）根据机械产品的设计要求，确定优化范围。针对不同的机械产品，归纳设计经验，参照已积累的资料和数据，分析产品性能和要求，确定优化设计的范围和规模。这是因为，产品的局部优化（如零部件）与整机优化（整个产品）无论从数学模型还是优化方法上都相差甚远。

（2）分析优化对象，准备各种技术资料。进一步分析优化范围内的具体设计对象，重新审核传统的设计方法和计算公式能否准确描述设计对象的客观性质与规律，是否需进一步改进完善。必要的话，应研究手工计算时忽略的各种因素和简化过的数学模型，分析它们对设计对象的影响程度，重新决定取舍。为建立优化数学模型准备好各种所需的数表、曲线等技术资料，进行相关的数学处理，如统计分析、曲线拟合等。为下一步的工作打下基础。

（3）建立合理而实用的优化设计数学模型。数学模型描述工程问题的本质，反映所要求的设计内容。建立合理、有效、实用的数学模型是实现优化设计的根本保证。

（4）选择合适的优化方法。

（5）选用或编制优化设计程序。

（6）计算机求解，优选设计方案。

（7）分析评价优化结果

采用优化设计方法，目的就是要提高设计质量，使设计达到最优，若不认真分析评价优化结果，则会使整个工作失去意义。在分析评价之后，或许需要重新选择设计方案，甚至需要重新修正数学模型，以便产生最终有效的优化结果。其流程如图9-12所示。

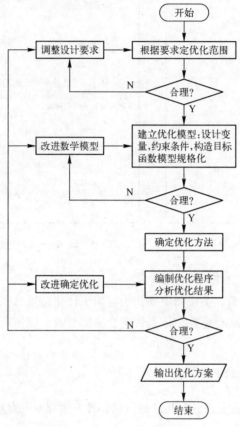

图9-12　优化设计流程图

## 9.3.5　优化设计应用实例

【例9-1】　对图9-13中的镗刀杆进行结构参数化。已知，刀杆的悬臂端作用有切削阻力 $F_p = 150\,\text{N}$，扭矩 $M = 150\,\text{N·m}$，悬臂伸出长度 $L$ 不小于 $70\,\text{mm}$，材料的许用弯曲应力 $[\delta] = 120\,\text{N/mm}^2$，许用扭转剪应力 $[\tau] = 80\,\text{N/mm}^2$，允许挠度 $[f] = 0.1\,\text{mm}$。在满足强度、刚度的条件下，设计一个用料最节省的设计方案。

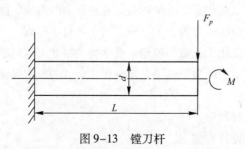

图9-13　镗刀杆

解:

为了省料必须使刀杆的体积最小,即

$$f(x) = V = \pi\left(\frac{d}{2}\right)^2 L \to \min$$

需满足的条件如下:

强度条件:弯曲强度 $\sigma_{\max} = \dfrac{F_{PL}}{0.1d^3} \leq [\sigma]$

扭转强度 $\tau_{\max} = \dfrac{M}{0.2d^3} \leq [\tau]$

刚度条件: $f = \dfrac{F_{PL}^3}{3EJ} = \dfrac{64F_{PL}^3}{3E\pi d^3} \leq [f]$

结构尺寸边界条件: $L \geq L_{\min} = 70 \text{ mm}$

将已知条件代入上述各式,归纳为下列数学模型:

设 $x_1 = d$, $x_2 = L$, 设计变量为 $x = [x_1, x_2]^T$

则

$$f(x) = \frac{d^2\pi L}{4} = \frac{\pi x_1^2 2x_2}{4} = 0.785x_1^2 x_2 \to \min$$

约束条件为

$$\begin{cases} g_1(x) = [\sigma] - \dfrac{F_{PL}}{0.1d^3} = \dfrac{120 - 1.5 \times 10^4 x_2}{0.1x^3} \geq 0 \\[3mm] g_2(x) = [\tau] - \dfrac{M}{0.2d^3} = \dfrac{80 - 150 \times 10^3}{0.2x_1^3} \geq 0 \\[3mm] g_3(x) = [f] - \dfrac{64F_{PL}^3}{3\pi E d^4} = \dfrac{0.1 - 0.51x_2^3}{x_1^4} \geq 0 \\[3mm] g_4(x) = x_2 - L_{\min} = x_2 - 70 \geq 0 \end{cases}$$

即得 $x_1 \geq 44.4$, $x_2 \geq 70$。

此问题为具有 2 个设计变量、4 个约束条件的非线性规划问题。将不等式的解代入目标函数 $f(x)$ 后可得

$$f(x) = 0.785 \times 44.4^2 \times 70 \text{ mm}^3 = 108.3 \times 10^3 \text{ mm}^3 = 108.3 \text{ cm}^3 \to \min$$

因此,在满足强度、刚度条件的前提下,若最省料就必须使刀杆直径不小于 44.4 mm,刀杆长度不小于 70 mm,最小体积为 108.3 cm$^3$。

# 9.4　仿真技术

计算机仿真技术是以多种学科和理论为基础,以计算机及其相应的软件为工具,通过虚拟试验的方法来分析和解决问题的一门综合性技术。计算机仿真(模拟)早期称为蒙特卡罗方法。蒙特卡罗方法的基本思想是:当所要求解的问题是某种事件出现的概率,或者是某个随机变量的期望值时,它们可以通过某种“试验”的方法,得到这种事件出现的频率,或者这个随机变数的平均值,并用它们作为问题的解。

### 9.4.1　仿真的基本概念及分类

仿真（Simulation），顾名思义，模仿真实的系统，意指通过对系统模型的试验，研究已经存在的或设计中的系统性能的方法及技术，它的关键是建立从实际系统抽象出来的仿真模型。根据仿真过程中所采用计算机类型的不同，计算机仿真大致经历了模拟机仿真、模拟－数字混合机仿真和数字机仿真3个大的阶段。

20世纪50年代计算机仿真主要采用模拟机；60年代后串行处理数字机逐渐应用到仿真之中，但难以满足航天、化工等大规模复杂系统对仿真时限的要求；到了70年代模拟－数字混合机曾一度应用于飞行仿真、卫星仿真和核反应堆仿真等众多高技术研究领域；80年代后由于并行处理技术的发展，数字机才最终成为计算机仿真的主流。现在，计算机仿真技术已经在机械制造、航空航天、交通运输、船舶工程、经济管理、工程建设、军事模拟以及医疗卫生等领域得到了广泛的应用。

#### 1. 仿真的类型

仿真是在模型上进行反复试验研究的过程。根据模型的类型（物理模型和数学模型）不同，仿真可分为物理仿真、数学仿真以及混合仿真，如表9-1所示。

表9-1　系统仿真分类

| 仿 真 类 型 | 模 拟 类 型 | 计 算 机 类 型 | 经 济 性 |
|---|---|---|---|
| 物理仿真（模拟仿真） | 物理模型 | 模拟计算机 | 成本较高 |
| 半物理仿真（混合仿真） | 物理－数学模型 | 混合计算机 | 成本高 |
| 计算机仿真（数学仿真） | 数学模型 | 数字计算机 | 成本不高 |

（1）物理仿真。物理仿真是按照实际系统的物理性质来构造系统的物理模型，并在物理模型上进行试验研究。由于物理模型与实际系统之间具有相似的物理属性，所以物理仿真能观测到难以用数学来描述的系统特性。物理模型多采用已试制出的样机或与实际近似等效的代用品，如用相同直径、材质的试件做棒料强度试验。

（2）混合仿真。根据仿真模型中物理模型占据的比例，物理仿真又分为半物理仿真和全物理仿真。半物理仿真的模型即为混合仿真，其中有一部分是数学模型，另一部分则是以实物方式引入仿真回路。针对存在建立数学模型有困难的子系统的情况，必须使用此类仿真，比如航空航天、武器系统等的研究领域。

（3）数学仿真。数学仿真即为计算机仿真。根据实际系统建立数学模型（仿真模型），在数学模型的基础上编制仿真程序，通过分析观察仿真程序的运行过程中所表现出来的性能状态来掌握实际系统（或过程）在各种内外因素变化下，性能的变化规律。数学模型的建立反映了系统模型和计算机之间的关系是以数学方程式的相似性为基础的。数学仿真系统的通用性比较强，可作为各种不同物理本质的实际系统的模型，故其应用范围广。

仿真类型的选取是根据工程阶段分级来确定的。在产品的分析设计阶段，采用计算机仿真，边设计、边仿真、边修改，结合有限元分析和优化设计等现代设计方法，使设计在理论上尽量达到最优。进入研制阶段，为提高仿真可信度和实时性，将部分已试制成品（部件等）纳入仿真模型。此时，采用半物理仿真。到了系统研制阶段，说明前两级仿真均证明设计满足要求，则这一级只能采用全物理仿真才能最终说明问题。

### 2. 计算机仿真的发展和意义

计算机仿真是随着电子计算机的出现而发展起来的。早期的仿真采用模拟计算机作为仿真设备，主要用于连续系统的仿真，涉及的领域包括自动控制、航天等方面，如宇宙飞船的姿态及轨道的动态仿真。20 世纪 70 年代以来，其应用领域从最初的航天、原子反应堆到后来的电力、冶金、机械等主要工业部门，直至今天已扩展到社会经济、交通运输、生态系统等各个方面，成为分析、研究和设计各种系统的重要手段。仿真技术具有以下优点：

（1）提高产品质量。随着市场竞争和技术的发展，使得产品的开发过程始终以性能的最优化为核心准则。计算机仿真技术克服了传统设计方法上的缺陷，在产品未生产出来之前就在计算机上模拟分析了其性能状态，以及其经济性和可用性；并及时发现设计缺陷，对设计方案进行优化，以保证产品具有良好的综合性能。

（2）缩短产品开发周期。由于计算机仿真技术的应用，可以在计算机上完成产品的概念设计、结构设计、加工、装配以及系统性能的仿真，避免了因设计缺陷而造成的废品返工，提高了设计的一次成功率。

（3）降低了产品开发成本。计算机仿真技术以虚拟的样机代替实际模型进行试验，特别是在技术含量高、制造成本高、实验过程复杂及危险性较大的领域，大大减少了开发成本、降低了投资风险、节省了研究开发费用。比如，汽车的设计中的撞车实验等。

（4）替代难以实施的实验。计算机仿真系统可以在仿真模型上进行反复的实验，替代了人无法实际运作的实验，比如地震灾害程度、地球气候变化、人口发展与控制等。

（5）解决一般方法难以求解的大型系统问题。例如，计算机集成制造系统、核电站的控制与运行、化工生产过程管理等，由于系统庞大复杂，采用理论分析或数学求解的方法进行研究常常显得无能为力。通过计算机仿真，可以运行仿真模型，用实验方法加以研究。

## 9.4.2　计算机仿真的一般过程

对于需要研究的对象，计算机一般是不能直接认知和处理的，这就要求为之建立一个既能反映所研究对象的实质，又易于被计算机处理的数学模型。

数学模型将研究对象的实质抽象出来，计算机再来处理这些经过抽象的数学模型，并通过输出这些模型的相关数据来展现研究对象的某些特质。当然，这种展现可以是三维立体的。通过对这些输出量的分析，就可以更加清楚地认识研究对象。仿真的基本过程如图 9-14 所示。通过这个关系还可以看出，数学建模的精准程度是决定计算机仿真精度的最关键因素。从模型这个角度出发，可以将计算机仿真的实现分为三个大的步骤：

（1）建立数学模型。系统的数学模型是系统本身固有特性以及在外界作用下动态响应的数学描述形态。它有多种表达形式，如连续系统的微分方程、离散系统的差分方程、复杂系统的传递函数以及机械制造系统中对各种离散事件的系统分析模型等。

（2）建立仿真模型。在建立数学模型的基础上，设计一种求解数学模型的算法，即选择仿真方法，建立仿真模型。一般而言，仿真模型对实际系统描述得越细致，仿真结果就越真实可信，但同时，仿真实验输入的数据集就越大，仿真建模的复杂度和仿真时间都会增加。

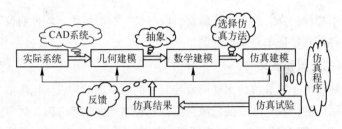

图 9-14　仿真基本过程

（3）编制仿真程序。根据仿真模型，画出仿真流程图，再使用通用高级语言或专用仿真语言编制计算机程序。目前，世界上已发表过数百种各有侧重的仿真语言，常用的有 GPSS、CSL 等。与通用高级语言相比，仿真语言具有仿真程序编制简单、仿真效率高、仿真过程数据处理能力强等特点。

（4）进行仿真实验。选择并输入仿真所需要的全部数据，在计算机上运行仿真程序，进行仿真实验，以获得实验数据。

（5）结果统计分析。对仿真实验结果数据进行统计分析，对照设计需求和预期目标，综合评价仿真对象。

（6）仿真工作总结。对仿真模型的适用范围、可信度，仿真实验的运行状态、费用等进行总结。

## 9.4.3　仿真在 CAD/CAE/CAM 系统中的应用

仿真在 CAD/CAE/CAM 系统中的应用主要表现在以下几个方面：

（1）产品形态仿真。例如，产品的结构形状、外观、色彩等形象化属性。

（2）装配关系仿真。例如，零部件之间装配关系与干涉检查，车间布局与设备、管道安装，电力、供暖、供气、冷却系统与机械设备布局规划等方面。

（3）运动学仿真。模拟机构的运动过程，包括自由度约束状况、运动轨迹、速度和加速度变化等。例如，加工中心机床的运动状态、规律，机器人各部结构、关节的运动关系。

（4）动力学仿真。分析计算机械系统在质量特性和力学特性作用下系统的运动和力的动态特性。例如，模拟机床工作过程中的振动和稳定性情况，机械产品在受到冲击载荷后的动态性能。

（5）零件工艺过程几何仿真。根据工艺路线的安排，模拟零件从毛坯到成品的金属去除过程，检验工艺路线的合理性、可行性、正确性。

（6）加工过程仿真。例如，数控加工自动编程后的刀具运动轨迹模拟，刀具与夹具、机床的碰撞干涉检查，切削过程中刀具磨损、切屑形成，工件被加工表面的产生等。

（7）生产过程仿真。例如，FMS 仿真，模拟工件在系统中的流动过程，展示从上料、装夹、加工、换位、再加工……直到最后下料、成品放入立体仓库的全部过程。其中，包括机床运行过程中的负荷情况、工作时间、空等时间、刀具负荷率、使用状况、刀库容量、运输设备的运行状况，找出系统的薄弱环节或瓶颈工位，采取必要措施进行系统调整，再模拟仿真修改调整后的生产过程运行状况。

随着计算机技术和 CAD/CAE/CAM 技术的不断发展，仿真技术将会得到进一步广泛的应用，在生产、科研、开发领域发挥出越来越大的作用。

## 9.4.4　计算机仿真的发展方向

随着计算机应用技术和网络技术的发展，计算机仿真技术也在不断的发展之中。例如，利用网络技术实现异地仿真，应用虚拟技术进行虚拟制造等。

（1）网络化仿真。现在已经开发出来的仿真系统，多数不能相互兼容，可移植性差，实现共享困难。较之于开发的高成本和长时间，物未尽其用。解决这些问题，第一就是采用兼容性好的计算机语言编写仿真系统，第二就是采用网络化技术实现仿真系统共享。尤其是后者，在将来的仿真系统开发中有着重要地位。实现仿真系统的网络共享，既可以在一定程度上避免重复开发以节约社会资源，又可以通过适当收费以补偿部分开发成本。

（2）虚拟制造技术仿真（Dummy Manufacture Technology Simulation，DMTS）。计算机仿真技术发展的另一大方向就是在虚拟制造技术领域的深入应用。虚拟制造技术是 20 世纪 90 年代发展起来的一种先进制造技术。它利用计算机仿真技术与虚拟现实技术，在计算机上实现从产品设计到产品出厂以及企业各级过程的管理与控制等制造的本质。这使得制造技术不再主要依靠经验，并可以实现对制造的全方位预测，为机械制造领域开辟了一个广阔的新天地。

（3）面向对象的仿真（Object—Oriented Simulation，OOS）。面向对象仿真是当前仿真研究领域中最引人关注的研究方向之一。面向对象仿真就是将面向对象的方法应用到计算机仿真领域中，以产生面向对象的仿真系统。面向对象仿真在理论上突破了传统仿真方法观念，使建模过程接近人的自然思维方式，从人类认识世界模式出发，使问题空间和求解空间相一致。所建立的模型具有内在的可扩充性和可重用性，有利于可视化建模仿真环境的建立，从而为大型复杂系统的仿真分析提供方便的手段。

（4）分布交互式仿真（Distributed Interactive Simulation，DIS）。分布交互式仿真是通过计算机网络将分散在各地的仿真设备互连，构成时间与空间互相耦合的虚拟仿真环境。分布交互仿真也已成为计算机仿真技术的一个重要发展方向，它充分利用了计算机网络技术的支撑，使处在不同地理位置的各个部门利用网络连接起来，实现资源共享，达到节省人力、物力和财力的目的。分布交互式仿真是具有时空一致性、互操作性、可伸缩性的分布式综合环境的表达。它采用一致的结构、标准和算法，建立一种人可以参与交互的时空一致的综合环境。

（5）智能仿真（Intelligence Simulation，IS）。智能仿真是把以知识为核心和人类思维行为作背景的智能技术引入整个建模与仿真过程，构造智能仿真平台。智能仿真技术的开发途径是人工智能（如专家系统、知识工程、模式识别、神经网络等）与仿真技术（如仿真模型、仿真算法、仿真语言、仿真软件等）的集成化。因此，近年来各种智能算法，如模糊算法、神经算法、遗传算法的探索也形成了智能建模与仿真中的一些研究热点。

（6）可视化仿真（Visual Simulation，VS）。为数值仿真过程及结果增加文本提示、图形、图像、动画表现，使仿真过程更加直观，结果更容易理解，并能验证仿真过程是否正确。近年来还提出了动画仿真（Animated Simulation，AS）。主要用于系统仿真模型建立之后动画显示，所以原则上仍属于可视化仿真。

（7）多媒体仿真（Multimedia Simulation，MS）。在可视化仿真的基础上再加入声音，就可以得到视觉和听觉媒体组合的多媒体仿真。

（8）定性仿真（Qualitative Simulation，QS）。用于复杂系统的研究，由于传统的定量数字仿真的局限，仿真领域引入定性研究方法将拓展其应用。定性仿真力求非数字化，以非数字手段处理信息输入、建模、行为分析和结果输出，通过定性模型推导系统定性行为描述。

## 9.4.5 计算机仿真软件

随着计算机和仿真技术的发展，仿真系统的规模日益扩大，结构也越来越复杂并向分布式仿真方向发展。现代仿真软件多采用以下技术：

（1）开放式结构技术。由于数据接口的标准化，使得软件能够在不同的网络接口、通信标准和操作系统之间进行信息交流，提高了系统的适应性和可维护性。

（2）"事件驱动"编程技术。"事件驱动"将复杂多变的与仿真有关的数据信息作为驱动事件分离出去，而主程序应使用较为稳定的程序结构，从而提高程序结构的灵活性。

（3）模块化建模。模块化建模是实现"事件驱动"编程的基础。可以提高代码利用率，适应面向对象编程。

（4）数据处理技术。数据是仿真的基础，仿真系统的运行实际上是数据的交互活动。仿真数据包括关系数据和实时数据，关系数据包括了模型参数、监控信号等信息。实时数据则是仿真系统运行中产生的信息。

目前，具有代表性面向制造系统的专用仿真系统有 CACI 公司的 Sifactory、Promodel Solution 的 Promodel 等。表 9-2 所示为一些支持机械产品开发的计算机仿真系统。

表 9-2　支持机械产品开发的计算机仿真软件

| 系 统 名 称 | 公 司 名 称 | 主要应用领域 |
| --- | --- | --- |
| Z – MOLD | 郑州大学 | 塑料模具仿真分析 |
| 金银花 V – CNC | 广州红地技术有限公司 | 数控编程加工仿真 |
| HSCAE、HSC – FLOW | 华中科技大学 | 注射模具仿真分析 |
| PAM – STAMP、OPTRIS | 法国 ESI Group | 冲压成型仿真分析 |
| PAM – SAFE | 法国 ESI Group | 汽车被动安全性仿真 |
| PAM – CRASH | 法国 ESI Group | 碰撞、冲击仿真软件 |
| PAM – FORM | 法国 ESI Group | 塑料、非金属、复合材料成型仿真 |
| SYSWELD | 法国 ESI Group | 热处理、焊接、焊接装配仿真 |
| PAM – CAST、PROCAST | 法国 ESI Group | 铸造成型仿真系统 |
| Flexsim | 美国 Manufacturing Engineering，Inc | 离散事件系统仿真 |
| MATLAB | 美国 Mathworks，Inc | 控制系统仿真语言系统 |
| SIMPACK | 德国 INTEC GmbH | 机械系统运动学、动力学仿真 |
| WITNESS | 英国 Lanner Group | 制造、汽车、运输、电子等仿真 |
| DEFORM | 美国 Scientific Forming Technologies Corp. | 金属锻造成形仿真 |
| Moldflow | 美国 Moldflow Pty Ltd. | 注射模具成形仿真 |
| MSC. Nastram | MSC. software Corp. | 结构、机械系统动力学仿真 |
| ANSYS | 美国 ANSYS，Inc | 结构、热、电磁、流体、声学等仿真 |

续表

| 系 统 名 称 | 公 司 名 称 | 主要应用领域 |
|---|---|---|
| COSMOS | 美国 SolidWorks Corporation | 机械结构，流体及运动仿真 |
| ITI – SIM | 德国 ITI Gmbh | 机械、液压、热能、电气等系统仿真 |
| FlowNet | 美国 Engineering Design System Technology | 管道流体流动仿真 |
| ProModel | 美国 ProModel Solution | 机械系统设计、制造及物流等仿真 |
| VisSim | 美国 Visual Solutions Inc | 控制、通信、运输、动力 |
| WorkingModel VisualNastran | 美国 MSC. Software Corp. | 机构运动学、动力学仿真 |
| Simul8 | 美国 Simuls corp. | 物流、资源及商务决策仿真 |
| COPRA | 德国 Data M Software GmbH | 辊压成形仿真软件 |

此外，一些通用 CAD/CAM 软件也集成了仿真模块，可以使用户在相同的软件系统环境中完成产品的设计、分析、制造及装配等环节的开发，有利于加快产品的开发速度，提高产品开发质量。比如 CATIA、UG、Pro/E 等。

# 小　结

本章介绍了计算机辅助工程的作用，讲解了计算机辅助工程的原理方法，重点讨论了利用计算机辅助工程技术分析解决工程设计中的实际问题，对相应软件的使用做了说明。

# 思　考　题

9-1　论述有限元法的基本模块及其解题的基本步骤。

9-2　分析有限元法的前置处理和后置处理的作用是什么。

9-3　分析设计变量、目标函数、约束条件之间的关系。

9-4　优化设计中常用的搜索方法有哪些？简单阐述模拟退火算法和遗传算法的原理，并用计算机语言实现其算法。

9-5　给定函数定义

$$f(x) = \begin{cases} -\left(x - \dfrac{1}{2}\right) & x \leqslant \dfrac{1}{3} \\ x - \dfrac{1}{6} & \dfrac{1}{3} < x \leqslant \dfrac{2}{3} \\ -\dfrac{3}{2}(x-1) & \dfrac{2}{3} < x \end{cases}.$$

用模拟退火法写出 $f(x)$ 在 $0 \leqslant x \leqslant 1$ 区间内的最小值。

9-6　举例分析计算机仿真技术在工程中的意义。

# 第10章 计算机辅助制造

学习目的与要求：了解计算机辅助制造的概念和数控加工的特点以及有关数控编程的基础知识；理解数控加工程序的编制过程；了解对数控加工仿真的意义、相关软件和实现的方法；掌握加工轨迹生成的相关算法，并灵活运用。

计算机辅助制造（Computer Aided Manufacturing，CAM）一般是指计算机在产品制造方面的有关应用。通常将计算机辅助制造（CAM）划分成广义CAM和狭义CAM。广义CAM是指利用计算机辅助完成从原材料到产品的全部制造活动，其中包括直接制造活动和间接制造活动，涉及工艺准备（计算机辅助工艺过程设计、计算机辅助工装设计与制造、NC自动编程、工时定额和材料定额的编制等），生产作业计划和物料作业计划的运行控制（加工、装配、检测、输送和存储等），生产控制，以及质量保证等项目内容。狭义CAM是指计算机在某个制造环节中的应用，通常是指计算机辅助数控加工。它的输入信息是零件的工艺路线和工序内容，输出信息是刀具加工时的运动轨迹（刀位文件）和数控程序，用以控制数控机床完成对某一工件的加工。计算机辅助制造是先进制造技术的重要组成部分，也是提高制造水平的重要举措。

CAM的主要任务是选择加工工具，生成加工路径，消除加工干涉，配置加工驱动，仿真加工过程等，以满足小批量、高精度、短周期及对加工一致性要求较高的产品制造的需要，进而实现CAD/CAPP/CAM的集成。

计算机辅助制造中最核心的技术是数控（NC）技术。数控技术将数字控制技术用于数控加工、数控装配、数控测量、数控绘图等方面。本章主要讨论与实现CAM有关的数控加工技术。

## 10.1 数控加工的特点和内容

数控机床与其他机床相比，它的一个最重要特点是当加工对象改变时，一般不需要对机床设备进行调整，只需要更换一个新的控制介质（如穿孔纸带、磁带、磁盘、U盘等）就可以自动地加工出新的零件来。因此，数控机床对单件、小批量生产的自动化具有重要意义。

数控加工是指在数控机床上进行零件加工的一种工艺方法。和一般的加工方法相比，其仅在控制方式上有所不同。在普通机床上加工，机床的开车、停车、走刀、主轴变速等操作都是由人工直接控制的。在自动机床和仿形机床上加工，上述操作和切削运动都是由凸轮、靠模、挡板等装置来控制，它们虽能加工出比较复杂的零件，有一定的灵活性和通用性，但零件加工精度受凸轮、靠模制造精度的影响，工序准备时间长。

数控加工过程是用数控装置（机床）或计算机代替人工操纵机床进行自动化加工的过程，如图 10-1 所示。

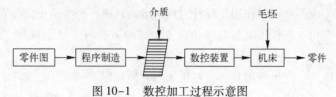

图 10-1  数控加工过程示意图

数控加工具有如下优点：

（1）加工精度高。尺寸精度一般在 0.005 ~ 0.1 mm 范围内，不受零件形状复杂程度的影响，产品质量稳定。

（2）生产效率高。加工过程中省去了划线、多次装夹定位、检测等工序，有效地提高了生产率。

（3）自动化程度高。除了用手工装卸工件外，全部加工过程都由机床自动完成，减轻了劳动强度，改善了劳动条件。

（4）生产准备时间短。可以省去许多专用工装设备的设计与制造。当产品更换时，不需要重新调整机床，只要更换一个新的控制介质。特别适用于多品种、小批量生产方式，尤其是新产品的研制和开发。

（5）数控加工使用数字信息，便于计算机控制和管理，容易连接 CAD 系统，形成 CAD/CAM 集成系统。

另一方面，数控机床的造价高、技术复杂，影响加工的因素多，需要切实解决好零件编程、刀具供应、操作和维修人员培训以及备件订货等问题。特别是数控程序编制，它是数控加工的关键环节，将直接影响到数控机床的加工质量和经济效益。

计算机辅助数控加工的主要工作内容如图 10-2 所示。它由 6 个功能模块组成。

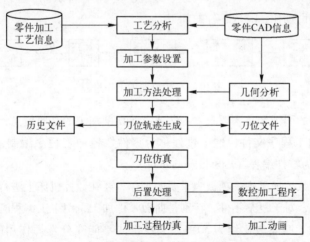

图 10-2  计算机辅助加工软件系统框图

（1）工艺分析和加工参数设置模块。它是根据所输入的零件工艺过程设计的工艺文件，对各工序设定切削用量、刀具补偿、加工坐标原点（刀具起点）等，其所需原始数据均取自工艺文件，按实际所选数控机床的情况进行设置。

（2）几何分析模块。其作用是分析零件的图形文件，得到图形的一些特征参数，并将这些参数传递给需要它的加工子程序，用以协助加工的自动完成。

（3）刀位轨迹生成模块。其作用是设计刀具的运动轨迹，产生历史文件和刀位文件。

（4）刀位仿真模块。其作用是检验刀位轨迹，避免刀具与工件上被加工轮廓的干涉，优化刀具行程路径等。

（5）后置处理模块。产生所用具体数控机床的数控程序。

（6）加工过程仿真模块。检查数控程序编制的正确性和刀具、夹具、机床、工件之间的运动干涉碰撞仿真。

# 10.2  数控编程及其发展

数控机床是采用计算机控制的高效能的自动化加工设备。数控加工程序是数控机床运动与工作过程控制的依据，因此数控加工编程是数控机床应用中的重要内容。为了减少数控加工编程的工作难度，提高编程效率，减少和避免数控加工程序的错误，发展了计算机辅助数控加工编程技术，该技术已成为数控机床应用中不可缺少的工具。下面就对数控编程及其发展作一些介绍。

## 10.2.1  数控加工编程的概念

数控加工工作过程如图 10-3 所示。在数控机床上加工零件时，要预先根据零件加工图样的要求确定零件加工的工艺过程、工艺参数和走刀运动数据，然后编制加工程序，传输给数控系统。在事先存入数控装置内部的控制软件支持下，经处理与计算，发出相应的进给运动指令信号，通过伺服系统使机床按预定的轨迹运动，进行零件的加工。因此，在数控机床上加工零件时，首先要编写零件加工程序清单，即数控加工程序，该程序用数字代码来描述被加工零件的工艺过程、零件尺寸和工艺参数（如主轴转速、进给速度等），将该程序输入数控机床的 NC 系统，控制机床的运动与辅助动作，完成零件的加工。

图 10-3  数控加工工作过程

根据被加工零件的图纸和技术要求、工艺要求等切削加工的必要信息，按数控系统所规定的指令和格式编制成加工程序文件，这个过程称为零件数控加工程序编制，简称数控编程（NC Programming），也称为零件编程（Part Programming）。

数控加工编程是数控加工中一项极为重要的工作，要在数控机床上进行加工必须编写数控加工程序。据国外统计，对于复杂零件，特别是曲面零件加工，用手工编程时，一个零件的编程时间与在机床上实际加工时间之比约为 30∶1。数控机床不能充分发挥作用的原因中，有 20% ～ 30% 是由于加工程序不能及时编制出来而造成的，可见数控编程直接影响数控设备的加工效率；从计算机集成制造的角度来看，数控加工程序的编制也是一个关键问题，因为其最终要产生数控加工程序。因此，为了缩短生产周期，提高数控机床的利用率，有效地解决各种模具及复杂零件的加工，数控加工编程在数控加工中的地位无可替代。

## 10.2.2　数控编程的现状和发展趋势

加工形状简单的零件，采用手工编程比较经济，但用手工编制复杂零件时，需要进行复杂的处理和计算。为此，数控技术出现后不久，即开始发展自动编程技术，以提高数控编程的效率和质量。

### 1. 数控语言编程

数控语言编程是目前应用最广泛的自动编程系统，目前世界上实际应用的数控语言系统有100 余种，其中最主要的是美国 APT（Automatically Programmed Tools）语言系统。它是一种发展早、容量大、功能全面、广泛应用的数控编程语言，能用于典型、连续控制系统以及 2 - 5 坐标数控机床，可以加工极为复杂的空间曲面。

数控语言编程的过程，通常为编程人员用数控语言将加工零件的有关信息（如零件几何形状、材料、加工要求或切削参数、走刀路线、刀具等）编制成零件源程序，通过适当的媒介（如穿孔带、穿孔卡、磁带、磁盘、键盘等）输入到计算机中，计算机则通过预先存入的自动编程系统处理程序（编译程序）对其进行前置处理及后置处理。前置处理用以对由数控语言编写的零件源程序进行翻译并计算出刀具中心轨迹，即刀位数据。这一部分独立于具体的数控机床，具有通用性；后置处理则是将刀位数据、刀具命令及各种功能转换成某台数控机床能够接受的指令字集。因此，后置处理程序需要根据具体数控机床控制的要求进行设计，具有专用性。经后置处理后可以通过打印机打印出数控加工程序单，也可以通过穿孔机制成穿孔带，还可以通过通信接口将后置处理的输出直接输入至 CNC 系统的存储器中。经计算机处理的数据，还可以通过屏幕图形显示或由绘图仪自动绘出刀具运动的轨迹图形，用以检查处理数据的正确性。

APT 语言编程不足之处是：需要配备大型计算机，某些算法尚未采用计算几何学的最新理论，工艺处理还需靠编程员脱机确定，零件源程序的编写、编辑、修改等还不够方便直观。

### 2. 自动编程的发展趋势

随着计算机技术及信息处理技术的发展，自动编程趋向于实用及高度自动化。

（1）研究和发展小型专用的自动编程系统。其中，APT 系统是一种发展最早、功能最为齐全、应用最为广泛的 NC 自动编程系统。据统计，美国 44% 的 NC 编程是利用 APT 实现的。但APT 系统庞大，因而对软件人员及计算机设备的要求也很高，它需要使用容量大的大型计算机。这对中、小企业是很不适用的，由此反而促进了小型专用 NC 编程系统的发展。尤其随着微机的出现和发展，国内外都相继开发了适用于各种微机的 NC 自动编程系统。这种专用自动编程系统的着眼点不是放在功能齐全上，而是放在如何简化程序和提高效率上，因此，这类系统容易掌握，便于使用，且成本较低。

（2）发展交互式的 NC 自动编程系统。采用人机交互功能的计算机显示图形器，在图形显示系统软件和图形编程应用软件的支持下，只要给出一些必要的工艺参数，发出相应的命令或"指点"菜单，然后根据应用软件提示的操作步骤，实时"指点"被加工零件的图形元素，就能够得到零件的各轮廓点的位置坐标值，并立即在图像显示库上显示出刀具加工轨迹，再连接适当的后置处理程序，就能输出数控加工程序单和穿孔纸带。这种编程方法称为计算机图像数控编程

（Computer Graphics Aided NC Programming），简称图像编程。

图像编程方法需要软、硬件资源。图形显示基本软件，是一个供用户在图形显示器上进行产品图形设计和显示的、具有实时人机交互功能的通用性核心软件，它必须能够将设计好的图形基本元素的几何信息通过有关的接口提供给用户。图形显示基本软件目前普遍采用模块化的组成方式，一般划分为 3 个层次。最外层提供用户使用的，称为用户接口；中间一层由外层调用，进行各种计算与处理；最里面一层显示处理结构，叫驱动模块，这些模块往往使用该硬件系统的汇编语言编写。图形设计软件是建立在图形显示基本软件基础上的一个应用软件，用它设计零件图形。图像编程软件用于对设计好的零件进行编程。

图像编程的基本原理是：当零件图形在屏幕上显示后，由图像编程软件计算出零件图形的轮廓点坐标及数控加工刀具中心轨迹。对零件图形必须取得下列信息：对于直线，要知道其起点或终点坐标；对圆弧，需要知道起点、终点、圆心坐标和圆弧走向；对于曲线，需要知道曲线方程中的参数等。图像编程软件是使用基本软件提供的查询子程序来查询这些信息的，使用光栅式图形显示器时，用十字光标线的交点来"指定"图形元素。图形编程过程中，起刀点、下刀点和退刀点是编程人员实时给定的，计算刀位点坐标的原理与方法和数控语言编程采用的计算方法相同。瑞士 Cimalog 公司的 MultiCAD/CAM 软件系统就是采用图像编程方法，它可以进行 3D 产品设计，在屏幕上显示出立体图形，并可从不同角度观看，进行编辑、修改。在 Multi CAD 设计的图形上，用户可以图形交互控制刀具路径、转速等，当屏幕显示结果满意时，则可以自动生成数控指令，然后将数控加工程序输入数控机床，操作过程简单方便、实用。

（3）语音编程。语音编程是用人作为输入介质，用微型话筒与计算机和显示器直接对话，令计算机自动编制出零件的数控加工程序。这种自动编程通常有两种方法：一种是将自动编程语言分解为孤立的每一个词汇。因此，可以用语音对每一个孤立的词汇进行语音输入。该方法简单可靠，但效率低；另一种是对自动编程语言的语句用一串语音（即一句话）来取代，输入计算机。这种方法效率高，但语音识别难度大。就目前计算机技术及信息处理技术来说，有限词汇集的连续语音的识别技术还是比较成熟的。语音输入经识别后，计算机对语音进行语义和语法上的分析和理解，然后与其他自动编程方法一样，通过计算机的数据处理、刀位计算及后置处理，最后打印出数控加工的程序单。

从目前的语音识别技术来说，操作者初次接触语音系统时，要训练系统熟悉操作者的声音。为此，操作者必须事先将词汇通过话筒输入计算机以建立样本。语音识别主要是与样本的特征进行比较，根据需要可以很快更换在计算机内的不同操作者的语音特征及不同的词汇，同一操作者使用时就不需要对系统进行训练。

语音是快速传递和接收信息的主要手段，它比手写约快 10 倍，因此语音编程方法能大大提高编程的效率。评价语音识别系统的主要指标是词汇量、语速及对不同语音的适应性。

（4）NC 编程与 CAD 的连接和集成。NC 编程与 CAD 系统的连接和集成是 NC 自动编程的一个非常重要的发展方向，即在 CAD 系统提供的零件信息基础上，直接进行编程。这就是通常所说的 CAD/CAM 的集成。

目前，NC 编程与 CAD 的连接有多种途径和可能性。第一种途径即前述的根据零件图样进行 NC 编程，也就是中间的转换和连接是靠人实现的。第二种途径是将 NC 编程系统作为 CAD 系统中的一个组成部分，即 CAD 软件中的一个模块，系统可对零件设计和加工中的信息自动进行集成处理，如商品化的 CAD 软件 iDeas、UG 等都有一个 NC 编程模块，能对系统设计出的零件进行 NC 自动编程。第三种途径是通过 CAD 系统直接产生一个针对特定 NC 语言的专用零件源程序。由于这种方法通用性差，实际中应用很少。

目前应用最多的途径是将 CAD 的数据通过标准接口的方式传递给 NC 编程系统，如通过 IGES 或 STEP 标准，也有的是通过 CAPP，实现 CAD/CAPP/CAM 的集成。这种方法要求采用特征建模系统作为 CAD/CAPP/CAM 集成环境下统一的零件信息模型，并在此基础上建立特征 NC 程序库，开发基于特征的 NC 自动编程系统。它通过接口文件读取 CAPP 系统输出的工艺信息文件，经过特征识别和处理，从特征 NC 程序库中调用相应的 NC 指令，自动生成 NC 机床所需格式的 NC 代码程序。这是一种很有实用价值的实现 CAD/CAPP/CAM 集成的新方法。

## 10.2.3　计算机辅助数控加工程序编制

计算机辅助编程就是借助于通用计算机来编制程序。从计算机集成制造系统的角度来看，其最终要产生数控加工程序；从计算机辅助加工来看，主要也是指在数控机床上加工，因此，数控加工程序的计算机辅助编制是一个关键问题。

计算机辅助数控加工程序编制过程如图 10-4 所示。其可分为源程序编制和目标程序编制两个阶段。

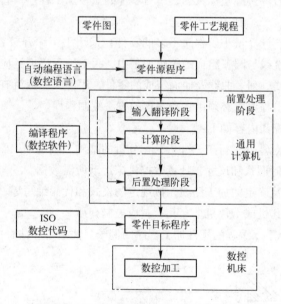

图 10-4　计算机辅助数控加工程序编制过程

（1）编制源程序阶段。根据所要加工的零件图和零件工艺过程，用专为数控机床加工用的数控语言，编制出源程序。由于现在所用的数控语言都是接近人类语言的高级语言，因此这种源程序的编制比较简单方便。

在计算机集成制造系统中，零件图可由计算机辅助设计输入，零件工艺过程可由计算机辅助工艺过程设计输入，可自动编制用数控语言表示的源程序。

（2）编制目标程序阶段。由于数控机床的数控系统不能直接执行源程序，因此要将源程序输入到通用计算机中，由编译程序（数控软件）翻译成机器语言，通过前置处理和后置处理，输出机床数控系统所需的加工程序，称之为目标程序或结果程序，它是用国际标准化组织颁布的数控代码来编写的。通常所说数控程序就是指目标程序。

在手工编程时，可直接编制目标程序，但很麻烦，工作量大，易出错。自动编程时，可用手工编制源程序，简单方便，工作量大为减小，再通过计算机从源程序自动产生目标程序。

在计算机辅助编制数控加工程序时，不必通过手工编制源程序，在输入零件图和零件工艺过程后，可自动完成目标程序的编制。实际上，计算机辅助加工大多指计算机辅助数控加工，其主要工作就是计算机辅助数控加工程序编制。

## 10.2.4　数控编程方法

NC 的编程有两种方法，第一种是记述机床本身所有动作形式的指令字都用手工方法作成，这叫做手工编程；还有一种方法是自动编程，它仅记述计算机能理解的指令字，把麻烦的计算自动完成。

### 1.　手工编程

手工编程是指编制零件数控加工程序的各个步骤，即从零件图纸分析、工艺决策、确定加工路线和工艺参数、计算刀位轨迹坐标数据、编写零件的数控加工程序单直至程序的检验，均由人工来完成。

对于加工形状简单、计算量小、程序不多的零件，采用手工编程较容易，并且经济、及时。因此，在点位加工或内直线与圆弧组成的轮廓加工中，手工编程仍广泛应用。对于形状复杂的零件，特别是具有非圆曲线、列表曲线及曲面组成的零件，用手工编程就有一定困难，出错的概率增大，有时甚至无法编出程序，必须用自动编程的方法编制程序。

手工编程的主要步骤和内容如下：

（1）根据零件图样对零件进行工艺分析，在分析的基础上确定加工路线和工艺参数。

（2）根据零件的几何形状和尺寸，计算数控机床运动所需数据。

（3）根据计算结果及确定的加工路线，按规定的格式和代码编写零件加工程序单。

（4）按程序单在穿孔机或卡片机上穿孔、制成控制介质。

图 10-5 所示为一个手工编程的零件加工程序的例子。注意程序注释中的编号对应于图 10-5 中加工路径的编号。

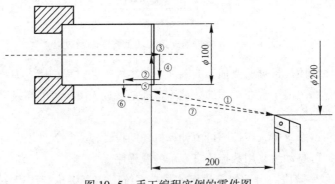

图 10-5　手工编程实例的零件图

```
% 1000
N100 G50 X200.0 Z200.0 T0100        ;坐标系设定(设定刀尖位置)
N101 T0101                          ;指定工具和补偿编号
N102 S600 M03                       ;主轴 600 r/min,正转
N103 G00 X108.0   Z0.2              ;快速进给到离端面 0.2 mm 位置        ①
N104 G01 X60.0   F0.3              ;切削端面,进给 0.3 mm              ②
N105 Z2.0                           ;退刀                            ③
N106 G00 X100.5                     ;快速进给移动至直径 100.5 mm 处;     ④
N107 G01 Z-35.0                     ;切削外径(直径 100.5 mm)          ⑤
N108 X105.0                         ;退刀                            ⑥
N109 G00 X200.0   Z200.0 T0100     ;使刀具快速返回开始点               ⑦
N110 M01                            ;随机停机
N111 M02                            ;程序终了
```

**2. 自动编程**

由于手工编程既烦琐又枯燥,并影响和限制了 NC 机床的发展和应用,因而在 NC 机床出现后不久,人们就开始了对自动编程方法的研究。

自动编程是利用计算机专用软件编制数控加工程序的过程。编程人员只需根据零件图样的要求,使用数控语言,由计算机自动地进行数值计算及后置处理,编写出零件加工程序单,加工程序通过直接通信的方式送入数控机床,指挥机床工作。自动编程使得一些计算烦琐、手工编程困难或无法编出的程序能够顺利地完成。

自动编程是采用计算机辅助数控编程技术实现的。需要一套专门的数控编程软件。现代数控编程软件主要分为以批处理命令方式为主的各种类型的 APT 语言编程系统和交互式 CAD/CAM 集成化编程系统。

APT 是一种自动编程工具的简称,是对工件、刀具的几何形状及刀具相对于工件的运动等进行定义时所用的一种接近于英语的符号语言。在编程时编程人员依据零件图样,以 APT 语言的形式表达出加工的全部内容。再把用 APT 语言书写的零件加工程序输入计算机,经 APT 语言编程系统编译产生位文件(CLDATA file)。通过后置处理后,生成数控系统能接受的零件数控加工程序的过程,称为 APT 语言自动编程(见图 10-6)。

采用 APT 语言自动编程时,计算机(或编程机)代替程序编制人员完成烦琐的数值计算工作,并省去了编写程序单的工作量,因而可将编程效率提高数倍到数十倍,同时解决了手工编程中无法解决的许多复杂零件的编程难题。

以 CAD 软件为基础的交互式 CAD/CAM 集成化自动编程方法是现代 CAD/CAM 集成系统中常用的方法,在编程时编程人员首先利用计算机辅助设计软件或自动编程软件本身的零件造型功能,构建出零件几何形状;然后对零件图样进行工艺分析,确定加工方案;其后利用软件的计算机辅助制造功能,完成工艺方案的指定、切削用量的选择、刀具及其参数的设定;自动计算并生成刀位轨迹文件,利用后置处理功能生成指定数控系统用的加工程序。因此,我们把这种自动编程方式称为图形交互式自动编程。这种自动编程系统是一种 CAD 与 CAM 高度结合的自动编程系统。

CAD/CAM 集成化数控编程的主要特点是:零件的几何形状可在零件设计阶段采用 CAD/

CAM 集成系统的几何设计模块在图形交互方式下进行定义、显示和修改，最终得到零件的几何模型。编程操作都是在屏幕菜单及命令驱动等图形交互方式下完成的，具有形象、直观和高效等优点。

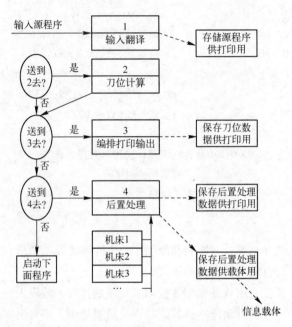

图 10-6　APT 系统的结构框图

## 10.2.5　数控语言及其选择

数控语言系统的来源有两种：选用现有商用语言系统和自行研制语言系统。

现有数控语言系统有美国 APT、德国 EXAPT、日本 FAPT 等系统，这些都是自动程编系统，以 APT 系统最为出名。

为了解决数控加工中的程序编制问题，20 世纪 50 年代，MIT 设计了一种专门用于机械零件数控加工程序编制的语言，称为 APT。其后，APT 几经发展，形成了诸如 APTⅡ、APTⅢ（立体切削用）、APT（算法改进，增加多坐标曲面加工编程功能）、APT - AC（Advanced Contouring）（增加切削数据库管理系统）和 APT -/SS（Sculptured Surface）（增加雕塑曲面加工编程功能）等先进版。

采用 APT 语言编制数控程序具有程序简练、走刀控制灵活等优点，使数控加工编程从面向机床指令的"汇编语言"级，上升到面向几何元素。APT 仍有许多不便之处：采用语言定义零件几何形状，难以描述复杂的几何形状，缺乏几何直观性；缺少对零件形状、刀具运动轨迹的直观图形显示和刀具轨迹的验证手段；难以和 CAD 数据库和 CAPP 系统有效连接；不容易做到高度的自动化，集成化。

针对 APT 语言的缺点，1978 年，法国达索飞机公司开始开发集三维设计、分析、NC 加工一体化的系统，称为 CATIA。随后很快出现了 EUCLID、UGⅡ、INTERGRAPH、Pro/Engineering、MasterCAM 及 NPU/GNCP 等系统，这些系统都有效地解决了几何造型、零件几何形状的显示，交互设计、修改及刀具轨迹生成，走刀过程的仿真显示、验证等问题，推动了 CAD 和 CAM 向一体化方向发展。到了 20 世纪 80 年代，在 CAD/CAM 一体化概念的基础上，逐步形成了计算机集成制造系统（CIMS）及并行工程（CE）的概念。目前，为了适应 CIMS 及 CE 发展的需要，数控编程系统正向集成化和智能化方向发展。在集成化方面，以开发符合 STEP（Standard for the Exchange of Product Model Data）标准的参数化特征造型系统为主，目前已进行了大量卓有成效的工作，是国内外开发的热点；在智能化方面，工作刚刚开始，还有待我们继续努力。

APT 系统是一种功能非常丰富、通用性非常强的系统，应用最为广泛，许多系统都是在它的基础上发展起来的，但它需要性能好的大型计算机，编程费用大。因此，美国在发展 APT 系统的同时，又开发了一些针对性强、范围窄的小型语言系统，以适应中、小型企业的要求，如用于轮廓控制的 ADAPT 系统，用于点位控制的 AutoSPOT 系统等。图 10-6 是 APT 系统的结构框图，它由 4 个功能模块组成，通过系统总控部分进行控制。德国的 EXAPT 系统除具有几何、运动和后置处理等必备功能外，还有很强的工艺处理功能，适合铣镗加工中心和数控车床的程序编制，很有特色，其系统结构框图如图 10-7 所示。此外，日本的 FAPT 语言系统、中国的 ZCX 和 ZBC 等系统都具有车、铣等多种功能，应用广泛。

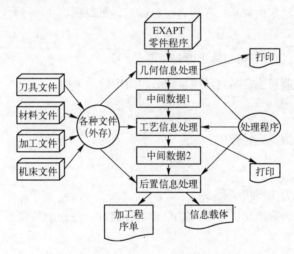

图 10-7　EXAPT 系统的结构图

## 10.2.6　APT 语言基本语句

### 1. 几何定义语句

几何定义语句是为了描述零件的几何图形而设置的。零件在图样上是以各种几何元素来表示的，在零件加工时，刀具沿着这些几何元素来运动，因此要描述刀具运动轨迹，首先必须描述构成零件形状的各几何元素。一个几何元素往往可以用各种方式来定义，所以在编写零件源程序时，应根据图样情况，选择最方便的定义方式来描述。APT 语言可以定义 17 种几何元素，其中主要有点、直线、平面、圆、椭圆、双曲线、圆柱、圆锥、球、二次曲面、自由曲面等。

几何定义语句的一般形式为：

标识符 = APT 几何元素/定义方式

标识符由程编人员自己确定，由 1~6 个字母和数字组成，规定用字母开头，不允许用 APT 词汇作标识符。例如，圆的定义语句：

C1 = CIRCLE/10,60,110.5.5

其中：C1 为标识符，CIRCLE 为几何元素类型，10，60，110.5.5 分别为圆心的坐标值和半径值。

### 2. 刀具运动语句

刀具运动语句是用来模拟加工过程中刀具运动的轨迹。为了定义刀具在空间的位置和运动，引进了图 10-8 所示的 3 个控制面的概念，即零件表面（PS）、导向面（DS）和检查面（CS）。零件面是刀具在加工运动过程中，刀具端点运动形成的表面。它是控制切削深度的表面。导向面是在加工运动中刀具与零件接触的第二个表面，是引导刀具运动的面，由此可以确定刀具与零件表面之间的位置关系。检查面是刀具运动终止位置的限定面，刀具在到达检查之前，一直保持与零件面和导向面所给定的关系，在到达检查面后，可以重新给出新的运动语句。

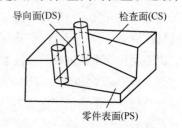

图 10-8　定义刀具空间位置的控制面

### 3. 工艺数据语句、初始语句和终止语句

工艺数据及一些控制功能也是自动编程中必须给定的。例如：

SPINDL/n,CLW

表示了机床主轴转数及旋转方向。

CUTTER/d,r

给出了铣刀直径和刀尖圆角半径。

初始语句也称程序名称语句，由 PARTNO 和名称组成。终止语句表示零件加工程序的结束，用 FINI 表示。

## 10.2.7　数控加工程序编程的内容与步骤

正确的加工程序不仅应保证加工出符合图纸要求的合格工件，而且应能使数控机床的功能得到合理的应用与充分的发挥，以使数控机床能安全、可靠、高效地工作。数控加工程序的编制过程是一个比较复杂的工艺决策过程。一般来说，数控编程过程主要包括分析零件图样、工艺处理、数学处理、编制程序单、数控程序输入。典型的自动数控编程过程如图 10-9 所示。

### 1. 加工工艺决策

在数控编程之前，编程人员应了解所用数控机床的规格、性能、数控系统所具备的功能及编程指令格式等。根据零件形状尺寸及其技术要求，分析零件的加工工艺，选定合适的机床、刀具与夹具，确定合理的零件加工工艺路线、工步顺序以及切削用量等工艺参数，这些工作与普通机床加工零件时的编制工艺过程基本是相同的。

选择加工策略时，重点需要解决如下问题：

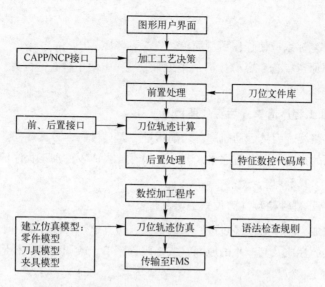

图 10-9 典型的自动数控编程过程（集成环境下）

（1）确定加工方案。此时应考虑数控机床使用的合理性及经济性，并充分发挥数控机床的功能。

（2）工夹具的设计和选择。应特别注意要快速完成工件的定位和夹紧过程，以减少辅助时间。使用组合夹具，生产准备用期短，夹具零件可以反复使用，经济效果好。此外，所用夹具应便于安装，便于协调工件和机床坐标系之间的尺寸关系。

（3）选择合理的走刀路线。合理地选择走刀路线对于数控加工是很重要的。应考虑以下几个方面：

① 尽量缩短走刀路线，减少空走刀行程，提高生产效率。

② 合理选取起刀点、切入点和切入方式，保证切入过程平稳，没有冲击。

③ 保证加工零件的精度和表面粗糙度的要求。

④ 保证加工过程的安全，避免刀具与非加工面的干涉。

⑤ 有利于简化数值计算，减少程序段数日和编制程序工作量。

（4）选择合理的刀具。根据工件材料的性能、机床的加工能力、加工工序的类型以及其他与加工有关的因素来选择刀具，包括刀具的结构类型、材料牌号、几何参数等。

（5）确定合理的切削用量。在工艺处理中必须正确确定切削用量。

**2. 刀位轨迹计算**

在编写 NC 程序时，根据零件形状尺寸、加工工艺路线的要求和定义的走刀路径，在适当的工件坐标系上计算零件与刀具相对运动的轨迹的坐标值，以获得刀位数据，诸如几何元素的起点、终点、圆弧的圆心、几何元素的交点或切点等坐标值，有时还需要根据这些数据计算刀具中心轨迹的坐标值，并按数控系统最小设定单位（如 0.001 mm）将上述坐标值转换成相应的数字量，作为编程的参数。

在计算刀具加工轨迹前，正确地选择编程原点及编程坐标系即工件坐标系是很重要的。工件坐标系是指在数控编程时在工件上确定的基准坐标系，其原点也是数控加工的对刀点。工件坐标系的选择原则如下：

(1) 所选的工件坐标系应使程序编制简单。

(2) 工件坐标系原点应选在容易找正、并在加工过程中便于检查的位置。

(3) 引起的加工误差小。

### 3. 编制或生成加工程序清单（后置处理）

根据制定的加工路线、刀具运动轨迹、切削用量、刀具号码、刀具补偿要求及辅助工作，按照机床数控系统使用的指令代码及程序格式要求，编写或生成零件加工程序清单，并需要进行初步的人工检查，进行反复修改。

### 4. 数控加工程序正确性检验（刀位轨迹仿真）

通常，所编制的加工程序必须经过进一步的检验、仿真、试切削才能用于正式加工。当发现错误时，应分析错误的性质及其产生的原因，或修改程序单，或调整刀具补偿尺寸，直到符合图纸规定的精度要求为止。

### 5. 程序输入

在早期的数控机床上都配备光电读带机，作为加工程序输入设备，因此，对于大型的加工程序，可以制作加工程序纸带，作为控制信息介质。近年来，许多数控机床都采用磁盘、计算机通信技术等各种与计算机通用的程序输入方式，实现加工程序的输入，因此，只需要在普通计算机上输入编辑好的加工程序，就可以直接传送到数控机床的数控系统中。当程序较简单时，也可以通过键盘人工直接输入到数控系统中。

## 10.3  数控程序系统

数控程序系统按其应用范围可分为两大类。

第一类是不限定加工对象、适用范围广泛的通用系统。APT 系统就是通用系统的典型代表。

另一类是适用于特定目标的、针对性较强的专用系统。其中通用系统按其功能来说，又可分为几何处理系统和工艺处理系统。几何处理系统的主要特点是适用于处理较复杂的几何图形。例如，美国的 APT 系统、法国的 IFAPT 系统、英国的 2CL 系统等都属于几何处理系统，这些系统虽然具有较强的几何图形处理能力，但却不能自动求取工艺参数。

数控程序系统的工作大致可分为三个阶段，即输入翻译阶段、轨迹计算阶段和后置处理阶段。

(1) 输入翻译阶段。它是为计算刀具运动轨迹阶段作准备。此阶段的主要功能是按源程序的顺序，一个符号一个符号地依次阅读并处理源程序，处理过程如图 10-10 所示。当遇到几何图形定义语句时即转入图形定义预处理程序（图中以点画线框表示）。在这个程序中要判断是哪类几何元素及采用哪种定义方式，然后分门别类地将其处理成标准形式并求出标准参数；将这些标准参数集中存储在计算机内存中的"数区"（称为数表）；再根据几何名称将其几何类型和标准参数存储的地址存放在计算机的某个内存区内（称为信息表）、其他类型语句也采用类似方法，均被处理成预先规定的形式。

(2) 轨迹计算阶段。这个阶段的功能类似于手工编程中基点、节点和刀具中心轨迹的计算。

对于有工艺处理能力的程序系统还包括工艺过程和工艺参数的确定。这个阶段的目标程序要适应各种不同机床后置处理程序的要求，即应是通用的。

（3）后置处理阶段。后置处理阶段的功能包括增量计算、脉冲当量转换以及编写程序单和制成数控纸带等，从而将计算阶段目标程序给出的数据、工艺参数及其他有关信息转变成数控装置的输入信息。后置处理程序与具体的数控机床有关，控制系统不同，代码也不同。

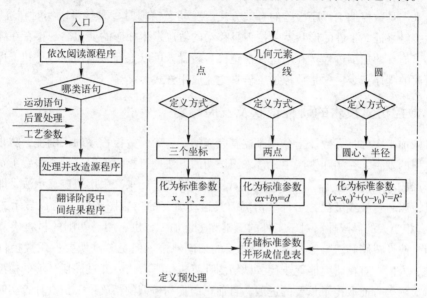

图 10-10　源程序的翻译处理过程

# 10.4　数控加工仿真

数控加工仿真利用计算机来模拟实际的加工过程，是验证数控加工程序的可靠性和预测切削过程的有力工具，以减少工件的试切，提高生产效率。

从工程的角度来看，仿真就是通过对系统模型的实验去研究一个已有的或设计中的系统。分析复杂的动态对象，仿真是一种有效的方法，可以减少风险，缩短设计和制造的周期，节约投资。

## 10.4.1　数控加工仿真的目的与意义

无论是采用语言自动编程方法还是采用图形自动编程方法生成的数控加工程序，无论在加工过程中是否发生过切、少切，所选择的刀具、走刀路线、进退刀方式是否合理；零件与刀具、刀具与夹具、刀具与工作台是否干涉和碰撞等，编程人员往往事先很难预料。结果可能导致工件形状不符合要求，出现废品，有时还会损坏机床、刀具。随着 NC 编程的复杂化，NC 代码的错误也越来越高。因此，在零件的数控加工程序投入实际的加工之前，如何合理地检验和验证数控加工程序的正确性，确保投入实际应用的数控加工程序正确，是数控加工编程中的重要环节。

目前，数控程序检验方法主要有试切、刀具轨迹仿真、三维动态切削仿真和虚拟加工仿真等方法。

　　试切法是 NC 程序检验的有效方法。传统的试切是采用塑模、蜡模或木模等专用设备进行的。通过塑模、蜡模或木模零件尺寸的正确性来判断数控加工程序是否正确。但试切过程不仅占用了加工设备的工作时间，需要操作人员在整个加工周期内进行监控，而且加工中的各种危险同样难以避免。

　　用计算机仿真模拟系统，从软件上实现零件的试切过程，将数控程序的执行过程在计算机屏幕上显示出来，是数控加工程序检验的有效方法。在动态模拟时，刀具可以实时在屏幕上移动，刀具与工件接触之处，工件的形状就会按刀具移动的轨迹发生相应的变化。观察者在屏幕上看到的是连续的、逼真的加工过程。利用这种视觉检验装置，可以很容易地发现刀具和工件之间的碰撞及其他错误的程序指令。这是数控加工仿真主流应用方式。

## 10.4.2　数控仿真技术的研究现状及发展趋势

　　数控机床加工零件是靠数控指令程序控制完成的。为确保数控程序的正确性，防止加工过程中干涉和碰撞的发生，在实际生产中，常采用试切的方法进行检验。但这种方法费工费料，代价昂贵，使生产成本上升，增加了产品加工时间和生产周期。后来又采用轨迹显示法，即以划针或笔代替刀具，以着色板或纸代替工件来仿真刀具运动轨迹的二维图形（也可以显示二维半的加工轨迹），有相当大的局限性。对于工件的三维和多维加工，也有用易切削的材料代替工件（如石蜡、木料、改性树脂和塑料等）来检验加工的切削轨迹。但是，试切要占用数控机床和加工现场。为此，人们一直在研究能逐步代替试切的计算机仿真方法，并在试切环境的模型化、仿真计算和图形显示等方面取得了重要的进展，目前正向提高模型的精确度、仿真计算实时化和改善图形显示的真实感等方向发展。

　　从试切环境的模型特点来看，目前 NC 切削过程仿真分几何仿真和力学仿真两个方面。几何仿真不考虑切削参数、切削力及其他物理因素的影响，只仿真刀具－工件几何体的运动，以验证NC 程序的正确性。它可以减少或消除因程序错误而导致的机床损伤、夹具破坏或刀具折断、零件报废等问题；同时可以减少从产品设计到制造的时间，降低生产成本。切削过程的力学仿真属于物理仿真范畴，它通过仿真切削过程的动态力学特性来预测刀具破损、刀具振动、控制切削参数，从而达到优化切削过程的目的。

　　计算机仿真技术的发展趋势主要表现在两个方面：应用领域的扩大和仿真计算机的智能化。计算机仿真技术不仅在传统的工程技术领域（航空、航天、化工等方面）继续发展，而且扩大到社会经济、生物等许多非工程领域，此外，并行处理、人工智能、知识库和专家系统等技术的发展正影响着仿真计算机的发展。

## 10.4.3　几何仿真

　　几何仿真技术的发展是随着几何建模技术的发展而发展的，包括定性图形显示和定量干涉验证两方面。目前常用的方法有直接实体造型法，基于图像空间的方法和离散矢量求交法。

### 1. 直接实体造型法

　　直接实体造型法是指工件体与刀具运动所形成的包络体进行实体布尔差运算，工件体的三维模型随着切削过程被不断更新。

　　Sungurtekin 和 Velcker 开发了一个铣床的模拟系统。该系统采用 CSG 法来记录毛坯的三维模型，利用一些基本图形（如长方体、圆柱体、圆锥体等）和集合运算（特别是并运算），将毛坯和一系列刀具扫描过的区域记录下来，然后应用集合差运算从毛坯中顺序除去扫描过的区域。所谓被扫过的区域是指切削刀具沿某一轨迹运动时所走过的区域。在扫描了每段 NC 代码后显示变化了的毛坯形状。

Kawashima 等的接合树法将毛坯和切削区域用接合树（graftree）表示，即除了空和满两种节点，边界节点也作为八叉树（oct-tree）的叶节点，可构造接合树的数据结构，边界节点包含半空间，节点物体利用在这些半空间上的 CSG 操作来表示。接合树细分的层次由边界节点允许的半空间个数决定。逐步的切削仿真利用毛坯和切削区域的差运算来实现。毛坯的显示采用了深度缓冲区算法，将毛坯划分为多边形实现毛坯的可视化。

用基于实体造型的方法实现连续更新的毛坯的实时可视化，耗时太长，于是一些基于观察的方法被提出来。

### 2. 基于图像空间的方法

基于图像空间的方法用图像空间的消隐算法来实现实体布尔运算。Van Hook 采用图像空间离散法实现了加工过程的动态图形仿真。他使用类似图形消隐的 z_buffer 思想，沿视线方向将毛坯和刀具离散，在每个屏幕像素上毛坯和刀具表示为沿 z 轴的一个长方体，称为 Dexel 结构。刀具切削毛坯的过程简化为沿视线方向上的一维布尔运算，切削过程就变成两者 Dexel 结构的比较：

CASE 1：只有毛坯，显示毛坯，break；

CASE 2：毛坯完全在刀具之后，显示刀具，break；

CASE 3：刀具切削毛坯前部，更新毛坯的 Dexel 结构，显示刀具，break；

CASE 4：刀具切削毛坯内部，删除毛坯的 Dexel 结构，显示刀具，break；

CASE 5：刀具切削毛坯内部，创建新的毛坯 Dexel 结构，显示毛坯，break；

CASE 6：刀具切削毛坯后部，更新毛坯的 Dexel 结构，显示毛坯，break；

CASE 7：刀具完全在毛坯之后，显示毛坯，break；

CASE 8：只有刀具，显示刀具，break。

这种方法将实体布尔运算和图形显示过程合为一体，使仿真图形显示有很好的实时性。

Hsu 和 Yang 提出了一种有效的三轴铣削的实时仿真方法。他们使用 z_map 作为基本数据结构，记录一个二维网格的每个方块处的毛坯高度，即 z 向值。这种数据结构只适用于刀轴 z 向的三轴铣削仿真。对每个铣削操作通过改变刀具运动每一点的深度值，很容易更新 z_map 值，并更新工件的图形显示。

### 3. 离散矢量求交法

由于现有的实体造型技术未涉及公差和曲面的偏置表示，而像素空间布尔运算并不精确，使仿真验证有很大的局限性。为此，Chappel 提出了一种基于曲面技术的"点–矢量"（point-vector）法。这种方法将曲面按一定精度离散，用这些离散点来表示该曲面。以每个离散点的法矢为该点的矢量方向，延长与工件的外表面相交。通过仿真刀具的切削过程，计算各个离散点沿法矢到刀具的距离 $s$。

设 sg 和 sm 分别为曲面加工的内、外偏差，如果 sg < $s$ < sm 说明加工处在误差范围内，$s$ < sg

则过切，$s >$ sm 则漏切。该方法分为被切削曲面的离散（discretization）、检测点的定位（location）和离散点矢量与工件实体的求交（intersection）三个过程。采用图像映射的方法显示加工误差图形；零件表面的加工误差可以精确地描写出来。

总体来说，基于实体造型的方法中几何模型的表达与实际加工过程相一致，使得仿真的最终结果与设计产品间的精确比较成为可能；但实体造型的技术要求高，计算量大，在目前的计算机实用环境下较难应用于实时检测和动态模拟。基于图像空间的方法速度快得多，能够实现实时仿真，但由于原始数据都已转化为像素值，不易进行精确的检测。离散矢量求交法基于零件的表面处理，能精确描述零件面的加工误差，主要用于曲面加工的误差检测。

### 10.4.4 数控加工仿真系统的体系结构

#### 1. 加工过程仿真系统的结构

加工过程仿真系统总体结构如图 10-11 所示，它的主体是加工过程仿真模型，是在工艺系统实体模型和数控加工程序的输入下建立起来的。其功能模块有：

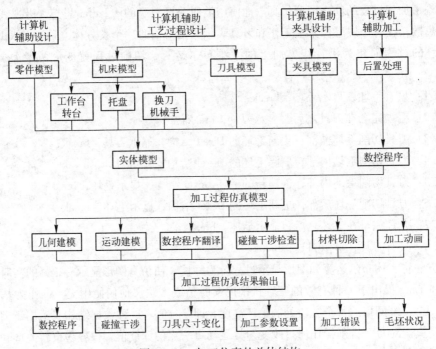

图 10-11　加工仿真的总体结构

（1）几何建模。描述零件、机床（包括工作台或转台、托盘、换刀机械手等）、夹具、刀具等所组成的工艺系统实体。

（2）运动建模。描述加工运动及辅助运动，包括直线、回转及其他运动。

（3）数控程序翻译。仿真系统读入数控程序，进行语法分析、翻译成内部数据结构，驱动仿真机床，进行加工过程仿真。

（4）碰撞干涉检查。检查刀具与被切工件轮廓的干涉，刀具、夹具、机床、工件之间的运动碰撞等。

（5）材料切除。考虑工作由毛坯成为零件过程中形状、尺寸的变化。

（6）加工动画。进行二维或三维实体动画仿真显示。

（7）加工过程仿真结果输出。输出仿真结果，进行分析，以便处理。

**2．刀位仿真的总体结构**

应该说，加工过程仿真可以包含刀位仿真，但由于加工过程仿真是在后置处理以后，已有工艺系统实体模型和数控加工程序的情况下才能进行，专用性强。因此，后置处理以前的刀位仿真是有意义的，它可以脱离具体的数控机床环境进行。图 10-12 所示为刀位仿真的总体结构图。

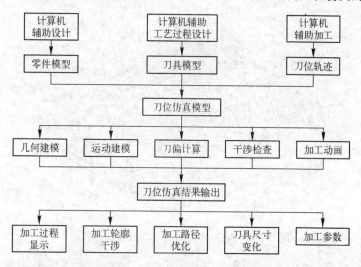

图 10-12　刀位仿真的总体结构

它的主体模块是刀位仿真模型，是在零件模型、刀具模型和刀位轨迹输入下建立起来的，其功能模块有几何建模、运动建模、刀偏计算、干涉检查、加工动画、仿真结果输出等。

## 10.4.5　数控加工仿真形式介绍

数控加工仿真的形式主要有二维刀位轨迹仿真法、三维动态切削仿真法、虚拟加工仿真法等。

**1．二维刀位轨迹仿真法**

一般在后置处理之前进行，通过读取刀位数据文件，检查刀具位置计算是否正确，加工过程中是否发生过切，所选刀具、走刀路线、进退刀方式是否合理，刀位轨迹是否正确，刀具与约束面是否发生干涉与碰撞。这种仿真一般可以采用动画显示的方法，效果逼真。该方法是在后置处理之前进行刀具轨迹仿真，可以脱离具体的数控系统环境进行。刀位轨迹仿真法是目前较成熟有效的仿真方法，应用比较普遍。主要有刀具轨迹显示验证、截面法验证和数值验证 3 种方式。

（1）刀具轨迹显示验证。刀具轨迹显示验证的基本方法是：当待加工零件的刀具轨迹计算完成以后，将刀具轨迹在图形显示器上显示出来，从而判断刀具轨迹是否连续，检查刀位计算是否正确。判断的依据和原则主要包括：刀具轨迹是否光滑连续，刀具轨迹是否交叉，刀轴矢量是否有突变现象，凹凸点处的刀具轨迹连接是否合理，组合曲面加工时刀具轨迹的拼接是否合理，走刀方向是否符合曲面的造型原则等。

刀具轨迹显示验证还可将刀具轨迹与加工表面的线架图组合在一起，显示在图形显示器上，或在待验证的刀位点上显示出刀具表面，然后将加表面及其约束面组合在一起进行消隐显示，根据刀具轨迹与加工表面的相对位置是否合理、刀具轨迹的偏置方向是否符合实际要求、分析进退刀位置及方式是否合理等，更加直观地分析刀具与加工表面是否有干涉，从而判断刀具轨迹是否正确，走刀路线、进退刀方式是否合理。图 10-13 是采用球形棒铣刀采用最佳等高线走刀方式三坐标铣削加工凸模型面的显示验证图，可以看出每条刀具轨迹是光滑连接的，各条刀具轨迹之间的连接方式也非常合理。

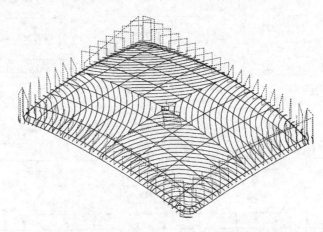

图 10-13　屏模具表面加工的组合显示验证

（2）刀具轨迹截面法验证。截面法验证是先构造一个截面，然后求该截面与待验证的刀位点上的刀具外形表面、加工表面及其约束面的交线，构成一幅截面图显示在屏幕上，从而判断所选择的刀具是否合理，检查刀具与约束面是否发生干涉与碰撞，加工过程中是否存在过切。

截面法验证主要应用于侧铣加工、型腔加工及通道加工的刀具轨迹验证。截面形式有横截面、纵截面及曲截面等 3 种方法。

采用横截面方式时，构造一个与走刀路线上刀具的刀轴方向大致垂直的平面，然后用该平面去剖截待验证的刀位点上的刀具表面、加工表面及其约束面，从而得到一张所选刀位点上刀具与加工表面及其约束面的截面图。该截面图能反映出加工过程中刀杆与加工表面及其约束面的接触情况。

图 10-14 是采用二坐标端铣加工型腔及二坐标侧铣加工轮廓时的横截面验证图。

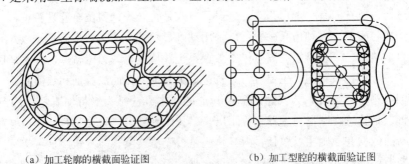

（a）加工轮廓的横截面验证图　　　　　　（b）加工型腔的横截面验证图

图 10-14　横截面验证图

纵截面验证是用一张通过刀轴轴心线的平面（纵截面）去截待验证的刀位点上的刀具表面、加工表面及其约束面，从而得到一张截面图。在该截面图的显示过程中，规定刀具始终摆正放置，即刀杆向上、刀尖向下。纵截面可选取摆刀平面作为纵截面，或将摆刀平面绕刀轴转动一定的角度而生成纵截面。

纵截面验证不仅可以得到一张反映刀杆与加工表面、刀尖与导动面的接触情况的定性验证图，还可以得到一个定量的干涉分析结果表。

如图 10-15 所示，在用球形刀加工自由曲面时，若选择的刀具半径大于曲面的最小曲率半径，则可能出现过切干涉或加工不到位。

曲截面验证是用一指定的曲面去截待验证的刀位点上的刀具表面、加工表面及其约束面，从而得到一张反映刀杆与加工表面及其约束面的接触情况的曲截面验证图。主要应用于整体叶轮的五坐标数控加工。

（3）刀具轨迹数值验证。刀具轨迹数值验证又称距离验证，是一种刀具轨迹的定量验证方法。它通过计算各刀位点上刀具表面与加工表面之间的距离进行判断，若距离为正，表示刀具离开加工表面一定距离；若距离为负，表示刀具与加工表面过切。

如图 10-16 所示，选取加工过程中某刀位点上的刀心，然后计算刀心到所加工表面的距离，则刀具表面到加工表面的距离为刀心到加工表面的距离减去球形刀刀具半径。设 $C$ 表示加工刀具的刀心，$d$ 是刀心到加工表面的距离，$R$ 表示刀具半径，则刀具表面到加工表面的距离为

$$\delta = d - R$$

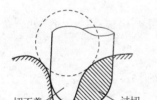

图 10-15　刀具的过切干涉

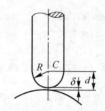

图 10-16　球形刀加工的数值验证

### 2. 三维动态切削仿真法

三维动态切削图形仿真验证是采用实体造型技术建立加工零件毛坯、机床、夹具及刀具在加工过程中的实体几何模型，然后将加工零件毛坯及刀具的几何模型进行快速布尔运算（一般为减运算），最后采用真实感图形显示技术，把加工过程中的零件模型、机床模型、夹具模型及刀具模型动态地显示出来，模拟零件的实际加工过程。其特点是仿真过程的真实感较强，基本具有试切加工的验证效果。三维动态切削仿真已成为图像数控编程系统中刀具轨迹验证的重要手段。

加工过程的动态仿真验证，一般将加工过程中不同的显示对象采用不同的颜色来表示。已切削加工表面与待切削加工表面颜色不同；已加工表面上存在过切、干涉之处又采用另一种不同的颜色。同时，可对仿真过程的速度进行控制，从而编程人员可以清楚地看到零件的整个加工过程，刀具是否啃切加工表面以及在何处啃切加工表面，刀具是否与约束面发生干涉与碰撞等。

现代数控加工过程的动态仿真验证的典型方法有两种：一种是只显示刀具模型和零件模型的加工过程动态仿真（见图 10-17）；另一种是同时动态显示刀具模型、零件模型、夹具模型和机床模型的机床仿真系统。从仿真检验的内容看，可以仿真刀位文件，也可仿真 NC 代码。

### 3. 虚拟加工仿真法

虚拟加工方法是应用虚拟现实技术实现加工过程的仿真技术。虚拟加工方法主要解决加工过程和实际加工环境中，工艺系统间的干涉碰撞问题和运动关系。由于加工过程是一个动态的过程，刀具与工件、夹具、机床之间的相对位置是变化的，工件从毛坯开始经过若干道工序的加工，在形状和尺寸上均在不断变化，因此虚拟加工方法是在各组成环节确定的工艺系统上进行动态仿真。

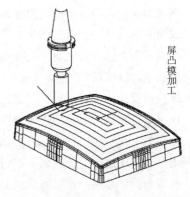

屏凸模加工

虚拟加工方法与刀位轨迹仿真方法不同，虚拟加工方法能够利用多媒体技术实现虚拟加工。它更重视对整个工

图 10-17　带有刀具、零件的仿真系统

艺系统的仿真，虚拟加工软件一般直接连接数控程序，模仿数控系统逐段翻译，并模拟执行，利用三维真实感图形显示技术，模拟整个工艺系统的状态。还可以在一定程度上模拟加工过程中的声音等，提供更加逼真的加工环境效果。

从发展的前景看，一些专家学者正在研究开发考虑加工系统物理学、力学特性情况下的虚拟加工，一旦成功，数控加工仿真技术将发生质的飞跃。

# 10.5　NC 刀具轨迹生成方法研究发展现状

数控编程的核心工作是生成刀具轨迹，然后将其离散成刀位点，经后置处理产生数控加工程序。下面就刀具轨迹产生方法作一些介绍。

## 10.5.1　基于点、线、面和体的 NC 刀轨生成方法

CAD 技术从二维绘图起步，经历了三维线框、曲面和实体造型发展阶段，一直到现在的参数化特征造型。在二维绘图与三维线框阶段，数控加工主要以点、线为驱动对象，如孔加工、轮廓加工、平面区域加工等。这种加工要求操作人员的水平较高，交互复杂。在曲面和实体造型发展阶段，出现了基于实体的加工。实体加工的加工对象是一个实体（一般为 CSG 和 B－REP 混合表示的），它由一些基本体素经集合运算（并、交、差运算）而得。实体加工不仅可用于零件的粗加工和半精加工，大面积切削掉余量，提高加工效率，而且可用于基于特征的数控编程系统的研究与开发，是特征加工的基础。

实体加工一般有实体轮廓加工和实体区域加工两种。实体加工的实现方法为层切法（SLICE），即用一组水平面去切被加工实体，然后对得到的交线产生等距线作为走刀轨迹。从系统需要角度出发，在 ACIS 几何造型平台上实现这种基于点、线、面和实体的数控加工。

## 10.5.2　基于特征的 NC 刀轨生成方法

参数化特征造型已有了一定的发展时期，但基于特征的刀具轨迹生成方法的研究才刚刚开始。特征加工使数控编程人员不再对那些低层次的几何信息（如点、线、面、实体）进行操作，而转变为直接对符合工程技术人员习惯的特征进行数控编程，大大提高了编程效率。

W. R. Mail 和 A. J. Mcleod 在他们的研究中给出了一个基于特征的 NC 代码生成子系统，这个

系统的工作原理是：零件的每个加工过程都可以看成对组成该零件的形状特征组进行加工的总和，那么对整个形状特征或形状特征组分别加工后即完成了零件的加工，而每一形状特征或形状特征组的 NC 代码可自动生成。

Lee and Chang 开发了一种用虚拟边界的方法自动产生凸自由曲面特征刀具轨迹的系统。这个系统的工作原理是：在凸自由曲面内嵌入一个最小的长方块，这样凸自由曲面特征就被转换成一个凹特征。最小的长方块与最终产品模型的合并就构成了被称为虚拟模型的一种间接产品模型。刀具轨迹的生成方法分成 3 步完成：切削多面体特征；切削自由曲面特征；切削相交特征。

Jong‑Yun Jung 研究了基于特征的非切削刀具轨迹生成问题。把基于特征的加工轨迹分成轮廓加工和内区域加工两类，并定义了这两类加工的切削方向，通过减少切削刀具轨迹达到整体优化刀具轨迹的目的。他主要针对几种基本特征（孔、内凹、台阶、槽），讨论了这些基本特征的典型走刀路径、刀具选择和加工顺序等，并通过 IP（Inter Programming）技术避免重复走刀，以优化非切削刀具轨迹。另外，Jong-Yun Jung 还在他 1991 年的博士论文中研究了制造特征提取和基于特征的刀具及刀具路径。

特征加工的基础是实体加工，当然也可认为是更高级的实体加工。但特征加工不同于实体加工，实体加工有它自身的局限性。特征加工与实体加工主要有以下几点不同：从概念上讲，特征是组成零件的功能要素，符合工程技术人员的操作习惯，为工程技术人员所熟知；实体是低层的几何对象，是经过一系列布尔运算而得到的一个几何体，不带有任何功能语义信息；实体加工往往是对整个零件（实体）的一次性加工，但实际上一个零件不太可能仅用一把刀一次加工完，往往要经过粗加工、半精加工、精加工等一系列工步，零件不同的部位一般要用不同的刀具进行加工；有时一个零件既要用到车削，也要用到铣削。因此，实体加工主要用于零件的粗加工及半精加工。而特征加工则从本质上解决了上述问题，具有更多的智能。对于特定的特征可规定某几种固定的加工方法，特别是那些已在 STEP 标准规定的特征更是如此。如果对所有的标准特征都制定了特定的加工方法，那么对那些由标准特征构成的零件的加工其方便性就可想而知了。倘若 CAPP 系统能提供相应的工艺特征，那么 NCP 系统就可以大大减少交互输入，具有更多的智能。而这些实体加工是无法实现的；特征加工有利于实现从 CAD、CAPP、NCP 及 CNC 系统的全面集成，实现信息的双向流动，为 CIMS 乃至并行工程（CE）奠定良好的基础；而实体加工对这些是无能为力的。

## 10.5.3　现役几个主要 CAD/CAM 系统中的 NC 刀轨生成方法分析

目前比较成熟的 CAM 系统主要以两种形式实现 CAD/CAM 系统集成：一体化的 CAD/CAM 系统（如 UG Ⅱ、Euclid、Pro/Engineer 等）和相对独立的 CAM 系统（如 Mastercam、Surfcam 等）。前者以内部统一的数据格式直接从 CAD 系统获取产品几何模型；而后者主要通过中性文件从其他 CAD 系统获取产品几何模型。然而，无论是哪种形式的 CAM 系统，都由 5 个模块组成，即交互工艺参数输入模块、刀具轨迹生成模块、刀具轨迹编辑模块、三维加工动态仿真模块和后置处理模块。下面仅就一些著名的 CAD/CAM 系统的 NC 加工方法进行讨论。

### 1. UG Ⅱ 加工方法分析

UG（Unigraphics）是麦道公司［后并入电子资讯系统有限公司（EDS），现更名为 UGS 公司］1984 年起推出的商品化 CAD/CAM/CAE 系统软件，它最早是在 VAX 计算机的通用环境下开发的，后来逐渐转移到 UNIX 工作站上，例如 SGI 工作站。目前推出的 UG 系统从 15 版本开始已经可以在微机上运行，从 16 版本开始已经完全抛开 UNIX 操作系统，而采用 Windows NT 或 Windows 2000，且用户界面与 Windows 的界面风格相统一。但可以仿 UNIX，使 UG 除了可以在一般的微机（至少 64 MB 内存）上运行，也可以在工作站上运行。

UG 是业界最实用的工业设计软件之一，它提供给用户一个灵活的复合建模模块。UG 作为一个 CAD/CAM/CAE 系统，主要提供以下功能：工程制图模块、线框、实体、自由曲面造型模块、特征建模、用户自定义 CAD/CAM/CAE 系统特征、装配、虚拟现实及漫游、逼真着色、WAVE 技术（参数化产品设计平台）、几何公差等 CAD 模块。

UG 还有较强的 CAM 功能，主要有车削加工、型芯和型腔铣削、固定轴铣削、清根铣削、可变轴铣削、顺序铣、后置处理、切削仿真、线切削、图形刀轨编辑器、NURBS（非均匀 B 样条）轨迹生成器。

提供的 CAE 部分主要有如下功能：有限元分析、机构分析、注塑模分析等模块。另外，UG 还提供了较为完善的钣金件的设计、制造、排样及高级钣金的设计功能。

此外，UG 还提供了用户进行二次开发的接口及用户界面的设计工具 UG、Open/API 等。值得一提的是 UG 的一个特色产品 IMAN。

UG 的 IMAN 是一种经过生产验证的 PDM 解决方案，目前在各种不同行业的企业中得到了广泛的应用。IMAN 可以从很少的用户扩展到非常多的用户，并能够管理单站和多站企业环境。其产品可靠的结构使客户可以持续以最少的数据移植成本充分利用数据和信息技术所带来的新的优势。

IMAN 还是提供虚拟产品开发（VPD）和支持一体化产品开发过程和环境的技术产品，能够保证工程师们在提供端到数据端管理的无缝电子产品开发环境中密切合作。除了与工程应用和实用工具如 CAD/CAM 的紧密集成外，IMAN 还具备将信息与后处理系统如采购管理和企业资源规划系统的连接能力。

可以说，UGⅡ是业界中最好、最具代表性的数控软件。EDS Unigraphics 还包括大量的其他方面的功能，这里就不一一列举了。

我国自行开发的较典型的系统有北京航空航天大学的 CAXA 和清华大学的"金银花"系统。

### 2. CAXA 软件

CAXA 软件是北航海尔软件有限公司面向市场需求，推出的低价位的 CAXA 系列国产 CAD/CAM 软件。其主要功能有：

（1）计算机辅助设计，包括零件的二维、三维设计与绘图，专业注塑模具及冲模具设计与绘图。

（2）计算机辅助工艺过程设计。

（3）计算机辅助制造，包括任意型腔面造型与自动加工编辑，铣床 2 – 3 轴加工、线切割、车床自动加工编程，以及计算机雕刻机专用雕刻软件。

## 10.5.4　现役 CAM 系统刀轨生成方法的主要问题

按照传统的 CAD/CAM 系统和 CNC 系统的工作方式，CAM 系统以直接或间接（通过中性文件）的方式从 CAD 系统获取产品的几何数据模型。CAM 系统以三维几何模型中的点、线、面或实体为驱动对象，生成加工刀具轨迹，并以刀具定位文件的形式经后置处理，以 NC 代码的形式提供给 CNC 机床。在整个 CAD /CAM 及 CNC 系统的运行过程中存在以下几方面的问题：

（1）CAM 系统只能从 CAD 系统获取产品的低层几何信息，无法自动捕捉产品的几何形状信息和产品高层的功能和语义信息。因此，整个 CAM 过程必须在经验丰富的制造工程师的参与下，通过图形交互来完成。如：制造工程师必须选择加工对象（点、线、面或实体）、约束条件（装夹、干涉和碰撞等）、刀具、加工参数（切削方向、切深、进给量、进给速度等）。整个系统的自动化程度较低。

（2）在 CAM 系统生成的刀具轨迹中，同样也只包含低层的几何信息（直线和圆弧的几何定位信息），以及少量的过程控制信息（如进给率、主轴转速、换刀等）。因此，下游的 CNC 系统既无法获取更高层的设计要求（如公差、表面光洁度等），也无法得到与生成刀具轨迹有关的加工工艺参数。

（3）CAM 系统各个模块之间的产品数据不统一，各模块相对独立。例如，刀具定位文件只记录刀具轨迹而不记录相应的加工工艺参数；三维动态仿真只记录刀具轨迹的干涉与碰撞，而不记录与其发生干涉和碰撞的加工对象及相关的加工工艺参数。

（4）CAM 系统是一个独立的系统。CAD 系统与 CAM 系统之间没有统一的产品数据模型，即使是在一体化的集成 CAD/CAM 系统中，信息的共享也只是单向的和单一的。CAM 系统不能充分理解和利用 CAD 系统有关产品的全部信息，尤其是与加工有关的特征信息，同样 CAD 系统也无法获取 CAM 系统产生的加工数据信息。这就给并行工程的实施带来了困难。

## 10.5.5　数控加工轨迹生成原理

### 1. 刀具中心坐标计算（见图 10-18）

$$C_0 = P + R \cdot n$$

式中：$C_0$ 为刀具中心点矢量；$P$ 为加工表面与刀具触点地点矢量；$R$ 为刀具半径；$n$ 为触点地单位法矢量。

### 2. 确定走刀步长（见图 10-19）

刀具每次直线补偿的长度取决于允许误差及加工表面在插补段内沿进给方向的法曲率。

$$e = R\left(1 - \cos\frac{\theta}{2}\right) = 2R\sin^2\frac{\theta}{4}$$

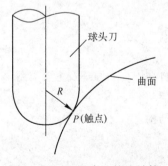

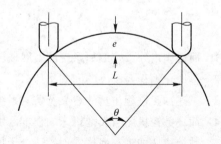

图 10-18　刀具中心轨迹计算　　　　　图 10-19　走刀步长的确定

由于
$$L = 2R\sin\frac{\theta}{2}$$

所以
$$e = \frac{L}{2R\sin\dfrac{\theta}{2}} \cdot 2R\sin^2\frac{\theta}{4} = \frac{L}{2\cos\dfrac{\theta}{4}} \cdot \sin\frac{\theta}{4} \leqslant \frac{1}{8}L \cdot \theta$$

走刀步长一般取值较小，可取 $L = \Delta S$（弧长）

设 $K_f$ 为加工表面在插补段内沿进给方向的法曲率

$$e \leqslant \frac{1}{8} L \cdot \theta \leqslant \frac{1}{8} \Delta S \cdot \theta = \frac{1}{8} K_f \Delta S^2$$

设允许误差 $\varepsilon$，则

$$\frac{1}{8} K_f \Delta S^2 \leqslant \varepsilon$$

所以

$$\Delta S = \sqrt{\frac{8\varepsilon}{K_f}}$$

所以

$$\Delta S = \sqrt{\frac{8\varepsilon}{K_f}} \quad L = \sqrt{\frac{8\varepsilon}{K_f}}$$

### 3. 确定刀具步距

用球头刀加工曲面时，刀痕在切削行间构成了残留长度

$$h = R \left( 1 - \sqrt{1 - \left( \frac{P}{2R} \right)^2} \right)$$

所以

$$P \leqslant 2 \sqrt{2Rh - h^2}$$

### 4. 确定刀具半径

一般原则：刀具半径应小于曲线凹处的曲率半径；加工效率：（$R$ 大则效率高，残留高度减小）；刀具大小应与加工表面相匹配；刀具半径应尽可能取标准、系列值。

# 小　　结

本章介绍了计算机辅助制造的概念和数控加工的特点以及有关数控编程的基础知识，讲述了数控加工程序的编制过程，讨论了数控加工仿真的意义、相关软件和实现的方法，讨论了计算加工轨迹生成的相关算法及数控加工中的有关概念。

# 思　考　题

10-1　简述国内外数控编程系统的发展概况，以及自动编程的原理及主要类型。

10-2　集成化编程要解决的问题是什么？

10-3　试述加工过程仿真的意义及仿真系统的总体结构。

10-4　简述数控机床与其他机床的根本区别。

10-5　数控机床加工有何优缺点？适合于加工哪些零件？

10-6　数控系统的发展动向主要有哪些？

10-7　简述数控加工的作业过程。

10-8　用手工编程编写的"零件加工程序单"与用数控语言编写的"零件源程序"有何重要差别？

# 第11章 CAD/CAM 集成技术

学习目的与要求：掌握 CAD/CAM 集成环境和集成方式；了解系统集成的关键技术和 CIMS 的特点；了解 PDM、敏捷制造和并行工程等先进制造技术的特点；了解图形交换规范标准的发展历史；掌握几种典型交换标准的功能、结构、记录格式以及它们之间的区别。

## 11.1 概　　述

目前在有些企业，各计算机应用项目是相互孤立存在的，出现了所谓的自动化"孤岛"现象。CAD、CAE 和 CAM 是相对独立的系统，分别用来完成产品设计、产品性能分析和产品制造，设计与制造之间的信息传递，通常用图纸和文档作为工具，靠手工作业的方式进行。例如，数控编程人员往往要对由 CAD 产生的大量数据重新进行处理，再输入计算机。这种分离的系统不仅效率和可靠性低，更为严重的是在产品设计过程中不能及早考虑制造过程的问题，造成设计与制造的脱节，使得产品开发周期加长。再加上各项目的开发缺乏总体规划，在内容供需上不配套，在数据格式上不规范，导致各"孤岛"之间较难通过计算机通信网络实现信息传输，使得虽然在其局部范围内取得一定的收益，但不能从整体上提高企业的技术素质，达到整体上的优化效果。

### 11.1.1　系统集成的目的与原则

制造业自动化的发展和市场竞争的需要，使得 CAD/CAM 必须有机地结合起来。CAE 与 CAD 和 CAM 集成，可以使设计师在制造和试验（用 CAM）之前用 CAE 分析设计方案，从而节省大量的费用和时间。

采用计算机辅助生产的全过程，包括：

（1）设计产品，将有关产品信息存放于数据库中。

（2）依据产品设计信息，制定工艺规划和生产计划。

（3）按照制定的生产计划组织制造活动，包括及时进行备料和采购物料，及时向机床提供毛坯或待制品等所需要的工、夹、量具。

（4）利用计算机编制数控加工程序，并传输到数控机床。

（5）将有关加工、装配和物料搬运中的数据反馈回计算机，以便进行监控和工艺过程的自动校正。

（6）利用计算机的测量程序驱动测量机或试验台进行测量。

（7）同样，计算机也可以监视仓库和工艺过程以及存储区工艺毛坯的工作。

CAD/CAM 系统集成化的目的是提供一种能覆盖以某类产品为主的、更高效能的设计、制造整体系统。集成系统的集成技术是要实现系统中各应用程序所需要的及产生的信息进行存储和交流，达到软件资源和信息共享，避免不必要的重复和冗余。3 个系统之间能实现数据自动传递和转换。其基本结构如图 11-1 所示。在 CAD/CAE 系统中，用户构造产品的几何模型，并转换为有限元分析模型进行结构分析，检查运动轨迹，最后绘制工程图。在 CAM 部分，编制机床的数控程序和制造与装配的工艺计划。

系统集成的基本原则是：使一个计算机应用部门或行业的 CAD、CAE 和 CAM 应用软件，以工程数据库为核心，以图形系统和网络软件为支撑，用现代化计算机接口的方法，把这些 CAD、CAE、CAM 应用软件连接成为一个有机的整体，使之互相支持，互相调用，信息共同占有，数据共同享用，以发挥出单项应用软件所达不到的整体效益；使应用成果能作综合性的优化处理，得出经济上最合理、技术上最先进的最优化方案和设计。

| 用户界面 |
| 应用系统<br>CAD/CAM<br>数据库 |
| 操作系统、网络系统 |
| 计算机硬件 |

图 11-1　CAD/CAM
集成系统结构

## 11.1.2　系统集成的内容

CAD/CAM 系统的集成内容包括硬件集成和软件集成。硬件和软件集成使得 CAD/CAM 系统成为有机的综合体，其选择的依据是用户的需求和系统进一步扩充发展的可能性。

### 1. 硬件集成

硬件系统的组成与配置，可以选择主机系统的中心配置，也可以选择工作站或微机系统的分布式配置。为了充分发挥资源共享、并行作业，以提高系统的工作效率，选用分布式配置为好。当今网络技术的发展，采用局域网可以将不同型号的微机、工作站连接起来，发挥各自的特长，从而使运行在不同型号计算机上的各子系统在硬件上集成起来。硬件集成也可以采用客户机/服务器（Client/Server）体系结构。

### 2. 软件集成

软件集成包括应用程序的集成和信息集成两个方面。为了便于软件的集成，建议采用系统核心（System Kernel）。它是将 CAD/CAM 软件系统对环境的依赖集中于一体，为应用程序提供各种帮助，包括数据的统一管理、程序管理、数据接口和运行控制等。一般 CAD/CAM 集成系统的核心主要有：工程数据库、通用数据接口、程序管理、统一的用户界面程序和执行控制程序等。

一般 CAD/CAM 系统的软件集成需要满足：

（1）集成系统有畅通的信息流和正确的数据转换。

（2）提供信息共享和软件共享的机制。

（3）提供所有软件信息的版本控制及管理。

（4）信息项改动时，自动跟踪相关信息项。

（5）保证内部有一致性的接口和外部有统一的、友好的人机界面。

（6）用统一的执行控制程序来组织各种信息的传递和运行。

# 11.2 系统的集成环境和方式

CAD/CAM 集成系统的软件开发环境一般包括图形支撑系统、工程数据库系统、数据交换系统及用户界面管理系统等。

## 11.2.1 集成环境

工程数据库是 CAD/CAM 集成系统的核心。集成系统中涉及多种类型的数据，这些数据存储在数据库中，并由数据库对它们进行有效管理。传统的数据库系统，大多数用于事务管理，如财会、人事、库存、图书管理等。由于工程设计过程本身的行为特征以及工程数据的复杂性，如设计中往往采用试错的方法迫近最佳方案，逐个设计过程中需要的产品或零部件的几何和拓扑数据、图形数据、标准规范数据、产品的历史档案数据、机床、刀具、材料及工艺数据等；每次设计将产生大量的几何结构、物理特性、加工参量等数据，致使事务管理型数据库系统无法适应工程设计环境的需要。目前 CAD/CAM 系统大多数借助于事务管理的关系型数据库，或对其进行改造。随着数据库技术的发展，一种适用于 CAD/CAM 领域的面向对象的数据库技术已开始成为研究的热点。

图形系统为产品设计、工程分析、工艺设计和数控编程等阶段提供所需的图形显示和输出，是集成系统中极为重要的支撑环境。

数据交换系统为各应用软件间不同类型数据的通信和管理提供转换机制，包括数据交换标准、接口程序的自动生成工具等，以确保集成系统信息流的畅通。

用户界面管理系统是用户与集成系统联系的纽带，用户与系统间的联系通过以窗口、菜单、图符等组成的人机交互图形界面来进行。在 CAD/CAM 集成系统中，要求用户界面管理系统是一个具有界面一致、功能可扩充的智能化、图形化的开放系统，以适应不同工作环境的需要。图 11-2 为利用 CAD/CAM 技术进行产品设计和制造的流程图。

## 11.2.2 集成方式

系统的集成并非各系统模块叠加式组合，而是通过不同数据结构的映射和数据交换，利用各种接口将 CAD/CAM 的各应用程序和数据库连接成一个集成化的整体。CAD/CAM 的集成涉及网络集成、功能集成和信息集成等诸多方面，其中网络集成是要解决异构和分步环境下网内和网间的设备互连、传输介质互用、网络软件互操作和数据互通信等问题；功能集成应保证各种应用程序互通互换、应用程序互操作和数据共享等问题；信息集成是要解决异构数据源和分布式环境下的数据互操作和数据共享等问题。信息集成是 CAD/CAM 系统集成的核心，是近年来备受工业界关注的课题。

目前的 CAD/CAM 系统大多只停留在信息集成基础上，因此，一般集成指的是把 CAD、

CAE、CAPP、CAM 等各种功能软件有机地结合在一起，用统一的执行程序来控制和组织各功能软件信息的提取、转换和共享，从而达到系统内信息的畅通和系统协调运行的目的，使产品设计到制造的整个过程中建立了信息的集成，即实现信息的共享和信息的自动转换。显然，信息的集成可以使 CAD、CAE 和 CAM 的功能得到更好的发挥。由于技术发展的历史原因，CAD、CAE 和 CAM 基本上是独立发展起来的，各子系统之间缺乏有机的联系。另外，各子系统对产品模型描述的方式不同，缺乏统一的产品模型。针对上述问题，目前通常采用 3 种途径来实现系统的信息集成：两种是通过接口技术解决各子系统间的数据交换；另一种是通过产品建模技术实现系统的数据共享。

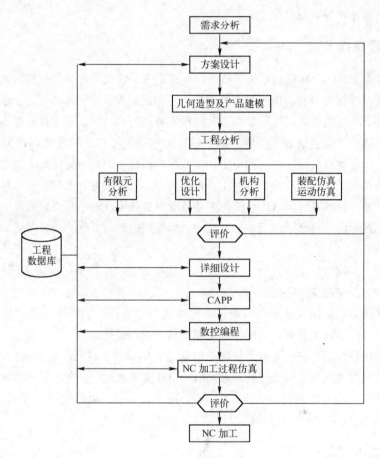

图 11-2　产品设计和制造的流程图

### 1. 通过专用数据接口实现集成

在这种方式下，对于相同的开发和应用环境，可在各系统之间协调数据格式，从文件层次上实现系统间的互连；而在不同的开发应用环境下，则需要在各系统与专用数据文件之间开发专用的转换接口进行前置或后置处理，如图 11-3 所示，当 A 系统需要 B 系统的数据时，需要设计一个专用的数据接口文件，将 B 系统的数据格式直接转换成 A 系统的数据格式，反之亦然。

采用这种集成方式原理简单，转换接口程序易于实现，运行效率较高，但由于各应用程序所建立的产品模型各不相同，且相互间的数据交换仅仅作用于两个系统之间，所以由多个子系统集成的 CAD/CAM 系统需要涉及的专用格式处理程序很多，而且编写接口时需要了解的数据结构也较多。当其中一个系统的数据结构发生变化时，与之相关的所有接口程序都要修改，因此开发的专用数据接口无通用性，不同的 CAD、CAE、CAM 系统之间要开发不同的接口。这一集成方式无法实现广泛的数据共享，数据的安全性和可维护性较差，常用于小范围、简单的 CAD/CAM 系统的信息集成，是 CAD/CAM 集成发展初期所采用的集成方式。

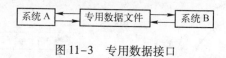

图 11-3　专用数据接口

### 2. 利用数据交换标准格式接口文件实现集成

这种集成方式的思路是建立一个与各子系统无关的公用接口文件，如图 11-4 所示。当某一个系统的数据结构发生变化时，只需修改此系统的前、后置处理程序即可。这种集成方式的关键是建立公用的数据交换标准。目前世界上已开发出多个公用数据交换标准，其中典型的有 IGES、DXF 等。同时，有关的 CAD、CAE、CAM 商用软件都提供了各自的符合标准格式的前、后置处理器，故用户不必自行开发。

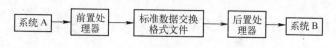

图 11-4　标准格式数据接口

在这种集成方法中，每个子系统只与标准格式的中性文件打交道，无须知道其他系统的细节，从而减少了集成系统内的转化接口数量，降低了接口维护难度，便于应用系统的开发和使用。这一集成方法可以在较大范围内实现数据的共享。但由于各系统不能直接从数据库中存取数据，而必须通过各种接口来进行数据转换，降低了运行效率，也可能会影响数据的可靠性和一致性。然而，这种方法仍是目前 CAD/CAM 集成系统应用较多的有效方法之一，许多图形系统的数据转换就是采用中性的标准格式数据文件来实现（IGES、DXF）。

### 3. 基于统一产品模型和数据库的集成

这是一种将 CAD/CAM 作为一个整体来规划和开发，从而实现信息高度集成和共享的方案。图 11-5 为 CAD/CAE/CAM 集成系统框架图。

从图中可见，集成产品模型是实现集成的核心，统一工程数据库是实现集成的基础。各功能模块通过公共数据库及统一的数据库管理系统实现数据的交换和共享，从而避免了数据文件格式的转换，消除了数据冗余，保证了数据一致性、安全性和保密性。

这是一种较高水平层次的数据共享和集成方法，各子系统通过用户接口按工程数据库要求直接存取或操作数据库，它与用文件形式实现系统间集成方法相比，不需要通过转换接口来进行数据交换，加快了集成系统的运行速度，提高了系统集成度，可以说，采用工程数据库及其管理系统实现的系统集成，既可实现各子系统之间直接的信息交换，又可使集成数据达到真正的数据一致性、准确性、及时性和共享性。

近年来，高速信息网络应用的发展，并行环境的建立以及远程设计、网络和多媒体数据库的出现，为工程数据库实现异地系统间信息资源的共享提供了更多的技术支持。

**4. 通过统一的产品数据模型交换信息的集成方式**

这种集成方式如图 11-6 所示，是采用统一的产品数据模型，并采用统一的数据管理软件来管理产品数据。各子系统之间可直接进行信息交换，而不是将产品信息转换成数据，再经过文件来交换，从而大大地提高了系统的集成度。这种方式是 STEP 进行产品信息交换的基础。

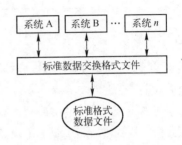

图 11-5　CAD/CAM 集成系统　　　　图 11-6　通过统一产品数据模型集成

# 11.3　CAD/CAM 系统集成的关键技术

CAD/CAM 系统集成的目的就是按照产品设计、工艺准备、工程分析和生产制造的实际过程，在计算机里实现各应用程序所需要的信息处理和交换，形成连续、协调和科学的信息流。因此，产生公用信息的产品建模技术、存储和处理公用信息的集成数据管理技术、进行数据交换的接口技术和对系统资源进行统一管理，以及对系统的运行统一组织的执行控制程序就构成了集成过程所必须研究和解决的关键技术。

## 11.3.1　产品建模技术

为了实现 CAD/CAM 系统信息的高度集成，产品建模非常重要，一个完善的产品设计模型是 CAD/CAM 系统进行集成的基础，也是 CAD/CAM 系统共享数据的核心。传统的基于实体造型的 CAD 系统仅仅是几何形状的描述，缺乏对产品零件信息的完整描述，与制造所需的信息彼此分离，从而导致了 CAD/CAM 系统集成的困难。将特征造型的概念引入 CAD/CAM 系统，形成新一代集成系统，也是当前 CAD/CAM 集成系统研究的热点。就目前而言，给予特征的产品模型是解决产品建模关键技术的比较有效的方法。

## 11.3.2　集成数据管理技术

随着 CAD/CAM 技术的自动化、集成化、智能化和柔性化程度的不断提高，集成系统中的数据管理日益复杂。主要表现在以下几个方面：

（1）集成系统由多个工程应用程序组成，这就要求数据管理系统能支持应用程序之间数据的传递与共享，满足可扩充性要求。

（2）工程数据类型复杂，不仅有矢量、动态数组，而且常常要求处理具有复杂结构的工程数据对象。

（3）工程对象在不同设计阶段可能有不同的定义模式，因此应能根据实际需要修改和扩充定义模式。

（4）由于工程设计过程一般采用自上而下的工作方式，并且有反复试探的特点，因此集成系统的数据管理必须提供适应于工程特点的管理手段。

因此，传统的商用数据库已满足不了上述要求。CAD/CAM 系统的集成应努力建立能处理复杂数据的工程数据管理环境，使 CAD/CAM 各子系统能有效地进行数据交换，尽量避免数据文件和格式转化，清除数据冗余，保证数据的一致性、安全性和保密性，采用工程数据库管理方法将成为开发新一代 CAD/CAM 集成系统的主流，也是系统集成的核心。

### 11.3.3　产品数据交换接口技术

数据交换的任务是在不同的计算机、操作系统、数据库以及应用软件之间进行数据通信。由于最初的各个子系统是独立发展起来的，各系统内的数据表示格式不统一，使不同系统之间的数据交换难以进行，影响了各系统应用软件的发展及软件效益的发挥，不利于提高 CAD/CAM 系统的工作效率。解决数据交换这一关键技术的途径是制定国际性的数据交换规范和网络协议，采用计算机网络开发各类系统接口。有了这些标准和规范，产品数据才能在各系统之间方便、流畅地传输。产品数据管理和数据交换标准是 CAD/CAM 系统集成的重要基础。

### 11.3.4　执行控制程序

由于 CAD/CAM 系统具有规模大、信息源多、传输路径不一、各模块的支撑环境和功能多样化等特点，因此对系统诸模块进行组织和管理的执行控制程序是系统集成的最基本要素之一。它的任务就是把相关的模块组织起来，按规定的运行方式完成规定的作业，并协调它们之间的信息传输，提供统一的用户界面，进行故障处理等。

## 11.4　计算机集成制造系统　（CIMS）

信息技术和机电一体化技术的发展推动了制造产业结构的不断变革，促进了生产过程自动化水平的进一步提高。企业自动化也由"点"（即单机自动化）到"线"（即有多种自动化设备组成的生产线），再由"线"发展到"面"（通过引入柔性制造系统，力图实现企业设备组成的生产线），进而由"面"向"立体"（指企业全部生产系统和企业内部业务实现综合自动化）的方向发展，以期实现企业全部业务的一元化、集成化和高效化。

CIMS 是现代制造企业的一种生产、经营和管理模式。它以计算机网络和数据库为基础，利用信息技术（包括计算机技术、自动化技术、通信技术等）和现代管理技术将制造企业的经营、管理、计划、产品设计、加工制造、销售及服务等全部生产活动集成起来，将各种局部自动化系统集成起来，将各种资源集成起来，将人、机系统集成起来，实现整个企业的信息集成，达到实现企业全局优化、提高企业综合效益和提高市场竞争能力的目的。

### 11.4.1　CIMS 的构成

从功能上讲，CIMS 包括产品设计、生产及经营等全部活动，这些功能对应着 CIMS 结构中的 3 个层次。即：

（1）决策层。帮助企业领导作出经营决策。

（2）信息层。生成工程技术信息（如 CAD、CAE、CAPP、CAM、CAQ 等），进行企业信息管理，包括物流需求、生产计划等。

（3）物资层。它是处于底层的生产实体，涉及生产环境和加工制造中的许多设备，是信息流和物料流的结合点。包括进货、加工、装配、检测、库存和销售等环节。设备根据行业不同而不同，常见的加工设备有加工中心、机器人、自动运输小车、自动化仓库、柔性制造单元和柔性制造系统等。

为实现上述功能的有效集成，还需要支撑环境及工具，如分布式网络、数据库和质量保证系统等。图 11-7 所示是现阶段 CIMS 的一般构成形式。它由管理信息系统、工程设计自动化系统、制造自动化系统、质量保证系统、数据库系统和计算机网络系统组成。

（1）管理信息系统（Management Information System，MIS）。管理信息系统的目标是通过信息集成，缩短产品生产周期，降低流通资金占用，提高企业应变能力。

（2）工程设计集成系统（Engineering Design Integrated System，EDIS）。工程设计集成系统的目标是使产品开发活动能够高效、优质、自动地进行。它是 CIMS 中的核心系统，包括 CAD、CAPP、CAM 等系统，用以支持产品的设计和工艺准备等功能，处理有关产品结构方面的信息。

（3）制造自动化系统（Manufacturing Automation System，MAS）。制造自动化系统的目标是使产品制造活动最优化。它包括各种不同自动化程度的制造系统，如 NC 机床、柔性制造单元（FMC）、柔性制造系统（FMS）以及其他制造单元，用以实现信息流对物流的控制并完成物流的转换。

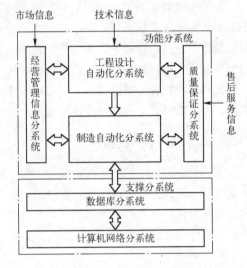

图 11-7 CIMS 的构成

（4）计算机辅助质量保证系统（Computer Aided Quality，CAQ）。计算机辅助质量保证系统的目标是保证从产品设计、制造、检验到销售服务整个过程的质量。

（5）数据管理系统（Data Base System，DBS）。数据管理系统的目标是管理整个 CIMS 的数据，实现数据的集成和共享。数据管理系统和计算机网络系统是 CIMS 环境中的两个重要支撑系统，也是 CIMS 信息集成的关键。各个子系统都是在一个结构合理的数据库系统中进行存储，并通过计算机网络提供的系统互通能力，将物理上分布的不同功能系统中的数据联系起来，达到信息交换和共享的目的。DBS 既是 CIMS 信息流的载体，又对信息进行控制和管理，并为 CIMS 提供集成的手段。

（6）网络系统（Net System，NETS）。网络系统的目标是传递 CIMS 各分系统之间和内部的信息，实现数据传递和系统通信功能。CIMS 的网络技术是实施 CIMS 应用工程的重要支撑技术之一，而一个开放的适合于企业活动的异构计算机网络是 CIMS 集成的基础。只有通过计算机网络系统，才能完成动态控制和管理的各功能系统的互连，实现信息传输和交流，使互连系统共享工程资源、数据库和存储空间。

## 11.4.2 CIMS 的特点

CIMS 是在自动化技术、信息技术和制造技术的基础上，通过计算机及其软件科学，将制造工厂与全部生产活动有关的各种分散的自动化系统有机地集成起来，适合于多品种、中小批量生产的总体高效率、高柔性的智能型制造系统。在 CIMS 中主要包含 4 个要素及两个特征。

### 1. 4 个要素

（1）CIMS 适用于各种中、小批量的离散生产过程。

（2）CIMS 应将制造工厂的生产经营活动都纳入多模式、多层次、人机交互的自动化系统中。

（3）CIMS 由多个自动化子系统有机综合而成。

（4）CIMS 的目的是提高经济效益，提高柔性，追求总体动态优化。

### 2. 两个特征

（1）在功能上，CIMS 包含了一个工厂的全部生产经营活动，即从市场预测、产品设计、加工制造、质量管理到售后服务的全部活动。

（2）CIMS 涉及的自动化不是工厂各个环节的自动化、计算机及网络的简单相加，而是有机的集成；不仅是物料、设备的集成，而且主要体现的是以信息集成为本质的技术集成。

## 11.4.3 实现 CIMS 的关键技术

### 1. 标准化接口技术

CIMS 是自动化技术、信息技术、制造技术、网络技术、传感技术等多学科技术相互渗透而产生的集成系统。由于 CIMS 的技术覆盖面太广，因此不可能由某一厂家成套供应 CIMS 技术与设备，而必然出现由许多厂商供应的局面。另外，现有的不同技术，如数据库、CAE、CAD、CAPP、CAM 等是按其应用领域相对独立地发展起来的，这就带来不同技术设备和不同软件之间的非标准化问题。而标准化及相应的接口技术对信息的集成是至关重要的。目前，世界各国在解决软、硬件的兼容问题及各种编程语言的标准、协议标准、接口标准等方面进行了大量工作，开发了如 MAP/TOP、IGES、STEP 等程序软件。

### 2. 实现 CIMS 的关键技术

实现 CIMS 的关键技术在于数据模型、异构分布数据管理及网络通信等方面。这是因为一个 CIMS 涉及的数据类型是多种多样的，有图形数据、结构化数据（如关系数据）及非图形、非结构化数据（如 NC 代码）。为实现集成化的要求，CAD 系统必须能完整地、全面地描述零件的信息。除了有关几何信息和拓扑信息之外，还需要包含有关工艺特征、材料、加工精度以及表面粗糙度等方面的信息。后者对加工方法、工艺路线及刀具、切削用量的选择等具有决定性影响。为此，需要在计算机内部把与产品有关的全部信息集成在一起，构成产品模型（Product Model）。现在人们探讨用一个全局数据模型统一描述这些数据，这是未来 CIMS 的重要理论基础和技术基础。

### 3．现代管理技术

对这样复杂的系统如何描述、设计和控制，以便使系统在满意状态下运行，是一个有待研究的问题。CIMS 会引起管理体制变革，所以生产规划、调度和集成管理方面的研究也是实现 CIMS 的关键技术之一。

为综合管理企业的全部生产活动，作为生产管理系统应具有 3 个方面的功能：

（1）建立适应生产变化的机制并完成订货选择。由于顾客需求的不断变化及生产技术的不断发展，要求不断更换生产计划，以适应变化的市场要求。为此，必须加快合同制定及工艺过程制定等工作的速度，并实现从订货、制造到成品出厂的集成化。

（2）加强物料的供应管理。随着产品品种的不断增加，要求能进行周密的物料采购和供应管理。因此，对每一种零件或材料都要制定标准供货期，以便按规定日期订货、购货，从而实现有计划的零件、材料供应。

（3）通过综合信息管理，压缩库存物资。这意味着从材料入库到成品生成的全过程中的生产进度及设备使用情况要不断汇总，并通过综合处理，确保交货日期，压缩库存物资。总之，生产管理系统要求能准确地掌握生产信息，及时地指示生产系统需要什么物品，何时需要，需要量多少。随着中小批生产规模的日益扩大，单凭直观和经验处理这些问题愈来愈困难。MRP（Manufacturing Resource Planning）系统的出现，为利用计算机处理中小批生产的管理问题提供了可能性。

MRP 采用人机交互的方式帮助生产管理人员对企业的产、供、销、财务和成本进行统一管理。它能完成经营计划、生产计划、车间作业计划的制定及物料采购、库存和成本管理信息处理等功能。在美国 MRP Ⅱ 应用较多，并取得了明显的经济效益，例如原材料库存可减少 13% ～ 50%，在制品减少 10% ～40%，生产率提高 10% ～50%。

## 11.5　基于产品数据管理的 CAD/CAM 系统集成

产品数据管理（Product Data Management，PDM）出现于 20 世纪 80 年代初。当时提出这一技术的目的是为了解决大量工程图纸、技术资料的电子文档管理问题。随着先进制造技术的发展和企业管理水平的不断提高，PDM 的应用范围逐渐扩展到设计图纸和电子文档的管理、材料明细表（Bill of Material，BOM）、工程文档的集成、工程变更请求/指令的跟踪管理等领域，同时成为 CAD/CAM 集成的一项不可缺少的关键技术。

### 11.5.1　产品数据表达

一个完整的产品是由许多零件组成的，复杂产品的零件数据甚至达到上万个。面对如此巨大的数据量，CAD/CAM 集成系统要将其有条不紊地管理好，必须有一个很好的产品数据表达模型（产品数据模型），来清晰地描述产品全部数据及其相互关系，使得各子系统之间、子系统内各部件之间以及零部件与描述产品的数据之间的约束关系一目了然。

产品数据模型可以理解为所有与产品有关的信息构成的逻辑单元集成，它不仅包括产品生命周期内的全部信息，而且在结构上还能清楚地表达这些信息的关联特性。特征建模的发展使建立满足这种要求的产品数据模型成为可能。基于特征的产品数据模型结构由于具有容易表达、处理，反映设计意图明了，描述信息完备等优点而引起广泛重视。它是一种设计、分析、加工和管理各个环节都能自动理解的全局性模型。

在基于特征的产品数据模型中，特征信息的描述至关重要，包括特征自身信息和特征之间的关系。除此之外，还必须将一些公共信息表达清楚。图 11-8 给出了基于特征的产品数据模型层次结构，其中包含以下由数据表达的信息。

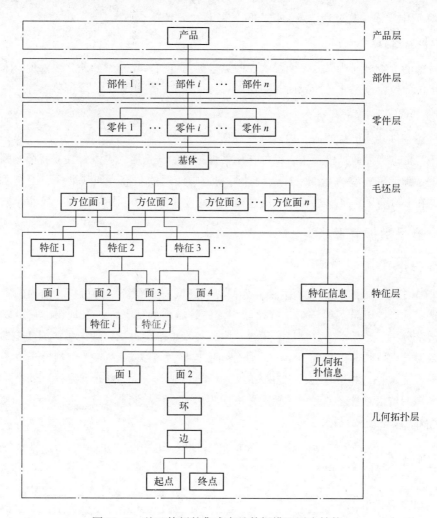

图 11-8　基于特征的集成产品数据模型层次结构

### 1. 产品的构成

反映产品由哪些部件构成，各个部件又由哪些零件组成，每种零件的数量等。零部件的构成可以呈树状关系，也可以是网状关系。

### 2. 零件信息

主要是关于零件总体特征的文字性描述，包括零件名称、零件号、设计者、零件材料、热处理要求、最大尺寸、质量要求以及生产纲领等。

### 3. 基体信息

概念上相当于零件的毛坯，在产品数据模型中，它是用于造型的原始形体，可以是预先定义好的参数化实体，也可以是根据现场需要由系统造型功能生成的形体。基体主要包括基体表面之间的信息，以及基体与特征之间关系的信息。例如，将基体划分为若干方位面，并按方位面组织特征。这样组织产品数据，将信息模型与按面组织加工的常规工艺路线相对应，有益于在 CAD/CAM 集成环境中生成工艺过程以及制定定位、夹紧方案。

### 4. 零件特征信息

记录特征的分类号、所属方位面号、控制点坐标及方向、尺寸、公差、热处理要求、特征所在面号、定位面及定位尺寸、切入面与切出面、特征组成面、粗糙度、形位公差等。

### 5. 零件几何、拓扑信息

包括描述零件几何形状的面、边、点等数据。

在基于特征的产品数据模型中，面的作用格外重要。这是因为它既是建立特征之间的几何关系、尺寸关系和形位公差的基准，又是设计与制造中使用的基准，如基准面、工作面、连接面等。所以，在 CAD/CAM 集成系统的应用过程中，应能实时地访问面的标号、属性等数据。

## 11.5.2 产品数据管理

### 1. PDM 概念

由于 PDM 技术与应用范围发展太快，人们对它还没有一个统一的认识，给出的定义也不完全相同。狭义地讲，PDM 仅管理与工程设计相关的领域内的信息。广义地讲，它可以覆盖从产品的市场需求分析、产品设计、制造、销售、服务与维护的全过程，即全生命周期中的信息。总之，产品数据管理以软件为基础，是一门管理所有与产品相关的信息（包括电子文档、数字化文件、数据库记录等）和所有与产品相关的过程（包括工业流程和更改流程）的技术。它提供产品全生命周期的信息管理，并可在企业范围内为产品设计与制造建立一个并行化的协作环境。

### 2. PDM 系统的体系结构

如图 11-9 所示，PDM 系统的体系结构可分为 4 层，即用户界面层、功能模块及开发工具层、框架核心层和系统支撑层。

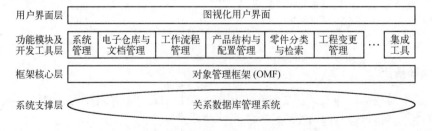

图 11-9　PDM 系统的体系结构

（1）用户界面层。向用户提供交互式的图形界面，包括图示化的浏览器、各种菜单、对话框等，用于支持命令的操作与信息的输入/输出。通过 PDM 提供的图视化用户界面，用户可以直观方便地完成管理整个系统中的各种对象的操作。它是实现 PDM 各种功能的媒介，处于最上层。

（2）功能模块及开发工具层。除了系统管理外，PDM 为用户提供的主要功能模块有电子仓库与文档管理、工作流程管理、零件分类与检索、工程变更管理、产品结构与配置管理、集成工具等。

（3）框架核心层。提供实现 PDM 各种功能的核心结构与架构，由于 PDM 系统的对象管理框架具有屏蔽异构操作系统、网络、数据库的特性，用户在应用 PDM 系统的各种功能时，实现了对数据的透明化操作、应用的透明化调用和过程的透明化管理等。

（4）系统支撑层。以目前流行的关系数据库系统为 PDM 的支持平台，通过关系数据库提供的数据操作功能，支持 PDM 系统对象在底层数据的管理。

## 11.5.3  基于 PDM 的 CAD/CAM 内部集成

PDM 以其对产品生命周期中信息的全面管理能力，不仅自身成为 CAD/CAM 集成系统的重要构成部分，同时也为以 PDM 系统作为平台的 CAD/CAM 集成提供了可能。用发展的观点看，这种系统具有很好的应用前景。图 11-10 给出了以 PDM 作集成平台，包含 CAD、CAPP、CAM 区 3 个主要功能模块的集成。从该图可以清楚地看出各个功能模块与 PDM 的信息交换。CAD 系统产生的二维图纸、三维模型（包括零件模型与装配模型）、零部件的基本属性、产品明细表、产品零部件之间的装配关系、产品数据版本及其状态等，交由 PDM 系统来管理，面 CAD 系统又从 PAD 系统获取设计任务书、技术参数、原有零部件图纸资料以及更改要求等信息。CAPP 系统产生的工艺信息，如工艺路线、工序、工步、工装夹具要求以及对设计的修改意见等，交由 PDM 进行管理，面 CAPP 也需要从 PDM 系统中获取产品模型信息、原材料信息、设备资源信息等。CAM 系统将其产生的刀位文件、NC 代码交由 PDM 管理，同时从 PDM 系统获取产品模型信、工艺信息等。

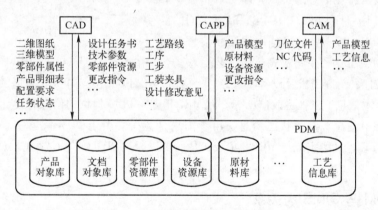

图 11-10  基于 PDM 的系统集成

### 1. CAM 与 PDM 的集成

由于 CAM 与 PDM 系统之间只有刀位文件、NC 代码、产品模型等文档信息的交流，所以 CAM 与 PDM 之间采用应用封装来满足二者之间的信息集成要求。

### 2. CAPP 与 PDM 的集成

CAPP 与 PDM 之间除了文档交流外，CAPP 系统需要从 PDM 系统中获取设备资源信息、原材料信息等。而 CAPP 产生的工艺信息，为了支持与 MRP Ⅱ 或车间控制单元的信息集成，也需要分解成基本信息单元（如工序、工步等）存放于工艺信息库中，共 PDM 与 MRP Ⅱ 集成之用。所以 CAPP 与 PDM 之间的集成需要接口交换，即在实现应用封装的基础上进一步开发信息交换接口，使 CAPP 系统可通过接口从 PDM 中直接获取设备资源、原材料信息的支持，并将其产生的工艺信息通过接口直接存放于 PDM 的工艺信息库中。由于 PDM 系统不直接提供设备资源库、原材料库和工艺信息库，因此需要用户利用 PDM 的开发工具自行开发上述库的管理模块。

### 3. CAD 与 PDM 的集成

CAD 与 PDM 的集成是 PDM 实施中要求最高、难度最大的一环。其关键在于需保证 CAD 的数据变化与 PDM 中的数据变化的一致性。从用户需求考虑，CAD 与 PDM 的集成应达到真正意义上的紧密集成。CAD 与 PDM 的应用封装只解决了 CAD 产生的文档管理问题。零部件描述属性、产品明细表则需要通过接口导入 PDM。同时，通过接口转换，实现 PDM 与 CAD 系统间数据的双向异步交换。但是，这种交换仍然不能完全保证产品结构数据在 CAD 与 PDM 中的一致性。所以，要真正解决这一问题，必须实现 CAD 与 PDM 之间的紧密集成，即在 CAD 与 PDM 之间建立共享产品数据模型，实现互操作，保证 CAD 中的修改与 PDM 中修改的互动性和一致性，真正做到双向同步一致。目前，这种紧密集成仍有一定的难度，一个 PDM 系统往往只能与一两家 CAD 产品达到紧密集成的程度。

## 11.5.4　基于 PDM 的 CAD/CAM 外部集成

MRP Ⅱ 与 PDM 的集成，其本质是实现设计、工艺与企业管理、生产、质检、财务等各部门之间的集成，是产品信息与经营管理信息的集成，即实现企业全局信息的集成。图 11-11 给出了 PDM 与 MRP Ⅱ 之间的信息交换关系。MRP Ⅱ 所需要的最基本的产品信息为材料明细表（在 MRP Ⅱ 中称主物料表）与工艺信息（包括工艺路线、工序、工装需求、设备需求等）。除此以外，PDM 还应向 MRP Ⅱ 提供加工信息、设

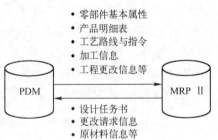

图 11-11　PDM 与 MRP Ⅱ 的集成

计成本与加工成本信息、工程更改信息等。而 MRP Ⅱ 应向 PDM 提供的信息有设计任务书、更改请求信息、原材料信息、设备状态信息、市场需求信息等。由于 PDM 能够实现 CAD、CAPP、CAM 的集成与管理，又能实现与 MRP Ⅱ 集成，从而可以通过 PDM 实现 CAD/CAM 与 MRP Ⅱ 的有效集成。

## 11.5.5　PDM 与 CIMS 的关系

CIMS 的核心是集成，但集成的内涵是不断扩展的，从初始的信息集成发展到今天的过程集成（如并行工程），并进一步要求企业件的集成（如敏捷制造）。就工程系统而言，不同层次的集成，对支持环境及信息共享的方式的要求不一样，但总的说来，面临的工程信息及其相互关系越来越复杂，对管理工具的要求越来越高。随着并行工程、虚拟制造、敏捷制造等先进技术的引入，工程信息管理问题将更为复杂，表现为：

（1）内容繁杂。不仅包含产品信息，还包含产品开发过程描述信息及其管理、控制信息、支持产品优化设计的资源信息和各种工程知识信息，支持协同工作的多媒体信息等。

（2）数据对象之间关系复杂。既有层次关系，又有网状关系。信息发布与版本控制要求严格，不仅需要支持信息预发布、发布和信息反馈，还应支持对象的状态跟踪、版本控制以及工程更改。

（3）异构计算机环境的屏蔽与应用集成工程要求强。屏蔽不同硬、软件环境，如不同计算机、OS、网络、数据库与图形界面等。要求提供应用系统集成环境以及产品开发团队管理与集成化、并行化过程管理环境，支持集成化、并行化过程管理，保证团队成员能方便地交流、共享信息，协同工作。

PDM 技术为上述问题的解决提供了强有力的支持工具。通过 PDM 系统的有效实施与管理，可及时提供设计师正确的产品数据，避免烦琐的数据查找，提高设计效率；保证产品设计的详细数据能有序存取，提高设计数据的再利用率，减少重复劳动；有效控制工程更改，决策人员可以方便地进行设计审查；可以进行产品设计过程控制，提供并行设计的协同工作环境；有利于整个产品开发过程的系统集成（包括供应商、MRP、销售、支持与维修服务等）。

# 11.6　敏 捷 制 造

敏捷制造是美国于 1991 年提出的一种生产方法。它利用人工智能和信息技术，通过多方面的协作，改变企业沿用复杂的多层递阶结构以及传统的大批量生产。其实质是在先进的柔性制造技术的基础上，通过企业内部的多功能项目组和企业外部的多功能项目组，组建虚拟公司。这是一种多变的动态组织结构，可把全球范围内各种资源，包括人的资源集成在一起，实现技术、管理和人的集成，从而能在整个产品生命周期内最大限度地满足用户需求，提高企业的竞争能力。

## 11.6.1　敏捷制造的基本原理

### 1. 制造企业的敏捷性

目前，制造企业被许多世界范围的问题所困扰，诸如自然资源日渐匮乏、生产环境遭到破坏、区域贸易不平衡、用户需求不断变化和市场竞争日趋激烈。因此，每个企业都需要敏捷能力去满足用户需求和环境变化，取得最大限度的经济效益和社会效益。敏捷制造试图从组织结构、管理策略、决策方法、产品设计到生产销售的全过程进行革新，以振兴制造业。企业的敏捷性就是有效地处理各种市场信息，进行决策，通过引入新产品和新技术以及重组企业结构等来快速响应市场的变化。制造企业的敏捷性内涵很广，根据美国里海大学的报告，可以 4 个方面定义制造敏捷性：

（1）基于价值的报价政策。

（2）提高竞争力的合作。

（3）从组织结构上响应变化。

（4）调节人员与信息的冲击。

### 2. 敏捷制造的基本原理

采用标准化和专业化的计算机网络和信息集成基础结构，以分布式结构连接各类企业，构成虚拟制造环境；以竞争合作为原则，在虚拟制造环境内动态选择成员，组成面向任务的虚拟公司进行快速生产；系统运行目标是最大限度满足用户需求。

从总体上讲，敏捷制造研究经营过程、信息技术和制造技术。如果单独处理这些要求，则企业不能达到灵敏性。企业实施敏捷制造的先决条件主要有 4 点：

（1）经营重点放在满足用户需求上。

（2）采用开放式信息环境。

（3）将信息也作为商品。

（4）有能力与其他公司竞争与合作。

在企业经营方面，敏捷制造致力于建立电子化的国际市场（Electronic – Market，EM）。EM 是基于计算机网络电子通信的开放式和标准化的国际市场。EM 可以按照产业分类，发布产品信息，提供各种产品的展示，并且具有标准的查询单及订货单。

**3. 敏捷制造既重视经济效益，也重视社会效益**

面对环境的日益破坏，世界范围内环保热潮不断高涨，政府及民间组织对制造业提出了更加严格的要求，所以企业必须重视社会效益，以便树立良好的企业形象。为此，人们提出了面向环境（Design for Environment，DFE）的设计思想。DFE 在新产品的设计阶段就考虑各种环境安全因素，因为许多环境影响因素在产品设计阶段就已经形成了。绿色设计（Green Design）是 DFE 思想的重要组成部分。它要求企业在设计阶段就全面考虑产品制造、使用和报废处理过程中可能出现的问题，采取预防措施以避免环境污染。绿色设计在进行产品设计、选择加工手段和原材料时，坚持将环境保护项目和约束放在重要位置。DFE 节约了材料和能源的消耗，提高了产品的重新利用率，增强了企业的经济效益。

## 11.6.2　敏捷制造的组成

敏捷制造所涉及的范围是一个国家乃至全球，这不同于先前各种形式的制造方法，而是制造模式的一种重要突破。原来 CIMS 的概念是企业内部各个部分的集成，现在敏捷制造是全球范围内企业和市场的集成，目标是将企业、商业、用户、学校、行政部门、金融等行业都用网络连通，形成一个与生产、制造、服务等密切相关的网络，实现面向网络的设计、面向网络的制造、面向网络的销售和面向网络的服务。在这个网络上，有制造资源目录、产品目录、电子贸易、网上 CAD/CAM 等，一切可以上网的系统都将上网。在这种环境下的制造企业，将不再拘泥于固定的形式、集中的办公地点、固定的组织机构，将是一种以高度灵活方式组织的企业，称为虚拟企业或动态联盟。当出现某种机遇时，若干个具有核心资格的组织者能够迅速联合可能的参加者形成一个新型的企业，从中获取最大利润。当市场消失后，能够迅速解散，参加新的重组，迎接新的机遇。

敏捷制造主要由两部分组成：敏捷制造的基础结构和敏捷制造虚拟企业。基础结构为虚拟企业提供环境和条件，敏捷的虚拟企业用来实现对市场不可预期变化的响应。

**1. 敏捷制造的基础结构（Infrastructure）**

虚拟企业生成和运行所必需的条件决定了敏捷制造基础结构的构成。一个虚拟公司存在的必要环境包括 4 方面：物理基础、法律保障、社会环境和信息支持技术。它们构成了敏捷制造的 4 个基础结构。

（1）物理基础结构。它是指虚拟企业运行所必需的厂房、设备、设施、运输、资源等必要的物理条件。它们的行为服从物理定律。

（2）法律基础结构。它也称为规则基础结构，是指虚拟企业运行所必需的遵循规则。它主要包括国家关于虚拟企业的法律、合同和政策。具体来说，它规定出如何组成一个法律上承认的虚拟企业，如何交易，利益如何分享，资本如何流动和获得，如何纳税，虚拟企业破产后如何还债，虚拟企业解散后如何保证产品质量的全程服务，人员如何流动等。虚拟企业是一种新的概念，它给法律界带来了许多新的研究课题。

（3）社会基础结构。虚拟企业要能生存和发展，还需要社会环境，即由社会提供为虚拟企业服务的公共设施。例如，虚拟企业经常会解散和重组，人员的流动是非常自然的事。人员需要不断地接受职业培训，不断地更换工作，这些都需要社会来提供职业培训、职业介绍的服务环境。

（4）信息基础结构。这是指敏捷制造的信息支持环境，包括能提供各种服务的网点、中介机构等一切为虚拟企业服务的信息手段。

敏捷制造的基本特征之一就是企业在信息集成基础上的合作与竞争。为此，必须高效率管理、维护和交换各类信息，因此开发开放式计算机网络的信息集成框架就成为敏捷制造的重要研究内容之一。参加敏捷制造环境的企业可以分布在全国各地甚至全世界各地。随着计算机技术在制造业中的应用，企业一般都建立了内部的局域网，连接管理、设计和控制系统。要建设敏捷制造环境，必须将各企业内部局域网连接起来。

目前能够满足上述要求的计算机网络只有 Internet，而且美国敏捷制造的理论研究与工程开发和 Internet 息息相关，密切相连。敏捷制造的研究开发将以 Internet 中关于电子邮件、多媒体文件、超文本文件及信息存取的标准为基础，开发支持先进的分布式工程设计和电子商业服务的标准，并且进一步专业化，定义接口、协议和加工服务、中介人，以及制造功能（如工艺规划和调度）等方面的标准。

**2. 虚拟企业**

敏捷制造的关键是在计算机网络和信息集成基础结构之上构成虚拟制造环境，根据用户需求和社会经济效益组成虚拟制造公司。它是依靠电子信息手段联系的一个动态组成的合作竞争组织结构，它将分布在不同地区的不同公司的人力资源和物质资源组织起来，实现快速响应某一市场需求，只要市场机会存在，虚拟公司就会继续存在，市场机会消失，虚拟公司就将解体。参加虚拟制造环境的公司将在通信网络上提供标准的、模块化的和柔性的设计与制造服务。各类服务经过资格认证就可以入网。另外，在虚拟制造环境中，有若干公司可以提供相同或类似服务，系统可以从最优的目标出发，在竞争的基础上择优录用。敏捷制造主要采用合作竞争的策略，分布在网络上的每个公司都缺乏足够的资源和能力来单独满足用户需求，各公司之间必须进行合作，各自求解一定的子问题，每个公司所得出的相应子问题解的集合构成原问题的解。

## 11.6.3 敏捷制造中的 CAD/CAE/CAM 系统

敏捷制造通过网络信息高速公路，将制造系统空间扩大到全国乃至全球，建立全新的虚拟企业，如图 11-12 所示。它不同于传统观念上的、有围墙的、有形空间构成的实体。

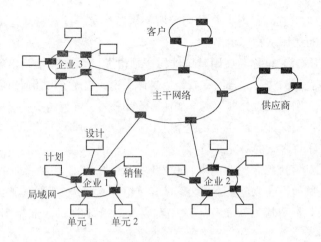

图 11-12　敏捷制造计算机网络环境

### 1. 敏捷制造中的 CAD/CAE/CAM 系统的主要特点

（1）开放性。虚拟企业从策略上讲，不强调企业的全能，也不强调一个产品从头到尾都是自己去开发、制造，而是以竞争能力和信誉为依据选择合作伙伴组成动态公司，进行企业大联合，共同冒险，共同获利。企业在设计某一新产品时，可以通过网络在全球范围寻找合适的设计师和制造厂家。这是利用信息技术打破时空阻隔的一种新型企业。因此，敏捷制造中的 CAD/CAE/CAM 系统不是一个封闭系统，而是一个开放系统，要求各种不同的 CAD/CAE/CAM 系统间能交换数据，实现集成。

（2）柔性。以往生产的产品进入市场后，其功能和性能都已固定不变了。而敏捷制造中的产品的功能和性能可以根据用户的需要再进行改变，易于得到新的功能和性能。企业利用极大丰富的通信资源和软件资源，可以很方便地更新或自行设计产品，进行产品性能和制造过程的仿真，并可很快得到实际生产出来的产品。因此，敏捷制造中的 CAD/CAE/CAM 系统应具有满足这些要求的柔性，同时应具有很高的效率。

（3）整体性。敏捷制造中的 CAD/CAE/CAM 系统的信息传递和集成是双向的，既要求 CAD 系统生成的数据能直接为 CAM 系统所利用，又要求在设计过程中尽早考虑后续阶段如加工、装配、测试等方面对设计施加的约束。如面向制造的设计（DFM）、面向装配的设计（DFA）、面向测试的设计（DFT）、面向质量的设计（DFQ）、面向服务的设计（DFS）等。以缩短产品生产周期，提高产品的一次成功率，减少由于在设计后期发现错误而导致的返工。

（4）健壮性。支持敏捷制造的 CAD/CAM 系统必然是一个功能齐备、结构复杂的大系统，为了提高系统的可靠性和有效性，CAD/CAM 系统应具有能支持多学科的、多层次的、地域上分布较广的大规模协同工作的健壮性的特点。

### 2. 敏捷制造中的 CAD/CAE/CAM 系统需要解决的关键技术

（1）基于 Internet 的 CAD/CAE/CAM 系统。敏捷制造中的 CAD/CAE/CAM 系统所传递的工程数据量十分巨大。目前只有 Internet 可以适应敏捷制造的环境。基于 Internet 的系统将使传统的产品设计和制造模式发生极大的变化，对提高我国制造业在国际市场 CAD/CAE/CAM 上的竞争能力有极大的推进作用。

（2）信息高速公路。未来敏捷制造中的 CAD/CAE/CAM 系统将采用由光纤通信网络组成的高速信息公路传递工程信息。这种通信网络的传输速度第一步将达到每秒 10 亿比特。这比目前使用的数字网络快千倍。

（3）信息简化、条理化。仅有信息高速公路还不能从根本上解决大范围 CAD/CAE/CAM 系统中的信息爆炸问题。面对浩瀚的信息、广阔的市场、无数的用户和供应商，必须进行产品信息的简化和条理化。

（4）信息交换标准化。为了满足信息交换的需要，信息交换标准化十分重要，包括工程图样及零件标准化、产品定义数据模型标准化以及商务报告标准化；其次是合作运行方法标准化，包括知识产权共享标准、虚拟生产协议等。

# 11.7　并 行 工 程

并行工程（Concurrent Engineering）又称同步工程或并行设计，是一种系统工程的方法与哲理。长期以来，产品开发大都沿用传统的顺序工程方法，遵循"概念设计—详细设计—过程设计—加工制造—试验验证—设计修改"的流程。由于这种方法在设计早期不能全面地考虑下游的可制造性、可装配性、质量保证等多种因素，使得所制造的产品存在很多缺陷，这就必然要求对设计进行更改，构成了从概念设计到加工制造、试验修改的大循环，而且可能在不同的环节多次重复这一过程，造成设计改动量大、产品开发周期长、成本高，难以满足激烈的市场竞争的需求。并行工程是解决这些问题的有效方案。

## 11.7.1　并行工程的含义

国际生产工程学会（CIRP）执委会成员、瑞典皇家工学院 G. Sohlenius 教授 1992 年在 CIRP 年会上做大会主题报告《并行设计》中的定义是："并行工程指的是一种工作模式，即在产品开发和生产的全过程中涉及的各种各样的工程行为被集成在一起，并且尽可能并行起来（而不是串行）统筹考虑和实施。"

所以，并行工程是对产品设计及其相关过程进行并行的一体化设计。它以 CIMS 的信息技术为基础，打破仅从产品功能出发，由少数工程人员设计产品的旧格局，打破企业内部各机构之间的界限，建立跨学科的、由涉及产品生命周期各个时期的专家组成的工作小组参与产品开发，形成以人际合作关系为基础、协同工作、合作开发产品的新格局。并利用各种 DFX（面向某一领域的设计，如 DFM：可制造性设计；DFA：可装配性设计；DFR：可靠性设计；DFE：可继承性设计等）工具作为手段，使产品开发的早期阶段能及早考虑下游的各种因素，达到缩短产品开发周期、提高产品质量、降低产品成本的目标。

并行工程作为现代制造技术的发展方向，引起各国的高度重视。经过近 10 年的研究和发展，并行工程的方法和技术逐渐在航空、计算机、汽车、电子等行业获得成功的应用，取得了显著的效益。我国 863/CIMS 主题对此也作出了积极的反应，已把并行工程作为重大关键技术攻关项目，进行了研究和总结，提出了实施并行工程的一般途径。

## 11.7.2 并行工程的特点

### 1. 并行特性

传统的制造企业内，产品的设计和开发过程是按时间顺序以串行方式进行的。只有等前一阶段的工作完成后，后一阶段才开始工作，后期的工作不介入前期工作。这样，势必造成设计后期发现的问题必须从前一阶段，甚至从任务的开始阶段进行修改，延长了设计周期，造成了资源的浪费。这种设计方法已难以适应市场竞争的需求。而并行工程的特点是把时间上有先有后的知识处理和作业实施变为同时考虑和尽可能同时处理或并行处理。从图11-13中可以看出，并行工程开发产品的周期大大短于传统的串行工程。而且，在顺序法中，信息流向是单向的；在并行法中，信息流是双向的。

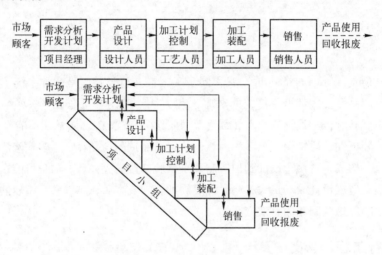

图 11-13 两种开发方法示意图

### 2. 整体特性

并行工程把产品开发过程看成一个有机整体。在空间中似乎是相互独立的各项作业和知识处理单元之间，实质上都存在着不可分割的内在联系，特别是有丰富的双向信息联系，如图11-14所示。所以，并行工程强调从全局考虑问题，产品开发者从一开始就考虑到产品整个生命周期中的所有因素。

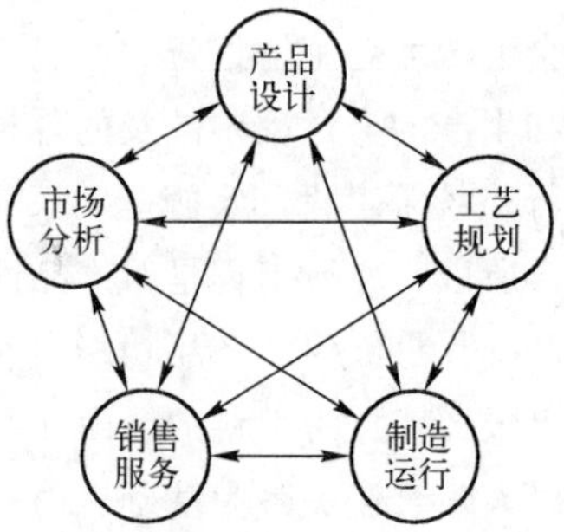

### 3. 协同特性

并行工程特别强调人们的群体协同工作。这是因为现代产品的特性已越来越复杂，产品开发过程涉及的学科门类和专业

图 11-14 主要环节间的内在联系

人员也越来越多，如何取得产品开发过程的整体最优是并行工程追求的目标，其中关键是如何很好地发挥人们的群体作用。

### 4. 集成特性

并行工程是一种系统的集成方法，其集成特性主要包括：

（1）人员集成。

（2）信息集成。

（3）功能集成。

（4）技术集成。

### 11.7.3　面向并行工程的 CAD/CAE/CAM 技术

并行工程是随着 CAD/CAE/CAM 和 CIMS 技术的发展而提出的一种新哲理、新的系统工程方法。这种系统方法的思路就是在缩短任务规划、设计、制造、装配、检验和销售等各个阶段所需时间的基础上，并行地、集成地设计产品开发的各个过程。并行工程以产品设计为突破口，要求产品开发人员在设计阶段就考虑产品整个生命周期的所有要素，包括质量、成本、进度、用户需求等，以便最大限度地提高产品开发效率和一次成功率。

由于并行工程的发展，对 CAD/CAE/CAM 技术也提出了更高的要求，如基于特征的产品建模技术研究，发展新的设计理论和方法；开发制造仿真软件，提供支持并行工程运行的工具和环境；探索新的工艺设计方法，适应可制造性设计的要求；借助网络和统一数据库管理技术，实现数据共享和数据的动态修改；建立统一的、友好的人机用户界面，充分发挥人在并行工程中的作用；等等。上述各项要求也将极大地促进 CAD/CAM 技术的变革和发展。

#### 1. 基于特征的产品建模技术

CAD 系统在并行工程中承担产品成型并在计算机内部构成产品模型的任务。为实现并行处理，此产品模型应具有语义信息，不仅包括有关点、线、面、体的几何信息，而且还应包括有关功能、结构、工艺等多方面的信息。特征建模技术的研究是十分重要的。特征可用于产品概念设计，特征是一种集成对象，它本身包含丰富的语义。例如，定义一个键槽，马上就想到它的功能、形状、工艺要求及加工方法等含义。

对于不同的设计阶段来说，特征可划分为功能特征、结构特征、形状特征和精度特征等。其中形状特征可以定义为由具有一定拓扑关系的一组几何元素构成的形状实体，它对应零件的一个或多个功能，并能被一定的加工方式加工成形。所以，特征建模技术体现了新的设计方法学，即面向制造的设计，它符合并行工程的概念，即在设计阶段就考虑到加工制造问题。另外，基于特征的建模技术可包含对产品信息的完整描述，能反映设计意图，可为分析、评估、加工等下游环节提供自动理解模型。其有语义功能，适合于进行知识处理表达设计意图，同时也为参数化尺寸驱动设计思想提供新的设计环境。所以，基于特征的产品模型是实现 CAD 过程并行处理的核心部分。

#### 2. 适用于并行工程的 CAPP 系统

并行工程的本质是要改变产品开发过程中设计与制造相互脱节的现象，在设计阶段就能够及早地考虑加工、装配和质量等方面的一系列因素，进行可制造性设计和可装配性设计。

实现可制造性设计的关键是要求 CAPP 系统在设计过程中高效动态地生成零件工艺过程，并随时向 CAD 系统提供产品可制造性的评价信息。然而，目前传统的 CAPP 系统工作模式是静态的，它是一次性输入零件全部信息及一次性完成所有加工表面的工艺设计，形成的工艺过程是固定的，对制造环境的变动和生产调度的变化不能敏捷地、动态地修改工艺过程，同时也缺少向 CAD 系统反馈所需要的可制造性信息的功能。这种方法与并行工程中要求产品设计与工艺设计应交叉进行工作，在零件信息还不够完整的情况，就能进行工艺设计是不相适应的。为此，必须研究和开发适用于并行工程的 CAPP 系统。它应利用特征建模作为零件的信息模型，从分析零件主要加工特征入手，随着新特征及辅助特征的不断增加，不断修改原有工艺方案，并逐步趋近于最终优化工艺方案的渐进式处理方式。这种方法符合人类专家设计工艺过程的思维方式，并且与设计过程中零件信息的逐步生成过程同步。设计的每一步都可进行可制造性分析，考虑车间制造资源的动态约束，以保证产品的可制造性，使整个生产过程处于整体优化状态。

### 3. 加工过程仿真

按照并行工程的原理，要求在设计时考虑制造的因素，实现设计和制造之间信息的双向流动。加工过程仿真作为实现并行工程的一种手段，是 CAD/CAE/CAM 系统中不可缺少的一个组成部分，通过在计算机上建立真实系统的模型和生产过程的仿真，可以发现设计中不易觉察的潜在问题，它不仅能考虑系统中的确定事件，也可以考虑加工过程中的随机事件。借助仿真技术在设计初始阶段就可以模拟产品在未来实际生产中的全过程或部分过程，从而在设计初始阶段就可以对产品的质量、可加工性、可装配性、工时成本及车间设备布局的合理性、作业计划的适应性等因素进行评价，并找出薄弱环节和问题，提高产品设计的一次性成功率。作为 CAD/CAM 集成系统中的仿真不同于独立的仿真系统，它的零件信息、工艺信息及 NC 程序等不需要交互输入，统一的产品模型包含了仿真所需要的全部信息。

### 4. 统一的数据库管理及人机界面

为了实现并行工程，要求各分系统之间能够进行快速通信，因此接入高速网络和建立统一的数据库管理系统是实施并行工程的基础和条件。长期以来，CAD/CAE/CAM 系统中各种信息的交换和共享多以文件方式进行，但由于数据冗余量大、独立性差、不便集中管理及存在数据不一致危险，所以采用文件管理方式难以支持并行工程的需要；而分布式数据库可把逻辑上相关联的数据存放在不同地点，既地方自治又相互协调，使得数据处理具有很大的灵活性，因而建立分布式环境下的统一数据库管理系统对并行工程十分重要。

并行工程的核心是开发过程的交叉、并行处理及人机协同工作，以便使设计者能够随时控制和操纵整个设计过程。所以，在并行工程中人将发挥更大的作用。为探讨人和计算机在产品开发过程中的分工协调，并满足用户对界面在友好、方便、直观及一致性等方面的一系列要求，必须加强面向并行工程的人机界面的研究。例如，利用直接操作技术提高界面的可感性、直观性；利用人工智能技术提供人在设计过程中的思维活动、提高界面的智能化程度；利用多媒体技术实现更接近自然的信息交换方式（文本、语音、图形、图像），以及通过多媒体会议方式，支持开发小组成员在产品开发过程中，方便地交换想法、共享信息、协同工作。

当前，计算机软件开发已进入了以开发软件工具和建立软件开发环境为目标的时代，作为支持人机交互软件开发环境的用户界面技术，已成为 CAD/CAE/CAM 系统中独立的一部分，正日益引起人们的关注和重视，这也是 CAD/CAE/CAM 技术获得成功和发展的重要保证。

## 11.8 基本图形交换规范标准

绘制的图形需要在不同的系统之间交流传递，需要有相应的交换标准和对应的格式。

## 11.8.1　DXF

每个 CAD 系统都有自己的数据文件，数据文件分图形数据文件、几何模型文件和产品模型文件几种。数据文件的格式与每个 CAD 系统自己的内部数据模式密切相关，而每个 CAD 系统自己内部的数据模式一般是不公开的，也是各不相同的。由于用户使用的需要，就有数据交换文件概念的出现。

DXF（Drawing Exchange File）为 AutoCAD 系统的图形数据文件，DXF 虽然不是标准，但由于 AutoCAD 系统的普遍应用，使得 DXF 成为事实上的数据交换标准。DXF 是具有专门格式的 ASCII 码文本文件，它易于被其他程序处理，主要用于实现高级语言编写的程序与 AutoCAD 系统的连接，或其他 CAD 系统与 AutoCAD 系统交换图形文件。

### 1. DXF 文件结构

一个完整的 DXF 是由 4 个段和 1 个文件结尾组成的。其顺序如下：

（1）标题段，记录 AutoCAD 系统的所有标题变量的当前值或当前状态。这些标题变量记录了 AutoCAD 系统的当前工作环境。例如，AutoCAD 版本号、插入基点、绘图界限、SNAP 捕捉的当前状态、栅格间距、式样、当前图层名、当前线型和当前颜色等。

（2）表段，包含了 4 个表，每个表又包含可变数目的表项。按照这些表在文件中出现的顺序，它们依次为线型表、图层表、字样表和视图表。

（3）块段，记录定义每一块时的块名、当前图层名、块的种类、块的插入基点及组成该块的所有成员。块的种类分为图形块、带有属性的块和无名块 3 种。无名块包括用 HATCH 命令生成的剖面线和用 DIM 命令完成的尺寸标注。

（4）元素段，记录了每个几何元素的名称、所在图层的名称、线型名、颜色号、基面高度、厚度以及有关几何数据。

（5）文件结束，标识文件结束。

DXF 每个段由若干个组构成，每个组在 DXF 中占有两行。组的第一行为组代码，它是一个非零的正整数，相当于数据类型代码，每个组代码的含义是由 AutoCAD 系统约定好的，以 FORTRAN "I3" 格式（即向右对齐并且用三字符字段填满空格的输出格式）输出。组的第二行为组值，相当于数据的值，采用的格式取决于组代码指定的组的类型。组代码和组值合起来表示一个数据的含义和它的值（组代码范围见表 11-1）。需要注意的是，在 AutoCAD 系统中组代码既用于指出如表 11-1 所示的组值的类型，又用来指出组的一般应用。组代码的具体含义取决于实际变量、表项或元素描述，但"固定"的组代码总具有相同的含义，如组代码 "8" 总表示图层名。

表 11-1　组代码范围

| 组代码范围 | 跟随值的类型 |
| --- | --- |
| 0 ~ 9 | 串 |
| 10 ~ 59 | 浮点 |
| 60 ~ 79 | 整数 |
| 210 ~ 239 | 浮点 |
| 999 | 注释 |
| 1000 ~ 1009 | 串 |
| 1010 ~ 1059 | 浮点 |

### 2. DXF 文件接口程序设计

DXF 文件格式的设计充分考虑了接口程序的需要，它能够容易地跳过没有必要关心的信息，同时又能方便地提取所需要的信息。只要记住按何顺序处理各个组并跳过不关心的组即可。但编写一个输出 DXF 文件的程序是比较困难的，因为必须保持图形的一致性以使 AutoCAD 系统接受它。AutoCAD 系统允许在一个 DXF 文件中省略许多项并且仍可获得一个合法的图形。如果不需要设置任何标题变量，那么整个 HEADER 段都可以省略。在 TABLES 段中的任何一个表，在不需要时也可以略去，并且事实上如果对它不作任何处理时，整个表段也可以去掉。如果在 LTYPE 表中定义了线型，则该表必须在 LAYER 表之前出现。如果图中没有使用块定义，则可以省略 BLOCKS 段。如果有，那么它必须出现在 ENTITIES 段之前。EOF 必须出现在文件的末尾。

### 3. DXF 文件格式存在的问题

由于 DXF 文件制定的较早，存在很多的不足。

（1）不能完整地描述产品信息模型，产品的公差、材料等信息根本没有涉及。即使是产品的几何模型，由于仅仅保留了原有系统数据结构中的几何和部分属性信息，大量的拓扑信息已不复存在，也是不完整的。

（2）DXF 文件格式也不合理，文件过于冗长，使得文件的处理、存放、传递和交换不方便。另外，复杂的文件格式也使得编写一个读、写完整的 DXF 数据文件的程序接口是件不容易的工作。

## 11.8.2 IGES（初始图形交换规范）

1980 年，由美国国家标准局（NBS）主持成立了由波音公司和通用电气公司参加的技术委员会，制定了基本图形交换规范（Initial Graphics Exchange Specification，IGES），并于 1981 年正式成为美国的国家标准。

IGES 标准定义了一个 ASCII 码文件格式来表示结构、语言、拓扑、几何和非几何数据。IGES 目前的版本（5.3 版本）支持框架、曲面和实体模型，出于向前兼容性的考虑，大多数的 CAD/CAM 系统都支持符合 IGES 标准的曲面模型。像工作站上的 Pro/E、CADDS，微机上的 SolidWorks、Smart CAM 等，均把 IGES 曲面模型作为自己系统的数据接口之一。曲面模型以裁剪参数曲面片为主，用没有拓扑信息的下层几何元素，像直线、样条曲线、NURBS 曲面，裁剪曲面等表示三维几何数据信息。

图 11-15 为 CAD/CAM 系统之间的数据转换图。从图中可以看出，系统 A 中数据库传递过来的信息，经过前置处理后变成 IGES 格式，然后传输到系统 B，系统 B 经后置处理再将 IGES 格式的数据被转换成该系统的数据格式。由于 IGES 不是复制任何系统的数据，所以它所用的格式、描述和意义都需特别处理。在前置处理过程中，系统中的元素和 IGES 的元素不总是一一对应，此时系统中的一个单元在 IGES 中要用一系列单元来表示。在后置处理中，情况类同。

### 1. IGES 的作用和文件构成

标准的 IGES 文件分为 ASCII 格式和二进制格式。ASCII 格式便于阅读，二进制格式适于处理大容量文件。其中，ASCII 格式又有固定行长格式（每行 80 字符）和压缩格式两种。常用的 CAD/CAM 系统，如 UG、Pro－E、GRADE 等，都可将产品的几何信息以固定行长的 IGES 格式存放。下面就以 IGES 格式中固定行长格式为例，对 IGES 文件的整体结构作简单说明。

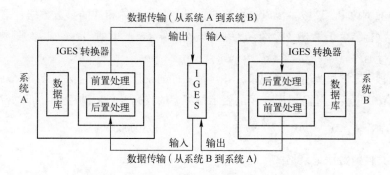

图 11-15  CAD/CAM 系统之间的数据转换

固定长 ASCII 码格式的 IGES 文件分为 6 个段，分别为：标志段、开始段、全局段、元素索引段、参数数据段和结束段。段码是这样规定的：字符 B 或 C 表示标志段；S 表示开始段；G 表示全局段；D 表示元素索引段；P 表示参数数据段；T 表示结束段。每段若干行。每行为 80 字符，前 72 个字符为该段的内容；段标识符位于每行的第 73 列；第 74 ~ 80 列指定为用于每行的段的序号。序号都以 1 开始，且连续不间断，其值对应于该段的行数。下面对各段作简单介绍：

（1）标志段 B 或 C。IGES 格式文件中，标志段一般不存在。但当文件格式为二进制或压缩的 ASCII 格式时，文件中分别以标志符号 B 或 C 表示。

（2）开始段 S。该段是为提供一个可读文件的序言，主要记录图形文件的最初来源及生成该 IGES 文件的相同名称。IGES 文件至少有一个开始记录。

（3）全局段 G。参数以自由格式输入，用逗号分隔参数，用分号结束一个参数。主要包含前处理器的描述信息及为处理该文件的后处理器所需要的信息。参数以自由格式输入，用逗号分隔参数，用分号结束一个参数。主要参数有：文件名、前处理器版本、单位、文件生成日期、作者姓名及单位 IGES 的版本、绘图标准代码等。例如：

```
1H,1H; 15HSurfacer V10.5,72HD:\ProgramFiles\Imageware\Surfacer 10.5\D        G      1
ata\Examples\Consumer\face. igs,23HImageware Surfacer 10.5,21HIGES PrePro     G      2
cessor3. 0,16,38,7,307,15,15HSurfacerV10. 5,1. 0,6,1HM,2,2. 5400000           G      3
5952548E - 005,14H1060316. 160531,1E - 006,0. 511059982180595,8HJoe U        G      4
ser,14HImagewareSDRC,10,0,14H1060316. 160531;                                 G      5
```

（4）元素索引段 D。元素索引段提供实体元素几何信息的位置索引和该元素的其他属性信息（见表 11-2）。每个元素的索引段由两行组成，每行又分成 10 个区，各区占 8 个字符，因而每个元素的索引段由 20 个区，即 160 个字符组成。

表 11-2  元素索引段数据格式

| (1) 元素类型 # | (2) 参数指针 △ | (3) IGES 版本 #△ | (4) 实体线型 #△ | (5) 图层 #△ | (6) 视图指针 0 △ | (7) 变换矩阵 0 △ | (8) 标号显示 0 △ | (9) 状态 # | (10) 序号 D # |
|---|---|---|---|---|---|---|---|---|---|
| (11) 元素类型 # | (12) 线宽 # | (13) 颜色号 #△ | (14) 参数记录 # | (15) 格式号 # | (16) 待用 | (17) 待用 | (18) 元素标号 | (19) 元素下标 # | (20) 序号 D # |

其中：#表示整数；△表示指针；#△表示整数或者指针；0 △表示零或指针

（5）参数数据段 P。该段主要以自由格式记录与每个实体相连的参数数据，第一个域总是实体类型号。参数行结束于第 64 列，第 65 列为空格，第 66～72 列为含有本参数数据所属实体的目录条目第一行的序号。

（6）结束段 T。该段只有一个记录，并且是文件的最后一行，它被分成 10 个域，每域 8 列，第 1～4 域及第 10 域为上述各段所使用的表示段类型的代码及最后的序号（即总行数）。例如：

$$S \quad 1G \quad 5D \quad 4P \quad 9965 \qquad T0000001$$

### 2. IGES 文件的数据记录格式

在 IGES 文件中，信息的基本单位是实体，通过实体描述产品的形状、尺寸以及产品的特性。实体的表示方法对所有当前的 CAD/CAM 系统都是通用的，实体可分为几何实体和非几何实体，每一类型实体都有相应的实体类型号，几何实体为 100～199，如圆弧为 100，直线为 110，点为 116 等；非几何实体又可分为注释实体和结构实体，类型号为 200～499，如注释实体有直径尺寸标注实体（206）、线性尺寸标注实体（216）等，结构实体有颜色定义（324）、字型定义（310）、线型定义（304）等。

几何实体和非几何实体通过一定的逻辑关系和几何关系构成产品图形的各类信息，实体的属性信息记录在目录条目段，而参数数据记录在参数数据段。下面举例介绍。

（1）直线。IGES 文件中实体是有界的，第一点为起点 $P_1$，第二点为终点 $P_2$，参数数据为起点和终点的坐标 $P_1$ $(x_1, y_1, z_1)$，$P_2$ $(x_2, y_2, z_2)$。直线实体的类型号为 110，其定义如下：

```
110    1432     1    1    0    9    0      0000200011D    2747
110      0    0    1    0                       0D    2748
110,442.01251, -338.64197,0.0,440.41876, -338.64195,0.0; 2747P 1432
```

其中，起点坐标为（442.01251， -338.64197， 0.0），终点坐标（440.41876， -338.64195，0.0），2747 表示该直线实体在目录条目段中的第一行序号，1432 表示该直线实体在参数数据段中序号。

（2）圆弧。IGES 中圆弧由两个端点及弧的一个中心确定，该圆弧始点在先，终点随后，并以逆时针方向画出圆弧。参数数据为 $Z_T$，$X_1$，$Y_1$，$X_2$，$Y_2$，$X_3$，$Y_3$。$Z_T$ 为 $XT$、$YT$ 平面上的圆弧平行于 $ZT$ 的位移量，$(X_1, Y_1)$ 为圆弧中心坐标，$(X_2, Y_2)$ 为圆弧起点坐标，$(X_3, Y_3)$ 为圆弧终点坐标。如果起点与终点坐标重合，则为一个整圆。圆弧的实体类型号为 100，其定义如下：

```
100    6020     1    1    0    7841    8253    00001    0001D    8255
100      0    0    2    0                       0D    8256
100, -3.02643, -758.02863, -5144.16797, -758.02863, -5144.16797,8255P 6020
  -758.03094, -5146.36768;                       8255P 6021
```

即位移为 -3.02643，圆心坐标是（ -758.02863， -5144.16797），起点坐标为（ -758.02863， -5144.16797），终点坐标为（ -758.03094， -5146.36768）。

（3）有理 B - spline 曲线。有理 B - spline 曲线用来描述具有普遍意义的解析曲线，在实际工程中已广泛应用，它首先用于 CAD/CAM 技术的空间曲线，有理 B - spline 曲线的参数数据有 $K$，

$M$, $P_1$, $P_2$, $P_3$, $P_4$, $T$ (0) ~ $T$ ($K+M+1$), $W$ (0) ~ $W$ ($K$), $X$ (0), $Y$ (0), $Z$ (0), …, $X$ ($K$), $Y$ ($K$), $Z$ ($K$), $V$ (START), $V$ (END), $X$ (Normal), $Y$ (Normal), $Z$ (Normal)。$K$ 为控制点数, $M$ 为基函数的阶, $P_1$ 为平面标志, $P_2$ 表示曲线的起点和终点是否重合, $P_3$ 表示曲线是多项式或有理式, $P_4$ 表示曲线对于其参数是否是周期性的, $T$ (0) ~ $T$ ($K+M+1$) 为节点序列, $W$ (0) ~ $W$ ($K$) 为权值, $X$ (0), $Y$ (0), $Z$ (0), …, $X$ ($K$), $Y$ ($K$), $Z$ ($K$) 为控制点, $V$ (START) 为起始值参数, $V$ (END) 为终止值参数, $X$ (Normal), $Y$ (Normal), $Z$ (Normal) 为单位法向。

有理 B - spline 曲线实体的类型号为 126, 其定义如下：

```
126    2253    1   1   0   3479    0           000000001D         3883
126      35    5   3   0                       0D                 3884
126,3,3,0,0,1,0,0.,0.,0.,0.,1,1,1.,1.,1.,1,1.,1.,0,            3883P 2253
   -912.10699,744.65399,0, -912.69482,744.61395,0., -914.01208,   3883P 2254
744.52753,0., -915.29333,744.44391,0.,1.,0.,0.,0.;               3883P 2255
```

即表示样条函数及基函数都为 3 阶, 非平面开曲线, 多项式非周期曲线, 权值均为 1。

有理 B 样条曲线也可以表示一个优选的曲线类型, 其类型由目录条目段中的格式参数确定, 如 3 表示椭圆弧, 2 表示圆弧等。

## 11.8.3　STEP

20 世纪 70 年代后期, 随着几何造型技术的迅速发展, 各种 CAD 系统逐步得到应用。作为数据交换的国际标准 IGES 发表以后, 成为应用最广泛的数据交换标准。但在应用过程中, IGES 的缺点逐渐暴露出来, 不能满足复杂的工业上数据交换的要求。法国航空航天业发现由于 IGES 文件太过于冗长, 有些数据也不能表达, 无法传送, 因此在 IGES 的基础上自行开发了数据交换规范 SET (Standard Exchange et de Transfert)。SET 的文件格式与 IGES 完全不同, 长度大大小于 IGES 文件长度。SET 的第一个文本发表于 1983 年, 成功应用在欧洲航空航天业, 在一些汽车制造公司中如雷诺、标致等也得到应用。

1984 年, IGES 组织设置了一个研究计划, 称为 PDES (Product Data Exchange Specification)。PDES 计划的长期目标是为产品数据交换规范的建立开发一种方法论, 并运用这套方法论开发一个新的产品数据交换标准, 新标准要求能克服 IGES 中已经意识到的弱点, 这些弱点包括文件过长, 处理时间长, 一些几何定义影响数值精度, 交换的是数据而不是信息。同时, 国际标准化组织 ISO 设立了 184 技术委员会 (TC184), TC184 名为工业自动化系统。TC184 下设第四分委员会 (SC4), SC4 的领域是产品数据表达与交换。ISO TC184/SC4 制定的标准常被称为产品模型数据交换标准 STEP (Standard for the Exchange of Product Model Data)。1988 年 ISO 把美国的 PDES 文本作为 STEP 标准的建议草案公布, 随后 PDES 的制定工作并入 STEP 的制定中, PDES 计划从 PDES 的制定转向 STEP 标准的应用, PDES 也因此改名为 "应用 STEP 进行产品数据交换 (Product Data Exchange using STEP)"。

STEP 标准包括以下 5 个方面的内容：标准的描述方法；集成资源；应用协议；实现形式；一致性测试和抽象测试。

### 1. STEP 标准的描述方法

标准的描述方法 STEP 的体系结构是应用层、逻辑层、物理层 3 个层次构成（见图 11-16）。最上层是应用层，包括应用协议及对象的抽象测试集，这是面向具体应用的一个层次。第二层是逻辑层，包括集成通用资源和集成应用资源及由这些资源建造的一个完整的产品模型。它从实际应用中抽象出来，并与具体实现无关。最低层是物理层，包括实现方法，给出在计算机上的具体实现形式。

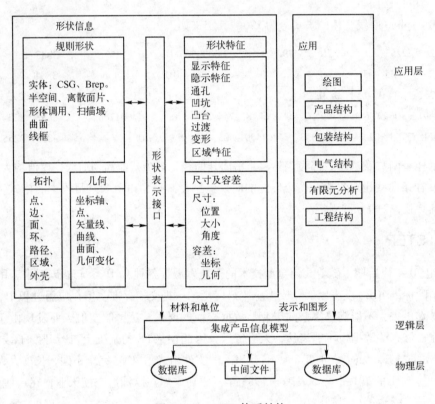

图 11-16　STEP 体系结构

STEP 采用参照模型和形式定义语言进行模型的描述。参照模型可以用来构造其他的模型。不论是应用层还是逻辑层，均由许多参照模型组成。高层次的参照模型可以由低层次的参照模型构成。

EXPRESS 语言是 IPO（IGES/PDES Organization）专门开发的形式定义语言。采用形式化数据规模规范语言的目的是保证产品描述的一致性和无二义性，同时也要求它具有可读性及能被计算机所理解。EXPRESS 语言就是根据这些要求制定的，它是一种信息建模语言，提供了对集成资源和应用协议中产品数据进行标准描述的机制。

EXPRESS 语言的基础是模式（Schema），每种模型由若干模式组成，其重点是定义实体，包括实体属性和这些属性上的约束条件，而属性可以是简单数据类型。EXPRESS 不仅用来描述集成资源和应用协议，而且也用来描述中性文件实现方式的数据模型和标准访问接口 SDAI 实现方式中的所有数据。用这种形式语言描述标准，使标准在计算机上的实现提供了良好的基础。

EXPRESS 语言类型丰富，有简单数据类型、聚合数据类型、实体数据类型、定义数据类型、枚举数据灯型和选择数据类型等。实体内有属性、局部规则，还有超类与子类的说明等。EXPRESS 语言的表达式除一般算术、逻辑、字符等表达式外，还有实体的实例运算。EXPRESS 语言是定义对象、描述概念模式的形式化建模语言，而不是一种程序设计语言，它不包含输入/输出、信息处理等语句。

### 2. 集成资源

集成资源 STEP 逻辑层统一的概念模型为集成的产品信息模型，又称集成资源。它是 STEP 标准的主要部分，采用 EXPRESS 语言描述。集成资源提供的资源是产品数据描述的基础。集成资源分为通用资源和应用资源两类，通用资源在应用上有通用性，与应用无关；而应用资源则描述某一应用领域的数据，它们依赖于通用资源的支持。

（1）通用资源部分有产品描述与支持的基本原理、几何与拓扑表示、结构表示、产品结构配置、材料、视图描绘、公差和形状特征等。应用资源部分有制图、船体结构和有限元分析等。

产品描述与支持的基本原理包括通用产品描述资源、通用管理资源及支持资源 3 部分。

几何与拓扑表示包括几何部分、拓扑部分、几何形体模型等，用于产品外形的显示表达。其中几何部分只包括参数化曲线、曲面定义以及与此相关的定义，拓扑部分涉及物体的连通关系。几何形状模型提供了物体的一个完整外形表达，在很多场合，都要包括产品的几何和拓扑数据，它包含了 CSG 模型和 B - rep 模型这两种主要的实体模型。

结构表示描述几何表示的结构和这些结构的控制关系。它包括表面模式和扫描实体表示模式两方面内容。

形状特征分为通道、凹陷、凸起、过渡、域和变形等 6 类。并由此派生出具有各种细节的特征，有相应的模式、实体及属性定义。

（2）应用资源内容包括有关制图信息的资源，有图样定义模式、制图元素模式和尺寸图模式等。

### 3. 应用协议

应用协议 STEP 标准支持广泛的应用领域，具体的应用系统很难采用标准的全部内容，一般只实现标准的一部分，如果不同的应用系统所实现的部分不一致，则在进行数据交换时，会产生类似 IGES 数据不可靠的问题。为了避免这种情况，STEP 计划制定了一系列应用协议。所谓应用协议是一份文件，用以说明如何用标准的 STEP 集成资源来解释产品数据模型文本，以满足工业需要。也就是说，根据不同的应用领域的实际需要，确定标准的有关内容，或加上必须补充的信息，强制要求各应用系统在交换、传输和存储产品数据时应符合应用协议的规定。

应用协议包括应用的范围、相关内容、信息需求的定义，应用解释模型（AIM）、规定的应用方式、一致性要求和测试意图。应用范围的说明可描述过程、信息流、功能需求的图示化应用活动模型（AAM）来支持，而 AAM 可以作为应用协议的附录。应用相关内容的信息要求和约束由一组功能和应用对象来定义，定义的结果是一个应用参考模型（ARM）。ARM 是一个形式化信息模型，它也作为应用协议的附录——非标准知识性附录。AIM 表示应用的信息要求。AIM 中的资源从定义在集成资源中的资源构件选取。资源构件的解释，就是通过修改、增加构件上的约束、关系、属性等方式来满足应用协议规定领域内的信息要求。

1991 年发表的初始版即 STEP R1 中发表的应用协议,只有显式制图及配置的控制设计。显式制图面向机械工程和建筑结构工程应用,建立了用于 CAD 图纸交换的应用协议。配置控制设计应用协议为应用系统之间配置了控制三维产品定义数据和方法。

### 4. 实现形式

实现形式 STEP 标准将数据交换的实现形式分为 4 级:第一级为文件交换;第二级为工作格式(Working Form)交换;第三级为数据库交换;第四级为库交换。对于不同的 CAD/CAM 系统,可以根据对数据交换的要求和技术条件选取一种或多种形式。

文件交换是最低一级。STEP 文件有专门的格式规定,利用明文或二进制编码,提供对应用协议中产品数据描述的读和写操作,是一种中性文件格式。STEP 文件含有两个节:首部节和数据节。首部节的记录内容为文件名、文件生成日期、作者姓名、单位、文件描述、前后置处理程序名等。数据节为文件的主体,记录内容主要是实体的实例及其属性值,实例用标识号和实体名表示,属性值为简单或聚合数据类型的值或引用其他实例的标识号。各应用系统之间数据交换是经过前置处理或后置处理程序处理为标准中性文件进行交换的。某种 CAD/CAM 系统的输出经前置处理程序映射成 STEP 中性文件,STEP 中性文件再经后置处理程序处理传至另一 CAD/CAM 系统。在 STEP 应用中,由于有统一的产品数据模型,由模型到文件只是一种映射关系,前后处理程序比较简单。工作格式交换是一种映射关系,前后置处理程序比较简单。

工作格式交换是一种特殊的形式。它是产品数据结构在内存的表现形式,利用内存数据管理系统使要处理的数据常驻内存,对它进行集中处理,即利用内存数据管理系统产生一个数据管理环境,利用这个数据环境对工作格式中的数据进行操作,产生 STEP 文件。其特点是待处理的数据常驻内存,可对它集中处理,故提高了运行速度;另外,不必考虑数据的存储方式、指针、链表的维护,减轻了设计人员的负担。

数据库交换方式是通过共享数据库实现的。如图 11-17 所示,产品数据经数据库管理系统 DBMS 存入数据库,每个应用系统可以从数据库取出所需的数据,运用数据字典,应用系统可以向数据库系统直接查询、处理、存取产品数据。

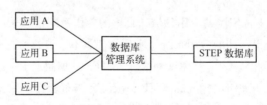

图 11-17　数据库交换方式示意图

知识库交换是通过知识库来实现数据交换的。各应用系统通过知识库管理向知识库存取产品数据,它们与数据库交换级的内容基本相同。

在 STEP 中还有一个标准数据访问接口。在目前的计算机工程应用环境中,数据存取方式采用专用数据访问接口。对现有的应用软件,若要改用另一种数据存储技术或数据存取方法,则必须修改原有应用软件。如果所有存储数据技术采用标准的数据访问接口,则应用软件的编写可独立于数据存储技术而与系统无关,这就使得接口具有柔性,也使新的存储系统能更方便地与现有应用软件集成起来。STEP 标准正是基于这个因素而采用标准数据访问接口 SDAI。它规定以 EX-

PRESS 语言定义其数据结构，应用程序用此接口来获取和操作数据。应用软件的开发者不必关心数据存储系统以及其他应用软件本身的数据定义形式和存取接口。

**5. 一致性测试和抽象测试**

即使资源模型定义得非常完善，经过应用协议，在具体的应用程序中，其数据交换是否符合原来意图也需经过一致性测试。STEP 标准订有一致性测试过程、测试方法和测试评估标准。

一致性测试中分为结合应用程序实例的测试与抽象测试。前者根据定义的产品模型在应用程序运行后的实例，检查其数据表达、传输和交换中是否可靠和有效；后者作为标准的抽象测试，用一种形式定义语言来定义抽象测试事例，每一个测试事例提出一套用于取得某项专门测试目标的说明。一致性测度的要求以及测试过程由应用协议加以规定。

STEP 支持广泛的应用领域，包括产品生存周期的各个环节。它能完整地表示产品数据，不仅适用于中性文件交换，也能形成共享的产品数据库。它是一种中性机制，能独立于任何具体的系统。

STEP 比较好地解决了 IGES 所存在的问题，能满足 CAD/CAM 集成及 CIMS 集成的需要，已引起世界各国的广泛重视，不远的将来必将成为数据交换的主流。当然，目前 STEP 并不能解决数据交换中的全部问题，STEP 仍在不断地发展。

# 小　结

本章讲述了 CAD/CAM 集成环境和集成方式，讨论了系统集成的关键技术和 CIMS 的特点，分析了 PDM、敏捷制造和并行工程等先进制造技术的特点。对图形交换规范标准的发展历史做了一定的描述；详细讨论了几种典型交换标准的功能、结构、记录格式以及它们之间的区别。

# 思　考　题

11-1　什么是 CAD/CAM 系统的集成？它涉及哪些方面的问题？

11-2　为什么要进行集成？有何意义和作用？

11-3　什么是 PDM？其主要功能及作用是什么？

11-4　简要说明基于 PDM 的 CAD/CAM 系统集成方法。

11-5　简述 CIMS 概念和构成。

11-6　简述系统集成的内容和方式。

11-7　简述 CIMS 关键技术。

11-8　说出 DXF 的结构及存在的不足。

11-9　说出 IGES 格式的作用及文件构成。

11-10　说出 STEP 标准包括哪些方面的内容。

11-11　说出 IGES 与 STEP 的主要区别。

# 第12章　逆向工程与快速原型制造

学习目的与要求：了解逆向工程的定义、原理；了解并掌握逆向工程的关键技术；了解并掌握逆向工程的相关软件；了解快速原型制造技术的原理、方法及应用。

## 12.1　逆向工程简介

作为产品设计制造的一种手段，在 20 世纪 90 年代初，逆向工程技术开始引起工业界和学术界的高度重视。特别是随着现代计算机技术及测试技术的发展，利用 CAD/CAM 技术、先进制造技术来实现产品实物的逆向工程，已成为 CAD/CAM 领域的一个研究热点，并成为逆向工程技术应用的主要内容。

### 12.1.1　逆向工程的定义

逆向工程（Reverse Engineering，RE）也称反向工程，是指用一定的测量手段对实物或模型进行测量，根据测量数据通过三维几何建模方法，重构实物的 CAD 模型，从而实现产品设计与制造的过程。与传统的"产品概念设计→产品 CAD 模型→产品（物理模型）"的正向工程相反，逆向工程是在没有设计图纸或图纸不完整而有样品的情况下，利用三维扫描测量仪，准确快速地测量样品表面数据或轮廓外形，加以点数据处理、曲面创建、三维实体模型重构，然后通过 CAM 系统进行数控编程，直至利用 CNC 加工机床或快速成型机来制造产品。

逆向工程技术是消化吸收并改进国内外先进技术的一系列工作方法和技术的总和。逆向工程技术的应用对于我国科技进步，推动经济建设有着重要的意义。引进国外先进技术的应用和开发一般可分为应用、消化和创新 3 个阶段。应用阶段一般只考虑购买国外先进的机器设备，在这一阶段，引进工作的主要目的是利用这些设备在生产过程中发挥作用；消化阶段则在引起国外先进的机器设备或产品时对引进设备或产品进行深入的分析研究，以科学的理论和先进的测试设备对其性能进行研究，这一阶段的主要目的是仿制引进的先进设备或产品；而创新阶段是在综合消化引进技术的基础上，利用各种设计制造手段，对原有技术进行改进、创新，以求设计、制造出在技术、性能等方面更好，市场竞争能力更强的产品。

## 12.1.2　逆向工程的关键技术

逆向工程的关键技术有：数据测量技术、数据预处理技术、模型重构技术。

（1）数据测量技术。逆向工程中数据测量方法主要分为两种：一种是传统的接触式测量法，如三坐标测量机法；另一种是非接触测量法，如投影光栅法、激光三角形法、工业 CT 法、核磁共振法（MRI）、自动断层扫描法等。只有获取了高质量的三维坐标数据，才能生成准确的几何模型。所以，测量方法的选取是逆向工程中一个非常重要的问题。

（2）数据预处理技术。对得到的测量数据在 CAD 模型重构之前应进行数据预处理，主要是为了排除噪声数据和异常数据、压缩和归并冗余数据。通常包括：噪声点过滤、数据点分区、数据点精简、数据点平滑。

（3）模型重构技术。通过重构产品零件的 CAD 模型，在探询和了解原设计技术的基础上，实现对原型的修改和再设计，以达到设计创新、产品更新之目的，同时也可以完成产品或模具的制造。

图 12-1 所示为逆向工程流程图。

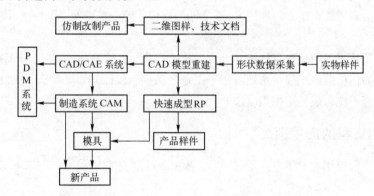

图 12-1　逆向工程流程图

## 12.1.3　逆向工程的研究现状

逆向工程技术是 20 世纪 80 年代初分别由美国 3M 公司、日本名古屋工业研究所以及美国 UVP 公司提出并研制开发成功的。在越来越剧烈的市场竞争中，这项技术早已被先进工业国家有远见的企业所采用，从而使其在市场竞争中立于不败之地，特别是在家电、汽车、玩具、轻工、建筑、医疗、航空、航天、兵器等行业得到广泛的推广，并取得重大的经济效益。

近 30 年来，逆向工程不但在理论上（以各种曲面重构算法为代表）得到广泛的研究，同时还涌现出一批商用软件，或多或少地提供了一些逆向工程的功能。如美国的 SURFACER、RE-VENG，英国的 DESAULT，法国的 STRIM100。这些软件提供了许多真正实用的曲面逆向操作手段，但在功能覆盖域、自动化程度、稳定性、与其他 CAD 系统的兼容性等方面还不够成熟，特别是智能化程度很低，更多的工作必须由熟练掌握逆向构型技巧的操作人员来实现。例如，需要通过人机交互给定曲面的边界、节点数、阶数等参数条件，对操作人员的技术要求很高，所需要的造型时间也相当可观。在国际市场上，不仅有许多逆向测量设备，也出现了多个与逆向工程相关的软件系统，主要有美国 Imageware 的 Surfacer、英国 DeICAM 的 CopyCAD、英国 MDTV 的 STRIMand Surface Reconstruction、英国 Renishaw 的 TRACE。在一些流行的 CAD/CAM 集成系统中也开始集成了类似模块，如 Unigrahics 中的 PointCloud 功能、Pro/Engineering 中的 Pro/SCAN 功能、Cimatron90 中的 Reverse Engineering 功能模块等。日本开发了从 MRI、CT 重构三维实体的软件，英、法等国能将扫描数据在数控设备上复制，美国开发了 CT 可视化可转成 IGES 的软件。

我国是机械加工大国，但是在航空、航天、汽车以及其他电子医疗工业，都存在着开发缓慢的问题。缺乏先进快速成型及模具制造技术的配合，开发周期、产品质量、市场竞争力、成本等方面的问题都很难解决。为此，目前一部分企业，尤其是大型名牌企业，对逆向工程技术有了一定的认识和要求。在我国，逆向工程技术是 20 世纪 90 年代后期才迅速发展和推广的。目前，已有一些高等学府和企业正致力于这方面的研究。如浙江大学、西北工大、南京航空航天大学、西安交大、清华大学、上海交大、华中科技大学等先后开展了逆向工程 CAD 问题的研究。其他单位的研究工作还处于实验室理论阶段，没有真正形成集开发、研制和销售于一体的经济实体。逆向工程技术在我国也有一定的应用，如珠海模具中心、东风汽车公司、天津大学内燃机研究所等都在运用逆向工程技术进行新产品的开发与研制。但这些应用单位普通反映系统所配重建软件效率低，对设计人员素质要求高，与通用 CAD 软件的集成不够方便等问题制约了该项技术的推广和使用。

快速逆向工程技术是前端数据转换和处理的重要内容。国内这方面的工作较薄弱，尚处于发展阶段。因此，如何将逆向工程系统地应用于工业产品创新设计，如何根据工业设计的需要来开发合适的逆向工程系统，还处于摸索阶段。

## 12.1.4 逆向工程的应用领域

逆向工程在实际应用中有十分广泛的需求。概括起来，逆向工程可以在以下诸多方面发挥重要作用：

（1）通过逆向工程将实物模型转化为三维 CAD 模型。目前，许多外形设计还难以直接用计算机进行某些物体（如复杂的艺术造型、人体和其他动植物外形等）的三维几何设计，而更倾向于用砂土、木材或泡沫塑料进行初始外形设计，再进行模型设计。

（2）逆向工程在改型设计方面可以发挥不可替代的作用。由于工艺、美观、使用等方面的原因，人们经常要对已有的构件做局部修改。在原始设计没有三维 CAD 模型的情况下，若能将实物构件通过数据测量与处理产生与实际相符的 CAD 模型，对 CAD 模型进行修改以后再进行加工，将显著提高生产效率。

（3）以现有产品为基础进行设计升级已经成为当今产品设计的基本理念之一。目前，我国在设计制造方面距发达国家还有一定的差距，利用逆向工程技术可以充分吸收国外先进的设计成果，使我国的新产品设计立于更高的起点，同时加速某些产品的国产化速度。

（4）某些大型设备，如航空发动机、汽轮机组等，常会因为某一零部件的损坏而停止运行，通过逆向工程手段，可以快速生产这些零部件的替代件，从而提高设备的利用率和使用寿命。

（5）借助于工业 CT 技术，逆向工程不仅可以产生物体的外形，而且可以快速发现、度量、定位物体的内部缺陷，从而成为工业产品无损探伤的重要手段。

（6）利用逆向工程手段，可以方便地产生基于模型的计算机视觉。

（7）通过实物模型产生相应的三维 CAD 模型，可以使产品设计充分利用 CAD 技术的优势，并适应智能化、集成化的产品设计制造过程中的信息交换。

可见，逆向工程技术具有广阔的应用领域，尤其当快速原型（RP）技术在制造业中出现后，作为 RP 技术的前端数据处理方法，RE/RP 的结合成为产品创新设计与制造的重要技术途径之一，尤其是对于提高我国航空、航天、汽车、摩托车、模具工业产品的快速 CAD 设计与制造水平，加快产品开发速度，提高产品市场竞争能力，具有重要的意义和经济价值。

## 12.1.5　逆向工程商业软件

随着逆向工程建模理论研究的不断深入，已涌现出一批商业逆向工程 CAD 软件，比较常用的有 EDS 公司的 Imageware，ParaForm 公司的 ParaForm，DELCAM 公司的 CopyCAD，CISIGRAPH 公司的 STRIM100，ICEM 公司的 ICEM Surf 等。

### 1. EDS 公司的 Imageware 软件（原为 Surfacer）

Imageware 软件主要有 4 个方面的功能：

（1）测量点的分析处理功能，可以接受各种不同来源的数据，如 CMM、Lasersensors、Moue sensors、Ultrasound 等。

（2）曲面模型构造功能，能够快速而准确地根据测量数据构造 NURBS 曲面模型。

（3）曲面模型精度、品质分析功能。

（4）曲面修改功能，曲线和曲面可以实时交互形状修改。

### 2. ParaForm 公司的 ParaForm 软件

ParaForm 软件主要有 4 个方面的功能：

（1）各种测量数据输入和转换处理，以及根据给定允差构造三角面片模型。

（2）根据三角面片模型，交互或自动提取特征曲线。

（3）利用特征曲线构成的网格构造 NURBS 曲面片，并根据连续性要求实现曲面片之间的光滑拼接。

（4）曲面模型精度和品质分析。

### 3. CISIGRAPH 公司的 STRIM100 软件

STRIM100 软件曲面重构主要有以下几个过程：

（1）读取测量点，提出噪声数据。

（2）交互定义模型的特征曲线，建立线框模型。

（3）定义曲面片之间的连续性约束，在线框模型上构造 NURBS 曲面片。

（4）进行曲面模型的最后校核。

## 12.1.6　逆向工程技术的发展趋势

逆向工程的理论和方法研究的重点在如下 3 个方面：

（1）针对不断发展的高速、高精度的测量设备，研究一种智能化的逆向工程的理论与实现方法。能对散乱测量的数据点、多视和补测数据点的几何、拓扑关系自动确定；能对测量数据

"点云"中包含的几何特征智能提取。

（2）将逆向工程方法与快速设计、制造环境有机结合起来，实现产品的快速设计和创新。只有将逆向工程中的建模部分与整个制造环境中的设计修改、性能分析、快速原型制造等模块结合起来，引入并行设计、反馈设计的思想，才能彻底发挥其在快速设计中的作用。

（3）发展多传感器融合的快速测量方法，将测量、建模与操作结合起来。

## 12.2　数据测量技术

逆向工程中数据测量方法主要有 3 种：一是传统的接触式测量法，如三坐标测量机法；二是非接触测量法，如投影光栅法、激光三角形法、全息法、深度图像三维测量法；三是逐层扫描测量法，如工业 CT 法、核磁共振法、自动断层扫描法等。

### 12.2.1　接触式测量法

三坐标测量机法主要是利用三坐标机的接触探头（有各种不同直径和形状的探针）逐点地捕捉样品表明数据。这是目前应用最广的自由曲面三维模型数字化方法之一。当探头上的探针沿样件运动时，样件表面的反作用力使探针发生形变。这种形变通过连接到探针上的 3 个坐标的弹簧产生位移反映出来，其大小和方向由传感器测出，经模拟转换，将测出的信号反馈给计算机，经相关的处理得到所测量点的三维坐标。采用该方法采样速度快，最高可达 8 m/min，数字化速度最高可达 500 点/s，测量精度很高（误差最小约为 ±0.5 μm），对被测量物体的材质和色泽一般无特殊要求，对于没有复杂内部型腔、特征几何尺寸、只有少量特征曲面的零件该测量方法非常有效。其可连续采集数据，因而也可用来采集大规模的数据。其缺点主要表现在：由于该方法是接触式测量，易于损伤探头和划伤被测样件表面，不能对软质材料和超薄形物体进行测量，对细微部分测量精度也受到影响，应用范围受到限制；始终需要人工干预，不可能实现全自动测量；由于测头的半径而存在三维补偿问题；这种方法的采样头价格较高，对使用环境有一定要求；测量速度慢，效率低。

著名的三坐标测量机的厂商有 Fidia、Brown& sharp、Mitutiyo、Q – Mark、Manufacturing、Renishaw、Zeiss。典型的系统包括英国 Renishaw 公司生产的 Retroscan 扫描系统和 Cyclone 高速扫描机及法国 Lemoine 扫描系统。Retroscan 系统可方便地安装在加工中心和数控铣床上，与大多数本身不配备测量功能的普通数控系统兼容；Cyclone 高速扫描机可以快速地采集复杂的二维曲线和三维表面数据，为模具制造厂提供了一种快速、可靠的将模型转换为零件程序的设备，其扫描测力小，扫描速度快，最高可达 140 点/min 或 3 m/min；Lemoine 扫描系统由探头、轴向控制盒、数控机床接口板、微机和相应的软件所组成，轴向控制盒用来控制数控机床三轴的运动。

### 12.2.2　非接触式测量法

基于计算机视觉的非接触式测量是现代测试技术的一个重要分支。它是以现代光学为基础，融合电子学、计算机图形学、信息处理、计算机视觉等科学技术为一体的现代测量技术。相对于传统的接触式测量方法，它具有很多优点：非接触、扫描速度快（可达到 10 000 坐标点/s）、扫描精度高、对细微部分的扫描精度也不受影响。目前，非接触式测量法具有代表性的方法有：

### 1. 激光三角法（Laser Triangulation Methods）

激光三角形法是迄今逆向工程中曲面数据采集中运用最广泛的方法。三角法的测量速度很快，其精度取决于感光设备的敏感程度、与被测表面的距离、被测物表面的光学特性等。基于三角法测量原理的测量方法有很多，根据光源不同，可分为点光源法、线光源法、面光源法等。点光源法有些类似于接触测量中的扫描测量头，结构简单、体积小，易于实现较高的测量精度，但在测量速度上仍显不足。线光源法（也称光刀法）目前使用的较为广泛，早在 20 世纪 70 年代中期 Popplestone 和 Agin 等人就首先提出了采用线光源法获取测量物体的三维信息。80 年代末 90 年代初，基于光刀法的三维形面测量方法已日趋成熟，出现了一些实用的产品。目前，国内在激光三角形测量法研究中走在前列的有重庆大学、大连理工大学、天津大学、上海大学、华中科技大学和国防科技大学等，但是国内尚没有成熟的激光测量产品面世，还存在性能稳定性低、测量精度低、配套技术不完善（测头与三坐标数控系统的接口、自动测量控制策略）等缺陷。

### 2. 图像法（Image Analysis Methods）

这种方法主要是利用图像的大小、明暗、纹理等信息或体视学法求出被测对象的三维信息。这种方法得到的深度数据精度较低，某些方法只能得到景物相对距离的一些模糊概念。图像分析法主要应用于早期的图像识别及作三维景物识别的场景分析。较有前途的方法是立体视觉法，主要可分为双目视觉方法、三目视觉方法和单目视觉方法。立体匹配问题始终是双目视觉测量的一个主要难点所在，国内外众多学者对此进行了深入而持久的研究，提出了大量的匹配算法并进行了实验验证。如利用外极线约束、相容性约束、唯一性约束、连续性约束、形状连续性约束、偏差梯度约束等约束条件，减小匹配搜索范围和确定正确对应关系的原则。三目视觉方法主要是为了增加几何约束条件，减小双目视觉中立体匹配的困难，但结构上的复杂性也引入了测量误差，降低了测量效率，在实际中应用较少。单目视觉方法只采用一个摄像机，结构简单，相应的对摄像机的标定也较为简单，同时避免了双目视觉中立体匹配的困难。它又可分为聚焦法和离焦法，寻求精确的聚焦位置是聚焦法的关键所在。离焦法可以避免聚焦法因寻求精确的聚焦位置而降低测量效率的问题，但离焦模型的准确标定是该方法的主要难点。

### 3. 距离法（Range Methods）

距离法是基于向场景发射能量（如激光、超声波、X 射线等）、利用特别光源所提供的结构信息来获取深度信息的技术。该方法测量精度高，抗干扰性能强，实时性强，应用领域非常广泛，较易直接得到被测物体三维轮廓信息。这种方法较为常用的有相位测量法和飞行时间法。相位测量法是将基准栅板投影到被测物体表面，形成被测物表面调制的变形栅线图像，变形栅线图像中的相位值与被测表面高度值建立一一对应的函数关系，通过相位值求得曲面三维信息。飞行时间法是利用光速和声速在空气中恒速传播的原理，由测距器主动发出光、电脉冲，在遇到物体表面时反射回来，根据脉冲在测距器与物体之间的飞行时间测量距离。

## 12.2.3　逐层扫描测量法

上述几种测量方法中，致命的缺陷是无法测量物体内部轮廓信息，对于既需要外部轮廓数据还需要内部轮廓数据的场合，尤其是在成型技术中的应用范围受到较大限制。为了解决这一问题，一个很好的方法就是利用 CT 扫描和核磁共振技术。

（1）CT（Computed Tomography，计算机断层扫描）扫描技术最具代表性的是 X 射线 CT 扫描机，这种技术最早是用于医学领域，现在已开始应用于工业领域。这种方法是目前最先进的非接触式测量方法，它可以对物体的内部形状、壁厚、尤其是内部结构进行测量。日本的 Nakai 和 Marutani 提出用 CT 和 MRI 扫描数据重构三维数据的算法；美国的一个主要 CAD 供应商 Intergraph 已开发了一种能够把 CT 扫描数据转换成 IGES 数据格式输出的软件。但是，这种方法的分辨率较低，获取的数据准确度不高，获取数据需要较长的时间，而且 CT 的成本高，对运行的环境要求也高。

（2）MRI（Magnetic Resonance Imaging，核磁共振）技术的理论基础是核物理学的磁共振理论，这种技术具有深入物质内部、不破坏样品的优点，但造价极为昂贵，而且对于金属物体不适用，目前主要还只是用于人体医学三维测量。

除上述描述的测量方法外，美国 CGI 公司开发了一种专利技术：自动断层扫描仪（Automatic Cross Section Scanning，ACSS）。利用该专利技术开发的 RE1000 再生工程系统采用材料逐层去除与逐层光扫描相结合的方法，能快速、准确、自动地测量零件的表面和内部尺寸，它的片层厚度最小可达 0.013 mm，测量不确定度为 0.025 mm。与工业 CT 相比，价格便宜 70% ~ 80%，测量准确度显著提高，且能实现全自动操作。但是这种方法为破坏性测量，对于贵重零件不宜采用，另外测量速度慢，一般零件的测量时间是 8 ~ 9 h。

上述各种数据获取的手段各具有优缺点，分别适用于不同的场合，在实际使用中可根据应用的领域，对测量精度、速度的要求以及被测对象的特性加以选择。测量方法对比如表 12-1 所示。另外，在某些情况下，单一的扫描过程可能不能够获得所有的数据，需要进行多个扫描数据的融合。多传感器信息融合可实现多传感器系统中信息合成，形成对环境某一特征的一种表达方式，经过集成与融合的多传感器信息能完善地精确地反映环境特征，J. M. Richarson 和 K. A. March 还从理论上证明了多传感器信息融合系统具有不低于传统的使用单一传感器系统性能的特点。近年来，国内外学者对多传感器融合及其在机械制造中的应用进行了大量研究与开发。V. Chan 和 C. Bradley 利用摄像机定位扫描空间的被测物体，生成测量路径指导激光测头快速准确测量；M. Tarek 和 J. Owen 等采用类似的方法实现了对铣削零件的测量；为对流水线上小零件进行 100% 的检测，美国 CogniSense 开发了力场传感器阵列或多个激光传感器的组合，其检测速度可达 300 个零件/秒等。由于多传感器融合的应用环境具有复杂多任务、多目标实现并行和多事件并发的特点，并且多传感器构成的信息获取和处理系统本身也具有实时、并行、多任务的特点，无论从研究的理论方面还是应用研究方面都还很不成熟。融合技术本身尚未形成完整的理论体系，大部分研究还处于仿真试验阶段，实际应用成功的例子很少，尚有大量的理论问题有待解决。

表 12-1　测量方法对比

| 项目<br>方法 | 线性<br>精度 | 速度 | 能否测量内轮廓 | 形状限制 | 材料<br>限制 | 成本 |
|---|---|---|---|---|---|---|
| CMM | 高<br>±0.5μm | 慢 | 否 | 无 | 硬度<br>较高 | 高 |
| 投影光栅法 | 较高<br>±20μm | 快 | 否 | 表面变化<br>不能过陡 | 无 | 低 |

续表

| 方法 \ 项目 | 线性精度 | 速度 | 能否测量内轮廓 | 形状限制 | 材料限制 | 成本 |
|---|---|---|---|---|---|---|
| 激光三角形法 | 较高 ±5μm | 快 | 否 | 表面不能过于光滑 | 无 | 较高 |
| CT 扫描法和核磁共振法 | 低 ±0.1μm | 较慢 | 能 | 无 | 无 | 很高 |
| 自动断层扫描法 | 较低 ±25μm | 较慢 | 能 | 无 | 无 | 较高 |

## 12.3　数据预处理技术

对得到的测量数据在 CAD 模型重构之前应进行数据预处理。本节主要对所获点云数据的类型、特点、异常点去除、数据精简和数据平滑等加以讨论。

### 12.3.1　点云类型

"点云"是三维空间中的数据点的集合，最小的"点云"只包含一个点（称为孤点奇点），高密度"点云"可达几百万数据点。为了能有效处理各种形式的"点云"，根据"点云"中点的分布特征将"点云"分为：

#### 1. 散乱"点云"

测量点没有明显的几何分布特征，成散乱无序状态。随机扫描方式下的 CMM. 激光点测量等系统的"点云"呈现散乱状态。

#### 2. 扫描线"点云"

"点云"由一组扫描线组成，扫描线上的所有点位于扫描平面内。CMM 激光点三角测量系统沿直线扫描的测量数据和线结构光扫描测量数据呈现扫描线特征。

#### 3. 网格化"点云

"点云"中所有点都与参数域中一个均匀网格的顶点对应。将 CMM、激光扫描系统、投影光栅测量系统及立体视差法获得的数据经过网格化插值后得到的"点云"即为网格化"点云"。

#### 4. 多边形点云

测量分布在一系列平行平面内，用小线段将同一平面内距离最小的若干相邻点依次连接可形成一组平面多边形。工业 CT、层切法、核磁共振成像等系统的测量"点云"呈现多边形特征。

此外，测量"点云"按点的分布密度可分为高密度"点云"和低密度"点云"。CMM 的测量点云为低密度"点云"，通常在几万到时几千点之间，而测量速度及自动化较高的光学法和断层测量法获得的测量数据为高密度"点云"，点数量一般从几万到几百万点不等。

### 12.3.2　异常点去除

依据测量点的布置情况，测量数据可分为截面测量数据和散乱测量数据两类。无论何种类型，采集的数据中一般都存在超差点或错误点，一般称为异常点。通常由于测量设备的标定参数或测量环境发生变化造成。在曲面造型中，数据中的异常点对曲面造型精度影响较大，为了后续曲线曲面的正确，必须进行去噪处理。常用的方法有人机交互法（直观检查法）、曲线检查法和弦高差方法等。

### 1. 人机交互法

人机交互是逆向工程技术中思路最简单的去除噪点的方法；通过反求软件进行点云图形显示，在点云中判别明显异常点，然后将这些点从数据点列中删除，这种方法非常直观有效，特别适合于数据的初步检查。

### 2. 曲线检查法

通过截面数据的首末数据点，用最小二乘法拟合得到一条样条曲线，曲线的阶次可根据曲面截面的形状设定，通常为 3～4 阶，然后分别计算中间数据点到样条曲线的欧氏距离，如果 $\|e_i\| \geqslant [\varepsilon]$，$[\varepsilon]$ 为给定的允差，则认为 $P_i$ 是坏点，应以剔除，如图 12-2 所示。

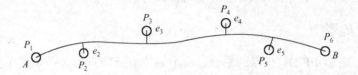

图 12-2　点到曲线的距离

### 3. 弦高差方法

连接检查点前后两点，计算 $P_i$ 到弦的距离，同样如果 $h \geqslant [\varepsilon]$，$[\varepsilon]$ 为给定的允差，则认为 $P_i$ 是坏点，应以剔除。这种方法适合于测量点均布且点较密集的场合，特别是曲率变化较大的位置，如图 12-3 所示。

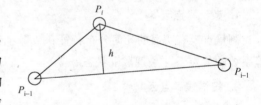

图 12-3　弦高差方法

上述方法都是一种事后处理方法，即已经测量得到数据，再来判断数据的有效性，根据等弦高差的方法，还可以建立一种测量过程中即可对测量位置确定和测量数据进行取舍的方法。

## 12.3.3　数据精简

### 1. 点云数据精简方法

随着激光扫描设备技术的不断提高，激光扫描仪对数据获得的速度以及数据采集的密度将逐步提高。与此同时，如何处理这样大批量的数据（点云）成为基于激光扫描测量造型的主要问题。在逆向工程中，为了得到更精确的三维 CAD 模型，一个相当重要的问题就是，在保证一定精度的条件下对这些大量的数据进行精简，既要保证数据精简速度，又要更好地确保加工过程中的精度。

Martin、Stroud、Marshall 等人 1996 年在欧盟的哥白尼项目中提出了使用均匀网格的数据精简方法，如图 12-4 所示。这种方法采用图像处理过程中广泛采用的中值滤波的方法，首先建立一种均匀网格，然后将这些输入数据分配到相应的网格中。在分配到同一个给定网格的所有点中，选择一个中值点来表示所有属于这个单元格的点。这种方法克服了均值和样条曲线的限制。但是由于使用均匀大小的网格，对捕捉零件的形状不够灵敏。

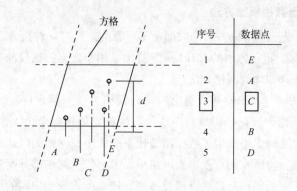

| 序号 | 数据点 |
| --- | --- |
| 1 | $E$ |
| 2 | $A$ |
| 3 | $C$ |
| 4 | $B$ |
| 5 | $D$ |

图 12-4　均匀网格方法

Fujimoto 和 Kariye 认为巨大的数据量对下游的制造过程中的使用产生了很多问题，因此减少数据量是很有必要的，在 1993 年提出一种面向 2D 数字化点云的改进顺序数据精简方法。这种方法保证了精简数据的误差范围处于给定的角度和距离公差之内。

Chen 和 Ng 提出了两种方法：比例数据精简和利用边界限制修正的数据精简。这两种方法在实际应用中更具有可控性。

Hamann 提出了一种根据三角面处的曲率值来决定此三角面的取舍，然后重新拟合的方法，适用于 STL 文件的自动生成。

Hamann 和 Chen 在构建不同平面曲线、压缩 2D 图像和可视化实体方面提出了精简数据点的方法。根据分段线性曲线逼近的局部绝对曲率估计来选取点，因此精简的程度不仅受被选取的点数的控制，还受误差水平的控制。

Veron 和 Leon 在 1997 年研究了将误差带分配到初始多面体的各个点上的方法平减少多面体模型的节点数目，从而使简化了的多面体可以与每个误差带相交。

G H Liu、Y S Wong、Y F Zhang、H T Loh 研究了一种新的、高效的、基于特征点的点云数据精简方法。该方法将 3D 数据集转化成一系列 2D 数据集，首先采用一个用户自定义的方向和自适应间距将点云数据分层，将每一层中的数据子集投影到垂直于分层方向的投影平面中，然后把投影平面内的所有特征点保留下来，其余的点删除，实现点云数据的精简。

国内学者张丽艳等人研究了用 Riemann 图建立散乱测点间的邻接关系，在此基础上进行 Riemann 图的最优遍历并计算测点处的最小二乘拟合平面，从而近似计算删除一点引起的误差。提出了分别基于简化后数据集中点个数、数据集中点的密度阈值及删除一点引起的法向误差的阈值准则的数据精简方法。在数据简化的结果和计算效率方面取得较好的效果，但存在对临近点的个数 $k$ 的选取依赖过大的缺点。$K$ 的选取必须保证曲面 $M$ 在点 $x_i$ 的 $k$ 邻近范围内是单凸或者单凹的。

吴维勇和王英惠研究了基于二元张量积 Haar 小波分解，构造误差驱动的曲面数据精简算法。该算法由误差驱动，无须事先指定数据点数，可以对未知曲面方程的测量数据直接进行精简，但是该算法不具有自组织特性，无法处理内部特征点，最后所得的精简数据也是一些散乱数据而非规则网格数据。

以上多数对点云数据精简方法研究的努力都集中在于操作多面模型。这些研究采用了各种各样的方法来减少原始点云的数据量，然而，这些方法都没有考虑到扫描设备的特性。

**2. 基于设备的点云数据精简方法**

激光扫描仪获取的点云在 $z$ 轴方向的数据是不可靠的。针对这种设备获取的数据，需要有特别的数据精简方法。2001 年，韩国的 K H Lee 等提出了用于激光扫描仪的数据精简方法。这种方法包括了均匀网格方法和非均匀网格方法。

（1）均匀网格方法。与 Martin 等人提出的均匀网格方法一样，Lee 也采用垂直于扫描方向（$z$ 轴）的均匀网格来从点云数据中提取点。这种方法首先创建一个由大小相同并垂直于扫描方向的网格平面，网格尺寸的大小决定了数据精简比率的大小，网格的尺寸越小，就有越多的采样点。网格平面创建之后，将所有的点投影到网格平面上，每个网格都分配到相应点。根据每个网格内的所有点到网格平面的距离对这些点进行排序，选取位置处于中间的点。如果同一个网格内的点有 $n$ 个，则当 $n$ 为奇数的时候，将选取第（$n+1$）/2 个点；当 $n$ 为偶数的时候，将选取第 $n/2$ 个点或者第（$n+2$）/2 个点。

（2）非均匀网格方法。均匀网格方法没有考虑所提供零件的形状，一些在边缘上形状急剧变化的点将会丢失。逆向工程核心的问题是精确重建零件的模型，而均匀网格方法在这方面却存在缺陷。非均匀网格方法采用尺寸大小依零件的形状而改变网格，解决了这个问题。目前主要有两种非均匀网格方法：单方向非均匀网格方法和双方向非均匀网格方法，根据被测数据的特性决定采用哪种方法。

在单向非均匀网格方法中，采用角度偏差方法从点云数据中获取特征点，如图 12-5（a）所示。角度反映了曲率信息，角度小的地方曲率也小，反之，曲率也大。通过这些角度，提取曲率较大处的点。沿着 $u$ 方向的网格尺寸的大小由用户自己规定的激光条纹间距确定。而 $v$ 方向的网格尺寸的大小则由零件的形状的几何信息确定。通过角度偏差方法提取的点表示这个区域的形状比较复杂，这些点在数据精简的时候需要被保留。因而通过角度偏差方法提取后，$v$ 方向的网格以提取点为基础划分。划分网格时，如果某个网格尺寸超过用户预先规定的最大尺寸，则将对其进行进一步划分使其不超过最大网格尺寸，如图 12-5（b）所示。网格划分之后，采用中值滤波方法，从每个网格中提取一个代表点。这种方法最终保留的点包括了使用中值滤波方法从每个网格中提取的代表点和通过角度偏差方法提取的点。这种方法较之均匀网格方法，不仅有效地减少了点云数据，而且同时保持了零件的形状精度。

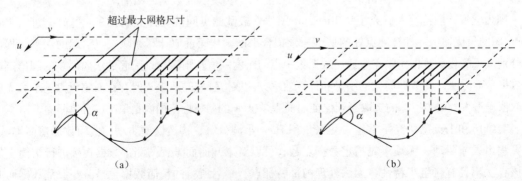

图 12-5 单向非均匀网格

双向非均匀网格方法通过计算每一个点的法向向量，并以这一信息为基础来进行数据精简。首先，对点云数据进行三角化。使用邻近三角形的法向向量来确定某一点的法向向量，对于点 $p$，有 6 个邻近的三角形，这点的法向向量 $n$ 通过方程计算，

$$n = \frac{n_1 + n_2 + n_3 + n_4 + n_5 + n_6}{|n_1 + n_2 + n_3 + n_4 + n_5 + n_6|}$$

计算了所有点的法向向量后，就生成了网格平面。网格的多少由用户定义，对于一个给定零件形状，网格的多少取决于预期的数据精简率。初始网格生成之后，把所有点投影到网格平面上，则将对应于同一个网格内的点归为一类并且取它们的法线向量值的平均值，以这些点的法线向量值的标准差作为细分网格的标准。如果某一个网格内的标准偏差比较大，对应于这个网格的零件的几何关系比较复杂，需要对这个网格做进一步的细分，将这个网格分为 4 个单元格，重复这个过程直到网格内的标准偏差小于给定值或者网格的尺寸达到了用户规定的最小极限。网格的最小尺寸根据零件形状的复杂程度而变化，网格规划完成以后，采用中值滤波的方法从每个网格中选取一个代表点。这种双向方法与单向方法相比，将从点云中提取更多的点，它将更精确地反映零件的形状。

## 12.3.4　数据平滑

常采用的数据平滑方法有高斯滤波、均值滤波和中值滤波等，多种滤波方法各有其优缺点。高斯滤波在指定域内的权重为高斯分布，其平均效果较小，在滤波时能较好地保持原有数据的形貌，但不能对噪点完全去除。均值滤波的基本思想是用数据点的统计平均值来代替采样点的值，这种滤波对高斯噪声有较好的平滑能力，但容易造成边缘的失真。中值滤波的基本思想是用数据点的统计中值来代替采样点的值，这种滤波对变化比较缓和区域的数据平滑非常有效且能较好地保护边界，但却不能很好地平滑细节数据。滤波效果如图 12-6 所示。

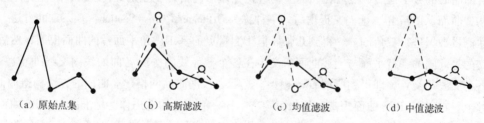

　　(a) 原始点集　　　　(b) 高斯滤波　　　　(c) 均值滤波　　　　(d) 中值滤波

图 12-6　滤波效果图

# 12.4　模型重构技术

对测量数据进行前期处理之后，这些数据可以用于后续的曲面构造和模型重构工作。作为模型重构的基础，曲面构造的方法研究是一个受到广泛重视的内容。

## 12.4.1　概述

就目前的研究成果来分析，比较成熟的技术主要有以 B – spline 或 NURBS 曲面为基础的曲面构造和以 Bezier 曲面构造为基础的曲面构造方法。非均匀有理 B 样条方法的研究与应用经历了较

长时间。20 世纪 70 年代初，Riesenfeld 等人研究了非均匀 B 样条；Versprille 完成了有关有理 B 样条的博士论文。80 年代初，Lane 和 Cohen 等提出了离散 B 样条和分割技术；Boehm 提出了 B 样条曲线的节点插入算法；波音公司的 Fuhr 和 Blomgren 实现了 NURBS 曲线曲面与 Bezier 曲线曲面的相互转化；Tiller 论述了有理 B 样条曲线曲面的具体应用。随后，Piegl 等人系统地探索了有理 B 样条曲线曲面的构造和形状调整问题，并系统地论述了 NURBS 方法。

在逆向工程中，型值点数据具有大规模、散乱的特点，其 B 样条曲面的拟合具有自身特点。因而，在 B 样条曲面的拟合中，需研究的首要问题是单一矩形域内曲面的散乱数据点的曲面拟合问题。在众多的研究中，Weiyin Ma 和 J P Kruth 的工作较具代表性。他们首先根据边界构造一个初始曲面，然后将型值点投影到这个初始曲面上，接着根据投影位置算出其参数分布，从而解决散乱数据的参数分配问题。根据这一型值点参数分配拟合出一张新的 NURBS 曲面，然后再对型值点参数进行优化，使拟合曲面离给定型值点误差最小。

在实际的产品中，只由一张曲面构成的情况不多，产品型面往往由多张曲面混合而成（如过渡、相交、裁减等），因而，只用一张曲面去重构其数学模型是很难保证其模型的精度的。于是，就有很多不同的方法来处理数据的分块问题。对于具有图像型数据特点的数据、B Sarkar 和 C – H Meng 运用图像处理的原理，获取曲面的特征线，然后根据这些曲线将曲面划分为不同的块，每块用 B 样条曲面拟合，最终将所有块拼接成一个整体。Tamas Varady 等人提出一种四叉树方法，首先构造一张整体的曲面，若不能满足要求，则将其一分为四，再对每一小块进行处理，直至所有小块均满足要求为止。另一种方法，则是基于曲线网格，首先估算各个型值点的局部性质，找出特征线（如尖角、C1 连续及对称线等），将特征线拟合成曲线网格，对每一网孔构造一张曲面，使网孔内部的点与其对应曲面具有最佳的逼近，最终将所有曲面片实行光滑拼接。C Bradley 和 G W Vickers 等则提出一种两步方案，首先用函数方法，如 Shepard 插值等构造插值于测量点的曲面的数学模型，然后在曲面上构造拓扑矩形网格；交互定义特征线，利用此矩形网格数据构造曲面。1996 年，他们又提出另外一种称为 Orthogonal Cross Section（OCS）的方法，首先对每块测量数据进行三角剖分，得到几张插值于测量点的基于三角平面片的曲面模型，然后用三组正交的等间隔的平行平面与上述曲面求交，在各个截面线内去除各曲面块内交线的重叠部分，求出各条交线的交点，即得到所谓 OCS 模型。然后，根据曲面网格建立曲面的方法构造曲面。

综上，在以 NURBS 曲面为基础的曲面构造中，一般可以构造出作为标准的 NURBS 曲面，并且其最终的曲面表达式也较为简洁。但这种方法也有一定的不足：首先，建立在两次优化计算基础上的曲面构造对曲面的光顺性难以保证、计算量比较大；其次，曲线网格的建立、分块等很难自动完成，需要较强的交互参与，而且曲面构造的精度较难控制。

## 12.4.2　曲线曲面的插值法构造

### 1. B 样条曲线插值

为了使一条 $k$ 次 B 样条曲线通过一组数据点 $P_i$，$i = 0, 1, \cdots, n$，反算过程一般的使曲线的首末端点分别与首末数据点一致，使曲线的分段连接点分别依次与相应的内数据点一致，称为插值法。因此，数据点 $P_i$ 将依次与 B 样条曲线定义域内的节点一一对应，即 $P_i$ 点有节点 $U_{k+i}$，$i = 0, 1, \cdots, n$。该 B 样条插值曲线将由 $n+k$ 个控制顶点 $d_i$，$i = 0, 1, \cdots, n+k-1$ 定义，节点矢量

相应为 $U = [U_0, U_1, \cdots, U_{n+2k}]$。这里将首先遇到对数据点的参数化问题，以确定与数据点 $P_i$ 相对应的参数值 $K_{in}$，$i = 0, 1, \cdots, n$；接着就可给出以 $n+k$ 个控制顶点为未知矢量的由 $n+1$ 个矢量方程组成的线性方程组

$$P(u_{(k+i)}) = \sum_{j=0}^{n+k-1} d_j N_{j,k}(u_{(k+i)}) = p_i, \quad i = 0,1,\cdots,n$$

对于周期闭曲线 $P_n = P_0$，方程减少一个。使首末 $k$ 个顶点一致，即 $d_{n+1} = d_i$，$i = 0, 1, \cdots, k-1$。于是 $n$ 个方程就可唯一解出 $n$ 个未知的相异顶点。对于开曲线（包括非周期闭曲线），因方程数小于未知顶点数，还必须补充 $k-1$ 个由合适的边界条件给出的附加方程，才能联立求解。

为了确定内部节点，有多种常见的方法，如均匀参数化、累加弦长法等。均匀参数化适用于数据点均匀分布，只有当数据点分布较均匀时采用。而累加弦长法则是以累加弦长模拟弧长，因而近似的反映了型值点的变化。有

$$u_{i+k} = \frac{\sum_{j=0}^{i-1} |p_j p_{j+1}|}{\sum_{j=0}^{m-1} |p_j p_{j+1}|}; \quad i = 1,\cdots,m$$

由于使用累加弦长法并不总能生成光顺的曲线，波音公司的 Lee 于 1989 年提出了一种新的参数化方法：向心参数化。有

$$u_{i+k} = \frac{\sum_{j=0}^{i-1} |p_j p_{j+1}|^e}{\sum_{j=0}^{m-1} |p_j p_{j+1}|^e}; \quad i = 1,\cdots,m; \quad 0 \leq e \leq 1$$

其中：$e$ 一般取为 $e = 0.5$，使用实践证明可以得到比积累弦长更好的参数化结果。

实际上，当 $e = 0$ 时，即为均匀参数化法，$e = 1.0$ 时，为积累弦长参数画法。

由

$$P(u_{(k+i)}) = \sum_{j=0}^{n+k-1} d_j N_{j,k}(u_{(k+i)}) = p_i, \quad i = 0,1,\cdots,n$$

得到

$$\begin{bmatrix} N_{0,k}(u_{p0}) & \cdots & N_{k,k}(u_{p0}) & 0 & \cdots & 0 \\ 0 & N_{1,k}(u_{p1}) & \cdots & N_{k+1,k}(u_{p1}) & \cdots & 0 \\ \vdots & \vdots & \vdots & \vdots & \vdots & \vdots \\ 0 & \cdots & 0 & N_{n-k,k}(u_{pm}) & \cdots & \end{bmatrix} \cdot \begin{bmatrix} d_0 \\ d_1 \\ \vdots \\ d_n \end{bmatrix} = \begin{bmatrix} p_0 \\ p_1 \\ \vdots \\ p_m \end{bmatrix}$$

可记为

$$A \cdot \vec{d} = \vec{p}$$

基中 $d_i$ 为曲线的控制多边顶点，且有

$$n = m + k - 1$$

在此线性系统中，有 $n+1$ 个未知量，$m+1$ 个约束。由上式知：当 $k \geq 2$ 时，由于 $n+1 > m+1$，此线性系统无定解，需补充约束条件。对于工程常用的 3 次样条（$k = 3$），一般由用户给出首末点切矢。也可使用抛物线法、圆弧法或自由端点（两端点处二阶导矢为零）等来自动确定首末点切矢。

设首末点切矢为 $\dot{p}_0, \dot{p}_m$ 。对于三次曲线则有

$$\begin{cases} \dfrac{3}{\Delta_3}(d_1 - d_0) = \dot{c}(u_3) = \dot{p}_0 \\[2mm] \dfrac{1}{\Delta_{m+2}}(d_{m+2} - d_{m+1}) = \dot{c}(u_{m+2}) = \dot{p}_m \end{cases}$$

将上式代入线性系统，得到

$$\begin{bmatrix} -1 & 1 & 0 & \cdots & 0 \\ & & A & & \\ 0 & \cdots & 0 & -1 & 1 \end{bmatrix} \cdot \vec{d} = \begin{bmatrix} \Delta_3 \cdot \dot{p}_0 \\ \vec{p} \\ \Delta_{m+2} \cdot \dot{p}_m \end{bmatrix}$$

可记为

$$A' \cdot \vec{d} = \vec{p}'$$

解此线性系统得到

$$\vec{d} = A'^{-1} \cdot \vec{p}'$$

这样就完成了曲线插值的运算。

图 12-7 所示是一个曲线插值的计算例子。

### 2. B 样条曲面的插值

B 样条曲面的反算或逆过程就是要构造一张 $k \times 1$ 次 B 样条曲面插值。给定呈拓扑矩形阵列的数据点 $P_{i,j}$, $i = 0, 1,$ $\cdots, m$; $j = 0, 1, \cdots, n$。通常，类似曲线反算，使数据点阵四角的 4 个数据点成为整张曲面的 4 个角点，使其他数据点

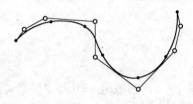

图 12-7　曲线插值

成为相应的相邻曲面片的公共角点。这样数据点阵中每一排数据点就都位于曲面的一条等参数线上。曲面反算问题虽然也能像曲线反算那样，表达为求解未知控制顶点 $d_{i,j}$, $i = 0, 1, \cdots,$ $m + k - 1, j = 0, 1, \cdots, n + l - 1$ 的一个线性方程组，但这线性方程组往往过于庞大，给求解及在计算机上实现带来困难。更一般的解题方法是表达为张量积曲面计算的逆过程。它把曲面的反算问题化解为两阶段的曲线反算问题。待求的 B 样条插值曲面方程可写成为

$$P(u,v) = \sum_{i=0}^{m+k-1} \sum_{j=0}^{n+l-1} d_{i,j} N_{i,k}(u) N_{j,l}(v)$$

这给出类似于 B 样条曲线方程的表达式

$$P(u,v) = \sum_{i=0}^{m+k-1} c_i(v) N_{i,k}(u)$$

这里控制顶点被下述控制曲线所替代

$$c_i(v) = \sum_{i=0}^{n+l-1} d_{i,j} N_{j,l}(v), \quad i = 0,1,\cdots,m+k-1$$

若固定一参数值 $v$，就给出了在这些控制曲线上 $m + k$ 个点 $c_i(v)$, $i = 0, 1, \cdots, m + k + 1$。这些点又作为控制顶点，就定义了曲面上以 $u$ 为参数的等参数线。当参数 $v$ 值扫过它的整个定义域时，无限多的等参数线就描述了整张曲面。显然，曲面上这无限多以 $u$ 为参数的等参数线中，有

$n+1$ 条插值给定的数据点，其中每一条插值数据点阵的一列数据点。这 $n+1$ 条等参数线称为截面曲线。于是就可由反算 B 样条曲线求出这些截面曲线的控制顶点 $d_{i,j}$，$i=0$，1，$\cdots$，$m+k-1$；$j=0$，1，$\cdots$，$n$。

$$S_j(u_{k+i}) = \sum_{i=0}^{m+k-1} d_{i,j} N_{i,k}(u_{k+i}) = P_{i,j}, \quad i=0,1,\cdots,m; j=0,1,\cdots,n$$

一张以这些截面曲线为它的等参数线的曲面要求一组控制曲线用来定义截面曲线的控制顶点 $c_i(l+j)=d_{i,j}$，$i=0$，1，$\cdots$，$m+k-1$；$j=0$，1，$\cdots$，$n$。类似曲线插值，这里选择了一组 $v$ 参数值 $v$，$j=0$，1，$\cdots$，$n$ 为控制曲线的节点，即数据点 $P_{i,j}$ 的 $v$ 参数值。于是，这个问题就被表达为 $m+k$ 条插值曲线的反算问题

$$\sum_{j=0}^{n+l-1} d_{i,s} N_{i,j}(u_{l+j}) = P_{i,j}, \quad i=0,1,\cdots,m+k-1; j=0,1,\cdots,n+l-1$$

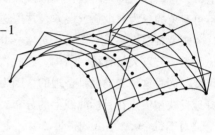

图 12-8 曲面插值

由解这些方程组，可以得到所求 B 样条插值曲面的 $(m+k) \times (n+l)$ 个控制顶点 $d_{i,j}$，$i=0$，1，$\cdots$，$m+k-1$；$j=0$，1，$\cdots$，$n+l-1$。

这样就完成了 B 样条曲面的插值计算过程，图 12-8 所示为一个曲面插值的计算结果。

### 12.4.3　B 样条曲线曲面逼近

#### 1. B 样条曲线逼近

曲线逼近定义为：给定有序型值点序列 $p_i$，$i=0$，1，$\cdots$，$m$，要求构造一 B 样条曲线

$$c(u) = \sum_{i=0}^{n} d_i N_{i,k}(u), \quad i=0,1,\cdots,n$$

其中：$d_1$ 为控制多边形顶点，$N_{i,k}(u)$，为定义在节点矢量上 $U = \{u_0, u_1, \cdots, u_{n+k+1}\}$ 的第 $i$ 个 $k$ 次 B 样条函数。使得对于实值序列有误差量

$$e(c,t) = \sum_{i=0}^{m} \| p_i - c(t_i) \|$$

达到最小。上式中实值序列 $p_i$，$i=0$，1，$\cdots$，$m$，为型值点对应于曲线上点的参数值。一般使用弦长参数化或向心参数化。

节点矢量 $U$ 一般采用准均匀分布，即两端点取 $k+1$ 次重复度，内节点均匀分布。由用户输入控制多边形顶点个数 $n+1$ 及曲线次数 $k$，则有

$$\begin{cases} u_0 = u_1 = \cdots = u_k = 0.0 \\ u_{k+1} = \dfrac{1.0}{n-k} \cdot i, \ i=1, \cdots, n-k \\ u_{n+1} = u_{n+2} = \cdots = u_{n+1+k} = 1.0 \end{cases}$$

上式是一最小二乘问题。如下式所示

$$\begin{bmatrix} N_{0,k}(t_0) & \cdots & N_{n,k}(t_0) \\ N_{0,k}(t_1) & \cdots & N_{n,k}(t_1) \\ \vdots & & \vdots \\ N_{0,k}(t_m) & \cdots & N_{n,k}(t_m) \end{bmatrix} \cdot \begin{bmatrix} d_0 \\ d_1 \\ \vdots \\ d_n \end{bmatrix} = \begin{bmatrix} p_0 \\ p_1 \\ \vdots \\ p_m \end{bmatrix}$$

可记为

$$T \cdot \vec{d} = \vec{p}$$

显然，当 $m > n$ 时，线性系统无定解，则其最小二乘解为

$$\vec{d} = (T^T \cdot T)^{-1} \cdot T^T \cdot \vec{p}$$

其中：$T^T$ 为 $T$ 的转置矩阵，$T^{-1}$ 为 $T$ 的逆矩阵。

事实上，上式中得到的解误差较大，远不能满足工程需求。在确定型值点和目标曲线上点的对应关系，也就是确定实值序列 $t_i$，$i = 0, 1, \cdots, m$ 时，采用了积累弦长法或是向心法。从本质上讲，这些方法都是用弦长模拟弧长。因此，对于变化剧烈的型值点列，造成较大的逼近误差是不可避免的。为减少逼近误差，常用迭代法逐次求精。

现考察线性系统。显然，$p_i$，$i = 0, \cdots, m$ 已确定，$d_i$，$i = 0, \cdots, n$ 未知。出于一致性考虑，希望节点矢量有统一结构。因此，$N_{i,k}(u)$ 也被确定。那么，只有实值序列 $t_i$，$i = 0, \cdots, m$ 可变。同时这种变动也是合理的，因为可以通过调整 $t_i$，$i = 0, \cdots, m$ 的分布，使得它们能更准确地反映型值点在目标曲线上的分布。

对于每个 $t_i$，引入调整量 $\Delta t_i$；，令 $D = p_i - c(t_i + \Delta t_i)$ 为某型值点的逼近误差矢量将曲线 $c$ 在 $t_i$，处作一阶泰勒展开

$$c(t_i + \Delta t_i) = c(t_i) + \Delta t_i \cdot \dot{c}(t_i)$$

将上式带入 $D$，则

$$D = c(t_i) + \Delta t_i \cdot \dot{c}(t_i) - p_i$$

欲使 $\|D\|$ 极小。只需 $D \cdot D$ 极小，应有

$$\Delta t_i = \frac{|p_i - c(t_i)|}{\dot{c}(t_i)}$$

由以上分析及推导，可以得到如下的最小二乘逼近算法：

（1）输入型值点 $p_i$，$i = 0, \cdots, m$，逼近精度 $\varepsilon$。选择曲线次数 $k$ 及型值点个数 $n + 1$，应有 $n \geq k$。

（2）构造节点矢量 $U = \{u_0, u_1, \cdots, u_{n+k+1}\}$。

（3）采用积累弦长或向心参数化法，构造实值序列 $t_i$，$i = 0, \cdots, m$。

（4）计算矩阵 $T$ 中各元素。

（5）求解控制多边形顶点 $d_i$，$i = 0, \cdots, n$。

（6）计算逼近误差 $e(c,t)$；若 $e \leq \varepsilon$。转（8）。

（7）修正各 $t_i$，$i = 0, \cdots, m$。转（4）。

（8）输出逼近结果，结束。

### 2. B 样条曲面逼近

曲面逼近的定义如下：给定有序型值点网格 $P_{i,j}$；$i = 0, \cdots, m_u$；$j = 0, \cdots, m_v$，要求构造一 B 样条曲面

$$s(u) = \sum_{i=0}^{m_u} \sum_{j=0}^{m_v} N_{i,k_u} d_{i,j} N_{j,k_v}(v)$$

其中，$d_{i,j}$ 为控制多边形网格。$u_{i,k_u}(u)$ 为定义在节点矢量 $U = \{u_0, u_1, \cdots, u_{n_u+k_v+1}\}$ 上的第 $i$ 个 $k_u$ 次 B 样条基函数；$u_{i,k_{vu}}(v)$ 为定义在节点矢量 $V = \{v_0, v_1, \cdots, v_{n_u+k_v+1}\}$ 上的第 $i$ 个 $k_v$ 次 B 样条基函数。使得对于实值序列 $ut_i$，$i = 0, 1, \cdots, m_u$ 和 $vt_i$，$i = 0, 1, \cdots, m_v$ 有误差量

$$e(s, ut, vt) = \sum_{i=0}^{m_u} \sum_{j=0}^{m_v} \| p_{i,j} - s(ut_i, vt_j) \|$$

达到最小。上式中实值点对 $\{ut_i, vt_j\}$，$i = 0, \cdots, m_u$；$j = 0, \cdots, m_v$，为型值点对应于曲面上点的参数值。

节点矢量 $U$ 和 $V$ 一般采用准均匀分布，即两端点取 $k+1$ 次重复度，内节点均匀分布。由用户输入控制网格顶点个数 $(n_u+1) \times (n_v+1)$ 及曲线次数 $k_u \times k_v$，则有

$$\begin{cases} u_0 = u_1 = \cdots = u_{ku} = 0.0 \\ u_{k_u+1} = \dfrac{1.0}{n_u - k_u} \cdot i, \quad i = 1, \cdots, n_u - k_u \\ u_{n_u+1} = u_{n_u+2} = \cdots = u_{n_u+1+k_u} = 1.0 \end{cases}$$

$$\begin{cases} v_0 = v_1 = \cdots = v_{k_v} = 0.0 \\ v_{k_v+1} = \dfrac{1.0}{n_v - k_v} \cdot i, \quad i = 1, \cdots, n_v - k_v \\ v_{n_v+1} = v_{n_v+2} = \cdots = u_{n_v+1+k_v} = 1.0 \end{cases}$$

B 样条曲面方程同样为一最小二乘问题，有

$$\begin{bmatrix} N_{0,kn}(ut_0) \cdot N_{0,k_v}(vt_0) & \cdots & N_{0,k_n}(ut_0) \cdot N_{n_v,k_b}(vt_0) & N_{1,k_n}(ut_0) \cdot N_{0,k_v}(vt_0) & \cdots & N_{n_n,k_n}(ut_0) \cdot N_{n_v,k_v}(vt_0) \\ \vdots & & \vdots & \vdots & & \vdots \\ N_{0,k_n}(ut_0) \cdot N_{0,k_v}(vt_{m_v}) & \cdots & N_{o,k_n}(ut_0) \cdot N_{n_v,k_v}(vt_{m_v}) & N_{1,k_n}(ut_0) \cdot N_{o,k_v}(vt_{m_v}) & \cdots & N_{n_n,k_n}(ut_0) \cdot N_{n_v,k_v}(vt_{m_v}) \\ N_{0,k_n}(ut_1) \cdot N_{0,k_v}(vt_0) & \cdots & N_{0,k_n}(ut_1) \cdot N_{n_v,k_v}(vt_0) & N_{1,k_n}(ut_1) \cdot N_{0,k}(vt_0) & \cdots & N_{n_n,k_n}(ut_1) \cdot N_{n_v,k_v}(v_0') \\ \vdots & & \vdots & \vdots & & \vdots \\ N_{o,k_n}(ut_{m_n}) \cdot N_{0,k_v}(vt_0) & \cdots & N_{0,k_n}(ut_{m_v}) \cdot N_{n_v,k_v}(vt_{m_v}) & N_{1,k_n}(ut_0) \cdot N_{0,k_v}(vt_{m_v}) & \cdots & N_{n_n,k_n}(ut_{m_v}) \cdot N_{n_v,k_v}(vt_{m_v}) \end{bmatrix} \cdot \begin{bmatrix} d_{0,0} \\ \cdots \\ d_{0,m_v} \\ d_{1,0} \\ \cdots \\ d_{n_n,n_v} \end{bmatrix} = \begin{bmatrix} p_{0,0} \\ \cdots \\ p_{0,m_v} \\ p_{1,0} \\ \cdots \\ p_{m_v,m_v} \end{bmatrix}$$

可记为

$$T \cdot \vec{d} = \vec{p}$$

显然，当 $m > n$ 时，线性系统无定解，则其最小二乘解

$$\vec{d} = (T^{\mathrm{T}} \cdot T)^{-1} \cdot T^{\mathrm{T}} \cdot \vec{p}$$

同曲线逼近类似，由于采用积累弦长法或向心法等参数化法只能近似的模拟型值点在目标曲面上的分布情况，造成首次逼近误差较大。这里同样采用迭代法，逐次求精。对每一个值对 $\{ut_i, vt_j\}$，$i = 0, \cdots, m_u$；$j = 0, \cdots, m_v$。引入一修正值对 $\{\Delta ut, \Delta vt\}$。

令

$$D = s(ut_i + \Delta ut_i, vt_j + \Delta vt_j) - p_{i,j}$$

为型值点 $p_{i,j}$ 的逼近误差矢量。

将曲面 $s(u, v)$ 在 $\{ut_i, vt_j\}$，处作一阶泰勒展开

$$s(ut_i + \Delta ut, vt_j + \Delta vt_j) = s(ut_i, vt_j) + \Delta ut_i \cdot s_u + \Delta vt_j \cdot s_v$$

其中：$s_u = \dfrac{\partial(u,v)}{\partial u}$；$s_v = \dfrac{\partial(u,v)}{\partial v}$。将上式代入 $D$，则有

$$D = \Delta ut_i \cdot s_u + \Delta vt_j \cdot s_v + s(ut_i, vt_j) - p_{i,j}$$

欲试 $\|D\|$ 极小，只需 $D \cdot D$ 极小。应有

$$\begin{cases} \dfrac{\partial(D \cdot D)}{\partial \Delta ut_i} = 0 \\[3mm] \dfrac{\partial(D \cdot D)}{\partial \Delta vt_j} = 0 \end{cases}$$

求解上述线性方程组，可得

$$\begin{cases} \Delta ut_i = \dfrac{(s_u \cdot s_v)(d \cdot s_u) - (s_u \cdot s_v)(d \cdot s_v)}{(s_u \cdot s_v)(s_u \cdot s_v) - (s_u \cdot s_u)(s_v \cdot s_v)} \\[4mm] \Delta vt_j = \dfrac{(s_u \cdot s_v)(d \cdot s_v) - (s_u \cdot s_v)(d \cdot s_u)}{(s_u \cdot s_v)(s_u \cdot s_v) - (s_u \cdot s_u)(s_v \cdot s_v)} \end{cases}$$

综上，得到如下计算 B 样条曲面的最小二乘逼近算法：

(1) 输入型值点网格 $P_{i,j}$；$i = 0,\cdots, m_u$；$j = 0,\cdots, m_v$，逼近精度 $\varepsilon$ 选择曲线次数 $k_u \times k_v$ 及控制点网格尺寸 $(n_u+1) \times (n_v+1)$。则有：$n_u \geqslant k_u$，$n_v \geqslant k_v$。

(2) 构造节点矢量 $U = \{u_0, u_1, \cdots, u_{n_u+k_v+1}\}$ 和 $V = \{v_0, v_1, \cdots, v_{n_u+k_v+1}\}$。

(3) 型值点参数化构造实值序列 $\{ut_i\}$ $i = 0,\cdots, m_u$ 和 $\{vt_j\}$ $j = 0,\cdots, m_v$。

(4) 计算矩阵各元素。

(5) 计算控制多边形网格 $P_{i,j}$；$i = 0,\cdots, m_u$；$j = 0,\cdots, m_v$。

(6) 计算逼近误差 $e(s, u_t, v_t)$。若 $e \leqslant \varepsilon$，则转（8）。

(7) 修正每一个值对 $\{ut_i, vt_j\}$，$i = 0,\cdots, m_u$；$j = 0,\cdots, m_v$，转（4）。

(8) 输出逼近结果，结束。

图 12-9 所示为一个曲面逼近的计算结果，其中原始数据为 $8 \times 8$ 的数据点阵，控制网格顶点取为 $4 \times 4$ 阵列，给定逼近精度为 0.020 mm，$U$、$V$ 方向次数均取为 3。

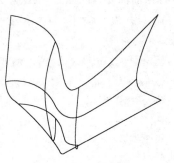

图 12-9　曲面逼近

## 12.4.4　重构曲面的精度评定

重构的曲面精度高与否，取决于"点云"数据与重构曲面的贴近程度如何，它应有一个评定的指标和方法。本文以测量数据点到曲面间的最短距离作为评定的方法。这里的关键问题是求测量数据点到曲面的最短距离。所谓最短距离，也即先要求出曲面外某一测量点在曲面上的垂足点。如图 12-10 所示，设曲面外一测量点为 $P_i$，设该点在曲面上的垂足点为 $P_T$。本文用牛顿迭代寻优法来求垂足点，具体实现步骤为：

(1) 在曲面上选取一点设为 $Q(u,w)$，求出该点在曲面上的两个方向的偏导数 $r_u$ 和 $r_w$，及该点到测量点的方向矢量 $S$。

(2) 将矢量 $S$ 分解到 $U$、$r_u$、$r_w$ 三个方向：$S = dU + Ar_u + Br_w$。

矢量 $S$ 分别点积 $r_u$ 和 $r_w$，可以得到

$$S \cdot r_u = A r_u{}^2 + B r_w \cdot r_u$$

$$S \cdot r_w = A r_u \cdot r_w + B r_w{}^2$$

求解这个方程组可以得到

$$A = BK + C, \quad B = \frac{(S \cdot r_u + C r_u{}^2)}{(K r_u{}^2 + r_u \cdot r_w)}$$

其中 $K = \dfrac{(r_u \cdot r_w + r_w{}^2)}{(r_u \cdot r_w + r_u{}^2)}$, $C = \dfrac{(-S \cdot r_u - S \cdot r_w)}{(r_u \cdot r_w + r_u{}^2)}$, $(u - A) \to u$, $(w - B) \to w$。

（3）给定计算的误差 $\varepsilon$，如果 $(|S \cdot r_u|) < \varepsilon$ 及 $(|S \cdot r_w|) < \varepsilon$ 成立，则点 $Q(u, w)$ 就是所求的点，终止迭代；否则返回步骤（1）增加一个步长继续搜索，直到满足终止条件。

采用这种求解方法收敛速度快、精度高，但在图 12-11 所示两种情况下（虚线所示），会出现振荡的情况而难以达到收敛的条件。因此，在出现振荡时，需要对 A、B 进行修改。其准则是，当 A、B 出现反号时就认为出现振荡，使用二分法对迭代的步长进行修改，以便尽快达到收敛条件。

当找到垂足点 $P_T(u^*, w^*)$ 后，所对应的向量 $S$ 的模长 $\|S\|$，既是测量点到曲面的最短距离，记为 $D_{imin}$。遍历所有测量点，可得到一个集合 $\{D_{imin}\}$，将 $\max \{D_{imin}\}$ 定义为"点云"数据与曲面的最大贴合误差。将 $\sqrt{\dfrac{\sum_{i=1}^{m} D_{imin}{}^2}{m}}$ 定义为测量"点云"数据与重构曲面的贴合度。这个贴合误差就反映了重构曲面的精度。

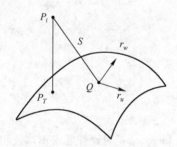 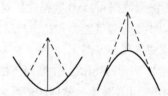

图 12-10　点到曲面的距离　　　图 12-11　求点到曲面的距离时出现振荡的两种情况

把上面定义的测量数据与重构曲面贴合度的概念，作为曲面重构精度评价的主要评价指标，可以较为真实地反映出拟合曲面与"点云"数据的贴合程度。最大贴合误差的概念则可以反映出最大的误差值。这种评价准则较其他的误差评定方法更能真实准确地反映出贴合程度的情况。

## 12.5　逆向工程软件介绍

随着逆向工程建模理论研究的不断深入，已涌现出一批商业逆向工程 CAD 软件，比较常用的有 EDS 公司的 Imageware，ParaForm 公司的 ParaForm，DELCAM 公司的 CopyCAD，CISIGRAPH 公司的 STRIM100，ICEM 公司的 ICEM Surf 等。

### 12.5.1　Imageware 简介

Imageware 由美国 EDS 公司出品，是最著名的逆向工程软件，广泛应用于汽车、航空、航天、消费家电、模具、计算机零部件等设计与制造领域。该软件拥有广大的用户群，国外有 BMW、Boeing、GM、Chrysler、Ford、raytheon、Toyota 等著名国际大公司，国内则有上海大众、上海交大、上海 DELPHI、成都飞机制造公司等大企业。

以前该软件主要被应用于航空航天和汽车工业，因为这两个领域对空气动力学性能要求很高，在产品开发的开始阶段就要认真考虑空气动力性。常规的设计流程首先根据工业造型需要设计出结构，制作出油泥模型之后将其送到风洞实验室去测量空气动力学性能，然后再根据实验结果对模型进行反复修改直到获得满意结果为止，如此所得到的最终油泥模型才是符合需要的模型。要将油泥模型的外形精确地输入计算机成为电子模型，这就需要采用逆向工程软件。首先利用三坐标测量仪器测出模型表面点阵数据，然后利用逆向工程软件进行处理即可获得 class 1 曲面。

随着科学技术的进步和消费水平的不断提高，其他许多行业也开始纷纷采用逆向工程软件进行产品设计。以微软公司生产的鼠标为例。就其功能而言，只需要有 3 个按键就可以满足使用需要，但是，怎样才能让鼠标的手感最好，而且经过长时间使用也不易产生疲劳感却是生产厂商需要认真考虑的问题。因此，微软公司首先根据人体工程学制作了几个模型并交给使用者评估，然后根据评估意见对模型直接进行修改，直至修改到大家都满意为止，最后再将模型数据利用逆向工程软件 Imageware 生成 CAD 数据。当产品推向市场后，由于外观新颖、曲线流畅，再加上手感也很好，符合人体工程学原理，因而迅速获得用户的广泛认可，产品的市场占有率大幅度上升。

Imageware 逆向工程软件的主要产品有：

Surfacer——逆向工程工具和 class 1 曲面生成工具。

Verdict——对测量数据和 CAD 数据进行对比评估。

Build it——提供实时测量能力，验证产品的制造性。

RPM——生成快速成型数据。

View——功能与 Verdict 相似，主要用于提供三维报告。

Imageware 采用 NURB 技术，软件功能强大，易于应用。Imageware 对硬件要求不高，可运行于各种平台：UNIX 工作站、PC 均可，操作系统可以是 UNIX、Windows 平台。

### 12.5.2　Surfacer 介绍

Surfacer 是 Imageware 的主要产品，主要用来做逆向工程，它处理数据的流程遵循点—曲线—曲面原则，流程简单清晰，软件易于使用。其流程如下：

#### 1. 点过程：读入点阵数据

Surfacer 可以接收几乎所有的三坐标测量数据，此外还可以接收其他格式，如 STL、VDA 等。有时候由于零件形状复杂，一次扫描无法获得全部的数据，或是零件较大无法一次扫描完成，这就需要移动或旋转零件，这样会得到很多单独的点阵。Surfacer 可以利用诸如圆柱面、球面、平面等特殊的点信息将点阵准确对齐。

对点阵进行判断，去除噪点（即测量误差点）。由于受到测量工具及测量方式的限制，有时会出现一些噪点，Surfacer 有很多工具来对点阵进行判断并去掉噪点，以保证结果的准确性。

通过可视化点阵观察和判断，规划如何创建曲面。一个零件，是由很多单独的曲面构成，对于每一个曲面，可根据特性判断用用什么方式来构成。例如，如果曲面可以直接由点的网格生成，就可以考虑直接采用这一片点阵；如果曲面需要采用多段曲线蒙皮，就可以考虑截取点的分段。提前做出规划可以避免以后走弯路。

根据需要创建点的网格或点的分段。Surfacer 能提供很多种生成点的网格和点的分段工具，这些工具使用起来灵活方便，还可以一次生成多个点的分段。

### 2. 曲线创建过程：判断和决定生成哪种类型的曲线

曲线可以是精确通过点阵的，也可以是很光顺的（捕捉点阵代表的曲线主要形状），或介于两者之间。

创建曲线。根据需要创建曲线，可以改变控制点的数目来调整曲线。控制点增多则形状吻合度好，控制点减少则曲线较为光顺。

诊断和修改曲线。可以通过曲线的曲率来判断曲线的光顺性，可以检查曲线与点阵的吻合性，还可以改变曲线与其他曲线的连续性（连接、相切、曲率连续）。Surfacer 提供很多工具来调整和修改曲线。

### 3. 曲面创建过程：决定生成哪种曲面

同曲线一样，可以考虑生成更准确的曲面，或更光顺的曲面（例如 class 1 曲面），或两者兼顾，可根据产品设计需要来决定。

创建曲面。创建曲面的方法很多，可以用点阵直接生成曲面（Fit free form），也可以用曲线通过蒙皮、扫掠、4 个边界线等方法生成曲面，还可以结合点阵和曲线的信息来创建曲面。亦可以通过其他例如圆角、过桥面等生成曲面。

诊断和修改曲面。比较曲面与点阵的吻合程度，检查曲面的光顺性及与其他曲面的连续性，同时可以进行修改。例如，可以让曲面与点阵对齐，可以调整曲面的控制点让曲面更光顺，或对曲面进行重构等处理。

英国 Triumph Motorcycles 有限公司的设计工程师 Chris Chatburn 说："利用 Surfacer，我们可以在更短的时间内完成更多的设计循环次数，这样可以让我们减少 50% 的设计时间。"

最新发布的 Surfacer 10.6 软件将以下工作流程的高性能工具完整地集成到一起：

（1）弹性的曲面创建工具。可以在一个弹性的设计环境里非常方便地直接从曲线、曲面、或测量数据创建曲面，支持贝茨尔（Bezier）和非均匀有理 B 样条曲面两种方法。用户可以选择适合的曲面方法，通过结合两种方法的优点来获益。

（2）动态的曲面修改工具。允许用户在交互的方式下试探设计主题，立刻就可以看到是否美观和思路是否符合工程观念。设计、工程分析、制造的标准都通过精心的构造过程考虑进去，所以当每次修改曲面时不需要再重新校核标准。

（3）实时的曲面诊断工具。可以提供诸如任意截面的连续性、曲面反射线情况、高亮度线、光谱图、曲率云图和圆柱形光源照射下的反光图等多种方法，在设计的任何时候都可以查出曲面缺陷。

（4）有效的曲面连续性管理工具。在复杂的曲面缝补等情况下，即使曲面进行了移动修改等操作，也能保证曲面同与之相连的曲面间的曲率连续，避免了乏味的手工再调整过程。

（5）强大的处理扫描数据能力。根据 Rainbow 图法（相当于假设雨水从上面落下，由于形状差异导致雨水流速差异）、曲率大小变化云图法（对于一个完全光顺的 class 1 曲面，相当于曲率大小变化为零，对于两个不同曲面，此值会不同）将扫描数据分开，这样可以很快地捕捉产品的主要特征，并迅速建立各个相应曲面，避免了烦琐的分析和处理。

正是由于 Imageware 在计算机辅助曲面检查、曲面造型及快速样件等方面具有其他软件无可匹敌的强大功能，使它当之无愧地成为逆向工程领域的领导者。

# 12.6 快速原型制造技术

快速成型制造（RP）技术是 20 世纪 90 年代发展起来的一项先进制造技术，是为制造业企业新产品开发服务的一项关键共性技术，对促进企业产品创新、缩短新产品开发周期、提高产品竞争力有积极的推动作用。自该技术问世以来，已经在发达国家的制造业中得到了广泛应用，并由此产生一个新兴的技术领域。

## 12.6.1 快速原型制造技术概述

RP 的基本工作过程是：首先由三维 CAD 软件设计出零件的"电子模型"；然后根据具体工艺要求，沿 $z$ 向离散成系列二维层面（即分层，Slicing），获得分层文件；再输入加工参数，生成 NC 代码，控制快速成型机进行加工，获得与"电子模型"对应的三维实体，即原型。RP 是基于离散/堆积成形的数字化制造技术，它集成了激光、计算机、数控、新材料等各种高新技术。通过离散，将复杂的三维形体进行降维；通过堆积使层片结合成复杂的三维实体。RP 技术的优越性显而易见：它可以在无须准备任何模具、刀具和工装卡具的情况下，直接接受产品设计数据，快速制造出新产品的样件、模具或模型。因此，RP 技术的推广应用可以大大缩短新产品开发周期、降低开发成本、提高开发质量。由传统的"去除法"到今天的"增长法"，由有模制造到无模制造，这就是 RP 技术对制造业产生的革命性意义。

RP 技术不只在制造业的应用方兴未艾，在生物医学领域的应用也充满生机。根据 CT 扫描或 MRI 数据快速制作的人体器官实体模型可以帮助医生进行诊断和确定治疗方案，而且借助 RP 技术制作的人体假肢还能与结合部位实现最大程度的吻合。近几年，国内外更是热衷于研究将生物材料快速成形为人工器官的课题，其中人工骨的研究已取得可喜的成果。例如，中国清华大学采用喷射方法，将生物材料在低温环境下堆积成形，制成多孔大段人工骨的细胞载体框架，经动物实验证明该框架能有效降解。有专家甚至说，虽然 RP 技术最初出现在制造行业，但它最激动人心的应用将是在生物医学领域。与因特网结合的专业化 RP 服务机构正蓬勃发展，通过网络为客户进行离线或交互式在线服务，深受中小企业的欢迎，其业务量不断增加。所有这些，都表明 RP 技术正进入加速发展阶段，其应用将越来越普及。

## 12.6.2 快速成型方法

RP 的成形工艺方法据报道有几十种之多，但大体可以分为基于激光和基于喷射的两大类，现简介其中几种常用的工艺方法。

（1）激光立体造型（Stereolithography Apparatus，SLA），如图 12-12 所示。它是用紫外激光按切片软件截取的层面轮廓信息对液态光敏树脂逐点扫描，被扫描区的液态树脂发生聚合反应形成一薄层的固态实体。一层固化完毕后工作台下移一个切片厚度再固化新的一层树脂，并层层相互粘结堆积出一个三维固体制件。SLA 法成形精度较高，制件结构清晰且表面光滑，但韧性较差，设备投资较多，更适合制作结构复杂和精细的制件。其中，光固化树脂材料是研究热点之一，DMS Somos 能提供成形件强度很高的新型光固化树脂。

（2）分层实体制造（Laminated Object Manufacturing, LOM），如图 12-13 所示。它常以单面涂有热溶胶的纸为原料，激光按切片软件截取的分层轮廓信息切割工作台上的纸，形成一层平面轮廓（轮廓以外部分也用激光切成网格状以便制件成形后清除）。当一层平面轮廓成形后工作台便下降一个纸厚，其后新送到工作台的一层纸通过热压装置与下一层已成形的纸粘结在一起，再次进行激光切割，如此反复便叠加出三维实体制件。这种方法成形速度较快也较经济，但精度特别是细微结构精度不高，比较适合成形实体制件。现正将 LOM 工艺扩展用于金属箔材和陶瓷箔材。

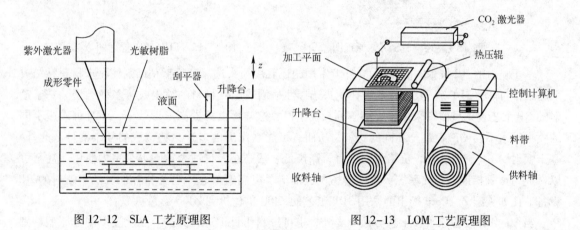

图 12-12　SLA 工艺原理图　　　　　图 12-13　LOM 工艺原理图

（3）选择性激光烧结（Selective Laser Sintering, SLS），如图 12-14 所示。它是控制红外激光按分层轮廓信息以一定速度和能量密度对已均匀地铺在加工平面上的粉末（塑料、蜡、覆膜陶瓷或金属及其复合物粉末）材料进行扫描，激光扫描所到之处粉末被烧结成固体片层（未扫描到的地方仍是可对后一层进行支撑的松散粉末）。其后，确定加工平面高度的成形活塞下移一个片层厚度，而供粉活塞则相应上移，铺粉滚筒再次将加工平面上的粉末铺平，激光再烧结出新一层轮廓并粘结于前一层上，如此反复便堆积出三维实体制件。

SLS 是当今 RP 直接成形金属零件和模具的主要方法，其中较为成熟的工艺有美国 DTM 公司的 Rapid Tool 和德国 EOS 公司的 Direct Tool。Rapid Tool 工艺是烧结包覆有粘结剂的钢粉，粉末被激光扫描到的地方包覆的粘结剂受热融化将钢粉粘结在一起形成片层，随后再形成新的固体片层并一层层叠加成形出约有 45% 孔隙率的制件，最后放入真空炉中使青铜渗入 45% 的孔隙中而制成结构密实的金属零件或模具。Direct Tool 工艺所烧结的是内中混入了低熔点金属的基体金属（钢等）粉末，烧结过程中低熔点金属向基体金属粉末中渗透使其间隙增大，所产生的体积膨胀恰好等于基体金属粉末烧结时的收缩，使最终收缩率几乎为零，从而解决了金属粉末烧结凝固收缩难题。

（4）熔融沉积成形（Fused Deposition Modeling, FDM），如图 12-15 所示。它是将热熔性丝材（ABS 丝等）由供丝机构送至喷头，并在喷头中被加热至临界半流动状态，而喷头则按截面轮廓信息移动，喷头在移动过程中所喷出的半流动材料沉积固化为一个薄层。其后工作台下降一个切片厚度再沉积固化出另一新的薄层，如此一层层成形且相互粘结便堆积出三维实体制件。FDM 设备价格较低，成形件韧性也较好，适合制作薄壁壳体原型件。如用性能更好的 PC 和 PPSF 代替 ABS，可制作最终塑料产品。

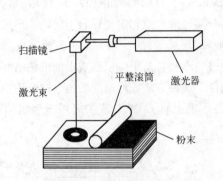

图 12-14　SLS 工艺原理图

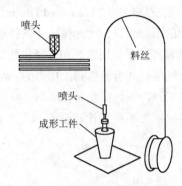

图 12-15　FDM 工艺原理图

基于喷射的 RP 技术，除了 FDM 外，常用的还有用喷头选择性喷射粘结剂使粉末材料粘结成形的三维打印（3DP 或 TDP），或者让喷头选择性喷洒热塑性材料的喷墨式等多种类型。基于喷射的 RP 工艺装备目前常采用多喷嘴阵列扫描手段，这样不仅可提高成形效率，而且可以用不同的喷嘴喷出不同的颜色甚至不同的材料，从而有可能制作出由多种材料构成的复杂器件。此外，基于喷射的 RP 工艺装备，价格相对便宜，噪声低、污染小，很适合放在办公室内使用，甚至可以做成与微机相连的桌面系统。近期市场上也推出了以制造概念原型为目标的、基于喷射的 RP 设备，比如美国 Z - Corp 推出的采用 3DP 工艺的 Z400 单色机和 Z406 彩色机。

当今的 RP 设备除了按工艺方法分类外，也可按制作目标进行分类。除上述以制作原型特别是概念原型件为目标的概念型 RP 设备外，还正在发展以生产最终功能零件（模具）为目标的生产型 RP 设备。此外，尚有专门应用于生物医学领域的专用型 RP 设备。

## 12.6.3　基于 RP 的快速制模技术

模具是现代工业生产最重要的工艺装备，而且模具形状复杂又属单件生产，最好能借助 RP 技术由模具（零件反型）的 CAD 模型直接制作金属模具，但其工艺目前尚不十分成熟。因此，当前更多的还是以 RP 制作的非金属原型件为母模，结合传统的制造方法来间接快速制作模具。

基于 RP 技术的间接快速制模法，可以根据所要求模具寿命的不同，结合不同的传统制造方法来实现。对于寿命要求不超过 500 件的模具，可使用以 RP 原型作母模，再浇注液态环氧树脂与其他材料（如金属粉）的复合物而快速制成的环氧树脂模。若是仅仅生产 20 ~ 50 件的注塑模，还可以使用由硅胶铸模法（以 RP 原型件为母模）制作的硅橡胶模具。

对于寿命要求在几百件至几千件（上限为 5000 件）的模具，则常使用由金属喷涂法或电铸法制成的金属模壳。金属喷涂法是在 RP 原型上喷涂低熔点金属或合金（如用电弧喷涂 Zn - Al 伪合金），待沉积到一定厚度形成金属薄壳后，再背衬其他材料并去掉原型便得到所需的型腔模具。电铸法与此类似，不过它不是用喷涂而是用电化学方法通过电解液将金属（镍、铜）沉积到 RP 原型上形成金属壳，所制成的模具寿命比金属喷涂法更长，但其成形速度慢，且非金属原型表面尚需经过导电预处理才能电铸。

对于寿命要求为成千上万件（一般 3000 件以上）的硬质模具，主要是钢模具，常用 RP 技术快速制作石墨电极或铜电极，再通过电火花加工法制造出钢模具。比如以 RP 原型件作母模，翻制由环氧树脂与碳化硅混合物构成整体研磨模（研磨轮），再在专用的研磨机上研磨出整体石墨电极。

实践表明，RP 技术与精密铸造相结合，是快速生产单件小批金属零件的有效方法。最常见的是 RP 技术与熔模精铸相结合，即用 RP 制作的原型件作母模，或者由原型件翻制的软质模具所生产的蜡模作母模，再借助传统的熔模铸造工艺来生产金属零件。此外，以覆膜砂为原料，用 SLS 法按模具（零件反型）CAD 模型也可直接烧结出铸造用的砂型型壳，再通过铸造工艺生产出结构复杂的金属零件。

### 12.6.4　RP 技术的局限性

由于 RP 技术独特和高度柔性的制造原理及其在产品开发过程中所起的作用，已越来越受到制造厂商和科技界人士的重视。其应用也正从原型制造向最终产品制造方向发展，特别是 RP 与 RT 技术的结合，已取得较明显的成果。但是，RP 技术本身目前的发展水平，也还存在一些局限性。

（1）成形精度不高。影响 RP 成形精度的因素很多，它既包括前处理（数据格式转换）与后处理（含与环境和时间相关的制件尺寸变化）所引起的误差，更因为成形过程自身伴随着材料的相变和温度变化，是一个复杂的热力学过程，其尺寸控制远比机械加工困难，所以目前 RP 技术所能达到的最佳尺寸精度大概在 $\pm 0.1\,mm$；而且，成形速度与成形精度之间还存在矛盾，为提高成形精度而减少切片层厚会降低成形效率。由于精度不够，目前 RP 技术尚难于制造精度较高的最终产品，一般只能作为一种准净成形（Near Net Shape）技术。

（2）处理工艺成熟的材料范围有限。目前比较成熟的 RP 工艺所处理的材料大概只限于树脂、蜡、某些工程塑料和纸等几种。用这些材料制成的零件，即使经过后处理也大多不能作为真正的机械零件使用。而以金属材料作为 RP 的处理对象来直接生产金属零件和模具的工艺尚不十分成熟，如何提高直接金属成形件的尺寸精度、表面质量和机械性能并降低成本，尚有许多工作要做。

（3）设备投资大、材料费用高。RP 工艺的研发成本高，这种研发成本必定转移到相应的工艺装备上去，加之 RP 设备属小批生产，因而其价格居高不下此外。RP 工艺对材料有特殊要求，其专用成形材料价格相对偏高。设备和材料的价格也影响了 RP 技术的普及应用。

随着其理论研究和实际应用不断向纵深发展，这些问题将得到不同程度的解决。可以预期，未来的 RP 技术将会更加充满活力。

# 小　　结

本章介绍了逆向工程的定义、原理；讲述了逆向工程的关键技术；介绍了逆向工程的相关软件；对快速原型制造技术的原理、方法及应用做了详细的论述。

# 思 考 题

12-1　说出逆向工程的定义及其关键技术。

12-2　说出几种数据测量的方法及特点。

12-3　数据预处理包括哪些主要内容？

12-4　讨论模型重构技术及其评定方法。

12-5　说出快速原型制造技术的原理。

12-6　说出快速原型制造技术的几种方法及各自的适用场合。

# 参 考 文 献

[1] 孙春华．CAD/CAPP/CAM 技术基础及应用 [M]．北京：清华大学出版社，2004.

[2] 姚英学，蔡颖．计算机辅助设计与制造 [M]．北京：高等教育出版社，2004.

[3] 袁泽虎，等．计算机辅助设计与制造 [M]．北京：中国水利水电出版社，2004.

[4] 迟毅林，等．计算机辅助设计技术基础 [M]．重庆：重庆大学出版社，2004.

[5] 李凯，等．CAD/CAM 与数控自动编程技术 [M]．北京：化学工业出版社，2004.

[6] 刘子建，等．现代 CAD 基础与应用技术 [M]．长沙：湖南大学出版社，2005.

[7] 崔洪斌，等．计算机辅助设计基础及应用 [M]．北京：清华大学出版社，2002.

[8] 王大康，等．计算机辅助设计与制造技术 [M]．北京：机械工业出版社，2005.

[9] 孙家广．计算机辅助设计技术基础 [M]．北京：清华大学出版社，2000.

[10] 孔庆复．计算机辅助设计与制造 [M]．哈尔滨：哈尔滨工业大学出版社，1994.

[11] 童秉枢，李学志，等．机械 CAD 技术基础 [M]．北京：清华大学出版社，1996.

[12] 吴昌林，等．机械 CAD 基础 [M]．北京：高等教育出版社，1999.

[13] 荣涵锐，荣毅虹．机械设计 CAD 技术基础 [M]．北京：高等教育出版社，1998.

[14] 雨宫好文．CAD/CAM/CAE 入门 [M]．北京：科学出版社，2000.

[15] 瓮正科．Visual FoxPro 数据库开发教程 [M]．北京：清华大学出版社，2003.

[16] 洪维恩．C 语言程序设计 [M]．北京：中国铁道出版社，2003.

[17] 李大友．数据库原理与应用 [M]．北京：清华大学出版社，2002.

[18] DONALD HEARN，M. PAULINE BAKER．计算机图形学 [M]．蔡士杰，等，译．北京：电子工业出版社，1998.

[19] 施法中．计算机辅助几何设计与非均匀有理 B 样条 [M]．北京：高等教育出版社，2001.

[20] 莫蓉，吴英，常智勇．计算机辅助几何造型设计 [M]．北京：科学出版社，2004.

[21] KUNWOO LEE. Principles of CAD/CAM/CAE system [M]．袁清珂，张湘伟，等，译．北京：电子工业出版社．2006.

[22] 苏春．数字化设计与制造 [M]．北京：机械工业出版社，2005.

[23] 张韵华，奚梅成，陈效群．数值计算方法和算法 [M]．北京：科学出版社，2000.

[24] 何援军．计算机图形学 [M]．北京：机械工业出版社，2006.

[25] 孙立镌．计算机图形学 [M]．哈尔滨：哈尔滨工业大学出版社，2000.

[26] 刘极峰．计算机辅助设计与制造 [M]．北京：高等教育出版社，2004.

[27] 柯映林．反求工程 CAD 建模理论、方法和系统 [M]．北京：机械工业出版社，2005.

[28] 柳迎春．Pro/ENGINEER wildfire 曲面造型设计 [M]．北京：清华大学出版社，2004.

[29] 罗家洪．矩阵分析理论 [M]．广州：华南理工大学出版社，2005.

[30] 崔洪斌，方忆湘，张嘉钰．计算机辅助设计基础与应用 [M]．北京：清华大学出版社，2002.

［31］孙春华．CAD/CAPP/CAM 技术基础及应用［M］．北京：清华大学出版社，2004．

［32］黄国权．有限元法基础及 ANSYS 应用［M］．北京：机械工业出版社，2004．

［33］张洪武，关振群，李云鹏，等．有限元分析与 CAE 技术基础［M］．北京：清华大学出版社，2004．

［34］孙靖民．机械优化设计［M］．北京：机械工业出版社，2003．

［35］金涛，童水光．逆向工程技术［M］．北京：机械工业出版社．2003．

［36］张韵华，奚梅成，陈效群．数值计算方法和算法［M］．北京：科学出版社，2000．

［37］王秀峰，罗宏杰．快速原型制造技术［M］．北京：中国轻工业出版社，2001．

［38］刘文剑．CAD/CAM 集成技术［M］．哈尔滨：哈尔滨工业大学出版社，2000．

［39］缪德建．CAD/CAM 实用教程［M］．南京：东南大学出版社，2002．

［40］李佳．计算机辅助设计与制造（CAD/CAM）［M］．天津：天津大学出版社，2002．

［41］宗志坚．CAD/CAM 技术［M］．北京：机械工业出版社，2001．